Elisabeth Dane
Franz Wille
Hartmut Laatsch

Kleines chemisches Praktikum

VCH

Lehrbücher für Einsteiger von VCH

Atkins, P. W. / Beran, J. A.
Chemie – einfach alles
1996, ISBN 3-527-29259-4

Arni, A.
Grundkurs Chemie I
Allgemeine und Anorganische Chemie
2. Auflage, 1994, ISBN 3-527-29230-6

Grundkurs Chemie II
Organische Chemie
1995, ISBN 3-527-29229-2

Nentwig, J. / Kreuder, M. / Morgenstern, K.
Lehrprogramm Chemie I
1988, ISBN 3-527-25951-1

Lehrprogramm Chemie II
1987, ISBN 3-527-26059-5

© VCH Verlagsgesellschaft mbH, D-69451 Weinheim (Bundesrepublik Deutschland), 1997

Vertrieb:
VCH, Postfach 10 11 61, D-69451 Weinheim (Bundesrepublik Deutschland)
Schweiz: VCH, Postfach, CH-4020 Basel (Schweiz)
United Kingdom und Irland: VCH (UK) Ltd., 8 Wellington Court, Cambridge CB1 1HZ (England)
USA und Canada: VCH, 220 East 23rd Street, New York, NY 10010-4606 (USA)
Japan: VCH, Eikow Building, 10-9 Hongo 1-chome, Bunkyo-ku, Tokyo 113 (Japan)

ISBN 3-527-29440-6

Elisabeth Dane, Franz Wille, Hartmut Laatsch

Kleines
chemisches Praktikum

Neunte, neubearbeitete Auflage

VCH   Weinheim · New York ·
Basel · Cambridge · Tokyo

Prof. Dr. Hartmut Laatsch
Institut für Organische Chemie
der Georg-August-Universität Göttingen
Tammannstraße 2
D-37077 Göttingen

1. Auflage 1960
2. Auflage 1961
3. Auflage 1963
4. Auflage 1965
5. Auflage 1967
6. Auflage 1969
7. Auflage 1971
8. Auflage 1974
Nachdrucke 1977, 1982, 1985, 1990 der 8. Auflage 1974
9. Auflage 1997

Lektorat: Dr. Gudrun Walter
Herstellerische Betreuung: Dipl.-Ing. (FH) Hans Jörg Maier

Die Deutsche Bibliothek - CIP-Einheitsaufnahme
Dane, Elisabeth:
Kleines chemisches Praktikum / Elisabeth Dane ; Franz Wille ; Hartmut Laatsch. - 9., neubearb. Aufl. - Weinheim ; New York ; Basel ; Cambridge ; Tokyo : VCH, 1997
    ISBN 3-527-29440-6
NE: Wille, Franz:; Laatsch, Hartmut:

© VCH Verlagsgesellschaft mbH, D-69451 Weinheim (Bundesrepublik Deutschland), 1997

Druck: betz-druck gmbh, D-64291 Darmstadt.
Bindung: Wilhelm Osswald & Co, D-67433 Neustadt.
Printed in the Federal Republic of Germany.

Zum Geleit

Dem "Kleinen chemischen Praktikum" von Elisabeth Dane und Franz Wille gebe ich gern ein Geleitwort mit auf den Weg, weil ich das Entstehen des Buches ein wenig verfolgen durfte. In den 7 Semestern, in denen mir die Ausbildung der Medizinstudenten in physiologischer Chemie an der Universität München anvertraut war, konnte ich im Umgang mit den Studierenden, an den Kenntnissen, mit denen sie nach Absolvieren des chemischen Grundpraktikums das Studium der physiologischen Chemie begannen, unmittelbar erfahren, was das Erlernen der chemischen Grundlagen unter Verwendung moderner Anschauungen auf der Basis des nun in Buchform erscheinenden "Kleinen chemischen Praktikums" für ihren weiteren Studienweg bedeuten kann.

Gewiß, das vorliegende Buch ist nicht ausschließlich für die Ausbildung der Studierenden der Medizin gedacht, sondern soll allen dienen, die sich mit Chemie als Nebenfach beschäftigen, aber unter diesen werden die späteren Ärzte stets eine sehr große Gruppe bilden.

Ich möchte allen Studierenden der Medizin und der Biologie wünschen, daß sie sich das "Kleine chemische Praktikum" von Dane und Wille wirklich erarbeiten; die einmal – wenn auch mitunter vielleicht widerstrebend – erworbene Kenntnis der hier vermittelten Grundlagen der Chemie wird sich später beim Studium der Physiologie und der klinischen Medizin als unentbehrlich erweisen, wenn man nicht an der Oberfläche morphologischer Betrachtungen stehenbleiben, sondern den normalen und den krankhaft veränderten Ablauf der Lebensvorgänge verstehen will.

In Deutschland fehlt es oft noch an der Einsicht, daß die Studierenden der Medizin eine wirklich gründliche, moderne Anschauungen einschließende Ausbildung in der allgemeinen Chemie benötigen. Das Festhalten an traditionellen Formen des Unterrichts, eine durch die stürmische wissenschaftliche Entwicklung der letzten Jahrzehnte überholte Verteilung von Schwerpunkten in der Ausbildung läßt den Studierenden oft zu wenig Zeit zur Beschäftigung mit den Grundlagen der exakten Naturwissenschaft und ihrer Anwendung auf funktionelles Denken. Hier muß dringend ein Wandel erfolgen! Das "Kleine chemische Praktikum" will dabei mithelfen. Möge es ihm gelingen, unter denen, die Chemie als Nebenfach betreiben, besseres Verständnis und vermehrte Begeisterung für dieses Fach zu wecken. Ein großer Vorteil des Buches liegt darin, daß es den Lernenden mehrere Stufen des Eindringens anbietet, eine Auswahl des Stoffes in den praktischen Übungen und deren theoretischer Behandlung ermöglicht und neben der anorganischen auch der organischen Chemie genügend Raum gibt. Es wird nicht erwartet, daß alle Studierenden bis zur höchsten Stufe des Dargebotenen vordringen, wohl aber, daß ein jeder sich darum bemüht mitzudenken. Wie oft fehlt es nur daran!

Möge das "Kleine chemische Praktikum" die Aufgabe erfüllen, die es sich gestellt hat, und an unseren Hochschulen Lehrer und Schüler finden, die seinen reichen Inhalt immer wieder lebendig machen.

München, Frühjahr 1960   Adolf Butenandt

Vorwort zur ersten Auflage

Im vorliegenden "Kleinen chemischen Praktikum" sind Versuche für Studierende zusammengestellt, die sich mit Chemie im Nebenfach befassen.

Der anorganische Teil ist nach den Gruppen des Periodensystems geordnet. Grundlagen der allgemeinen Chemie – wie Massenwirkungsgesetz, Säuren-Basen, Oxidation-Reduktion, Kolloide – sind in Sonderkapiteln anhand von Versuchen besprochen. Im organischen Teil sind zunächst die Reaktionen der wichtigsten Einzelgruppen behandelt. Anschließend werden bifunktionelle Verbindungen und deren besonderes Verhalten untersucht. Da der Studierende seine im Praktikum erworbenen Kenntnisse gern an Aufgaben überprüft, ist am Ende des anorganischen und organischen Teils eine vereinfachte qualitative Analyse beschrieben. – Im Kapitel Maßanalyse sind Beispiele für die wichtigsten Methoden gegeben.

Erfahrungsgemäß fällt es dem Studierenden schwer, Versuchsergebnisse und theoretische Vorstellungen miteinander zu verbinden. Um das Verstehen zu erleichtern, sind die zu den Versuchen gegebenen Erläuterungen sehr ausführlich gehalten.

Die Zahl der beschriebenen Versuche ist relativ groß. Damit möchten wir erreichen, daß der Studierende die ihn besonders interessierenden Reaktionen in einem größeren Zusammenhang sehen kann. Auch wollten wir dem Praktikumsleiter die Möglichkeit geben auszuwählen. In einem kurzen Praktikum wird man sich vornehmlich auf Versuche beschränken, die geeignet sind, die wichtigsten Grundkenntnisse zu vermitteln.

Das Interesse, welches der Chemie – wenn sie Nebenfach ist – entgegengebracht wird, ist sehr verschieden. Für Studierende, die besonders interessiert sind, wurden einige schwierigere Versuche beschrieben und moderne Vorstellungen diskutiert, die zum Mitdenken anregen mögen. Diese Abschnitte stellen erhöhte Anforderungen. Sie sind aber so abgefaßt, daß sie unberücksichtigt bleiben können; das Verständnis des Folgenden wird dadurch nicht beeinträchtigt.

Einigen Fachkollegen der Universität München und der Technischen Hochschule München danken wir herzlich für wertvolle Diskussionen.

München, Frühjahr 1960   Elisabeth Dane, Franz Wille

Vorwort zur zweiten bis sechsten Auflage

Diese Auflagen unterscheiden sich nicht wesentlich von der ersten; es wurden einige Versuchsbeschreibungen sowie Textstellen verbessert und ergänzt.

In der fünften Auflage haben wir die *Richtsätze für die Nomenklatur der anorganischen Chemie*, die sich inzwischen allgemein eingeführt haben, berücksichtigt.

München, Frühjahr 1969   E. Dane, F. Wille

Vorwort zur siebten Auflage

In der 7. Auflage war die Möglichkeit gegeben, größere Änderungen und Ergänzungen vorzunehmen sowie neue Kapitel einzufügen.

Einleitend wird das Reaktionsverhalten von Elementen in Beziehung zu deren Stellung im Periodensystem diskutiert. Um eine Vorstellung von der chemischen Bindung geben zu können, haben wir im 2. Kapitel anhand von Abbildungen – sehr vereinfacht – Grundlagen der Orbitaltheorie besprochen. Auf der Basis dieser Theorie wird in einem späteren Kapitel versucht, verschiedenartige Bindungen in organischen Molekülen zu veranschaulichen. – An einigen Beispielen haben wir den Mechanismus von biochemischen Reaktionen, die im Zusammenhang mit Versuchen des chemischen Praktikums stehen, erläutert.

München, März 1971   E. Dane, F. Wille

Vorwort zur achten Auflage

In dieser Auflage wurden kleinere Änderungen vorgenommen und einige Versuche eingefügt. Die Messung des Verlaufs einer Esterverseifung haben wir zum Anlaß genommen, um Grundlagen der Reaktionskinetik in einem zusätzlichen Kapitel zu besprechen.

München, September 1974   E. Dane, F. Wille

Vorwort zur neunten Auflage

Das "Kleine chemische Praktikum" präsentierte sich seit mehr als zwei Jahrzehnten in einer weitgehend unveränderten Form. Dies läßt sich als Zeichen der hohen Akzeptanz einer ausgewogenen Mischung aus Theorie und Praxis verstehen; es bedeutet aber auch, daß eine Anpassung an die neueren Entwicklungen in der Chemie nunmehr dringend geboten war. In der vorliegenden Auflage wurden deshalb alle theoretischen Abschnitte neu bearbeitet und vor allem die Kapitel über Atombau und chemische Bindung oder die Chromatographie auf den neuesten Stand gebracht.

Auch in der Chemie-Ausbildung haben Arbeitssicherheit und Umweltschutz inzwischen eine zentrale Bedeutung erlangt. Dem wurde in einem neuen Abschnitt über die Gefahrstoff-Verordnung sowie mit ausführlichen Angaben zu den MAK-Werten und den Gefahrstoff-Hinweisen und Sicherheitsratschlägen Rechnung getragen. Alle Experimente wurden schließlich unter den Aspekten der Gefahrstoff-Verordnung neu bewertet, entsprechend abgeändert oder auch ganz gestrichen: So wurde z.B. der Umgang mit besonders toxischen Schwermetallen wie Arsen und Quecksilber stark eingeschränkt. Schließlich findet der Leser zu jedem Experiment jetzt auch Hinweise zur Entsorgung.

Göttingen, Juli 1996   H. Laatsch

Inhaltsverzeichnis

Kapitel 1.   Periodensystem und Reaktionsverhalten der Elemente

Erst seit man chemische Reaktionen mit der Waage verfolgt, hat sich die Chemie zu einer exakten Wissenschaft entwickelt. In die frühe Zeit – gegen Ende des achtzehnten Jahrhunderts – fallen eine Reihe weittragender Erkenntnisse. So nahm der Begriff des chemischen Elements eine klare Form an und wurde von dem der Verbindung abgegrenzt. Als Ergebnis quantitativer Untersuchungen zeigte LAVOISIER 1785 die Gültigkeit des *Gesetzes von der Erhaltung der Masse*. Wenig später wurden die sogenannten *stöchiometrischen Gesetze* gefunden, die zusammengefaßt besagen: die Elemente vereinigen sich stets im Verhältnis bestimmter Verbindungsgewichte oder ganzzahliger Vielfacher dieser Gewichte zu chemischen Verbindungen.

DALTON gab 1805 in seiner Atomhypothese eine Erklärung für den Inhalt der stöchiometrischen Gesetze. Er nahm an, daß die einzelnen Elemente aus kleinsten Bausteinen, den Atomen, aufgebaut seien. Nach DALTON haben die Atome ein für jedes Element charakteristisches Gewicht und können mit einem oder mehreren Atomen eines anderen Elementes reagieren. Diese Vorstellungen erwiesen sich als äußerst fruchtbar und setzten sich allmählich durch.

Die relativen Atommassen der meisten Elemente hatte man bereits um die Mitte des vorigen Jahrhunderts bestimmt. Diese sind dimensionslose Verhältniszahlen. Sie gaben ursprünglich an, um wieviel mal größer die Atommassen der verschiedenen Elemente sind als die des leichtesten Elements, des Wasserstoffs, dessen Masse man willkürlich gleich 1 setzte. Aus praktischen Gründen hat man später den Sauerstoff als Vergleichsbasis gewählt und ihm die Atommasse 16 zugeordnet; der Wasserstoff erhält dann die (relative) Atommasse 1.008. Jetzt verwendet man das Kohlenstoff-Isotop mit der Masse 12.00000 als Vergleichsbasis.

Ordnet man die Elemente nach steigender relativer Atommasse, so zeigen sich regelmäßige Änderungen der Eigenschaften. Da nach einer bestimmten Anzahl von Elementen jeweils wieder eines mit ähnlichem Verhalten auftritt, erschien es sinnvoll, die Elemente in Perioden anzuordnen, und zwar in der Weise, daß Elemente mit ähnlichem Reaktionsverhalten untereinander zu stehen kommen. Dieses Prinzip liegt dem Periodensystem der Elemente[1] zugrunde, das D. I. MENDELEJEFF (1869) und unabhängig von ihm LOTHAR MEYER (1870) ungefähr in der jetzt gültigen Form aufstellten. MENDELEJEFF gelang es sogar, aufgrund von Lücken in seinem System die Existenz der seinerzeit noch nicht bekannten Elemente Scandium, Gallium und Germanium und sogar ihre Eigenschaften vorherzusagen.

Das Periodensystem der Elemente (PSE) gibt Auskunft über den Aufbau von Kern und Elektronenhülle der Elemente, über systematische Änderungen chemischer und physikalischer Eigenschaften, über die Neigung zur Bildung von Komplexen und vieles mehr[2].

Ein gewisses Verständnis für chemische Reaktionen wurde ermöglicht, seit die Physik zu einer Vorstellung vom Bau der Atome kam. Bis 1913 war aus experimentellen Unter-

---

1)   s. Innenseite des Einbands
2)   Atkins/Beran: Chemie – einfach alles, VCH Weinheim, 1996. H.-D. Hardt, Die periodischen Eigenschaften der Elemente, Georg Thieme, Stuttgart 1974.

suchungen etwa folgendes bekannt: Jedes Atom besteht aus einem positiv geladenen Kern, der aus Protonen und Neutronen aufgebaut und von negativ geladenen Teilchen, den Elektronen, umgeben ist. Die Masse eines Atoms ist im wesentlichen durch die Masse des Kerns gegeben. Die Protonen tragen eine positive Elementarladung, die Neutronen sind ungeladen. Die Ladung des Atomkerns ist daher stets ein ganzzahliges Vielfaches der Elementarladung; sie steigt vom Wasserstoff mit der Kernladungszahl 1 pro Element um eine Einheit. Die Anordnung nach steigender Kernladungszahl ergibt für die Elemente die gleiche Folge, die schon aufgrund der relativen Atommassen und der chemischen Eigenschaften gefunden worden war: Die Kernladungszahl ist mit der Ordnungszahl im PSE identisch. Nach außen ist das Atom elektrisch neutral, da die Zahl der Elektronen – von denen jedes eine negative Elementarladung trägt – gleich der Zahl der positiven Elementarladungen des Atomkerns ist. Daher gibt die Ordnungszahl auch die Zahl der Elektronen im jeweiligen neutralen Atom wieder.

Die Massenzahl eines Atoms entspricht in etwa der Summe der Neutronen- und Protonen-Massen (Nukleonen) im Atom. Um die Zahl der Neutronen in einem gegebenen Kern zu erhalten, muß man deshalb die Ordnungszahl (Anzahl der Protonen) von der Massenzahl (Anzahl der Protonen und Neutronen) subtrahieren; die Masse der Elektronen kann vernachlässigt werden.

Tabelle 1.1. Ordnungszahl, Neutronenzahl und Masse der ersten 5 Reinelemente.

Element	Ordnungszahl	Neutronenzahl	Masse[*)
Beryllium	4	5	9.012186
Fluor	9	10	19.998405
Natrium	11	12	22.989771
Aluminium	13	14	26.981539
Phosphor	15	16	30.973765

[*) relative Masse, bezogen auf Kohlenstoff = 12.000000

Von den meisten Elementen kommen mehrere Isotope in der Natur vor, d.h. es existieren Atome, die sich bei gleicher Protonenzahl in der Neutronenzahl unterscheiden; einige dieser Isotope sind radioaktiv und gehen unter Emission von Strahlung in andere Elemente über. Nur 21 Elemente bestehen zu 100% aus einem einzigen Isotop (Reinelemente, s. Tab. 1.1.).

Tabelle 1.2. Eigenschaften der Wasserstoff-Isotope.

	Symbol	Häufigkeit [%] Masse [g/mol]	Schmp. [°C]	Kp. [°C]	Entdecker	chem. Verwendung
Wasserstoff	H	99.985 1.0078252	–259.2	–252.8	H. CAVENDISH 1766	Synthesegas
Deuterium	D, ^{2}H	0.0148 2.0141022	–254.4	–249.5	H. C. UREY 1931	"Isotopenmarkierung" zur Aufklärung von
Tritium	T, ^{3}H	– 3.0160497	–252.5	–248.1	E. RUTHERFORD, M. L. OLIPHANT 1934	Reaktionsmechanismen

Bei den Wasserstoff-Isotopen führt die erhebliche Massenzunahme (100 bzw. 200 %) zu deutlichen Änderungen der physikalischen Eigenschaften (s. Tab. 1.2.). Im Gegensatz zu den Isotopen anderer Elemente werden dadurch auch Unterschiede im chemischen Reaktionsverhalten bemerkbar.

Tabelle 1.3. setzt die atomaren Größenordnungen der Atome und ihrer Bausteine in Beziehung zu makroskopischen Dimensionen.

Tabelle 1.3. Eigenschaften von Elementarteilchen im Vergleich zu makroskopischen Körpern.

Teilchen	Durchm. [cm]	Masse [g]	rel. Masse	Ladung[*)
Elektron	10^{-15}	9.109×10^{-28}	0.000550	-1
Proton	1.4×10^{-13}	1.6725×10^{-24}	1.007597	$+1$
Neutron	1.3×10^{-13}	1.6748×10^{-24}	1.008987	0
H-Atom	1.2×10^{-8}	1.6733×10^{-24}	1.007825	0
α-Teilchen	2.3×10^{-13}	6.6459×10^{-24}	4.001503	$+2$
Virus	10^{-4}	ca. 10^{-17}		
Kirsche	2	5		
Erde	10^{9}	6×10^{27}		
Entfernung z. Sonne	10^{13}			

[*) in ganzzahligen Vielfachen der elektrischen Elementarladung (Elektronenladung)

Bei der Vergrößerung des Wasserstoff-Atomkerns auf die Größe einer Kirsche wäre dessen Elektron so groß wie ein Stecknadelkopf und befände sich in einem Abstand von etwa 1 km vom Kern: Atome sind also größtenteils "leer", die Masse konzentriert sich fast ausschließlich auf den Kern.

Man überzeuge sich davon, daß die Atommassen generell *kleiner* sind als die Summe der Einzelmassen ihrer Nukleonen. Die Differenz, der sog. Massendefekt, entspricht nach $E = m \cdot c^2$ (Energie = Masse × Quadrat der Lichtgeschwindigkeit) der Bindungsenergie der Atomkerne.

Die Elektronen eines Atoms haben unterschiedliche potentielle Energien, wie sich qualitativ im Reaktionsverhalten der Elemente, besonders aber in der Emission von Spektrallinien bei thermischer Anregung, bei Gasentladungen (Neonröhre) oder in der Röntgenspektroskopie (MOSELEY, 1913) zeigt. Um diese energetischen Unterschiede zu erklären, postulierte BOHR (1913), daß die Elektronen auf Bahnen von bestimmtem Radius um den Atomkern kreisen. Bahnen, auf denen sich Elektronen von ungefähr gleicher Energie bewegen, wurden in Gruppen, sogenannten Schalen, zusammengefaßt (KOSSEL, 1914). Diese Schalen können nur von einer begrenzten Zahl von Elektronen besetzt werden. Jede Schale nimmt maximal $2 \cdot n^2$ Elektronen auf, wobei n gleich der Schalennummer ist. In der ersten Schale (n = 1, K-Schale) können sich also nicht mehr als zwei Elektronen befinden, in der 2. Schale (n = 2, L-Schale) nicht mehr als $2 \cdot 2^2 = 8$, und in der 3. Schale (n = 3, M-Schale) maximal 18 Elektronen; mehr als 32 Elektronen (4. Schale) werden allerdings auch in höheren Schalen nicht erreicht. Die Nummern der Schalen entsprechen den Nummern der horizontalen Reihen im Periodensystem, den "Perioden", und werden – beginnend mit K – auch mit großen lateinischen Buchstaben benannt; diese Bezeichnungsweise stammt aus der Röntgenspektroskopie. In der neueren quantenmechanischen Betrachtungsweise des Atoms (s. Kap. 2.) ist die Vorstellung von Elektronenbahnen aufgegeben; der Begriff der Elektronenschale wird aber aus Gewohnheit weiter benutzt.

Das folgende Schema zeigt die Hauptgruppenelemente der ersten drei Perioden mit der Elektronenbesetzung der jeweils äußersten Schale (Valenzelektronen):

$$H\cdot \qquad\qquad\qquad\qquad He\colon$$

$$Li\cdot \quad \cdot Be\cdot \quad \cdot\dot{B}\cdot \quad \cdot\dot{C}\cdot \quad \colon\dot{N}\cdot \quad \colon\dot{O}\colon \quad \colon\ddot{F}\cdot \quad \colon\ddot{N}e\colon$$

$$Na\cdot \quad \cdot Mg\cdot \quad \cdot\dot{A}l\cdot \quad \cdot\dot{S}i\cdot \quad \colon\dot{P}\cdot \quad \colon\dot{S}\colon \quad \colon\ddot{C}l\cdot \quad \colon\ddot{A}r\colon$$

Das chemische Verhalten der Elemente wird vor allem durch den Aufbau ihrer Elektronenhüllen bestimmt; deren Gesetzmäßigkeiten sind daher für ein Verständnis chemischer Elementarprozesse essentiell. Ein Vergleich der Elektronenanordnung untereinanderstehender Elemente zeigt die bemerkenswerte Tatsache, daß die vom Chemiker als ähnlich erkannten Elemente der vertikalen "Gruppen" die gleiche Zahl von Elektronen in der äußersten Schale besitzen. So haben die Alkalimetalle Lithium, Natrium, Kalium usw. je ein Elektron in der Außenschale, die Halogene in der VII. Hauptgruppe 7 Elektronen. Dieser Befund legt nahe anzunehmen, daß es vor allem die Elektronen der *äußersten* Schale sind, die sich an chemischen Reaktionen beteiligen. Nun zeigen die Edelgase einen auffallenden Unterschied gegenüber den anderen Elementen; sie sind einatomig. Alle übrigen Elemente kommen nur in mehratomigen Molekülen vor. Die Edelgase haben auf der Außenschale 8, Helium nur 2 Elektronen (s. S. 15 und Tab. 2.2). Daraus ist zu schließen, daß diese Elektronenbesetzung auf einer Außenschale ein besonders stabiler, energiearmer Zustand ist. Die übrigen Elemente können ein stabiles Oktett (bzw. bei Wasserstoff Dublett) dadurch erreichen, daß Atome des gleichen Elements oder Atome von verschiedenen Elementen Bindungen eingehen. Chemisch ähnliche. Elemente einer Hauptgruppe haben die gleiche Zahl von Außenelektronen. Die Chemie wird daher auch manchmal als die "Physik der Elektronenhülle" bezeichnet.

Im folgenden interessieren zwei Arten der chemischen Bindung, die Atombindung und die Ionenbindung. Atome von gleichartigen Nichtmetallen sind durch kovalente Bindungen verknüpft. Diese Bindungsart sei am Chlor demonstriert. Wie alle gasförmigen Elemente – mit Ausnahme der Edelgase – liegt Chlor als zweiatomiges Molekül vor. Zur Bindung steuern beide Chloratome je ein Elektron bei, das beiden Atomen anteilig gehört: Der Bindungsstrich symbolisiert nach LEWIS also ein Bindungselektronen*paar*:

$$\colon\ddot{C}l\cdot \; + \; \cdot\ddot{C}l\colon \; \longrightarrow \; \colon\ddot{C}l\colon\ddot{C}l\colon \; (\text{entspricht } |\overline{C}l-\overline{C}l| \text{ oder } Cl-Cl)$$

Im Chlor-Molekül haben beide Partner dadurch ein Elektronenoktett, was man oftmals durch das zusätzliche Einzeichnen der *freien* Elektronenpaare verdeutlicht. Diese Bindung ist unpolar und wird auch als *homöopolar* bezeichnet.

An einer kovalenten Bindung können auch mehrere Elektronenpaare beteiligt sein; so erlangen Sauerstoff-Atome im Singulett-Sauerstoff[1] ein Oktett (Neon-Konfiguration) da-

---

1)   Singulett-Sauerstoff entsteht aus dem "normalen" Sauerstoff (Triplett-Sauerstoff) unter bestimmten Bedingungen im Licht. Wegen der komplizierteren Bindungsverhältnisse des letzteren s. Kap. 7.

durch, daß jedes der Atome 2 Elektronen zur Bindung beiträgt, wodurch eine Doppelbindung entsteht. Das Stickstoff-Molekül hat eine dreifache Bindung: $:\dot{\ddot{N}}\cdot + :\dot{\ddot{N}}\cdot \rightarrow :N ::: N:$. Schließlich können Atombindungen auch durch Überlagerung eines freien Elektronen-*paars* von Atom 1 mit der Elektronen*lücke* eines Atoms 2 entstehen.

Eine *heteropolare oder Ionenbindung* wird gebildet, wenn ein Metall, z. B. Natrium, mit einem Nichtmetall, z. B. Chlor, reagiert. Das Natrium-Atom gibt das einzelne Elektron aus seiner M-Schale ab, wenn es einen Partner findet, der dieses aufnimmt; das so gebildete Na^+-Ion hat in der nun bloßliegenden L-Schale die gleiche Besetzung wie das Edelgas Neon. Aus dem Chlor-Atom wird durch Aufnahme eines Elektrons ein negativ geladenes Chlorid-Ion, das die Elektronenzahl des Argons hat: $Na\cdot + :\ddot{\underset{..}{Cl}}\cdot \rightarrow Na^+ + :\ddot{\underset{..}{Cl}}:^-$. Die auf diesem Wege gebildeten Ionenverbindungen nennt man Salze. Im Kochsalz-Kristall werden die Ionen durch elektrostatische Kräfte zusammengehalten. Es bedarf erheblicher Energiezufuhr, um solche Kräfte zu überwinden; daher sind Stoffe mit Ionenbindung schwer verdampfbar und schwer schmelzbar.

Die vorstehend besprochenen Bindungsarten stellen Grenzfälle dar, zwischen denen alle Grade von Übergängen bekannt sind. Der sehr oft anzutreffende Übergang zwischen kovalenter und Ionenbindung liegt in Verbindungen von ungleichartigen Nichtmetallen vor. So hat die Bindung im Chlorwasserstoff im wesentlichen den Charakter einer kovalenten Bindung. Das bindende Elektronenpaar wird aber vom Kern des Chlor-Atoms stärker angezogen als von dem des Wasserstoffs, wodurch das Chlor eine schwach negative Ladung erhält und der Wasserstoff eine schwach positive: $H\overset{\delta^+}{-}Cl^{\delta^-}$. Dieser Bindungszustand, der zwischen kovalenter und Ionen-Bindung liegt, wird als *polarisierte kovalente Bindung* bezeichnet. Solche Bindungen besitzen ein Dipolmoment μ, das man als Produkt aus verschobener Ladung Q und Abstand l definiert: $\mu = Q \cdot l$ und gewöhnlich in der Einheit Debye [D] mißt. Dipolmoleküle gehen untereinander elektrostatische Wechselwirkungen ein und zeigen dadurch wie z.B. Wasser oftmals ungewöhnlich hohe Schmelz- oder Siedepunkte.

In festen Nichtmetallen wird ein Elektronenoktett dadurch erreicht, daß alle Atome durch Einfachbindungen verknüpft sind. So ist z. B. im Diamant (reiner Kohlenstoff) jedes C-Atom mit vier weiteren C-Atomen verbunden; die Bindungen bilden einen Winkel von 109° miteinander, was sich durch die Bindungstheorie (Kap. 2. und 26.) auch begründen läßt.

Metalle bestehen aus einem Gitter positiv geladener Atomrümpfe, zwischen denen sich die vom Stammatom getrennten Valenzelektronen als *Elektronengas* frei bewegen können.

In den vorstehenden Abschnitten wurde erwähnt, daß sich die Elemente einer Hauptgruppe bei Reaktionen ähnlich verhalten. Innerhalb der Gruppen zeigen sich jedoch graduelle Unterschiede der Reaktivität; so wird z. B. mit steigender Atommasse der Metalle die zur Ionisierung, d.h. die zur vollständigen Abtrennung eines Außenelektrons erforderliche Energie, im allgemeinen kleiner. Diese Änderung der Ionisierungsenergie hängt mit der Größe der Atome zusammen (s. Abb. 2.3, S. 10). In dem schweren Alkalimetall Cäsium zum Beispiel ist das Valenzelektron weiter vom Atomkern entfernt als im Lithium; außerdem wird im Cäsium die positive Ladung des Kerns durch die Elektronen der inneren Schalen "abgeschirmt". Das Valenzelektron des Cäsiums wird also mit einer geringeren Kraft vom Atomkern angezogen als das des Lithiums.

Bei Nichtmetallen bezeichnet man den mit der Aufnahme eines Elektrons – unter Bildung eines Ions – verbundenen Energieumsatz als *Elektronenaffinität*. Diese ändert sich ebenfalls mit einer gewissen Regelmäßigkeit. In der Gruppe der Halogene zum Beispiel ist das Fluor-Atom weit elektronenaffiner als ein Iod-Atom. Dies läßt sich analog begründen wie die Abnahme der Ionisierungsenergie bei Metallen: Vom Atomkern des kleineren Fluors wird ein hinzukommendes Elektron stärker angezogen als im voluminösen Iod.

Die unterschiedliche Tendenz von Nichtmetallen, Elektronen anzuziehen, zeigt sich bei der Ausbildung von kovalenten Bindungen z.B. in der Wärmemenge, die bei der Bildung von Wasserstoffverbindungen aus den Elementen (in kJ pro mol) frei wird. In Tab. 1.4. sind molare Bildungswärmen von Wasserstoffverbindungen (gasförmig) angegeben. Man beachte, daß bei exothermen Reaktionen (unter Wärmeabgabe verlaufende Umsetzungen) die Bildungswärme definitionsgemäß ein negatives Vorzeichen erhält.

Tabelle 1.4. Molare Bildungswärmen von Hydriden [kJ/mol].

CH_4	−17.88	NH_3	−11.04	H_2O	−57.8	HF	−64.2
		PH_3	2.21	H_2S	−4.81	HCl	−22.06
		AsH_3	41.0			HBr	−8.66

Die Bildungswärmen nehmen in einer Gruppe mit steigender Atommasse der Elemente ab. In den Perioden ist – mit Ausnahmen – eine Abnahme der Bildungswärme von rechts nach links festzustellen. Allerdings sind die gemessenen Bildungswärmen nicht direkt vergleichbar: es muß unterschiedliche Energie aufgewendet werden, um die reagierenden Elemente in Atome zu spalten; auch geht von den verschiedenen Atomen nicht die gleiche Zahl von Bindungen aus.

Wenn man die bei Bildungswärmen sich uneinheitlich auswirkenden Faktoren in geeigneter Weise eliminiert, so erhält man die *Elektronegativitätswerte*. Es sind dies relative Zahlen, die angeben, wie stark ein Atomkern die Bindungselektronen – im Vergleich zu einem anderen – in einer Bindung anzieht. In Tabelle 1.5. sind (die von PAULING berechneten) Elektronegativitätswerte der Elemente der ersten drei Perioden aufgeführt.

Tabelle 1.5. Elektronegativitätswerte der Elemente der ersten Periode.

H						
2.1						
Li	Be	B	C	N	O	F
1.0	1.5	2.0	2.5	3.0	3.5	4.0
Na	Mg	Al	Si	P	S	Cl
0.9	1.2	1.5	1.8	2.1	2.5	3.5

Die Zahlenwerte der Tabelle 1.5. zeigen, daß die Elektronegativitäten der Elemente in einer *Gruppe* mit steigender Atommasse kleiner werden, in einer *Periode* beim Übergang von Nichtmetallen zu Metallen. Bindungen sind um so polarer, je größer die Differenz zwischen den Elektronegativitäten der beteiligten Atome ist (vgl. NaCl und HCl). Die

Elektronegativität hängt verständlicherweise mit der Ionisierungsenergie und der Elektronenaffinität der Elemente zusammen.

Stöchiometrisches Rechnen

Es hat sich als zweckmäßig erwiesen, Begriffe einzuführen, die auf einfache Weise die Berechnung der Gewichtsverhältnisse bei chemischen Reaktionen ermöglichen. Zwei wichtige Begriffe sind das Gramm-Atom und das Gramm-Molekül oder einfacher mol. Man versteht darunter die Menge in Gramm, welche die relative Atommasse bzw. die relative Molekülmasse angibt. So ist z. B. 1 Gramm-Atom Natrium gleich 23 g Natrium; 1 mol Wasserstoff sind 2 g Wasserstoff. Diese Stoffmengen sind naturgemäß proportional den (absoluten) Massen der Atome bzw. Moleküle:

1 Gramm-Atom = N × absol. Atommasse
1 Gramm-Molekül = 1 mol = N × absol. Molekülgewicht

Der in diesen Gleichungen auftretende Proportionalitätsfaktor N (LOSCHMIDTsche Zahl) gibt die Zahl der Atome in einem Gramm-Atom jedes Elements bzw. die Zahl der Moleküle in einem mol einer Verbindung an. Mit Hilfe physikalischer Methoden ist N zu 6.023×10^{23} bestimmt worden.

Die bei der Formulierung chemischer Reaktionen benutzten Symbole geben in einer Reaktionsgleichung nicht nur eine qualitative Beschreibung des Vorgangs, sondern bringen darüber hinaus auch die Gewichtsverhältnisse zum Ausdruck; das Symbol des Elements oder die Summenformel der Verbindung steht gleichzeitig für ein Gramm-Atom bzw. für ein Gramm-Molekül. So enthält die Gleichung $2 H_2 + O_2 \longrightarrow 2 H_2O$ folgende Aussagen:

2 Moleküle $H_2 + 1$ Molekül $O_2 \longrightarrow 2$ Moleküle H_2O
2 N Moleküle $H_2 + $ N Moleküle $O_2 \longrightarrow 2$ N Moleküle H_2O
2 mol $H_2 + 1$ mol $O_2 \longrightarrow 2$ mol H_2O
2×2 g $H_2 + 32$ g $O_2 \longrightarrow 2 \times 18$ g H_2O

Wir berechnen nun mit Hilfe der eingeführten Begriffe an einem Beispiel die bei chemischen Reaktionen erforderlichen Gewichtsverhältnisse der Ausgangsstoffe sowie die theoretisch möglichen Ausbeuten:

Wieviel Gramm Sauerstoff sind notwendig, um 4.5 g Wasserstoff vollständig zu Wasser umzusetzen?

2 g Wasserstoff verbrauchen 16 g Sauerstoff zur Bildung von H_2O; also benötigen 4.5 g Wasserstoff x g Sauerstoff: 2 g H_2 : 16 g O_2 = 4.5 g H_2 : x g $O_2 \Rightarrow x = 36$ g

Wieviel g Wasser werden aus 4.5 g Wasserstoff gebildet? 2 g H_2 : 18 g H_2O = 4.5 g H_2 : x g $H_2O \Rightarrow x = 40.5$ g

Sehr einfache Beziehungen ergeben sich für die Volumenverhältnisse von Gasen. Nach dem Satz von AVOGADRO befindet sich in gleichen Volumina von Gasen bei gleicher Temperatur und gleichem Druck die gleiche Anzahl von Molekülen (in Edelgasen die gleiche Zahl von Atomen). Da ein mol eines Gases N (= $6.023 \cdot 10^{23}$) Moleküle enthält, ist umgekehrt das Volumen, das ein mol einnimmt, für alle (idealen) Gase gleich groß. Dieses *Mol-*

volumen beträgt unter Normalbedingungen (0 °C; 760 Torr) 22.4 Liter. Für die Umsetzung von Wasserstoff und Sauerstoff zu Wasser gilt also:

$$22.4 \text{ Liter } H_2 + 11.2 \text{ Liter } O_2 \longrightarrow 22.4 \text{ Liter } H_2O \text{ (Dampf)}$$

Kapitel 2. Atombau und chemische Bindung

Atom-Orbitale

In der frühen BOHRschen Atomhypothese (1913) wurden Elektronenbahnen von bestimmtem Radius postuliert, auf denen sich die Elektronen wie die Planeten um die Sonne mit genau definierter Geschwindigkeit bewegen; elektrostatische Anziehung und Zentrifugalkraft halten sich die Waage. Die unterschiedlichen Energien der Elektronen werden durch Unterschiede in den Bahnradien erklärt.

Die Grundlagen des BOHRschen Atommodells lassen sich in den BOHRschen Postulaten zusammenfassen, deren Inhalte hier vereinfacht wiedergegeben werden:

- Die Elektronen der Atomhülle bewegen sich auf kreisförmigen oder ellipsoiden Bahnen mit definierten Radien bzw. Halbachsen um den Atomkern. *Zwischen* diesen durch Quantenzahlen definierten Quantenbahnen können sich die Elektronen nicht aufhalten. Auf den Bahnen bewegen sich die Elektronen strahlungslos, d.h. sie geben keine Energie ab.
- Durch Energieaufnahme (Anregung) können die Elektronen auf weiter vom Atomkern entfernte, energiereichere Bahnen überwechseln. Und umgekehrt wird beim Übergang auf eine kernnähere Bahn Energie in Form von elektromagnetischer Strahlung abgegeben. Die Lichtenergie (die Frequenz) ist dem Energieunterschied der Bahnen für Grundzustand und angeregten Zustand proportional.
- Die Elektronen besetzen die Bahnen von unten nach oben, d.h. es werden zuerst die energetisch tiefer liegenden inneren Bahnen vollständig besetzt, bevor auch äußere Bahnen bestückt werden. Ein "Nachrücken" der Elektronen von äußeren auf innere Bahnen ist daher nur möglich, wenn zuvor durch Energiezufuhr Lücken in die besetzten tieferen Bahnen geschlagen wurden. Die Maximalzahl der Elektronen pro Bahn gehorcht bestimmten Regeln.

Prüfstein für die Leistungsfähigkeit einer Atomhypothese sind die Linienspektren von Atomen. Diese werden beobachtet, wenn Elektronen aus höher angeregten, also energiereicheren Zuständen (größeren Bahnradien) unter Lichtemission in eine Elektronenlücke in einer tieferliegenden Bahn zurückfallen. Dies wird z.B. in der Leuchtstoffröhre genutzt, in der die Anregung durch Stoß mit im elektrischen Feld beschleunigten Elektronen und Ionen erfolgt. Auch die Spektralanalyse, bei der Elemente anhand des emittierten Lichtes identifiziert werden, basiert auf diesem Prinzip. Aus der Wellenlänge des emittierten Lichtes läßt sich die Anregungsenergie der Elektronen errechnen. Jedoch führten Versuche, diese Energiewerte auf der Grundlage des einfachen Schalenmodells zu verstehen, nicht zu einem befriedigenden Ergebnis. 1925 machte HEISENBERG darauf aufmerksam, daß es aus prinzipiellen Gründen nicht möglich ist, Bahnen von Elektronen anzugeben (HEISENBERGsche Unschärferelation); schließlich müßte ein sich auf einer Kreisbahn bewegendes Elektron seine Energie entgegen dem Bohrschen Postulat als Strahlung abgeben und in kürzester Zeit in den Kern kollabieren.

Man mußte daher das Planetenmodell des Atoms durch andere Vorstellungen ergänzen. Aus der Optik war bekannt, daß man Licht sowohl als elektromagnetische Welle wie auch als Korpuskel beschreiben kann. Eine solche dualistische Betrachtungsweise gilt auch für Elektronen. 1926 zeigte SCHRÖDINGER, daß das Elektron im H-Atom besser durch eine Wellengleichung beschrieben werden kann: Das Elektron wurde jetzt als stehende kreisförmig in sich geschlossene Materiewelle (L. DE BROGLIE) gedeutet, die den Atomkern im Abstand des BOHRschen Radius umschließt (Abb. 2.1.): Der Umfang der BOHRschen Kreisbahnen entspricht stets der Wellenlänge des Elektrons oder einem ganzzahligen Vielfachen davon, was die Existenz der BOHRschen Radien zwanglos erklärt. Erst dadurch wird verständlich, daß Elektronen der Elektronenhülle aus einem Kontinuum nur ganz *bestimmte* Energiebeträge (*Energiequanten*) aufnehmen oder abgeben können (Abb. 2.2.), wie z.B. die Elektronenstoßversuche von FRANCK und HERTZ zeigten (1912).

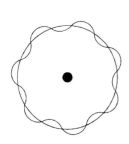
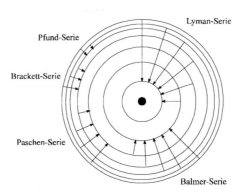

Abb. 2.1. Stehende Materiewelle im Wasserstoffatom

Abb. 2.2. Spektralserien des Wasserstoffatoms und deren Energieübergänge (nicht maßstabsgerecht)

Mit dem auf diese Weise erweiterten BOHRschen Atommodell ergibt die Lösung der Gleichungen für Wasserstoff Energiewerte, die mit den aus seinen Spektralserien errechneten exakt übereinstimmen.

Bei Atomen, die mehrere Elektronen haben, wird allerdings die Lösung von Wellengleichungen so kompliziert, daß sich nur Näherungen erhalten lassen; diese geben dennoch Informationen, die ein qualitatives Verständnis der chemischen Bindung vermitteln.

Bei der ab ca. 1947 erweiterten mathematischen Beschreibung eines Atoms auf der Basis der *Quantenmechanik* errechnet man zuerst das Verhalten seiner einzelnen Elektronen, als wären sie unabhängig voneinander. Man erhält so für jedes Elektron eine Einelektronen-Wellenfunktion Ψ, deren Quadrat ein Maß für die Aufenthaltswahrscheinlichkeit des Elektrons in einem bestimmten Volumen, dem *Orbital* (von engl. orbit = Planetenbahn), ist. Die für das betreffende Atom errechneten Orbitale werden dann kombiniert, wobei man die gegenseitige Abstoßung der Elektronen berücksichtigt. Aus diesen Berechnungen ergibt sich das folgende Bild des Atoms: Die Elektronenhülle stellt sich dar als eine "Wolke" negativer Ladung, in der die Dichte der Ladung auf bestimmte Weise verteilt ist. Eine genaue Angabe für den Aufenthaltsort des Elektrons ist nicht mehr möglich. Man kann vielmehr nur noch die Wahrscheinlichkeit angeben, mit der sich ein Elektron in einem bestimmten, durch Richtung und Abstand zum Kern definierten Volumenelement (Orbital) befindet. Trotz der Abkehr vom Planetenmodell des Atoms wird der Begriff Elektronenbahn oder Elektronenschale dennoch häufig beibehalten.

Die Elektronenbahn des BOHRschen Atommodells wird im quantenmechanischen Modell durch Orbitale (Aufenthaltsräume) ersetzt.

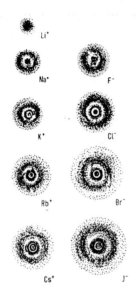

Abb. 2.3. Elektronenverteilung in Ionen der Elemente der I. und VII. Hauptgruppe. Die Abbildung zeigt die Verteilung der Ladungsdichte. Es sind Ionen nebeneinander gesetzt, welche die gleiche Edelgasschale haben. So haben z.B. Na^+-Ionen und F^--Ionen die Elektronenzahl des Edelgases Neon. Für Atome selbst ergibt sich ein ähnliches Bild; sie sind durchweg größer als ihre Kationen, jedoch kleiner als ihre Anionen.

Atomorbitale charakterisieren also den *Raum*, in dem sich die Elektronen bewegen; deren Energiegehalt und Form werden durch die vier *Quantenzahlen n, l, m* und *s* bestimmt. Die *Hauptquantenzahl* n haben wir als Periodennummer im PSE bereits kennengelernt; sie kann die Werte 1, 2, 3... annehmen und entspricht den früheren BOHRschen Radien: Elemente der 1. Periode (H, He; $n = 1$) besitzen nur die K-Schale, in der zweiten Periode (Li, Be usw., $n = 2$) sind K- und L-Schale vorhanden, und im Kalium (n = 4) sind K-, L-, M- und N-Schalen mit Elektronen besetzt. Im Energiebereich einer Hauptquantenzahl n können sich maximal $2n^2$ Elektronen auf n^2 Subniveaus aufhalten; allerdings wird die erstmals für die N-Schale erlaubte Zahl von 32 Elektronen erst bei den Seltenen Erden erreicht und auch für höheres *n* nicht überschritten.

Je nach dem Wert der Hauptquantenzahl *n* kann die *Nebenquantenzahl l* die Werte s ($l = 0$), p ($l = 1$), d ($l = 2$) und f ($l = 3$) annehmen, darf jedoch den Maximalwert $n-1$ für ein gegebenes n nicht überschreiten; die Bezeichnungen s, p, d und f sind der Atomspektroskopie entnommen. Die Nebenquantenzahl beschrieb im BOHRschen Atommodell die Elliptizität der Elektronenbahn, also deren Abweichung von der Kreisbahn. Im quantenmechanischen Atommodell gibt *l* die Gestalt der Hüllkurven des Bewegungsraums der Elektronen an: Die Form der s-, p-, d- und f-Orbitale ist für alle Hauptquantenzahlen *n* im wesentlichen gleich (s.u.), jedoch unterscheidet sich ihr Energieinhalt; wir gehen noch genauer darauf ein.

Bringt man eine Gasentladungsröhre zwischen die Pole eines Magneten, so beobachtet man eine Aufspaltung der Spektrallinien (ZEEMAN-Effekt), weil im Magnetfeld die Entartung (Energiegleichheit) bestimmter Orbitale aufgehoben wird. Dieser Effekt wird durch die *Magnetische Quantenzahl m* beschrieben, die die Werte $-l$ ... 0 ... $+l$ annehmen kann und die Zahl der entarteten Orbitale (also $2n + 1$) angibt.

Jedes Orbital kann maximal zwei Elektronen aufnehmen (PAULI-Prinzip). Diese Elektronen unterscheiden sich durch ihre *Spinquantenzahl*, die die Werte $+\frac{1}{2}$ und $-\frac{1}{2}$ annehmen kann (Symbol ↑↓) und häufig als Links- oder Rechts-Drall der Elektronen um ihre eigene, angenommene Achse gedeutet wird (Eigendrehimpuls, Spin). Die vier Quantenzahlen werden durch den folgenden wichtigen Satz verbunden:

Zwei Elektronen desselben Atoms können nicht in allen vier Quantenzahlen übereinstimmen.

Tabelle 2.1. Quantenzahlen zur Beschreibung von Atomorbitalen.

	Symbol	Werte	Bedeutung
Hauptquantenzahl	n	1, 2, 3, 4 ≅ K, L, M, N	"grobe" Energieabstufung, entspricht dem BOHRschen Radius und der Periodennummer im PSE
Nebenquantenzahl	*l*	0 ... (n–1) ≅ s, p, d, f	Feinabstufung der Elektronenenergie innerhalb der einzelnen Hauptquantenzahlen; Form der Orbitale
Magnetische Quantenzahl	m	$-l$ ...0... $+l$	gibt die Zahl energiegleicher (entarteter) Orbitale an
Spinquantenzahl	*s*	$+\frac{1}{2}, -\frac{1}{2}$	Elektronenspin; Richtung des Drehimpuls-Vektors

Art und Zahl der verschiedenen Orbitale lassen sich daher wie folgt ableiten: Für die Hauptquantenzahl $n = 1$ können *l* und somit auch m nur den Wert 0 annehmen. Die K-Schale verfügt also nur über ein nicht entartetes ($m = 0$) s-Orbital, das nur durch 2 Elektronen entgegengesetzten Spins ($s = +\frac{1}{2}, -\frac{1}{2}$) besetzt werden kann. Wir symbolisieren dies durch zwei entgegengesetzt gerichtete Pfeile auf der Energieniveau-Linie. In der L-Schale ($n = 2$) kann *l* die Werte 0 und 1 annehmen. Bei $l = 0$ ist auch $m = 0$: Das 2s-Orbital (s-Orbital der Schale mit $n = 2$) ist wiederum nicht entartet. Für $l = 1$ kann *m* dagegen die Werte -1, 0 und $+1$ annehmen. Daher existieren für das 2p-Energieniveau 3 Orbitale, die ohne äußeres Magnetfeld energiegleich und damit entartet sind. Der Energiebereich der Hauptquantenzahl 2 ergibt daher mit 8 Elektronen eine "abgeschlossene" Schale. Für $n = 3$ wird das Energiediagramm analog konstruiert; da *l* jetzt aber auch den Wert 2 annehmen kann, hat das d-Energieniveau 5 Orbitale; die M-Schale ist mit 18 Elektronen abgeschlossen.

Mit dem Orbital eines Elektrons ist ein bestimmter Energiewert verbunden. Das unterschiedliche Reaktionsverhalten der Elemente kommt bereits in den relativen Energiewerten der Elektronen (vgl. Ionisierungsenergie S. 5) zum Ausdruck. Wir betrachten diese in Verbindung mit der Anordnung der Elemente im Periodensystem. In Abb. 2.4. sind für die ersten vier Perioden die relativen Energieniveaus eingezeichnet, die von Elektronen besetzt werden können. Man beachte aber, daß die tatsächliche Besetzung der Orbitale nicht meßbar ist und daß auch die Elektronen in diesen Orbitalen nicht unterscheidbar sind!

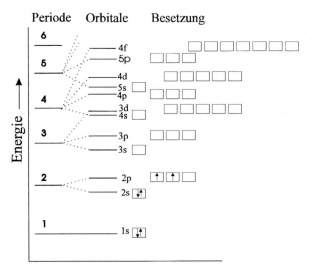

Abb. 2.4. Orbitalenergieniveauschema der Elektronenhülle. Die gefüllten Orbitale geben den Grundzustand des Kohlenstoffs wieder.

Wie das Schema zeigt, sind s-Elektronen immer energieärmer als p-Elektronen[1] der gleichen Laufzahl; die Energie von s-, p- und d-Elektronen wird mit steigender Laufzahl größer. Allgemein gilt die Energiefolge: 1s < 2s < 2p < 3s < 3p; danach wird die Reihenfolge komplizierter: < 4s < 3d < 4p < 5s < 4d < 5p < 6s < 4f < 5d < 6p, wobei die Abb. 2.4. jedoch nur den allgemeinen Trend wiedergibt. Die genauen Energiewerte hängen von der Kernladungszahl des jeweiligen Atoms ab.

Die in Abb. 2.4. noch leeren Energieniveaus werden in der Reihenfolge der Ordnungszahl von unten nach oben mit Elektronen gefüllt. In Tab 2. ist für die Elemente der ersten vier Perioden die Elektronenbesetzung der Orbitale angegeben. Man erkennt, daß in den Perioden – bei steigender Kernladung – neu hinzukommende Elektronen die jeweils energieärmsten Orbitale besetzen. Wenn zwei Elektronen die Möglichkeit haben, *zwei* entartete Orbitale gleicher Energie mit parallelem Spin (↑↑) oder nur *eins* mit antiparallelem Spin (↑↓)[2] zu besetzen, dann bevorzugen sie die erste. Daher werden energiegleiche p- bzw. d- oder f-Orbitale zunächst stets einfach mit parallelem Spin belegt (HUNDTsche Regel).

Wenn jedes Orbital mit 2 Elektronen besetzt wird, resultiert für die M-Schale die Elektronenkonfiguration $3s^23p^63d^{10}$ mit maximal 18 Elektronen: Dies entspricht der schon früher getroffenen Feststellung, daß sich in einer Elektronenschale, also in dem durch die Hauptquantenzahl n definierten Bereich, maximal $2n^2$ Elektronen aufhalten können. Man

---

1)   Elektronen, die sich in s- bzw. p-Orbitalen befinden
2)   Hier ist die Besetzung mit parallelem Spin wegen des PAULI-Prinzips nicht möglich

überzeuge sich davon, daß die N-Schale (n = 4) erst mit 32 Elektronen ($4s^24p^64d^{10}4f^{14}$) voll besetzt wäre.

Chemische Ähnlichkeiten der Elemente einer Gruppe kommen in der Elektronenbesetzung der Außenschale (Valenzelektronen) zum Ausdruck: Elemente, die auf ihrer Außenschale die Konfiguration s^2p^6 (sowie Helium mit $1s^2$) besitzen, sind chemisch weitgehend inert; wir bezeichnen sie als Edelgase. Bei allen Hauptgruppenelementen sind die s- und p-Niveaus der inneren Schalen voll besetzt; die d-Orbitale sind entweder leer (z.B. Kalium, Calcium) oder ebenfalls vollständig besetzt (z.B. Selen, Brom). Bei den Übergangselementen werden nun auch innen liegende Schalen aufgefüllt. Bei den eigentlichen Nebengruppenelementen sind dies die d-Schalen, bei den Lanthaniden und Actiniden zusätzlich die 4f- bzw. die 5f-Schale. Die Elemente dieser Reihen sind sich in ihren Eigenschaften sehr ähnlich, da Besetzungsunterschiede weiter innen liegender Elektronenschalen das Reaktionsverhalten nur noch wenig beeinflußt.

Den Raum, der durch das Orbital gegeben ist, füllt das Elektron als stehende räumliche Materiewelle aus. Man spricht daher selbst dann von "Ladungswolken" oder "Elektronenwolken", wenn es sich nur um ein einziges Elektron handelt. Trotz dieser Veranschaulichung sind Orbitale keine "Aufenthaltsräume", in denen sich die Elektronen in unaufhörlicher Bewegung befinden. Sie geben vielmehr den Wert der quantenmechanischen Wellenfunktion Ψ wieder (genauer: von Ψ^2 als Maß für die Aufenthaltswahrscheinlichkeit). Die Ladungswolken durchdringen sich, und einzelne Elektronen sind nicht auf bestimmte Orbitale fixiert.

Die Wahrscheinlichkeit, ein Elektron an einem Ort seines Aufenthaltsbereichs anzutreffen, ist verschieden groß. Dadurch ergibt sich eine unterschiedliche Verteilung der Ladungsdichte in der Elektronenwolke, die sich für das betreffende Orbital errechnen läßt. Allerdings ist zu beachten, daß erst die Summierung der Elektronendichten aller Einzelorbitale die (beobachtbare) Gesamtelektronendichte des Atoms ergibt.

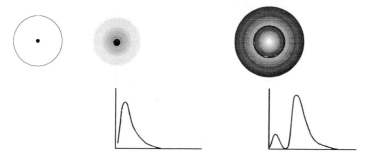

Abb. 2.5. 1s-Orbital des H-Atoms (linkes Bild). Wir zeichnen die Kugelfläche des s-Orbitals im Querschnitt derart, daß der Schnitt durch den Atomkern führt. Mitte: 1s-Orbital des H-Atoms mit Elektronenwolke. Rechts: 1s- und 2s-Orbital des Lithiums; die Kurven unter den Abbildungen geben die Radialverteilungsfunktion der Elektronendichte an.

Ein Elektron, das durch ein s-Orbital beschrieben wird (s-Elektron), erfüllt einen Raum, der durch eine Kugelfläche begrenzt wird und in deren Zentrum sich der Atomkern befindet. Bei der bildlichen Darstellung eines s-Orbitals wählt man verabredungsgemäß dessen

Radius so, daß ein Raum abgegrenzt wird, in dem sich das s-Elektron mit einer Wahrscheinlichkeit von 90 % aufhält; diese Kugelfläche entspricht einer Niveaufläche der Wellenfunktion. Abb. 2.5. zeigt das s-Orbital des Elektrons im H-Atom.

Im H-Atom nimmt die Dichte der Ladungswolke nach außen kontinuierlich ab (Abb.
2.5., Mitte), ebenso im Helium. Auch die höheren s-Orbitale der übrigen Atome sind ku-
gelsymmetrisch, unterscheiden sich aber durch ihre Größe und weisen erst in größerer
Entfernung vom Kern Maxima der Ladungsdichte auf. Abb. 2.5. (rechtes Bild) zeigt die s-
Orbitale des Lithiums (Elektronenkonfiguration $1s^2 2s$).

Das Elektron des H-Atoms wird ausschließlich durch ein 1s-Orbital beschrieben. Mit
dem Edelgas Helium (Elektronenkonfiguration $1s^2$) ist die erste Periode abgeschlossen. In
Tab. 2.2 ist die Elektronenkonfiguration für die Elemente der ersten vier Perioden angegeben.

Beginnend mit dem Element Bor (Elektronenkonfiguration $1s^2 2s^2 2p^2$) werden in der
zweiten Periode p-Atom-Orbitale durch Elektronen besetzt. p-Orbitale haben eine andere
Gestalt als s-Orbitale. Die Fläche, welche den Bewegungsbereich eines p-Elektrons begrenzt, ist *hantelförmig*. Es gibt jeweils drei energiegleiche p-Orbitale der gleichen Hauptquantenzahl, z. B. $2p_x$, $2p_y$, $2p_z$. Sie unterscheiden sich durch die Richtung ihrer Längs-
achsen, die senkrecht aufeinander stehen und in die Achsenrichtungen x, y und z des Car-
tesischen Koordinatensystems zeigen (Abb. 2.6.). Die bei s-Orbitalen besprochenen allgemeinen Bemerkungen sind sinngemäß auf p-Orbitale zu übertragen. Abb. 2.6. zeigt am
Beispiel des C-Atoms dessen s- und p-Orbitale.

Voll besetzte s- und p-Orbitale (zusammen 8 Elektronen) ergeben für die äußerste
Schale einen besonders stabilen Zustand, den wir als Edelgas-Konfiguration bereits kennengelernt haben.

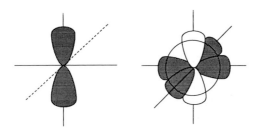

Abb. 2.6. Einzelnes p-Orbital und (rechts) $2s\ 2p_x\ 2p_y\ 2p_z$-Orbitale des Kohlenstoffs.

d-Orbitale besprechen wir im Zusammenhang mit den Übergangselementen (Kap. 16.).
Ihre Geometrie ist wie die der f-Orbitale komplizierter und wird im Rahmen dieses Buches
nicht diskutiert.

Tabelle 2.2. Die Elektronenkonfiguration der Elemente mit den Ordnungszahlen 1–36. Der Bereich der Nebengruppenelemente ist fett hervorgehoben.

Z	Element	K-	L-	M-	N-Schale
1	Wasserstoff	$1s^1$			
2	Helium	$1s^2$			
3	Lithium	$1s^2$	$2s^1$		
4	Beryllium	$1s^2$	$2s^2$		
5	Bor	$1s^2$	$2s^2\,2p^1$		
6	Kohlenstoff	$1s^2$	$2s^2\,2p^2$		
7	Stickstoff	$1s^2$	$2s^2\,2p^3$		
8	Sauerstoff	$1s^2$	$2s^2\,2p^4$		
9	Fluor	$1s^2$	$2s^2\,2p^5$		
10	Neon	$1s^2$	$2s^2\,2p^6$		
11	Natrium	$1s^2$	$2s^2\,2p^6$	$3s1$	
12	Magnesium	$1s^2$	$2s^2\,2p^6$	$3s^2$	
13	Aluminium	$1s^2$	$2s^2\,2p^6$	$3s^2\,3p^1$	
14	Silicium	$1s^2$	$2s^2\,2p^6$	$3s^2\,3p2$	
15	Phosphor	$1s^2$	$2s^2\,2p^6$	$3s^2\,3p3$	
16	Schwefel	$1s^2$	$2s^2\,2p^6$	$3s^2\,3p4$	
17	Chlor	$1s^2$	$2s^2\,2p^6$	$3s^2\,3p5$	
18	Argon	$1s^2$	$2s^2\,2p^6$	$3s^2\,3p6$	
19	Kalium	$1s^2$	$2s^2\,2p^6$	$3s^2\,3p^6$	$4s^1$
20	Calcium	$1s^2$	$2s^2\,2p^6$	$3s^2\,3p^6$	$4s^2$
21	**Scandium**	$\mathbf{1s^2}$	$\mathbf{2s^2\,2p^6}$	$\mathbf{3s^2\,3p^6\,3d^1}$	$\mathbf{4s^2}$
22	**Titan**	$\mathbf{1s^2}$	$\mathbf{2s^2\,2p^6}$	$\mathbf{3s^2\,3p^6\,3d^2}$	$\mathbf{4s^2}$
23	**Vanadium**	$\mathbf{1s^2}$	$\mathbf{2s^2\,2p^6}$	$\mathbf{3s^2\,3p^6\,3d^3}$	$\mathbf{4s^2}$
24	**Chrom**	$\mathbf{1s^2}$	$\mathbf{2s^2\,2p^6}$	$\mathbf{3s^2\,3p^6\,3d^5}$	$\mathbf{4s^1}$
25	**Mangan**	$\mathbf{1s^2}$	$\mathbf{2s^2\,2p^6}$	$\mathbf{3s^2\,3p^6\,3d^5}$	$\mathbf{4s^2}$
26	**Eisen**	$\mathbf{1s^2}$	$\mathbf{2s^2\,2p^6}$	$\mathbf{3s^2\,3p^6\,3d^6}$	$\mathbf{4s^2}$
27	**Cobalt**	$\mathbf{1s^2}$	$\mathbf{2s^2\,2p^6}$	$\mathbf{3s^2\,3p^6\,3d^7}$	$\mathbf{4s^2}$
28	**Nickel**	$\mathbf{1s^2}$	$\mathbf{2s^2\,2p^6}$	$\mathbf{3s^2\,3p^6\,3d^8}$	$\mathbf{4s^2}$
29	**Kupfer**	$\mathbf{1s^2}$	$\mathbf{2s^2\,2p^6}$	$\mathbf{3s^2\,3p^6\,3d^{10}}$	$\mathbf{4s^1}$
30	**Zink**	$\mathbf{1s^2}$	$\mathbf{2s^2\,2p^6}$	$\mathbf{3s^2\,3p^6\,3d^{10}}$	$\mathbf{4s^2}$
31	Gallium	$1s^2$	$2s^2\,2p^6$	$3s^2\,3p^6\,3d^{10}$	$4s^2\,4p^1$
32	Germanium	$1s^2$	$2s^2\,2p^6$	$3s^2\,3p^6\,3d^{10}$	$4s^2\,4p2$
33	Arsen	$1s^2$	$2s^2\,2p^6$	$3s^2\,3p^6\,3d^{10}$	$4s^2\,4p3$
34	Selen	$1s^2$	$2s^2\,2p^6$	$3s^2\,3p^6\,3d^{10}$	$4s^2\,4p4$
35	Brom	$1s^2$	$2s^2\,2p^6$	$3s^2\,3p^6\,3d^{10}$	$4s^2\,4p5$
36	Krypton	$1s^2$	$2s^2\,2p^6$	$3s^2\,3p^6\,3d^{10}$	$4s^2\,4p6$

Molekül-Orbitale

In dem gegebenen Bild des Atoms finden sich nicht mehr einzelne Elektronen. Es sei auch noch einmal darauf hingewiesen, daß im Atom die Bewegungsbereiche der Elektronen nicht abgegrenzt sind; die Ladungswolken durchdringen sich, und die Elektronen sind nicht auf bestimmte Orbitale fixiert. Man wird sich fragen, wie ein Atommodell, in dem nur die Verteilung von negativer Ladung festgelegt ist, zum chemischen Reaktionsgeschehen in Beziehung gesetzt werden kann. Bedenkt man aber, daß die Elektronenhülle aus den Wellenfunktionen der einzelnen Elektronen eines Atoms errechnet worden ist, so läßt sich erwarten, daß auch das Verhalten der Elektronen durch die zugehörigen Wellenfunktionen, die Orbitale, bestimmt wird.

Orbitale von Molekülen mit kovalenten Bindungen seien zunächst am einfachen Beispiel des Wasserstoffs besprochen. Bei der Reaktion von H-Atomen zum H_2-Molekül durchdringen sich die Ladungswolken der beiden 1s-Elektronen. Ein Teil der negativen Ladung konzentriert sich – unter Freisetzung von Wärme – in der energetisch günstigen Lage zwischen den positiv geladenen Atomkernen. Der nun gemeinsame Bewegungsbereich der beiden 1s-Elektronen erstreckt sich über beide Atomkerne und wird durch ein *Molekül-Orbital* beschrieben, das wie auch Atomorbitale mit 2 Elektronen mit antiparallelem Spin seine maximale Besetzungszahl (Helium-Konfiguration) erreicht hat.

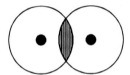 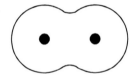

Abb. 2.7. Überlappung der 1s-Orbitale von zwei H-Atomen und (rechts) Orbital des gebildeten H_2-Moleküls im Querschnitt.

Eine Einfachbindung wird durch die Überlappung zweier einfach besetzter Atomorbitale gebildet, deren Elektronenspins antiparallel sind. Für diesen Sachverhalt haben wir bereits vereinfachend die LEWIS-Strukturformeln benutzt (s. S. 4).

Rechnerisch ergibt sich, daß sich die beteiligten Orbitale bei der Molekülbildung in einem bestimmten Bereich überdecken; man sagt, sie "überlappen" (Abb. 2.7.). Der Überlappungsbereich der Atomorbitale gibt an, wie hoch die Ladung ist, die sich zwischen den Atomkernen konzentriert, und wie stark damit die Bindung ist: Diejenigen Bindungen sind die stärksten, bei denen die Überlappungen am größten sind.

Die Richtung einer Bindung wird durch die Richtung der überlappenden Orbitale bestimmt. Das Molekülorbital des Wasserstoffs ist um die Kernverbindungsachse zylindersymmetrisch (Abb. 2.7. rechts). Einfachbindungen, die diese Symmetrie haben und an deren Bildung s-Atomorbitale beteiligt sind, nennt man σ-Bindungen.

Im Molekül werden die Atomkerne durch die negative Ladung zusammengehalten. In entgegengesetzter Richtung wirkt die Abstoßung der Atomkerne sowie die der Elektronenwolken. Es stellt sich ein bestimmter Gleichgewichts-Abstand r_0 der Atomkerne ein, die Bindungslänge (s. Abb. 2.8.).

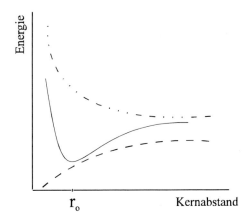

Kernabstand

Abb. 2.8. Bindungsenergie als Funktion des Kernabstandes (—); die Kurve resultiert aus der Überlagerung von Kernabstoßung (·· - ·· -) und bindender Wechselwirkung durch Orbitalüberlappung (....).

Der geschilderte Sachverhalt ist eine vereinfachte Beschreibung der Valenzstruktur-Theorie (valence bond, VB-Theorie), einer der beiden großen Theorien zum Verständnis der chemischen Bindung: Bindungen entstehen durch Elektronenaustausch zwischen den Einelektronen-Wellenfunktionen der an der Bindungsbildung beteiligten Atomorbitale. Durch recht aufwendige Berechnungen gelangt man in guter Näherung zu Größen wie Bindungsenergie und Bindungsabstand. Wir werden uns der anschaulicheren VB-Theorie später (Kap. 26.) zur Erklärung bestimmter Bindungsverhältnisse, wie Hybridisierung und Mesomerie, bedienen.

Die Molekül-Orbital-Theorie (MO-Theorie) der chemischen Bindung soll an dieser Stelle nur kurz erwähnt werden. In der zuvor besprochenen VB-Theorie wurden Wellenfunktionen der Bindungen direkt aus den Wellenfunktionen der Atome aufgebaut. Die Einzentrenbahnfunktionen der Atome verändern bei Anwesenheit vieler Elektronen zwar ihre Energie, behalten ihre ursprüngliche Form jedoch bei; der Einfluß der anderen Elektronen wird lediglich als Störung berücksichtigt. Dagegen bestimmt man bei der MO-Theorie die Bahnfunktionen der Elektronen im Feld *aller* am Molekül beteiligten Kerne, was mathematisch ungleich komplizierter und nur als Näherung lösbar ist. Die Verschmelzung der Atomorbitale führt durch Linearkombination der Wellenfunktion nicht nur zu bindenden Molekülorbitalen, sondern auch zu antibindenden Zuständen, die – wie im Sauerstoff, s. Kap. 7. – ebenfalls mit Elektronen besetzt werden können und die Bindungsstärke herabsetzen. Für Wasserstoff sieht das Energieschema etwa folgendermaßen aus (Abb. 2.9.a,b):

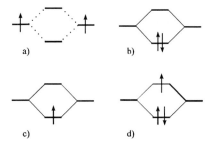

Abb. 2.9. MO-Diagramme a) zweier H-Atome, b) von molekularem Wasserstoff, c) von H_2^+ sowie d) von H_2^- oder dem isoelektronischen H–He (nicht beständig!).

Man erkennt, daß auch das Ion H_2^+ (ein Bindungselektron) noch über eine bindende Wechselwirkung verfügt, und daß selbst H–He (2 bindende, 1 antibindendes Elektron) existieren sollte: Tatsächlich wurden beide Moleküle in der Gasphase nachgewiesen. Dagegen heben sich im hypothetischen He_2 bindende und antibindende Wechselwirkung auf, da beide Orbitale mit je zwei Elektronen besetzt sind; dieses Molekül existiert daher nicht. Insgesamt ist die MO-Theorie leistungsfähiger als die VB-Theorie; wegen der Einzelheiten muß jedoch auf die Lehrbücher verwiesen werden.

Kapitel 3. Die Gefahrstoffverordnung
Unfallverhütung und Sicherheitsbestimmungen

Die Tätigkeiten in chemischen Laboratorien schließen in der Regel den Umgang mit sog. Gefahrstoffen ein, d.h. mit Substanzen, die akut oder chronisch mehr oder weniger giftig, ätzend oder reizend, explosionsgefährlich, leichtentzündlich oder brandfördernd, krebserregend, mutagen oder teratogen (fruchtschädigend), allergieauslösend oder auch umweltgefährlich sein können. Von diesen Stoffen kann daher bei unsachgemäßer Handhabung ein Gefahrenpotential ausgehen, das es unter allen Umständen abzuwenden gilt.

Der Gesetzgeber hat zum Schutz von Mensch und Umwelt die *Gefahrstoffverordnung* und eine Reihe weiterer Gesetze wie z.B. die Druckgasverordnung, die Gentechniksicherheitsverordnung oder das Mutterschutzgesetz sowie *Technische Regeln für Gefahrstoffe* erlassen, die bei der Handhabung von Gefahrstoffen bindend sind[1] .

Die allgemeinen Anweisungen der GefStoffV, wie z.B. das Rauch-, Eß- und Trinkverbot in Laboratorien, die Pflicht zum *ständigen* Tragen von Schutzkleidung (Kittel) und Schutzbrille, Regeln für den Umgang mit Druckgasen oder die Kennzeichnungspflicht der Vorratsgefäße, werden im allgemeinen in einer Laboratoriumsordnung (s. Anhang) sowie in regelmäßig zu wiederholenden Sicherheitsbelehrungen zusammengefaßt. Für spezielle Laboratoriumstätigkeiten, aber auch für die Handhabung von Chemikalien, werden die Anweisungen der GefStoffV in sogenannte *Betriebsanweisungen* umgesetzt. Diese können sich auf Gruppen sicherheitstechnisch verwandter Substanzen beziehen (Gruppenbetriebsanweisung z.B. für leichtentzündliche Lösungsmittel, s. Anhang), aber auch als Einzelbetriebsanweisung jeweils nur für eine einzige Substanz gelten; letzteres ist immer dann vorgeschrieben, wenn das Gefährdungspotential der betreffenden Chemikalie besonders hoch ist.

Der sichere Umgang mit Chemikalien setzt also die Kenntnis der Stoffeigenschaften und des damit verbundenen Gefahrenpotentials voraus[2]. Aus diesem Grunde sind alle Handelspräparate bereits auf dem Etikett durch *Gefahrensymbole*[3], durch *Gefahrenhinweise* (R-Sätze) sowie *Sicherheitsratschläge* (S-Sätze) mit genormtem Text gekennzeich-

---

1)   s. z.B. Gefahrstoffe an Hochschulen (Hrsg. Gesellschaft Deutscher Chemiker, Frankfurt/M), 2. Aufl. 1990

2)   s. auch die Broschüre "Sicheres Arbeiten in Chemischen Laboratorien" der Gesellschaft Deutscher Chemiker (1987), zu beziehen über den zuständigen Gemeindeunfallversicherungsverband

3)   Auflistung auf der Innenseite des Einbands

net, deren Bedeutung man sich einpräge; auch *eigene* Abfüllungen von Kleinmengen, wie sie am Arbeitsplatz benötigt werden, sind entsprechend zu beschriften. Eine Auflistung der R- und S-Sätze sowie die Eingruppierung der für die Praktikumsversuche benötigten Chemikalien findet sich im Anhang (lesen !); weitere Substanzen lassen sich häufig über strukturelle Ähnlichkeiten mit Gefahrstoffen eingruppieren oder im "Roth"[1] nachschlagen.

Über das Gefährdungspotential einer chemischen Verbindung geben auch die maximalen Arbeitsplatzkonzentrationen (MAK-Werte der TRGS 900) Auskunft, d.h. die Konzentrationen, die bei einer täglich achtstündigen Exposition die Gesundheit nach dem derzeitigen Kenntnisstand nicht beeinträchtigen[2].

Wenn immer möglich, wurden bei den Versuchen giftige oder anderweitig gefährliche Stoffe durch weniger schädliche ersetzt. Dies war nicht in allen Fällen erreichbar und auch nicht beabsichtigt: denn zu einer chemischen Grundausbildung gehören auch Kenntnisse und Übungen im richtigen und sicheren Umgang mit Gefahrstoffen. Die Praktikumsvorschriften sind jedoch so weit erprobt, daß beim Einhalten der Versuchsangaben Gefahren ausgeschlossen sind.

Unabhängig davon gilt dennoch, daß alle chemischen Substanzen, deren Unbedenklichkeit nicht zweifelsfrei feststeht, auch diejenigen ohne Gefahrenkennzeichnung, aus Vorsorgegründen wie Gefahrstoffe gehandhabt werden müssen. Mit flüchtigen Stoffen ist daher z.B. möglichst unter dem Abzug zu arbeiten; entsprechende Versuche sind durch ein Piktogramm auf dem Rand der Seite gekennzeichnet.

Man informiere sich generell *vor jedem Versuch* im Anhang anhand der R- und S-Sätze über das Gefährdungspotential der eingesetzten Substanzen. Dies soll aber nicht zu einem überängstlichen Verhalten, sondern vielmehr zu einem besonnenen Umgang mit den Chemikalien führen: Sicherheitsbewußtsein muß wie Fachwissen erworben werden!

Reaktionsmischungen, Destillationssümpfe oder nicht mehr verwendungsfähige Reste von Laborchemikalien sind nach dem Gesetz Sonderabfälle, deren Beseitigung durch die Abfallgesetze von Bund und Ländern geregelt ist: Auch die im Praktikum anfallenden Kleinstmengen werden daher zunächst nach vorgegebenen Kriterien getrennt gesammelt (z.B. Schwermetalle, Quecksilberabfälle, Säuren, Basen, halogenhaltige und halogenfreie Lösungsmittel) und sodann gemäß den gesetzlichen Bestimmungen entsorgt oder aufgearbeitet; dies wird durch die Praktikumsleitung geregelt.

Nur wenn dies bei den Versuchen *ausdrücklich* durch "**Entsorgung:** Nicht abwasserschädlich" angegeben ist, dürfen Kleinstmengen auch über die Kanalisation entsorgt werden: Nicht wassergefährdend (Wassergefährdungsklasse 0) sind z.B. kleine Mengen von Alkali- und Erdalkalichloriden, Phosphaten oder Sulfaten, Ethanol, Aminosäuren oder Glycerin. Schwach wassergefährdend (WGK 1), in Kleinstmengen bei ausreichender Verdünnung jedoch unbedenklich, sind anorganische und viele organische Säuren oder Basen, Eisen- und Mangansalze und einige wenige leicht abbaubare organische Lösungsmittel, wie niedere Alkohole (auch Methanol), Essigester oder Aceton. Säuren und Basen sollten

1)   L. Roth, Sicherheitsfibel Chemie, 5. Ausgabe, ecomed, München 1991
2)   G. Vollmer, Gefahrstoffe. G. Thieme Verlag, Stuttgart - New York 1990

dennoch stets getrennt gesammelt und erst nach gegenseitiger Neutralisation entsorgt werden. Wassergefährdend (WGK 2) sind z.B. Blei-, Cobalt- und Kupfersalze, Chlorbenzol. Auch in kleinen Mengen *stark* wassergefährdend (WGK 3) sind Benzol, Chloroform, Beryllium-, Cadmium-, Nickel-, Quecksilber- und Thalliumsalze sowie Chromate und Cyanide, die daher niemals in die Kanalisation gelangen dürfen. Verstöße gegen das Abfallgesetz sind strafbar!

Zu Ihrer eigenen Sicherheit sollten Sie die folgenden Fragen beantworten können: Wo ist der nächstgelegene Notausgang (Fluchtweg), wie wird alarmiert/was bedeuten die Alarmsignale, wo finde ich Feuerlöscher, Löschdecken, Notdusche, Atemschutzmasken, was tue ich bei Augenverletzungen, wo sind die Not-Ausschalter für Gas und Strom?

Sind mir die Auflagen der Laboratoriumsordnung bekannt, kenne ich die Bedeutung der Gefahrensymbole und die sicherheitsrelevanten Eigenschaften der Chemikalien, mit denen ich am jeweiligen Praktikumstag umgehe und weiß ich, wie sie aufbewahrt, gehandhabt und entsorgt werden müssen?

Anorganische Chemie

Kapitel 4. Elektrolyte

Säuren – Basen (1); Salze

Reinstes Wasser leitet den elektrischen Strom nur minimal; ebenso verhält sich z. B. eine wäßrige Zucker-Lösung. Löst man aber im Wasser Stoffe wie Chlorwasserstoff, Natrium-hydroxid oder Kochsalz, so wird die Lösung stromleitend. Diese drei Verbindungen haben eine gemeinsame Eigenschaft: sie zerfallen in wäßriger Lösung in entgegengesetzt gelade-ne, frei bewegliche Ionen (ARRHENIUS 1887), ein Vorgang, den man als Dissoziation be-zeichnet. Wird an eine derartige Lösung eine Spannung angelegt, so wandern die positiv geladenen Kationen zur negativen Kathode und die negativ geladenen Anionen zur positi-ven Anode. An der Kathode und an der Anode werden die ankommenden Ionen entladen, so daß mit dieser Art des Stromtransportes – im Gegensatz zur Metall–Leitung – chemi-sche Veränderungen verbunden sind.

Stoffe, die schon im Kristall aus Ionen aufgebaut sind (z. B. NaCl), sowie Stoffe, die in wäßriger Lösung Ionen bilden (z. B. HCl), bezeichnet man als Elektrolyte. Diese Verbin-dungsklasse umfaßt *Säuren, Basen* und *Salze*.

Die Dissoziation von Salzsäure wurde früher durch die Gleichung $HCl \xrightarrow{H_2O} H^+ + Cl^-$ **4.1.** beschrieben. Heute weiß man aber, daß aufgrund der hohen Ladung im Verhältnis zur Größe hier und in ähnlichen Beispielen keine freien Protonen in Wasser existieren können, sondern nur an Wasser gebundene sog. Hydronium-Ionen (vgl. "Ammonium-Ion" für das NH_4^+-Ion). Sie sind positiv geladen, da H^+-Ionen eine Ladung mitbringen. Vielfach wer-den H_3O^+-Ionen aber dennoch vereinfacht durch das Symbol H^+ dargestellt. So bildet Chlorwasserstoff mit Wasser nach folgender Gleichung Ionen:

$$H\!:\!Cl \;+\; H\!:\!\overset{\cdot\cdot}{\underset{\cdot\cdot}{O}}\!:\!H \longrightarrow \left[\begin{array}{c} H \\ H\!:\!\overset{\cdot\cdot}{O}\!:\!H \end{array} \right]^+ \;+\; :\!\overset{\cdot\cdot}{\underset{\cdot\cdot}{Cl}}\!:^-$$

Die Protonen lagern sich an ein freies Elektronenpaar des Wassers an und haben hier – ebenso wie im Chlorwasserstoff – die Edelgasschale des Heliums. Dieser Erkenntnis Rechnung tragend, hat BRÖNSTEDT 1923 Säuren definiert als Stoffe, die an andere Stoffe, z. B. an Wasser, Protonen abgeben; Säuren sind Protonen*donoren*, Basen sind Protonen-*akzeptoren* (BRÖNSTEDTscher Säure-Base-Begriff).

Allgemein wird die Reaktion einer Säure (HR) mit Wasser beschrieben durch die Glei-chung:

$$HR + H_2O \longrightarrow H_3O^+ + R^-$$

H_3O^+-Ionen bedingen die für Säuren charakteristischen Eigenschaften, z. B. den sauren Geschmack und die Fähigkeit, gewisse Metalle aufzulösen. Sie werden mit Indikatoren nachgewiesen. Es sind dies organische Verbindungen, die mit Säuren einen Farbumschlag zeigen.

Versuch: Man bringe auf ein Stückchen Universal-Indikatorpapier mit Hilfe eines Glasstabes einen Tropfen verd. Salzsäure, verd. Schwefelsäure oder verd. Essigsäure. Die gelbe Farbe des Indikatorpapiers schlägt jedesmal nach Rot um.

Entsorgung: In kleinen Mengen nicht abwassergefährdend.

4.2.   Unter Basen verstand man früher Stoffe, die in wäßriger Lösung Hydroxid-Ionen abspalten. Wir benutzen auch hier die von BRÖNSTEDT gegebene Definition. Danach sind Basen Stoffe, die Protonen aus anderen Stoffen, z. B. aus Wasser, aufnehmen können; Basen sind *Protonenakzeptoren*. Durch die Reaktion einer Base mit Wasser werden Hydroxyl-Ionen gebildet:

$$\text{Base} + \text{HOH} \longrightarrow (\text{Base H})^+ + \text{OH}^-$$

Beispielsweise ist Ammoniak eine Base: $NH_3 + HOH \longrightarrow NH_4^+ + OH^-$. Ebenso fallen die in Lösungen von Metallhydroxiden vorliegenden Hydroxid-Ionen unter den Basenbegriff: $OH^- + HOH \longrightarrow H_2O + OH^-$. Allerdings tritt hier die Aufnahme eines Protons durch die Base OH^- äußerlich nicht in Erscheinung, da auf der linken Seite der Gleichung eingesetzte OH^--Ionen rechts wieder auftreten. – Wasser kann als Base und als Säure wirken. Von starken Säuren, wie z. B. HCl, übernimmt H_2O ein Proton; an stärkere Basen, wie z. B. NH_3, gibt H_2O ein Proton ab.

Hydroxid-Ionen lassen sich ebenfalls mit Indikatoren nachweisen. Auch zeigen wäßrige Lösungen, die eine genügende Konzentration an OH^--Ionen enthalten, einen typischen, an Seifenlauge erinnernden Geschmack (auf keinen Fall ausprobieren!).

Versuch: Man benetze ein Stückchen Universal-Indikatorpapier mit Hilfe eines Glasstabs mit einem Tropfen verd. Natronlauge oder verd. Ammoniak-Lösung. Die gelbe Farbe des Indikatorpapiers schlägt nach Blau um.

Entsorgung: In kleinen Mengen nicht abwassergefährdend.

Der Grad der Dissoziation von Säuren und Basen ist verschieden groß. Starke Säuren, z. B. Salzsäure, geben bei ausreichender Verdünnung ihre Protonen vollständig an Wasser ab, liegen also in Wasser nur als Ionen vor. Schwache Säuren, z. B. Schwefelwasserstoff und Essigsäure (CH_3COOH), bilden nur zu einem kleinen Anteil Hydronium-Ionen. Schwache Basen, z. B. Ammoniak (NH_3), bilden nur in geringem Ausmaß Hydroxid-Ionen, d. h. nur ein kleiner Anteil dieser Basenmoleküle nimmt Protonen aus dem Wasser auf.

Alle Elektrolyte, die nicht unter den Begriff Säuren oder Basen fallen, sind Salze (z. B. NaCl, K_2SO_4). Auch Metallhydroxide (z. B. NaOH) sind nach der BRÖNSTEDTschen Definition Salze. Salze sind in Wasser – bis auf einige Ausnahmen – fast vollständig in Ionen zerfallen.

4.3.   Werden wäßrige Lösungen, die Hydronium- bzw. Hydroxid-Ionen enthalten, miteinander umgesetzt, so treten diese Ionen zu (nur wenig dissoziiertem) Wasser zusammen:

$$H_3O^+ + OH^- \longrightarrow 2\ H_2O$$

Diese Reaktion, bei der H_3O^+- und OH^--Ionen unter Bildung von Wasser verschwinden, wird als Neutralisation bezeichnet.

Versuch: Zu 5 ml[1] verd. Natronlauge gibt man 2 Tropfen Methylrot-Methylenblau-Mischindikator. Die grüne Lösung wird nun tropfenweise mit verd. Salzsäure[2] versetzt bis zum Umschlag nach Blaurot (Pasteurpipette). Nun dampft man in einer Porzellanschale auf einem Drahtnetz mit kleiner Flamme ein; es hinterbleibt Kochsalz, das sich in Wasser mit neutraler Reaktion löst.

Entsorgung: In kleinen Mengen nicht abwassergefährdend.

Da Natronlauge, Salzsäure und Natriumchlorid in Wasser vollständig in Ionen zerfallen sind, ist die in Versuch 4.3. durchgeführte Reaktion durch folgende Gleichung darzustellen:

$$Na^+ + OH^- + H_3O^+ + Cl^- \longrightarrow 2\ H_2O + Na^+ + Cl^-$$

In dieser Gleichung finden sich die Na^+- und Cl^--Ionen auf der rechten Seite wieder; sie spielen also bei der Neutralisation keine Rolle. Wenn man sie wegläßt, ergibt sich die obige allgemeine Neutralisationsgleichung.

Neutralisiert man wäßrige Lösungen von starken Säuren mit OH^--Ionen, so wird **4.4.** Wärme frei, und zwar pro mol gebildeten Wassers –56.9 kJ:

$$H^+ + OH^- \longrightarrow H_2O\ \ –56.9\ kJ$$

Versuch: Gibt man zu einigen ml verd. Salzsäure die gleiche Menge verd. Natronlauge, so beobachtet man eine geringe Erwärmung der Lösung. Bei Zugabe von Wasser zu verd. Salzsäure ist dagegen keine Erwärmung festzustellen: Man messe die Temperaturdifferenz mit einem Thermometer.

Entsorgung: In kleinen Mengen nicht abwassergefährdend.

Achtung, die Neutralisation konzentrierter Säuren kann zu gefährlichem Verspritzen führen und ist zu vermeiden! Bei schwachen Säuren ist die pro mol gebildeten Wassers freiwerdende Neutralisationswärme geringer, da Energie aufgewendet werden muß, um alle Säure-Moleküle zur Dissoziation zu bringen.

Kapitel 5. Oxidation – Reduktion (I)

Der Begriff *Oxidation* – ursprünglich begrenzt auf Reaktionen eines Stoffes mit Sauerstoff – ist im Laufe der Zeit erweitert worden. In der jetzt gültigen Fassung ist er verknüpft mit den Begriffen "Wertigkeit" und "Oxidationszahl".

---

1)   Bei qualitativen Versuchen werden die Volumina nicht mit dem Meßzylinder abgemessen, sondern geschätzt. Man orientiere sich, wie hoch 1 ml, 5 ml und 10 ml Wasser in einem Reagenzglas stehen.

2)   Die Konzentrationen der im Praktikum verwendeten Lösungen sind auf Seite 294 ff. angegeben.

Die Ionenwertigkeit

Der Begriff Wertigkeit wurde anfänglich auf jede Art der chemischen Bindung angewendet. Auch dieser Begriff hat eine Wandlung erfahren; es hat sich als zweckmäßig erwiesen, ihn zu differenzieren.

Wenn ein Atom eine Ionenbindung eingeht, so erhält es bei Abgabe eines Elektrons eine positive, bei Aufnahme eines Elektrons eine negative Ladung: z. B. Na^+ oder Cl^-. Die Zahl der Elementarladungen, die ein Ion trägt, bezeichnet man als Ionenwertigkeit (oft auch kurz als Wertigkeit) und kennzeichnet sie durch folgende Schreibweise: Ca^{2+}, S^{2-}, Fe^{3+}.

Da Verbindungen nach außen elektrisch neutral sind, ist die Summe der Ionenwertigkeiten (Ionenladungen) in einer Verbindung gleich 0. Beispiele: $Ca^{2+}S^{2-}$, $Ca^{2+}[SO_4]^{2-}$.

Der Ausdruck Ionenwertigkeit wird auf alle Ionen angewendet, auch wenn sie aus mehreren Atomen aufgebaut sind. Beispiele: das SO_4^{2-}-Ion ist (-2)-wertig ("minus zweiwertig"), das NO_3^--Ion (-1)-wertig.

Oxidation und Reduktion bei einatomigen Ionen

5.1. Die Wertigkeit eines einatomigen Ions oder eines Elements wird erhöht, wenn man ihm Elektronen entzieht. Dies wird durch Zugabe eines Stoffes erreicht, der Elektronen aufzunehmen vermag.

Versuch: Man versetzt 5 ml Schwefelwasserstoff-Wasser tropfenweise mit einer Lösung von Iod (in wäßriger Kaliumiodid-Lösung; vgl. S. 28, 294). Die braune Farbe des Iods verschwindet augenblicklich. Die Lösung wird durch feinst verteilten (kolloidalen) Schwefel getrübt. Allmählich scheidet sich der Schwefel ab.

Entsorgung: In kleinen Mengen nicht abwassergefährdend.

In diesem Versuch ist folgende Reaktion abgelaufen:

$$2\,H^+ + S_2^{2-} + \overset{0}{I_2} \longrightarrow 2\,H^+ + \overset{0}{S} + 2\,I^- \tag{1}$$

Sulfid-Ionen geben Elektronen ab, wodurch die Wertigkeit des Schwefels auf 0 erhöht wird; Sulfid-Ionen sind oxidiert worden. Iod nimmt die Elektronen auf, wodurch seine Wertigkeit herabgesetzt wird; Iod ist reduziert worden.

Um den mit dieser Reaktion verbundenen Übergang der Elektronen darzustellen, zerlegen wir die Gesamtreaktion (1) formal in zwei Teilreaktionen, wobei wir die Protonen unberücksichtigt lassen, da ihre Zahl bei der Reaktion nicht verändert wird[1].

$$
\begin{aligned}
\text{Oxidation:} \quad & S^{2-} - 2\,e^- \longrightarrow \overset{0}{S} \\
\text{Reduktion:} \quad & \overset{0}{I_2} + 2\,e^- \longrightarrow 2\,I^- \\
\hline
& S^{2-} + \overset{0}{I_2} \longrightarrow \overset{0}{S} + 2\,I^-
\end{aligned}
$$

---

[1]   Auch bei den meisten der im folgenden durchgeführten Umsetzungen werden in der Reaktionsgleichung nur die Ionen angeführt, die für die betrachtete Reaktion charakteristisch sind.

Wir bleiben uns aber bewußt, daß die Teilreaktionen nicht einzeln ablaufen können; es gehen nur Elektronen vom S^{2-} auf I_2 über. Dies wird noch deutlicher, wenn man die Elektronen der äußeren Schalen der reagierenden Stoffe betrachtet:

$$\ddot{\underset{\cdot\cdot}{S}}:^{2-} + \overset{0}{\underset{\cdot\cdot}{:}}\overset{0}{\underset{\cdot\cdot}{I}}:\underset{\cdot\cdot}{I}: \longrightarrow \overset{0}{\underset{\cdot\cdot}{:}}\underset{\cdot\cdot}{S} + 2 \overset{0}{\underset{\cdot\cdot}{:}}\underset{\cdot\cdot}{I}:^{-}$$

Verallgemeinernd definieren wir: eine Erhöhung der Ionenwertigkeit einatomiger Ionen durch Wegnahme von Elektronen wird als Oxidation bezeichnet; eine Herabsetzung der Ionenwertigkeit einatomiger Ionen durch Zufuhr von Elektronen nennt man Reduktion.

Aus Gleichung (1) ist zu ersehen, daß mit einer Oxidation stets eine Reduktion verbunden ist und umgekehrt. In diesen Redoxreaktionen nimmt das Oxidationsmittel (z. B. I_2) Elektronen auf und wird dadurch reduziert; das Reduktionsmittel (in Versuch 5.1. das Sulfid-Ion S^{2-}) gibt Elektronen ab und wird so oxidiert. – Auch ist aus den Teilgleichungen zu entnehmen, daß die Wertigkeitsänderung in der Oxidations-Reaktion gleich der Wertigkeitsänderung in der Reduktions-Reaktion ist. Dies ergibt sich zwangsläufig, da in der Oxidations-Teilreaktion nur so viele Elektronen abgegeben werden, wie in der Reduktions-Teilreaktion aufgenommen werden.

Die Oxidationszahl

Wenn verschiedenartige Nichtmetalle, z. B. Wasserstoff und Chlor, miteinander reagieren, so werden Verbindungen gebildet, in denen polarisierte homöopolare Bindungen vorliegen:

$$H_2 + Cl_2 \longrightarrow 2 \overset{\delta+}{H}:\overset{\delta-}{\underset{|}{Cl}}|$$

Auch die Bildung von Chlorwasserstoff aus den Elementen ist eine Redoxreaktion. Allerdings werden die Bindungs-Elektronen vom Atomkern des Chlors nicht so weitgehend angezogen wie im Chlorid-Ion, z. B. im NaCl; erst in wäßriger Lösung bilden sich Cl^--Ionen.

Um Redoxreaktionen jeder Art durch eine gleichartig definierte Zahl charakterisieren zu können, hat man den Begriff der Oxidationszahl eingeführt. Für einatomige Ionen ist die Oxidationszahl gleich der Zahl der Ladungen, die dieses Ion trägt, also gleich seiner Wertigkeit. Für Atome in Stoffen mit polarisierten homöopolaren Bindungen wird die Oxidationszahl so errechnet, als ob der Stoff aus Ionen aufgebaut wäre.

- Elemente haben die Oxidationszahl Null.
- Die Oxidationszahl eines einatomigen Ions ist identisch mit seiner Ionenladung.
- Die Summe der Oxidationszahlen aller Atome eines mehratomigen Ions ist gleich der Ladung dieses Ions. Die Summe der Oxidationszahlen aller Atome eines (neutralen) Moleküls ist Null.
- Fluor hat als elektronegativstes Element in allen Verbindungen die Oxidationszahl -1.
- Sauerstoff hat meistens die Oxidationszahl -2. Ausnahmen sind Verbindungen mit O-O- oder O-F-Bindung: Im Peroxid-Ion (O-O^{2-}) hat jedes O-Atom die Oxidati-

onszahl –1, im Hyperoxid-Ion (O_2^-) die Oxidationszahl $-1/_2$. In OF_2 hat Sauerstoff gemäß der Regeln 3 und 4 die Oxidationszahl +2.

- Wasserstoff hat in Verbindungen mit Nichtmetallen die Oxidationszahl +1, in Metallhydriden wie LiH oder $LiAlH_4$ die Oxidationszahl –1.
- In Nichtmetall-Nichtmetall-Verbindungen ist die Oxidationszahl des elektronegativeren Elements negativ und entspricht der Ionenladung, die für Ionenverbindungen dieses Elements gilt. In PCl_3 hat Chlor die Oxidationszahl –1, Phosphor +3.

Zur Ermittlung der nicht bekannten Oxidationszahl eines Atoms in einer Verbindung verfährt man also wie folgt: Man teilt einzelnen Atomen sinngemäß Ladungen (Oxidationszahlen) zu, und zwar zunächst den Metall-Ionen, deren positive Ladung feststeht (z.B. Alkalimetalle +1, Erdalkalimetalle +2), dann dem Wasserstoff die Ladung +1 und anschließend dem Sauerstoff die Ladung –2 oder dem Fluor als elektronegativstem Element die Ladung –1. Die gesuchte Oxidationszahl des verbleibenden Elements muß dann die Summe der festgelegten Zahlen zu 0 ergänzen, d. h. die Summe aller Ladungen muß in neutralen Verbindungen gleich 0 sein.

So ergibt sich z. B. die Oxidationszahl des Schwefels (x) in der Schwefelsäure (H_2SO_4) aus der Bestimmungsgleichung:

$$2 \cdot (+1) + 4 \cdot (-2) + x = 0 \; ; \; x = +6$$

Die Oxidationszahl wird durch eine arabische Zahl gekennzeichnet, die mit links stehendem Vorzeichen über das Symbol des betreffenden Elements gesetzt wird. Beispiele:

$$\overset{+1\,-1}{HCl}, \quad \overset{+1\,-2}{H_2O}, \quad \overset{-3\,+1}{NH_3}, \quad \overset{+4}{SO_2}, \quad \overset{+6}{SO_3}, \quad \overset{+5}{HNO_3}, \quad \overset{+5}{H_3PO_4}$$

5.2.　　In Redoxreaktionen ändert sich die errechnete Oxidationszahl eines Elements in einer Verbindung. Wir erweitern dementsprechend die oben für einatomige Ionen gegebene Definition der Redoxvorgänge: Bei einer Oxidation wird die Oxidationszahl erhöht; bei einer Reduktion wird sie herabgesetzt.

Versuch: Man versetzt 5 ml einer Lösung von Schwefliger Säure tropfenweise mit einer Lösung von Iod (in wäßriger Kaliumiodid-Lösung, in der es sich als I_3^- recht leicht löst), es tritt sofort Entfärbung ein.

Entsorgung: In kleinen Mengen nicht abwassergefährdend.

Die abgelaufene Reaktion zerlegen wir in Teilreaktionen:

Oxidation:　　$SO_3^{2-} - 2e^- + H_2O \longrightarrow SO_4^{2-} + 2\,H^+$

Reduktion:　　$I_2 + 2\,e^- \longrightarrow 2\,I^-$

$$\overline{I_2 + SO_3^{2-} + H_2O \longrightarrow 2\,H^+ + 2\,I^- + SO_4^{2-}}$$

Ein Molekül Iod (Oxidationszahl 0) hat zwei Elektronen aufgenommen, wodurch (–1)-wertige Iodid-Ionen gebildet wurden. Die mit dieser Reduktion verbundene Oxidation von Sulfit zu Sulfat ist aus der Erhöhung der Oxidationszahl[1] des Schwefels von +4 auf +6 zu ersehen.

---

1)　Die Oxidationszahlen (links über den Elementsymbolen) sind nicht mit den rechts stehenden Ionenladungen zu verwechseln!

Kapitel 6. Elemente der VII. Hauptgruppe

Fluor, Chlor, Brom, Iod

Die Atome dieser Elemente haben 7 Elektronen in der äußersten Schale; sie können daher 1 Elektron aufnehmen, wodurch sie (–1)-wertig werden. Ihre Elektronenaffinität nimmt in der Reihenfolge F > Cl > Br > I ab. Entsprechend wird die Tendenz der Halogenid-Ionen, ein Elektron abzugeben, in gleicher Folge größer: $F^- < Cl^- < Br^- < I^-$. Dies haben wir im 1. Kapitel auf die Größenverhältnisse der Atome zurückgeführt.

Die Elemente Chlor, Brom und Iod können auch Elektronen "abgeben", wodurch sie positive Oxidationszahlen erhalten. So kann Chlor z. B. in seinen Verbindungen mit Sauerstoff die Oxidationszahlen +1, +3, +5 und +7 haben; außer in der Wertigkeit +1 existieren diese Ionen nicht in freier Form! Den Ausdruck "Elektronen abgeben" bzw. "Elektronen aufnehmen" verwenden wir – um uns kurz fassen zu können – auch bei polarisierten, kovalenten Bindungen, setzen dann aber Anführungszeichen.

Halogene und Halogenid-Ionen

Elementare Halogene werden durch Oxidation der Halogenwasserstoffsäuren erhalten. **6.1.** Als Oxidationsmittel wird im folgenden Versuch Mangandioxid (Braunstein) benutzt.

Versuch: In einem Reagenzglas werden einige Tropfen einer Lösung von Kaliumbromid oder Kaliumiodid mit 2 ml verd. Schwefelsäure versetzt. Man gibt eine Spatelspitze[1] Braunstein hinzu und erhitzt[2]. Es entweichen rotbraune Brom- bzw. violette Ioddämpfe (Abzug!).

Entsorgung: Säureabfälle

Es sei noch einmal daran erinnert, daß es zwingend vorgeschrieben ist, beim Arbeiten im Laboratorium *immer* eine Schutzbrille zu tragen; Spritzer von konzentrierten Säuren oder Laugen können zur Erblindung führen!

$$\overset{+4}{Mn}O_2 + 4\,HBr \longrightarrow Mn^{2+} + 2\,\overset{-}{Br} + \overset{0}{Br}_2 + 2\,H_2O$$

$$\overset{+4}{Mn}O_2 + 4\,HI \longrightarrow Mn^{2+} + 2\,\overset{-}{I} + \overset{0}{I}_2 + 2\,H_2O$$

Das Oxidationsmittel Braunstein wird durch die Halogenid-Ionen zum (+2)-wertigen Mangan reduziert. HCl wird ebenfalls durch Braunstein oxidiert; wir zerlegen die Oxidation von HCl in Teilreaktionen:

---

1)   Unter einer Spatelspitze ist die Menge zu verstehen, die ungefähr dem Volumen einer Kaffeebohne entspricht.
2)   Zu Lösungen, die erhitzt werden, gibt man ein Siedesteinchen und bewegt das Reagenzglas (mit Hilfe eines Reagenzglashalters) vorsichtig über kleiner entleuchteter Flamme.

Oxidation: $2\,Cl^- - 2\,e^- \longrightarrow \overset{0}{Cl_2}$

Reduktion: $\overset{+4}{MnO_2} + 4\,H^+ + 2\,e^- \longrightarrow Mn^{2+} + 2\,H_2O$

_____

$2\,Cl^- + MnO_2 + 4\,H^+ \longrightarrow Cl_2 + Mn^{2+} + 2\,H_2O$

6.2.   Elementares Brom und Iod werden durch ihre Farbe in Dichlormethan nachgewiesen. – Elementares Iod gibt mit Stärke eine charakteristische Blaufärbung[1] .

> *****Versuch a**: 3 ml Bromwasser werden in einem Reagenzglas mit etwa 2 ml Dichlormethan (CH_2Cl_2) unterschichtet. Nach dem Umschütteln hat die untere Schicht durch gelöstes Brom eine gelbbraune Färbung.
> **Entsorgung**: Halogenhaltige Lösungsmittel.

> *****Versuch b**: Ein Tropfen Iod-Kaliumiodid-Lösung wird mit 10 ml Wasser verdünnt und mit Dichlormethan unterschichtet. Nach dem Umschütteln hat die CH_2Cl_2-Schicht durch gelöstes Iod eine violette Färbung.
> **Entsorgung**: Halogenhaltige Lösungsmittel.

> *****Versuch c**: Ein Tropfen Iod-Kaliumiodid-Lösung wird mit 10 ml Wasser verdünnt. Dazu gibt man einige Tropfen einer frisch bereiteten Stärke-Lösung. Es tritt eine tiefblaue Farbe auf (s. S. 235).
> **Entsorgung**: In kleinen Mengen nicht abwassergefährdend.

Da Iod in Wasser kaum löslich ist, gibt man es in eine Lösung von Kaliumiodid. Es löst sich darin unter Bildung der Additionsverbindung $KI \cdot I_2$.

6.3.   Die Halogene sind Oxidationsmittel. Chlor ist ein stärkeres Oxidationsmittel als Brom und dieses ein stärkeres als Iod. Chlor oxidiert Bromid- und Iodid-Ionen. Brom oxidiert Iodid-Ionen, aber nicht Chlorid-Ionen.

> **Versuch a**: Man versetzt einige ml Kaliumbromid-Lösung, die mit etwas Dichlormethan unterschichtet werden, mit einigen Tropfen (Unterschuß) frisch bereitetem Chlorwasser und schüttelt um. Die Dichlormethan-Schicht wird gelbbraun.
> **Entsorgung**: Halogenhaltige Lösungsmittel.

> *****Versuch b**: Man wiederholt den vorhergehenden Versuch, verwendet jedoch Kaliumiodid an Stelle von Kaliumbromid. Die Dichlormethan-Schicht färbt sich violett; überschüssiges Chlor entfärbt die Lösung wieder.
> **Entsorgung**: Halogenhaltige Lösungsmittel.

> *****Versuch c**: Man führt Versuch b mit Kaliumiodid-Lösung und Bromwasser statt Kaliumbromid und Chlorwasser aus. Die Dichlormethan-Schicht wird violett.
> **Entsorgung**: Halogenhaltige Lösungsmittel.

Die in den drei Versuchen abgelaufenen Reaktionen werden durch folgende Gleichungen dargestellt:

_____

[1]   Im anorganischen Teil sind Versuche, die als Nachweisreaktion verwendet werden können, mit einem Stern versehen.

a: $\overset{0}{Cl_2}$ + 2 Br$^-$ $\longrightarrow$ 2 Cl$^-$ + $\overset{0}{Br_2}$

b: $\overset{0}{Cl_2}$ + 2 I$^-$ $\longrightarrow$ 2 Cl$^-$ + $\overset{0}{I_2}$

c: $\overset{0}{Br_2}$ + 2 I$^-$ $\longrightarrow$ 2 Br$^-$ + $\overset{0}{I_2}$

Der folgende Versuch zeigt, daß die reduzierende Wirkung der Halogenid-Ionen in **6.4.** saurer Lösung in der Reihenfolge I$^-$ > Br$^-$ > Cl$^-$ abnimmt. (Fluorwasserstoff kann in wäßriger Lösung nicht oxidiert werden.)

*Versuch: Ein Gemisch aus 2 Tropfen Kaliumiodid-Lösung und 6 Tropfen Kaliumbromid-Lösung wird mit einigen ml Wasser verdünnt und mit etwa 2 ml Dichlormethan unterschichtet. Beim Zutropfen von Chlorwasser und Umschütteln färbt sich die Dichlormethan-Schicht zunächst violett (I$_2$). Bei weiterer Zugabe von Chlorwasser verschwindet die violette Iodfarbe wieder, und das Dichlormethan wird durch gebildetes Brom gelbbraun. Auch diese Farbe verschwindet wieder, wenn man noch mehr Chlorwasser hinzugibt. Bei der Verwendung zum analytischen Bromid/Iodid-Nachweis wird die Lösung zunächst schwach mit verd. Salpetersäure angesäuert

Entsorgung: Untere Phase halogenhaltige Lösungsmittel.

In diesem Versuch hat Chlor zunächst das am stärksten reduzierende Iodid-Ion zu elementarem Iod und anschließend zu farbloser Iodsäure (HIO$_3$) oxidiert. Danach wurden die Bromid-Ionen zu Brom und weiter oxidiert. Nach dieser Methode lassen sich also Bromid-Ionen neben Iodid-Ionen nachweisen.

Chlorwasserstoff wird im Laboratorium aus Kochsalz und konz. Schwefelsäure herge- **6.5.** stellt.

Versuch: (Abzug!) Zu einer Spatelspitze Kochsalz gibt man einige ml konz. Schwefelsäure. Das Gemisch erwärmt sich schwach, und es entweicht Chlorwasserstoffgas, das durch Rötung von angefeuchtetem Universal-Indikatorpapier nachgewiesen wird.

Entsorgung: Säureabfälle

$$NaCl + H_2SO_4 \longrightarrow NaHSO_4 + HCl\uparrow$$

Bromwasserstoff und Iodwasserstoff lassen sich nicht mit konz. Schwefelsäure aus ihren Salzen herstellen, da beide – am leichtesten Iodwasserstoff – durch konz. Schwefelsäure oxidiert werden. Schwefelsäure wird dabei zu Schwefliger Säure (H$_2$SO$_3$) reduziert:

$$H_2SO_4 + 2\,e^- + 2\,H^+ \longrightarrow H_2SO_3 + H_2O$$

$$2\,HI \quad -2\,e^- \qquad \longrightarrow \quad I_2 + 2\,H^+$$

_____

$$H_2SO_4 + 2\,HI \qquad \longrightarrow \quad I_2 + H_2SO_3 + H_2O$$

Die Säurestärke der Halogenwasserstoffsäuren nimmt mit steigender Molekülmasse zu; Fluorwasserstoffsäure ist die schwächste, Iodwasserstoffsäure die stärkste dieser Säuren.

Die Halogenid-Ionen Cl$^-$, Br$^-$, I$^-$ lassen sich als schwerlösliche Silbersalze nachwei- **6.6.** sen.

*Versuch a: Zu einer Natriumchlorid-Lösung, die mit etwas verd. Salpetersäure angesäuert worden ist, werden einige Tropfen Silbernitrat-Lösung gegeben. Es fällt ein weißer, käsiger Niederschlag von Silberchlorid aus. Man gießt den Überstand ab und gibt
verd. Ammoniak-Lösung zu: Der Niederschlag geht in Lösung und kann durch erneu-
tes Versetzen mit verd. Salpetersäure wieder ausgefällt werden.

Entsorgung: Schwermetall-Abfall

$$Cl^- + Ag^+ \longrightarrow AgCl\downarrow \;\; ; \;\; AgCl + 2\,NH_3 \longrightarrow \left[Ag(NH_3)_2\right]^+ + Cl^-$$

Ammoniak bildet mit Silberchlorid einen löslichen Diamminsilber-Komplex (s. S. 101),
aus dem sich bei längerem Stehen an der Luft wie auch aus anderen ammoniakalischen
Silbersalz-Lösungen ein schwarzer Niederschlag von hochexplosivem Knallsilber abscheiden kann. Durch verd. HNO_3 wird dieser Komplex deshalb nach dem Versuch – unter
Rückbildung von AgCl – zerstört.

Außer den Halogenid-Ionen geben auch andere Ionen schwerlösliche Silbersalze, die
sich jedoch im Unterschied zu den Silberhalogeniden in verd. Salpetersäure lösen. Damit
der Niederschlag wirklich nur aus Silberhalogeniden besteht, säuert man die Lösung vor
der Fällung mit verd. Salpetersäure an.

Versuch b: Zu einer Lösung von Kaliumbromid, die man mit verd. Salpetersäure angesäuert hat, wird etwas Silbernitrat-Lösung gegeben. Es fällt ein blaßgelber, käsiger Niederschlag von Silberbromid aus. Dieser löst sich nicht in verdünnter, wohl aber in konz.
Ammoniak-Lösung (Überstand vorher abgießen). Verwendet man Kaliumiodid statt
Kaliumbromid, so entsteht mit Ag^+-Ionen ein gelber, käsiger Niederschlag von Silberiodid, der selbst von konz. Ammoniak-Lösung nicht gelöst wird.

Entsorgung: Schwermetall-Abfall

$$Br^- + Ag^+ \longrightarrow AgBr\downarrow \;\; ; \;\; I^- + Ag^+ \longrightarrow AgI\downarrow$$

6.7.   Fluorid-Ionen geben kein in Wasser schwerlösliches Silbersalz. Sie werden als Calciumfluorid oder durch die Ätzwirkung der Flußsäure nachgewiesen.

*Versuch: Versetzt man eine Kaliumfluorid-Lösung mit einigen Tropfen Calciumchlorid-Lösung, so fällt farbloses, unlösliches Calciumfluorid aus, das die Lösung trübt.

Entsorgung: In kleinen Mengen nicht abwassergefährdend.

$$Ca^{2+} + 2\,F^- \longrightarrow CaF_2\downarrow$$

*Versuch: In einem trockenen sauberen Reagenzglas erwärmt man 1 ml konz. Schwefelsäure auf ca. 60 °C und überzeugt sich davon, daß die Säure das Glas gleichmäßig
benetzt. Man läßt nun 1 Körnchen Kaliumfluorid in die Säure fallen; sie perlt nach kurzem Umschwenken nun wie Wasser an einer fettigen Glasoberfläche ab.

Entsorgung: Säureabfälle; äußerste **Vorsicht** beim Eingießen in Wasser!

Sauerstoffsäuren des Chlors

Einige Eigenschaften von *Sauerstoffsäuren der Halogene* lernen wir am Beispiel der Unterchlorigen Säure HClO, der Chlorsäure $HClO_3$ und der Perchlorsäure $HClO_4$ kennen. (Zur Konstitution dieser Verbindungen vgl. S. 39)

Chlor reagiert mit Wasser teilweise zu Salzsäure und der schwachen Unterchlorigen Säure:

$$\overset{0}{Cl_2} + H_2O \rightleftharpoons H^+ + \overset{-1}{Cl^-} + \overset{+1}{Cl}OH$$

Bei dieser Umsetzung geht von den beiden im Cl_2-Molekül enthaltenen Cl-Atomen eines in den (−1)-wertigen Zustand, das andere in Chlor mit der Oxidationszahl +1 über; ein Cl-Atom oxidiert also das andere und wird dabei selbst reduziert. Eine solche Reaktion, bei der zwei gleichartige Partner (hier: die beiden Cl-Atome) sich gegenseitig oxidieren und reduzieren, bezeichnet man als *Disproportionierung*.

Reaktionen, bei denen die Partner sich nicht vollständig miteinander umsetzen, d. h. die nur bis zu einem *Gleichgewicht* zwischen den Stoffen auf der rechten und linken Seite der Reaktionsgleichung führen, kennzeichnen wir durch zwei einander entgegengerichtete Pfeile. Ist eine der beiden Reaktionsrichtungen bevorzugt, so deuten wir dies oft durch unterschiedliche Länge der Pfeile an.

Da in Wasser gelöstes Chlor nur zu einem Teil in HCl und HClO umgewandelt wird, riecht Chlorwasser stark nach Chlor. Leitet man Chlor in wäßrige Lauge, so werden die beiden dabei entstehenden Säuren neutralisiert und so die rückläufige Reaktion unterbunden.   **6.8.**

Versuch: Man gebe zu Chlorwasser mit einer Pasteurpipette verd. Natronlauge. Der Geruch nach Chlor verschwindet.

$$\overset{0}{Cl_2} + H_2O + 2\,OH^- \longrightarrow \overset{-1}{Cl^-} + \overset{+1}{Cl}O^- + 2\,H_2O$$

Unterchlorige Säure und ihre Salze (Hypochlorite) sind starke Oxidationsmittel.   **6.9.**

Zu den beiden folgenden Versuchen verwenden wir ein Salz, das sowohl das Chlorid-Ion als auch das Anion der Unterchlorigen Säure enthält, den Chlorkalk, Ca(Cl)OCl. Er wird durch Einwirkung von Chlor auf gelöschten Kalk hergestellt:

$$Ca(OH)_2 + \overset{0}{Cl_2} \longrightarrow Ca^{2+} + \overset{-1}{Cl^-} + \overset{+1}{Cl}O^- + H_2O$$

Versuch a: Man gebe zu etwa 3 ml einer Lösung von Kaliumiodid eine kleine Spatelspitze Chlorkalk und 2 ml verd. Salzsäure. Die Lösung wird gelbbraun (Nachweis des Iods durch Ausschütteln mit Dichlormethan).

Entsorgung: In kleinen Mengen nicht abwassergefährdend.

$$\overset{+1}{Cl}O^- + 2\,e^- + 2\,H^+ \longrightarrow \overset{-1}{Cl^-} + H_2O$$
$$2\,I^- - 2\,e^- \longrightarrow \overset{0}{I_2}$$
$$\overline{}$$
$$ClO^- + 2\,I^- + 2\,H^+ \longrightarrow Cl^- + I_2 + H_2O$$

Die meisten organischen Farbstoffe werden durch Chlorkalk oxidativ zerstört. Auf dieser Reaktion beruht seine bleichende Wirkung.

Versuch b: Zwei Tropfen Indigocarmin-Lösung (Indigosulfonsaures Natrium, s. S. 298) in 2–3 ml Wasser werden mit etwas Chlorkalk versetzt. Die blaue Farbe verschwindet. – Auch Indikatorpapier wird durch Chlorkalk entfärbt. Die gleiche Wirkung hat Chlorwasser.

Entsorgung: In kleinen Mengen nicht abwassergefährdend.

6.10. Chlorate stellt man durch Erhitzen einer Hypochlorit-Lösung her; dabei tritt Disproportionierung ein.

$$3\ \overset{+1}{C}lO^- \longrightarrow \overset{+5}{C}lO_3^- + 2\ \overset{-1}{C}l^-$$

Chlorsäure wird durch starke Reduktionsmittel zum Chlorid-Ion reduziert.

Versuch: Zu einer mit verd. Salpetersäure angesäuerten Lösung von Kaliumchlorat werden 2–3 Tropfen Schweflige Säure gegeben. Man erhitzt zum Sieden, um zu verhindern, daß Silbersulfit ausfällt, und gibt einige Tropfen Silbernitrat-Lösung zu. Es entsteht der charakteristische käsige Niederschlag von Silberchlorid, der sich bei Zugabe von Ammoniak-Lösung löst.

Entsorgung: In kleinen Mengen nicht abwassergefährdend.

$$\overset{+5}{C}lO_3^- + 6\,e^- + 6\,H^+ \longrightarrow \overset{-1}{C}l^- + 3\,H_2O$$
$$\underline{3\ \overset{+4}{S}O_3^- - 6\,e^- + 3\,H_2O \longrightarrow 3\,SO_4^{2-} + 6\,H^+}$$
$$ClO_3^- + 3\,SO_3^{2-} \longrightarrow Cl^- + 3\,SO_4^{2-}$$

6.11. Verd. Chlorsäure ist ein schwächeres Oxidationsmittel als Unterchlorige Säure. Das Chlorat-Ion oxidiert Iodid-Ionen in neutraler Lösung nicht. Erst nach Zugabe von verd. Schwefelsäure tritt Oxidation ein, allerdings langsamer als bei der Unterchlorigen Säure.

Versuch: Man gibt zu 5 ml Kaliumchlorat-Lösung 2 ml Kaliumiodid-Lösung und verteilt das Gemisch auf 2 Reagenzgläser. Zu einer Probe fügt man etwas verd. Schwefelsäure. Nach etwa $^1/_2$ Stunde hat sich nur die angesäuerte Lösung durch gebildetes Iod gelbbraun gefärbt.

Entsorgung: In kleinen Mengen nicht abwassergefährdend.

6.12. Perchlorsäure ist eine sehr starke Säure, im Gegensatz zur Unterchlorigen Säure, die in Wasser nur wenig dissoziiert. – Das Ion ClO_4^- hat die gleiche räumliche Konstitution wie das sehr stabile SO_4^{2-}-Ion (vgl. S. 38). Perchlorsäure ist daher in wäßriger Lösung wesentlich beständiger als Unterchlorige Säure oder als Chlorsäure; sie wird durch Schweflige Säure nicht reduziert. (Konzentrierte $HClO_4$ kann explosionsartig zerfallen.)

Zum Nachweis des ClO_4^--Ions dient das schwerlösliche Kaliumsalz.

*Versuch: Einige Tropfen einer Kaliumchlorid-Lösung werden mit verd. Perchlorsäure versetzt. Es fällt farbloses Kaliumperchlorat aus.

Entsorgung: In kleinen Mengen nicht abwassergefährdend.

$$K^+ + ClO_4^- \longrightarrow KClO_4 \downarrow$$

Vorsicht, Chlorate und Perchlorate bilden mit leicht oxidierbaren Substanzen – besonders auch mit organischen Verbindungen – gegen Druck und Stoß hochempfindliche Mischungen, die mit außerordentlicher Wucht detonieren können!

Kapitel 7. Elemente der VI. Hauptgruppe

Sauerstoff, Schwefel

Die Atome der Elemente dieser Gruppe haben 6 Außenelektronen und können durch Aufnahme von zwei Elektronen ein Oktett erreichen. Sauerstoff ist nach dem Fluor das elektronegativste Element; er ist erheblich elektronegativer als Schwefel (vgl. Tab. 1.5., S. 6). Dementsprechend ist die Bildungswärme von Wasser aus den Elementen weit größer als die von Schwefelwasserstoff (vgl. Besprechung von Tab. 1.4., S. 6). – Schwefel kann maximal sechs Elektronen für Bindungen zur Verfügung stellen ("abgeben"), z. B. in seinen Verbindungen mit Sauerstoff.

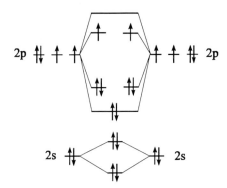

Abb. 7.1. MO-Diagramm des Sauerstoffmoleküls: Zwei ungepaarte Elektronen befinden sich in antibindenden Orbitalen

Im Gegensatz zu Schwefel weist molekularer Sauerstoff eine Besonderheit auf, die durch das VB-Modell nicht zu verstehen ist, durch die MO-Theorie dagegen besonders leicht erklärlich wird: er ist paramagnetisch. Nach der VB-Theorie sollte sich Sauerstoff als Singulett-Sauerstoff ⟨O=O⟩ verhalten. Die MO-Theorie sagt dagegen voraus, daß die bindenden und antibindenden Molekülorbitale in der Reihenfolge zunehmender Energie doppelt, energiegleiche (entartete) Orbitale nach der HUNDTschen Regel jedoch zunächst einfach besetzt werden. Sauerstoff enthält demnach zwei einzelne Elektronen in entarteten antibindenden Orbitalen und ist dementsprechend ein Diradikal[1], was mit den Messungen übereinstimmt; diese Form des O_2-Moleküls wird als Triplett-Sauerstoff bezeichnet.

Verbindungen des Sauerstoffs

Wasser hat die Struktur $\overset{\overset{\displaystyle 2\delta-}{O}}{\underset{\delta+ \quad \quad \delta+}{H \quad \quad H}}$; die OH-Bindungen bilden einen Winkel von 105°.

Auch physikalische Eigenschaften ändern sich bei Verbindungen der Elemente einer Gruppe mit einer gewissen Regelmäßigkeit. So steigen z. B. die Siedepunkte der Wasserstoff-Verbindungen in der VII. und VI. Gruppe mit zunehmender Molmasse. Auffallend ist der große Unterschied zwischen den Siedepunkten des Wassers und des Schwefelwasserstoffs (Kp = –61 °C). Dieses besondere Verhalten des Wassers ist teilweise durch die stark polare Natur seiner Bindungen bedingt. Außerdem sind H_2O-Moleküle über Wasserstoffbrücken assoziiert. Diese Assoziation beruht im wesentlichen auf elektrostatischen Kräften, die stärker wirken als die zwischen allen Molekülen wirksamen "VAN DER WAALSschen Anziehungskräfte". – Wasser ist ein gutes Lösungsmittel für viele Elektrolyte. Letztere sind in wäßriger Lösung in Ionen zerfallen, die den elektrischen Strom leiten (*Elektrolyse*). Dabei liegen die Ionen nicht frei vor, sondern sind von einer Hydrat-Hülle umgeben (solvatisiert); d. h., es hat sich eine kleine Anzahl von Wassermolekülen unmittelbar an das Ion angelagert. Infolge dieser Hydrat-Hülle und des umgebenden Wassers sind die Anziehungskräfte zwischen den entgegengesetzt geladenen Ionen verringert und die Ionen sind – im Gegensatz zu den im Kristall gebundenen – in Lösung frei beweglich.

Wasser ist nach der Brönsted-Definition ein Ampholyt: Gegenüber Säuren verhält es sich als Base (wird also protoniert), an Basen kann es Protonen abgeben, ist also eine Säure.

7.1.   Einige Sauerstoffverbindungen geben beim Erhitzen leicht Sauerstoff ab.

Versuch a: (Nur vom Assistenten auszuführen! Schutzbrille!) 0.5 bis 1 g Kaliumchlorat werden im Reagenzglas vorsichtig erhitzt. Bei etwa 400 °C setzt Entwicklung von Sauerstoff ein, der durch einen glimmenden Holzspan nachgewiesen werden kann (Holzspan nicht in die Schmelze tauchen, Explosionsgefahr!). Nach Abkühlen des Reagenzglases und Aufnehmen der erstarrten Schmelze in Wasser können mit Silbernitrat Chlorid-Ionen nachgewiesen werden.

Entsorgung: In kleinen Mengen nicht abwassergefährdend.

Beim Erhitzen von Kaliumchlorat wird Chlor mit der Oxidationszahl +5 zum (–1)-wertigen Chlorid-Ion reduziert und Sauerstoff zu nullwertigem oxidiert:

$$2 \overset{+5-2}{KClO_3} \longrightarrow 2 \overset{-1}{KCl} + 3 \overset{0}{O_2}$$

---

[1]   Auf den Energieunterschied zwischen den σ_x und π_y bzw. π_z-Orbitalen kann hier nicht näher eingegangen werden; er ist für die obige Überlegung auch ohne Belang.

Versuch b: (Assistent!) Der vorstehende Versuch wird unter Zusatz von ein wenig Braunstein wiederholt. Sauerstoff entwickelt sich jetzt bei 150 °C.

Entsorgung: In kleinen Mengen nicht abwassergefährdend.

Braunstein hat in diesem Versuch die Abspaltung von Sauerstoff aus Kaliumchlorat erleichtert, so daß die Reaktion schon bei tieferer Temperatur abläuft; er wird dabei nicht verändert. Man nennt Stoffe, die Umsetzungen erleichtern – d. h. Reaktionen beschleunigen – und die nach Ablauf der Reaktionen unverändert zurückerhalten werden, Katalysatoren.

Wirksame Oxidationsmittel sind Peroxide, z. B. Wasserstoffperoxid (H_2O_2); sie enthalten die Gruppe –O–O–. **7.2.**

Versuch: Man versetzt eine mit verd. Schwefelsäure angesäuerte Lösung von Kaliumiodid mit einigen Tropfen einer 3proz. Lösung von Wasserstoffperoxid. Die Lösung wird durch gebildetes Iod braun.

Entsorgung: In kleinen Mengen nicht abwassergefährdend.

Wasserstoffperoxid hat Iodid-Ionen nach folgender Summengleichung oxidiert:

$$H_2O_2 + 2\,H^+ + 2\,I^- \longrightarrow 2\,H_2O + I_2$$

Da dem Wasserstoff übereinkommensgemäß seine Oxidationszahl +1 zuerst zugeordnet wird, ergibt sich, daß die Sauerstoff-Atome im Wasserstoffperoxid je die Oxidationszahl –1 haben. Jedes der beiden Sauerstoff-Atome kann daher durch "Aufnahme" von einem Elektron oxidierend wirken. Aus den Teilgleichungen ersehen wir den Elektronenübergang:

$$\overset{-1}{2\,I^-} - 2\,e^- \longrightarrow \overset{0}{I_2}$$
$$2\,H^+ + \overset{-1\;\;\;-1}{H\text{-}O\text{-}O\text{-}H} + 2\,e^- \longrightarrow 2\,\overset{-2}{H_2O}$$
$$\overline{H_2O_2 + 2\,I + 2\,H^+ \longrightarrow I_2 + 2\,H_2O}$$

Wasserstoffperoxid wirkt gegenüber starken Oxidationsmitteln, z. B. Kaliumpermanganat ($KMnO_4$), als Reduktionsmittel. **7.3.**

Versuch: Einige ml Kaliumpermanganat-Lösung, die mit wenig verd. Salzsäure angesäuert worden sind, werden mit 3proz. Wasserstoffperoxid versetzt. Die violette Farbe des Permanganat-Ions (MnO_4^-) verschwindet. Man beobachtet Gasentwicklung (O_2).

Entsorgung: In kleinen Mengen nicht abwassergefährdend.

Mangan hat im Permanganat ($K\overset{+7}{Mn}O_4^-$) die Oxidationszahl +7. Es wird durch Aufnahme von 5 Elektronen zum (+2)-wertigen Mangan-Ion reduziert. Bei der Oxidation des Wasserstoffperoxids wird die Oxidationszahl des Sauerstoffs von –1 auf 0 erhöht:

$$2\,MnO_4^- + 5\,H_2O_2 + 6\,H^+ \longrightarrow 5\,O_2 + 2\,Mn^{2+} + 8\,H_2O$$

In Versuch 7.2. wirkte Wasserstoffperoxid als Oxidationsmittel, in 7.3. dagegen als Reduktionsmittel. Die beim Wasserstoffperoxid gemachten Erfahrungen gelten auch für andere Oxidations- bzw. Reduktionsmittel: mittlere Oxidationsstufen (wie z. B. –1 für Sauerstoff im H_2O_2) werden durch stärkere Reduktionsmittel in niedrigere übergeführt und durch stärkere Oxidationsmittel in höhere. Verbindungen, die Elemente in mittleren Oxidationsstufen enthalten, können mithin sowohl als Oxidationsmittel wie als Reduktionsmittel wirken (vgl. auch Disproportionierung, S. 31).

7.4.   Wasserstoffperoxid kann mit Titanoxid-Ionen $(\overset{+4}{Ti}O)^{2+}$ nachgewiesen werden.

> ***Versuch:*** Einige Tropfen 3proz. Wasserstoffperoxid werden zu einigen ml einer Lösung von Titanoxidsulfat, $Ti(O)SO_4$, gegeben. Wenn dieses in Substanz nicht verfügbar ist, kann man 1 Spatelspitze Titandioxid mit 2 Spatelspitzen Kaliumhydrogensulfat im Reagenzglas zusammenschmelzen und eine Lösung des Reaktionsproduktes verwenden.
>
> **Entsorgung**: Schwermetall-Abfälle

Das farblose Titanoxid-Ion $(TiO)^{2+}$ ist in das intensiv gelbe Titan(IV)-peroxid-Ion $Ti(O_2)^{2+}$ übergegangen. Die Reaktion läßt sich auch zum Nachweis von Peroxiden in Ether benutzen, wenn man einige ml Diethylether mit einer Lösung von Titanylsulfat in verd. Schwefelsäure durchschüttelt.

Verbindungen des Schwefels

Schwefel und Schwefelwasserstoff

7.5.   Elementarer Schwefel oxidiert Eisen in exothermer Reaktion zu Eisensulfid.

> **Versuch:** Ein Gemisch von Eisenpulver und Schwefelblume im Gewichtsverhältnis 3 : 2 wird in einem trockenen Reagenzglas, oder besser auf einem Eisenblech, langsam erhitzt. Man beobachtet, daß plötzlich an einer Stelle unter Aufglühen Reaktion einsetzt. Jetzt entferne man die Flamme; die Reaktion geht weiter. Es bildet sich eine schwarze Masse von Eisensulfid, die man für den nächsten Versuch aufhebt.
>
> **Entsorgung**: Reste zentral sammeln und in Salzsäure aufnehmen, dann mit Wasser wegspülen.

$$\overset{0}{Fe} + \overset{0}{S} \longrightarrow \overset{+2-2}{FeS} \quad -96\,kJ$$

7.6.   Eisensulfid ist ein Salz der Säure Schwefelwasserstoff; stärkere Säuren setzen daraus den sehr giftigen Schwefelwasserstoff in Freiheit.

> ***Versuch:*** (Abzug!) Einige Stückchen Eisensulfid werden in einem Reagenzglas mit verd. Salzsäure übergossen. Es entweicht (unangenehm riechender und vor allem in höherer Konzentration beim Einatmen sehr giftiger) Schwefelwasserstoff, der durch ein mit Bleiacetat-Lösung $[Pb(OOCCH_3)_2]$ getränktes Filterpapier nachgewiesen werden kann, das über die Reagenzglasöffnung gehalten wird: Schwarzfärbung durch Bildung von Bleisulfid.
>
> **Entsorgung**: Feststoffe in den Hausmüll, Lösung nicht abwasserschädlich.

$$FeS + 2\,H^+ \longrightarrow H_2S\uparrow + Fe^{2+}\,; \quad S^{2-} + Pb^{2+} \longrightarrow PbS\downarrow$$

Die Sulfide der Alkali- und Erdalkali-Metalle sind in Wasser löslich. Schwermetall-Ionen, die in Wasser schwer lösliche Sulfide bilden, können mit Sulfid-Ionen aus ihren Lösungen gefällt werden, z. B. CuS, HgS, Ag_2S.

Versuch: Man tauche ein Stück Universal-Indikatorpapier in eine Lösung von Schwe- **7.7.** felwasserstoff in Wasser. Der Indikator wird schwächer gerötet als durch verd. Salzsäure.

Entsorgung: In kleinen Mengen nicht abwassergefährdend.

Schwefelwasserstoff ist eine schwache Säure; er bildet in wäßriger Lösung nur in geringem Maße Ionen. Als zweibasige Säure dissoziiert Schwefelwasserstoff in zwei Stufen:

$$H_2S + H_2O \rightleftharpoons H_3O^+ + HS^- \; ; \quad HS^- + H_2O \rightleftharpoons H_3O^+ + S^{2-}$$

Ein wichtiges Reagenz ist Ammoniumsulfid. Man erhält eine farblose Lösung dieses Salzes durch Einleiten von Schwefelwasserstoff in Ammoniak-Lösung:

$$NH_3 + H_2S \rightleftharpoons NH_4^+ + HS^-$$

In der qualitativen Analyse wird auch gelbes Ammoniumsulfid verwendet. Dieses wird durch Umsetzung einer farblosen Ammoniumsulfid-Lösung mit elementarem Schwefel erhalten, wobei sich Polysulfide bilden, z. B. $(NH_4)_2(S{:}S)$ und $(NH_4)_2(S{:}S{:}S)$; gelbes Ammoniumsulfid entsteht aus der farblosen Lösung auch beim Stehen (Luftoxidation). – Ammoniumsulfid-Lösungen zeigen alkalische Reaktion.

Schwefelwasserstoff ist ein Reduktionsmittel; er wird durch Sauerstoff zu Schwefel **7.8.** oxidiert und reduziert alle Halogene.

Versuch: Zu etwa 5 ml Schwefelwasserstoff-Wasser gibt man tropfenweise eine Lösung von Brom in Eisessig. Die Bromfarbe verschwindet, und es scheidet sich Schwefel ab.

Entsorgung: In kleinen Mengen nicht abwassergefährdend.

$$S^{2-} + \overset{0}{Br_2} \longrightarrow \overset{0}{S} + 2\,Br^-$$

Schweflige Säure

Schwefel verbrennt in exothermer Reaktion zu Schwefeldioxid; SO_2 ist das Anhydrid der Schwefligen Säure, H_2SO_3. In beiden Verbindungen hat der Schwefel die gleiche Oxidationszahl +4. (Durch Anlagerung von H_2O wird eine Oxidationszahl nicht geändert.)

$$S + O_2 \longrightarrow SO_2 \; -296.7\,kJ \; ; \quad \overset{+4}{SO_2} + H_2O \rightleftharpoons \overset{+4}{H_2SO_3}$$

Schweflige Säure ist eine schwache Säure, jedoch stärker als Schwefelwasserstoff. Sie dissoziiert als zweibasige Säure in zwei Stufen:

$$H_2SO_3 + H_2O \rightleftharpoons H_3O^+ + HSO_3^- \; ; \quad HSO_3^- + H_2O \rightleftharpoons H_3O^+ + SO_3^{2-}$$

Schweflige Säure ist ein Reduktionsmittel. Die durch Oxidation der Sulfit-Ionen gebil- **7.9.** deten Sulfat-Ionen können als schwerlösliches Bariumsulfat nachgewiesen werden.

*Versuch: Man gebe zu einer Lösung von Schwefliger Säure tropfenweise eine wäßrige Iod-Kaliumiodid-Lösung. Die Iodfarbe verschwindet. Sobald die Lösung Iod im Überschuß enthält, ist Schwefeldioxid nicht mehr durch den Geruch festzustellen. Bei Zugabe von Bariumchlorid-Lösung fällt Bariumsulfat aus (Versuch 7.10.).

Entsorgung: In kleinen Mengen nicht abwassergefährdend.

$$\overset{+4-2}{SO_3^{2-}} + \overset{0}{I_2} + H_2O \longrightarrow \overset{+6}{SO_4^{2-}} + 2\,I^- + 2\,H^+$$

Die Oxidation von SO_2 durch Luftsauerstoff zu Schwefeltrioxid (SO_3), dem Anhydrid der Schwefelsäure (H_2SO_4) verläuft selbst bei 400–600 °C sehr langsam. Sie wird in der Technik durch Katalysatoren beschleunigt (Bleikammerverfahren, Kontaktverfahren).

Schwefelsäure

Konzentrierte Schwefelsäure mischt sich mit Wasser unter starker Erwärmung. Man gebe daher nie Wasser zur konzentrierten Säure, da diese sonst in heftiger Reaktion verspritzt. Konzentrierte Schwefelsäure darf nur verdünnt werden, indem man sie langsam und unter Rühren in eine größere Menge Wasser eingießt. Bei der Umsetzung mit Wasser bilden sich in stark exothermer Reaktion Hydrate ($H_2SO_4 \cdot n\,H_2O$). Dieses Bestreben der konzentrierten Säure, Wasser aufzunehmen, nutzt man aus, um Luft und andere Gase, die nicht mit konzentrierter Schwefelsäure reagieren, zu trocknen (Exsikkator!). Konzentrierte Schwefelsäure hat oxidierende Eigenschaften. Infolge der wasserentziehenden und oxidierenden Eigenschaften zerstört die konzentrierte Säure die meisten organischen Substanzen. – Verdünnte Schwefelsäure wirkt nicht oxidierend.

7.10.   Zum Nachweis von Sulfat-Ionen wird die Bildung von schwerlöslichem Bariumsulfat benutzt.

Versuch: Zu einigen Tropfen verdünnter Schwefelsäure oder einer mit HCl angesäuerten (!) Lösung eines Sulfates gebe man Bariumchlorid-Lösung. Es fällt ein weißer, feinkristalliner Niederschlag von Bariumsulfat, der in starker Säuren (z. B. verd. HCl) unlöslich ist. Neutrale oder alkalische Lösungen müssen zum Nachweis von Sulfat mit HCl angesäuert werden, da Carbonate stören.

Entsorgung: Abwasser

$$Ba^{2+} + SO_4^{2-} \longrightarrow BaSO_4 \downarrow$$

Die Konstitution des SO_4^{2-}-Ions wird durch die Strukturformel $\left[\begin{array}{c} :\overset{..}{O}: \\ :\overset{..}{O}:S:\overset{..}{O}: \\ :\overset{..}{O}: \end{array} \right]^{2-}$ beschrieben. Zur Bindung der Sauerstoffatome stehen 6 Elektronen des Schwefels zuzüglich der beiden vom Kation abgegebenen Elektronen zur Verfügung. Die Bindungselektronen werden von den elektronegativen Sauerstoffatomen stärker beansprucht als vom Schwefelatom, so daß der Schwefel eine δ^+-Ladung erhält. In dem symmetrisch gebauten SO_4^{2-}-Ion, das zur Gruppe der Komplex-Ionen gezählt wird, sind alle Partner von 8 Elektronen umgeben. Das Sulfat-Ion ist daher sehr stabil und ist kein Oxidationsmittel. In konzentrierter Schwefelsäure liegt dagegen fast nur die undissoziierte Säure H_2SO_4 vor, und diese wirkt oxidierend.

Es sei hier erwähnt, daß die Anionen einiger anderer Sauerstoffsäuren, z. B. die der Chlorsauerstoffsäuren, analog zu formulieren sind:

$$\left[\ddot{\underset{\cdot\cdot}{O}}:\ddot{\underset{\cdot\cdot}{Cl}}:\right]^{-}, \quad \left[\ddot{\underset{\cdot\cdot}{O}}:\ddot{\underset{\cdot\cdot}{Cl}}:\ddot{\underset{\cdot\cdot}{O}}:\right]^{-}, \quad \left[\ddot{\underset{\cdot\cdot}{O}}:\ddot{\underset{\cdot\cdot}{Cl}}:\ddot{\underset{\cdot\cdot}{O}}:\right]^{-}$$

Hypochlorit   Chlorat   Perchlorat

Das Perchlorat-Ion zeigt also den gleichen Aufbau wie das Sulfat-Ion.

Schwefelsäure ist eine starke Säure. In verdünnter wäßriger Lösung ist ein Proton fast vollständig abdissoziert; das zweite Proton wird aus dem nun negativen HSO_4^--Rest schwerer abgespalten:

$$H_2SO_4 + H_2O \longrightarrow H_3O^+ + HSO_4^-; \quad HSO_4^- + H_2O \rightleftharpoons H_3O^+ + SO_4^{2-}$$

Diese Art der stufenweisen Dissoziation findet sich stets bei mehrbasigen Säuren.

Eine Zunahme der Stärke von Sauerstoffsäuren mit steigender Oxidationsstufe des Zentralatoms, wie wir sie beim Vergleich von H_2SO_3 mit H_2SO_4 finden, wird allgemein beobachtet. Auch $HClO_4$ ist eine weit stärkere Säure als $HClO$.

Für das Anion der Schwefligen Säure ergibt sich die Strukturformel $\left[\ddot{\underset{\cdot\cdot}{O}}:\underset{\cdot\cdot}{S}:\ddot{\underset{\cdot\cdot}{O}}:\right]^{2-}$ Man versteht, daß dieses reduzierend wirkt, denn es kann noch ein Atom Sauerstoff aufnehmen und in das SO_4^{2-}-Ion übergehen.

Natriumthiosulfat

Das Sulfit-Ion kann – ebenso wie ein Atom Sauerstoff – auch ein Atom Schwefel anlagern. **7.11.**

*Versuch: Einige ml Natriumsulfit-Lösung werden mit einer Spatelspitze Schwefelblume 5 min gekocht. In der Lösung befinden sich nun Thiosulfat-Ionen, die nach Abfiltrieren des überschüssigen Schwefels durch Ansäuern mit verdünnter Salzsäure nachgewiesen werden. Die Lösung trübt sich nach kurzer Zeit durch ausfallenden Schwefel.

Entsorgung: In kleinen Mengen nicht abwassergefährdend.

$$SO_3^{2-} + S \underset{H^+}{\overset{OH^-}{\rightleftharpoons}} S_2O_3^{2-}; \quad \text{Strukturformel:} \left[\ddot{\underset{\cdot\cdot}{O}}:\underset{\cdot\cdot}{S}:\ddot{\underset{\cdot\cdot}{S}}:\right]^{2-}$$

Im Thiosulfat-Ion gehen vom zentralen Schwefel-Atom vier Bindungen aus, während das zweite S-Atom in gleicher Weise wie ein Sauerstoff-Atom gebunden ist. – Bei Ermittlung der Oxidationszahl der Schwefel-Atome aus der Summenformel des Thiosulfats wird übereinkommensgemäß keine Rücksicht auf die Struktur der Verbindung genommen. Im Natriumthiosulfat haben beide S-Atome zusammen die Oxidationszahl +4; ein S-Atom hat also die (gemittelte) Oxidationszahl +2: $\overset{+1}{Na_2}\overset{+2}{S_2}\overset{-2}{O_3}$. Die freie Thioschwefelsäure ($H_2S_2O_3$) ist unbeständig und zerfällt in Schwefel und Schweflige Säure.

7.12. Natriumthiosulfat reduziert Iod in einer quantitativen Reaktion (s. Maßanalyse).

Versuch: Zu einer Iod-Kaliumiodid-Lösung wird aus einer Pasteurpipette Natrium-thiosulfat-Lösung gegeben. Die braune Iodfarbe verschwindet.

Entsorgung: In kleinen Mengen nicht abwassergefährdend.

Die Reaktion verläuft nach folgender Gleichung:

$$\overset{0}{I_2} + 2\,S_2O_3^{2-} \longrightarrow S_4O_6^{2-} + 2\,I^-$$

Es werden Tetrathionat-Ionen $[O_3S-S-S-SO_3]^{2-}$ gebildet. Zerlegung in Teilreaktionen läßt die Elektronenübergänge deutlicher erkennen:

Reduktion: $I_2 + 2\,e^- \longrightarrow 2\,I^-$

Oxidation:

Jedes der beiden Thiosulfat-Ionen gibt also ein Elektron an das Iod-Molekül ab. Dies erkennt man auch aus der Änderung der Oxidationszahl der Schwefel-Atome:

$$2\,\overset{+2}{Na_2S_2O_3} + \overset{0}{I_2} \longrightarrow \overset{+2.5}{Na_2S_4O_8} + 2\,I^- + 2\,Na^+$$

Bei der Reaktion mit Iod steigt die Oxidationszahl der beiden S-Atome in einem Molekül Natriumthiosulfat insgesamt um eine Einheit, von $2\cdot2$ auf $2\cdot2.5$; dies entspricht der Abgabe von 1 Elektron pro Molekül $Na_2S_2O_3$.

Das Beispiel zeigt den Vorteil der Verwendung von Oxidationszahlen zur Berechnung von Redoxreaktionen: man benötigt nur die Summenformel einer Verbindung, aber keine Strukturformel.

7.13. In der Photographie wird Natriumthiosulfat als Fixiersalz verwendet, da es Silberhalo-genide – unter Bildung eines Komplex-Ions – löst.

Versuch: Zu einem Niederschlag von Silberchlorid, der aus 5 Tropfen Kochsalz-Lösung und 2 Tropfen Silbernitrat-Lösung hergestellt worden ist, wird etwas Natrium-thiosulfat-Lösung getropft. Der Silberchlorid-Niederschlag löst sich unter Komplexbildung auf.

Entsorgung: In kleinen Mengen nicht abwassergefährdend.

$$AgCl + 2\,Na_2S_2O_3 \longrightarrow [Ag(S_2O_3)_2]^{3-} + Cl^- + 4\,Na^+$$

Kapitel 8. Chemische und physikalische Gleichgewichte

Das Prinzip von Le Chatelier und das Massenwirkungsgesetz

Voraussetzung für den Ablauf einer chemischen Reaktion ist, daß die reagierenden Teilchen zusammenstoßen. Dies ist um so öfter der Fall, je mehr Teilchen sich in der Volumeneinheit befinden, d. h. je höher die Konzentration der Reaktionsteilnehmer ist. Ein bestimmter Anteil der Zusammenstöße verläuft erfolgreich und führt zur Bildung von Reaktionsprodukten.

Versuch: Zu einer Lösung von Antimontrichlorid gibt man etwas Wasser. Es fällt ein Niederschlag von Antimon-oxidchlorid. Fügt man nun konzentrierte Salzsäure hinzu, so löst sich der Niederschlag auf und fällt bei erneuter Zugabe von Wasser wieder aus. **8.1.**

Entsorgung: Schwermetall-Abfälle

Den ausstehenden Lösungen von Antimontrichlorid ist etwas Salzsäure zugesetzt, um die Bildung von Antimon-oxidchlorid zu verhindern.

Versuch 8.1. wird durch folgende Gleichung beschrieben:

$$SbCl_3 + H_2O \rightleftharpoons SbOCl\downarrow + 2\,HCl$$

Erhöht man die Konzentration des Wassers, so wird die von links nach rechts ablaufende Reaktion begünstigt; es wird mehr Antimon-oxidchlorid gebildet, das schwer löslich ist und ausfällt.

Auch nachdem Antimon-oxidchlorid ausgefallen ist, kommt die Reaktion zwischen den Teilchen nicht zur Ruhe. Sie reagieren vielmehr im Sinne der beiden Pfeile weiter miteinander. Die Konzentration der Reaktionsprodukte ändert sich jedoch nicht mehr, da in der Zeiteinheit ebenso viele Moleküle SbOCl in der Hinreaktion gebildet werden, wie in der Rückreaktion zerfallen. Man bezeichnet diesen Zustand als **dynamisches Gleichgewicht**.

Durch Zugabe von konzentrierter Salzsäure wird das Gleichgewicht nach links verschoben: Antimon-oxidchlorid löst sich wieder auf.

Für analytische und präparative Reaktionen ist es wichtig zu wissen, wie ein Gleichgewicht in Richtung der gewünschten Stoffe verlagert werden kann. Wenn man dies nur qualitativ feststellen will, kann man das *Prinzip von Le Chatelier* (Prinzip des kleinsten Zwangs) benutzen. Es lautet:

Übt man auf ein im Gleichgewicht befindliches System einen Zwang aus (Änderung von Temperatur, Druck oder Konzentration), so wird das Gleichgewicht in die Richtung verlagert, in der das System dem Zwang ausweichen kann.

In Versuch 8.1. besteht der auf die Reaktionspartner ausgeübte Zwang in der Erhöhung der H_2O- oder HCl-Konzentration. Das Ausweichen vor dem Zwang besteht im Verbrauch des zugefügten Wassers bzw. der HCl. Entsprechend verschiebt sich das Gleichgewicht im ersten Fall (Zugabe von H_2O) nach rechts (SbOCl fällt aus), im zweiten Fall (Zugabe von HCl) verschiebt sich das Gleichgewicht nach links (SbOCl löst sich auf).

Die Nützlichkeit des Prinzips von LE CHATELIER sei am Beispiel einer Gasreaktion demonstriert, und zwar an der Ammoniak-Synthese nach HABER-BOSCH. Die Synthese verläuft exotherm nach folgender Gleichung:

$$N_2 + 3\,H_2 \rightleftharpoons 2\,NH_3 \quad -92\,kJ$$

Sie wird technisch bei 400–500 °C, unter einem Druck von 200 atm und in Gegenwart von Katalysatoren durchgeführt.

Die relativ hohe Temperatur bei der Synthese von Ammoniak ist erforderlich, um eine genügend große Reaktionsgeschwindigkeit zu erreichen. Jedoch wirkt sich eine Erhöhung der Temperatur ungünstig auf die Ausbeute an Ammoniak aus, denn nach LE CHATELIER wird das Synthese-Gleichgewicht unter Verbrauch der zugeführten Wärme nach links – in

Richtung der Ausgangsstoffe – verlagert. Diesem Nachteil läßt sich durch einige Kunst-
griffe entgegenwirken: Der Katalysator – er wird erst bei höherer Temperatur wirksam –
beschleunigt ebenfalls die Ammoniaksynthese, so daß die Reaktionstemperatur niedriger
gehalten werden kann als ohne dessen Zusatz. Anwendung von Druck bewirkt nach dem
Prinzip von LE CHATELIER eine Verbesserung der Ausbeute an Ammoniak, da die Reaktion (4 mol Gas $\rightarrow$ 2 mol Gas) mit einer Volumenverkleinerung verbunden ist. Außerdem
wird das gebildete Ammoniak fortlaufend mit Wasser aus dem Reaktionsgleichgewicht
herausgewaschen, so daß nach LE CHATELIER das Ausmaß der Rückreaktion herabgesetzt
wird.

Quantitativ wird die Lage eines chemischen Gleichgewichts durch das *Massenwirkungsgesetz* beschrieben, das für Lösungen in einer kinetischen Betrachtung kurz entwik-
kelt sei:

In einer Reaktion A + B $\rightleftharpoons$ C + D ist die Geschwindigkeit der Hinreaktion $v_{\rightarrow}$, d. i.
die Änderung der Konzentration der Ausgangsstoffe in der Zeiteinheit, abhängig von der
Zahl der Stöße zwischen den Teilchen A und B. Sie ist damit sowohl proportional der
Konzentration von A als auch der von B und mithin dem Produkt dieser Konzentrationen.
Konzentrationen mißt man in mol/Liter und stellt eine molare Konzentration z. B. für den
Stoff A durch das Symbol [A] dar. Unter der Voraussetzung, daß ein Teilchen A mit ei-
nem Teilchen B reagiert, ist die Geschwindigkeit der Hinreaktion: $v_{\rightarrow} = k_{\rightarrow} \cdot [A] \cdot [B]$. Ei-
ne analoge Überlegung ergibt $v_{\leftarrow} = k_{\leftarrow} \cdot [C] \cdot [D]$ für die Geschwindigkeit der Rückreaktion: (s. auch S. 264).

In diesen Gleichungen tragen die Proportionalitätsfaktoren $k_{\rightarrow}$ und $k_{\leftarrow}$ der Tatsache
Rechnung, daß nur ein bestimmter Anteil der zwischenmolekularen Stöße erfolgreich ist
und zur Bildung von Reaktionsprodukten führt. Die Geschwindigkeitskonstanten k haben
für jede Reaktion einen bestimmten Wert, der die Bereitschaft der Stoffe, miteinander zu
reagieren, zum Ausdruck bringt. Mit steigender Temperatur werden diese Konstanten in
allen Reaktionen größer, da infolge der vergrößerten Anregung der Moleküle sowie der
erhöhten Bewegungsenergie mehr Stöße erfolgreich verlaufen.

Während der Umsetzung von A mit B nimmt nun die Konzentration an diesen Stoffen
ab; im gleichen Maß nimmt die Konzentration an C und D zu. Entsprechend wird die Geschwindigkeit der Hinreaktion kleiner und die der rückläufigen größer, bis ein dynami-
scher Gleichgewichtszustand erreicht ist, in dem beide Geschwindigkeiten gleich groß
sind. Im Gleichgewicht gilt:

$$v_{\rightarrow} = v_{\leftarrow} = k_{\rightarrow} \cdot [A] \cdot [B] = k_{\leftarrow} \cdot [C] \cdot [D]$$

Nach einem Übereinkommen wird diese Gleichung zu einem Bruch umgeformt, bei
dem die Konzentrationen der Reaktionsteilnehmer der linken Seite, d. h. der Ausgangsstoffe, im Nenner erscheinen:

$$\frac{[C] \cdot [D]}{[A] \cdot [B]} = \frac{k_{\rightarrow}}{k_{\leftarrow}} = K_{Gl}$$

Diese Gleichung ist der mathematische Ausdruck für das Massenwirkungsgesetz
(MWG) (GULDBERG und WAAGE 1867). Es besagt in Worten:

Im Gleichgewicht ist das Produkt der Konzentrationen der Reaktionsprodukte, dividiert durch das Produkt der Konzentrationen der Ausgangsstoffe, konstant.

Exakt gilt das Massenwirkungsgesetz nur, wenn zwischen den reagierenden Teilchen keine anziehenden oder abstoßenden Kräfte wirksam sind, d. h. in großer Verdünnung. Für genauere Rechnungen ersetzt man deshalb die Konzentrationen durch die *Aktivitäten*.

In Gleichgewichtsreaktionen ist oft eine Richtung so bevorzugt, daß die andere kaum in Erscheinung tritt. In diesen Fällen verwenden wir in den Reaktionsgleichungen weiter den einfachen Pfeil. – Da $k_{\rightarrow}$ und $k_{\leftarrow}$ mit steigender Temperatur meist verschieden zunehmen, ändert sich mit der Temperatur fast immer auch das Verhältnis $k_{\rightarrow}/k_{\leftarrow}$, also die Konstante K_{G1}, d. h. das Gleichgewicht wird bei Temperaturänderungen verlagert.

Reaktionen, die bei Raumtemperatur nur langsam ablaufen, kann man oft z. B. durch Erhitzen oder durch Katalysatoren beschleunigen. Durch die zugeführte Wärme wird die für den Reaktionsablauf erforderliche *Aktivierungsenergie* aufgebracht, die Moleküle werden in der Hin- und Rückreaktion reaktionsfähiger. Es werden Bindungen der reagierenden Moleküle gelockert oder ganz gelöst; auch wirkt sich die bei höherer Temperatur größere kinetische Energie der Moleküle auf die Geschwindigkeit der Reaktion aus. Die Höhe der Aktivierungsenergie kann experimentell aus der Temperaturabhängigkeit der Reaktionsgeschwindigkeit bestimmt werden (s. Kap. 36.).

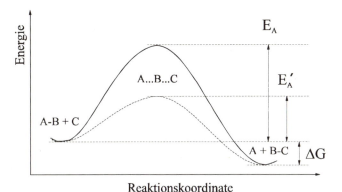

Abb. 8.1. Reaktionsprofil einer Reaktion A–B + C → A + B–C mit (-----) und ohne (——) Katalysator: Die Aktivierungsenergie wird von E_A auf den niedrigeren Wert E'_A abgesenkt; der Unterschied der freien Reaktionsenthalpie ΔG bleibt konstant.

Allerdings wird durch Erhöhung der Temperatur ein Gleichgewicht oft - in nicht erwünschter Richtung – in Richtung der Ausgangsstoffe verlagert. Ein Katalysator dagegen verlagert ein Gleichgewicht nicht. Er bildet mit Reaktionspartnern lockere Addukte oder definierte Zwischenprodukte. Für den Weg über solche Zwischenstufen ist eine geringere Aktivierungsenergie erforderlich als für die nicht katalysierte Reaktion. Da die Bildungswärmen von Edukt und Produkt nicht verändert werden, bleibt auch die Reaktionswärme der Reaktion konstant. Der Katalysator nimmt zwar an der Reaktion teil, wird dabei jedoch nicht verändert.

Bei der Ammoniaksynthese wird als Katalysator feinverteiltes Eisen (mit Zusätzen) verwendet, bei anderen Hydrierungen z. B. Nickel oder Platin. Weitere industriell wichtige

Beispiele für katalytische Prozesse sind die Ammoniakverbrennung am Platin-Kontakt zur Salpetersäuregewinnung (OSTWALD-Verfahren)

$$4\,NH_3 + 5\,O_2 \xrightarrow[800°]{Pt/Rh} 4\,NO + 6\,H_2O$$

$$4\,NO + 3\,O_2 + 2\,H_2O \longrightarrow 4\,HNO_3$$

oder die Oxidation von Schwefeldioxid zu Schwefeltrioxid zur Gewinnung von Schwefelsäure (Katalysator Platin oder V_2O_5):

$$2\,SO_2 + O_2 \longrightarrow SO_3$$

Im organischen Teil werden wir die Wirkungsweise von Biokatalysatoren - Enzymen - besprechen (s. S. 269).

Verlagerung von Dissoziationsgleichgewichten

8.2. Die Lage eines Gleichgewichts in einer Lösung von Elektrolyten wird durch Konzentrationsänderungen beeinflußt. Im folgenden Versuch beobachten wir eine solche Verlagerung an einem Farbwechsel.

Versuch: 2 Tropfen Eisen(III)-chlorid und 2 Tropfen Ammoniumrhodanid-Lösung werden mit 5 ml verdünnter Salzsäure versetzt. Gibt man die rote Lösung in 100 ml Wasser, so wird sie gelb. – Zu je 10 ml dieser Lösung fügt man einige Tropfen Ammoniumrhodanid- oder Eisen(III)-chlorid-Lösung. In beiden Fällen tritt wieder Rotfärbung ein.

Entsorgung: In kleinen Mengen nicht abwassergefährdend.

Eisen(III)-rhodanid ist ein Salz, das nur teilweise dissoziiert ist. Anwendung des MWG auf die Reaktion $\underset{gelb}{Fe^{3+}} + 3\,SCN^- \rightleftharpoons \underset{rot}{Fe(SCN)_3}$ ergibt:

$$\frac{[Fe(SCN)_3]}{[Fe^{3+}]\cdot[SCN^-]} = K_{Gl}$$

Verdünnt man die Lösung mit Wasser, so werden die Konzentrationen sowohl im Zähler als auch im Nenner herabgesetzt. Dies wirkt sich aber im Nenner stärker aus, da hier die Konzentrationen als Produkt eingehen. Das rote Eisenrhodanid dissoziiert daher, bis das Verhältnis von Zähler zu Nenner wieder gleich der Konstanten K_{Gl} geworden ist. Wird dann die Konzentration an Fe^{3+}- oder SCN^--Ionen erhöht, d. h. der Nenner obigen Bruches vergrößert, so verlagert sich das Gleichgewicht in die Richtung, in der auch der Zähler vergrößert wird, d. h. es bildet sich wieder mehr nichtdissoziiertes, rotes Eisenrhodanid.

Das Löslichkeitsprodukt

Bei der Ausführung von analytischen Nachweisreaktionen, vor allem aber bei quantitativen Bestimmungen durch Gravimetrie ist von großer Bedeutung, wie groß die Konzentration an Ionen sein muß, damit ein Salz ausfällt.

Elektrolyte sind meist nur begrenzt in Wasser löslich. Bei Gegenwart von ungelöstem Elektrolyten AB (Bodenkörper) stellen sich zwischen diesem und der an AB gesättigten Lösung folgende Gleichgewichte ein:

$$AB_{ungelöst} \rightleftharpoons AB_{gelöst} \quad (1) \qquad AB_{gelöst} \rightleftharpoons A^+ + B^- \qquad (2)$$

Wendet man auf Gleichung (2) das Massenwirkungsgesetz an, so ergibt sich Gleichung (3a). Diese läßt sich zu Gleichung (3b) bzw. (4) vereinfachen, wenn man bedenkt, daß die Konzentration $[AB_{gelöst}]$ in der gesättigten Lösung (in Gegenwart von Bodenkörper) einen konstanten Wert hat ($[AB_{gelöst}] = c'$.

$$\frac{[A^+] \cdot [B^-]}{[AB_{gelöst}]} = K_{Gl} \quad (3a); \qquad [A^+] \cdot [B^-] = K_{Gl} \cdot [AB_{gelöst}] = K_{Gl} \cdot c' = L_{AB} \qquad (3b)$$

$$[A^+] \cdot [B^-] = L_{AB} \qquad (4)$$

Die Konstante L_{AB} wird als *Löslichkeitsprodukt* bezeichnet; sie gilt aufgrund der vorstehenden Überlegungen nur für gesättigte Lösungen *schwer*löslicher Verbindungen, in denen die Ionenkonzentrationen daher klein sind (MWG!). Man beachte, daß das je nach Formeltyp in mol^2/l^2 (z.B. FeS), mol^3/l^3 (z.B. Ag_2CO_3) oder im allgemeinen Fall in $mol^{(x+y)}/l^{(x+y)}$ (A_xB_y) gemessene Löslichkeits*produkt* mit der in mol/l gemessenen *Löslichkeit* nicht identisch ist!

Das Löslichkeitsprodukt von Silberchromat beträgt $L_{Ag_2CrO_4} = 2 \cdot 10^{-12}$ $(mol/l)^3$; gesucht ist die Konzentration der wäßrigen Lösung. Der Wert errechnet sich gemäß

$$Ag_2CrO_4 \rightleftharpoons 2\ Ag^+ + CrO_4^{2-}$$

$$L_{Ag_2CrO_4} = [Ag^+]^2 \cdot [CrO_4^{2-}]$$

Wenn die Konzentration der Chromat-Ionen den Wert x hat, ist $[Ag^+] = 2x$, und es gilt

$$2 \cdot 10^{-12} = (2\ x)^2 \cdot x = 4\ x^3$$

$$x = \sqrt[3]{0.5 \cdot 10^{-12}} = 8 \cdot 10^{-5}\ mol/l$$

Nach Gleichung (4) läßt sich bei bekanntem L_{AB} die Konzentration an A^+ bzw. B^- berechnen, wenn einer dieser Faktoren gegeben ist. Das Salz AB fällt aus, wenn das bei einer Reaktion eingesetzte Produkt $[A^+] \cdot [B^-]$ größer als L_{AB} ist. Und umgekehrt geht das Salz wieder in Lösung, wenn das Produkt $[A^+] \cdot [B^-]$ durch geeignete Maßnahmen wieder unter den Wert L_{AB} abgesenkt wird. Um ein Ion, z. B. A^+, quantitativ auszufällen, muß eine Konzentration an B^- eingesetzt werden, die weit höher ist als die an A^+; unter dieser Bedingung wird der Faktor A^+ in Gleichung (4) sehr klein. Man verwendet daher bei der Abtrennung von Ionen als schwerlösliche Salze einen Überschuß an Fällungsmittel. – Da Lösungsvorgänge fast immer Wärme verbrauchen, nimmt die Löslichkeit der meisten Stoffe mit steigender Temperatur zu (LE CHATELIERsches Prinzip!).

8.3.   Den Satz vom Löslichkeitsprodukt demonstrieren wir qualitativ an einer Kochsalz-Lösung. Dies ist nicht ganz korrekt, da man nur mit schwerlöslichen Verbindungen gesättigte Lösungen mit niedriger Ionenkonzentration erhalten kann.

Versuch: Zu einigen ml gesättigter Kochsalz-Lösung gibt man einige Tropfen konz. Salzsäure; es scheidet sich Kochsalz ab. – Löst man in gesättigter Kochsalz-Lösung ein wenig festes Natriumhydroxid, so fällt ebenfalls Kochsalz aus.

Entsorgung: In kleinen Mengen nicht abwassergefährdend.

Das Versuchsergebnis stimmt qualitativ mit dem Inhalt des Satzes vom Löslichkeitsprodukt überein: Bei Erhöhung der Konzentration an Na^+- oder Cl^--Ionen fällt NaCl aus, da das Produkt dieser Konzentrationen nicht größer werden kann als das Löslichkeitsprodukt (L_{NaCl}), das in der gesättigten Lösung schon erreicht war. Mit anderen Worten: Natriumchlorid ist in Gegenwart von Na^+- oder Cl^--Ionen schwerer löslich als in reinem Wasser.

8.4.   Die unterschiedliche Löslichkeit von Salzen nutzt man bei der Trennung von Kationen.

Versuch a: Man gebe zu einer Lösung von Bleiacetat Schwefelwasserstoff-Wasser. Es fällt schwarzes Bleisulfid aus, das sich nicht in verd. Salpetersäure löst.

Entsorgung: Schwermetall-Abfälle

Versuch b: Wird eine Lösung von Mangansulfat mit Schwefelwasserstoff-Wasser versetzt, so bildet sich kein Niederschlag. Gibt man aber eine Lösung von Ammoniumsulfid zur Lösung von Mangansulfat, so fällt fahlrosafarbenes Mangansulfid aus, das sich in verd. Säuren, auch Essigsäure, löst.

Entsorgung: Schwermetall-Abfälle

$$Pb^{2+} + S^{2-} \rightleftharpoons PbS\downarrow; \quad Mn^{2+} + S^{2-} \rightleftharpoons MnS\downarrow$$

$$MnS + 2\,H_3O^+ \rightleftharpoons Mn^{2+} + H_2S + 2\,H_2O$$

Für die Löslichkeitsprodukte der Sulfide gilt:

$$[Pb^{2+}] \cdot [S^{2-}] = L_{PbS} = 10^{-28}; \quad [Mn^{2+}] \cdot [S^{2-}] = L_{MnS} = 10^{-15} \quad mol^2/l^2$$

L_{MnS} ist also wesentlich größer als L_{PbS}, d. h. Mangansulfid ist viel leichter löslich als Bleisulfid. Will man Mangansulfid ausfällen, so muß man eine größere Konzentration an Sulfid-Ionen verwenden. Dies ist mit Schwefelwasserstoff-Wasser nicht möglich, wohl aber mit einer Lösung von Ammoniumsulfid; das leichtlösliche Salz $(NH_4)_2S$ dissoziiert in Wasser vollständig zu Ionen.

Mit Hilfe von Schwefelwasserstoff kann man Kationen, die Sulfide mit genügend kleinem Löslichkeitsprodukt bilden (wie z. B. PbS), von anderen abtrennen (vgl. S. 125).

Die Löslichkeit von Mangansulfid in Säuren ist folgendermaßen zu erklären: MnS bildet in Wasser eine geringe Menge von S^{2-}-Ionen; diese reagieren mit H_3O^+-Ionen zu nichtdissoziiertem H_2S. Nach dem Prinzip von LE CHATELIER werden aus MnS Sulfid-Ionen nachgebildet und durch H_3O^+ wieder abgefangen, bis alles Mangansulfid gelöst ist. – Aus dem gleichen Grunde lösen sich in Wasser schwerlösliche Salze von schwachen Säuren (z. B. FeS, $CaCO_3$), deren Löslichkeitsprodukt nicht allzu klein ist, in Säuren auf, vielfach schon in Säuren von der Stärke der Essigsäure.

Der Nernstsche Verteilungssatz

Ein physikalisches Gleichgewicht behandelt der NERNSTsche Verteilungssatz, der die Ver- **8.5.**
teilung eines Stoffes zwischen zwei nicht miteinander mischbaren Lösungsmitteln beschreibt.

Versuch: Man gibt in einen kleinen Scheidetrichter 20 ml Wasser, 20 Tropfen Iod-Kaliumiodid-Lösung und 10 ml Dichlormethan. Nach kräftigem Durchschütteln (Stöpsel
festhalten!) wird der Scheidetrichter mit dem Hahn nach oben gehalten und der beim
Schütteln entstandene Überdruck durch vorsichtiges Öffnen des Hahnes beseitigt. Man
schließt den Hahn und hängt den Scheidetrichter in einen Ring, der an einem Stativ befestigt ist. Dann nimmt man den Stöpsel ab und läßt die untere Dichlormethan-Schicht
durch den Hahn in ein Reagenzglas laufen. Das Ausschütteln mit jeweils frischem
Dichlormethan wird mehrfach wiederholt; die violette Farbe des Dichlormethans wird
jedesmal schwächer. Zwischen den Ausschüttelungen prüft man einige Tropfen der
wäßrigen Schicht mit Stärke-Lösung auf Iod. Man beobachtet, daß diese Reaktion
nach mehrfachem Ausschütteln negativ ausfällt. Zugleich wird auch die Dichlormethan-
Schicht nicht mehr violett.

Entsorgung: Organische (untere) Schicht: halogenhaltige Abfälle; Rest in kleinen Mengen nicht abwassergefährdend.

Die Verteilung eines Stoffes A zwischen zwei nicht mischbaren Lösungsmitteln (die wir
als Phase 1 und 2 bezeichnen wollen) gehorcht dem NERNSTschen Verteilungssatz:

$$\frac{\text{Konzentration von A in Phase 1}}{\text{Konzentration von A in Phase 2}} = K$$

Die Konstante K, der Verteilungskoeffizient, hängt vom Verhältnis der Löslichkeiten
des Stoffes in den beiden Lösungsmitteln ab.

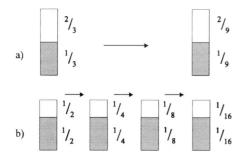

Abb. 8.2. Ein Stoff, der sich doppelt so gut in der organischen (oben) wie in der wäßrigen Phase
(unten) löst, wird a) zweimal mit dem gleichen oder b) viermal mit dem halben Volumen Lösungsmittel extrahiert. Die Zahlen neben den Graphiken geben den Bruchteil er anfangs vorhandenen Substanzmenge an: Variante b) extrahiert die Verbindung mit dem insgesamt gleichen Lösungsmittelvo-
lumen vollständiger.

Will man einen Stoff aus einem Lösungsmittel, z. B. aus Wasser, ausschütteln, so muß man ein mit Wasser nicht mischbares Lösungsmittel wählen, das den Stoff sehr gut löst. Dies haben wir in Versuch 8.5. durch Verwendung von Dichlormethan erreicht. – Qualitativ konnten wir in diesem Versuch den Verteilungssatz bestätigen: je kleiner die Konzentration an Iod im Wasser wurde, um so geringer wurde sie auch im Dichlormethan.

Kapitel 9. Elemente der V. Hauptgruppe

Stickstoff, Phosphor, Arsen, Antimon, Bismut

Entsprechend ihrer Stellung im Periodensystem können die Elemente dieser Gruppe in ihren Wasserstoff-Verbindungen 3 Elektronen aufnehmen. In ihren Verbindungen mit Sauerstoff können sie bis zu 5 Elektronen abgeben. – Augenfällig ist in dieser Gruppe die Zunahme der Metalleigenschaften mit steigender Atommasse: Von dem unter dem Nichtmetall Stickstoff stehenden Phosphor existiert eine metallische Modifikation (schwarzer Phosphor) neben der metastabilen weißen nichtmetallischen und der stabilen roten Form. Die nichtmetallische Modifikation des Arsens und die des Antimons ist wesentlich unbeständiger als die des Phosphors; Bismut ist ein ausgesprochenes Metall.

Die Säurestärke von Wasserstoffverbindungen ändert sich systematisch, wie das folgende Schema zeigt. In gleicher Weise ändert sich die Polarität der Bindungen (s. Tabelle der Elektronegativitätswerte S. 6).

In den Gruppen nimmt die Säurestärke mit steigender Atommasse der Elemente zu, in den Perioden von links nach rechts. NH_3 und CH_4 sind so schwache Säuren, daß sie an Wasser keine Protonen abgeben. NH_3 ist eine stärkere Base als H_2O und als PH_3.

Stickstoff verbindet sich mit Sauerstoff in endothermer Reaktion, und zwar erst bei sehr hohen Temperaturen. Das dabei gebildete Stickstoffmonoxid (NO) reagiert mit weiterem Sauerstoff bei Raumtemperatur zu Stickstoffdioxid (NO_2). – Die Reaktion von Phosphor mit Sauerstoff ist stark exotherm.

Die sauren Eigenschaften von Hydroxyverbindungen (OH-Gruppen enthaltende Verbindungen) gleicher Oxidationsstufe gehen in den Gruppen mit steigender Atommasse zurück: Salpetersäure (HNO_3) ist eine starke, Phosphorsäure (H_3PO_4) eine mittelstarke Säure, und Arsensäure (H_3AsO_4) ist etwas schwächer als Phosphorsäure. Arsenige Säure [$As(OH)_3$] und Antimonige Säure [$Sb(OH)_3$], die beide nur in wäßriger Lösung existieren, sind sehr schwache Säuren; Bismuthydroxid [$Bi(OH)_3$] hat keine sauren Eigenschaften.

Die Polarität der Bindungen nimmt zu
Säurestärke nimmt zu

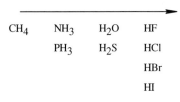

CH_4	NH_3	H_2O	HF
	PH_3	H_2S	HCl
			HBr
			HI

Verbindungen des Stickstoffs

Ammoniak

Ammoniak reagiert als Base mit Wasser unter Bildung von OH^--Ionen.   **9.1.**

Versuch: Man tauche Universal-Indikatorpapier in verd. Ammoniak-Lösung. Das Papier färbt sich durch die gebildeten OH^--Ionen blau.

Entsorgung: In kleinen Mengen nicht abwassergefährdend.

Gasförmiges Ammoniak setzt sich mit HCl-Gas zu festem Ammoniumchlorid um.   **9.2.**

Versuch: (Abzug!) Man gebe in ein Reagenzglas einige ml verd. Ammoniak-Lösung und halte dicht über die Öffnung einen mit konz. Salzsäure befeuchteten Glasstab. Es treten weiße Nebel von Ammoniumchlorid auf.

Entsorgung: In kleinen Mengen nicht abwassergefährdend.

Die Reaktionen von NH_3 mit Wasser bzw. mit gasförmigem Chlorwasserstoff sind wie folgt zu formulieren:

$$NH_3 + HOH \rightleftharpoons NH_4^+ + OH^- \quad (1); \quad NH_3 + HCl \longrightarrow NH_4^+ + Cl^- \quad (2)$$

Das Gleichgewicht liegt in der ersten Reaktion weitgehend auf der linken Seite, in der zweiten (2) ganz auf der rechten. Ammoniak-Wasser riecht daher stark nach Ammoniak; Ammoniumchlorid ist geruchlos.

Aus Ammoniumsalzen wird NH_3 durch OH^--Ionen in Freiheit gesetzt.   **9.3.**

*Versuch: Zu einer Spatelspitze Ammoniumchlorid werden 1–3 ml verd. Natronlauge gegeben. Beim Erwärmen entweicht Ammoniak, das sich durch seinen Geruch bemerkbar macht.

Entsorgung: In kleinen Mengen nicht abwassergefährdend.

$$NH_4^+ + Cl^- + OH^- \longrightarrow NH_3\uparrow + Cl^- + H_2O$$

Ein empfindliches Reagenz auf Ammoniak ist NESSLERs-Reagenz (s. Versuch 17.2.e).

Im folgenden Versuch wird eine wäßrige Lösung von Ammoniak mit verd. Salzsäure **9.4.** von etwa gleicher Konzentration neutralisiert.

Versuch: In einen 100-ml-Erlenmeyerkolben gebe man 25 ml verd. Ammoniak-Lösung und 3 Tropfen Methylrot-Methylenblau-Mischindikator. Dann füge man aus einem kleinen Meßzylinder tropfenweise verdünnte Salzsäure hinzu, bis die Farbe von Grün nach Blaurot umschlägt. Es werden dazu etwa 25 ml benötigt. Der Geruch nach Ammoniak ist dann verschwunden.

Entsorgung: In kleinen Mengen nicht abwassergefährdend.

$$NH_4^+ + OH^- + H_3O^+ + Cl^- \longrightarrow NH_4^+ + Cl^- + 2\,H_2O \quad (3)$$

In wäßrigem Ammoniak ist nach Gleichung (1) (unter Versuch 9.2.) nur eine geringe Menge an Hydroxid-Ionen enthalten. Werden diese durch Zugabe von Hydronium-Ionen (H_3O^+) aus dem Gleichgewicht (1) entfernt, so bilden sich neue nach, bis das gesamte

NH_3 zu NH_4^+ umgesetzt ist. Versuch 9.4. bestätigt diese Gleichgewichtsverschiebung: es wurde zur Neutralisation soviel Salzsäure verbraucht, wie der Gesamtmenge an eingesetztem Ammoniak entspricht.

Bei der Bildung des Ammonium-Ions lagert sich ein Proton an das freie Elektronenpaar des Stickstoffs an:

$$
\begin{matrix}
& H \\
& .. \\
H : & N : & + \ H^+ \ \rightleftharpoons \ \left[H : \overset{H}{\underset{H}{N}} : H \right]^+
\end{matrix}
\tag{4}
$$

Man bezeichnet Ionen, die durch Anlagerung von Teilchen mit freien Elektronenpaaren an solche mit Elektronenlücke gebildet werden, als komplexe Ionen. Das auf S. 38 zur Gruppe der Komplexe gezählte SO_4^{2-}-Ion wird analog gebildet:

$$
O : \overset{O}{\underset{O}{S}} \ + \ : \overset{..}{\underset{..}{O}} : H \ \longrightarrow \ \left[O : \overset{O}{\underset{O}{S}} : \overset{..}{O} : H \right] \ \longrightarrow \ \left[O : \overset{O}{\underset{O}{S}} : O \right]^{2-} + \ 2\,H^+
$$

Im NH_4^+-"Komplex" sind alle H-Atome gleichartig gebunden. Die Oxidationszahl x des Stickstoffs im NH_4Cl ist die gleiche geblieben wie im NH_3: $4 \cdot (+1) + (-1) + x = 0$; x $= -3$. Das Komplex-Ion NH_4^+ ist positiv geladen, da das angelagerte Proton eine Ladung mitgebracht hat; diese wird durch Anionen wie OH^- oder Cl^- neutralisiert. Die Doppelpfeile in Gleichung (4) deuten an, daß der NH_4^+-Komplex reversibel wieder zerfällt und weniger stabil ist als z. B. der Komplex SO_4^{2-}.

Ebenso wie das Proton können auch viele Metall-Kationen NH_3 anlagern. So haben wir z. B. auf Seite 30 den $[Ag(NH_3)_2]^+$-Komplex kennengelernt. Meist lagert ein Metall-Ion 4 oder 6 NH_3-Moleküle an. Die Größe dieser Koordinationszahl hängt mit dem Bestreben der Kationen zusammen, mit Hilfe des freien Elektronenpaares der NH_3-Moleküle die Elektronenzahl des nächsthöheren Edelgases zu erreichen. Die Oktettregel hat hier aber nur untergeordnete Bedeutung; eine wesentliche Rolle spielen außerdem räumliche Verhältnisse (s. auch S. 102).

Zur Komplexbildung neigende Metall-Ionen können – ebenso wie sie NH_3 anlagern – auch Komplexe mit anderen Partnern bilden, die freie Elektronenpaare besitzen. Es werden z. B. folgende Moleküle und Anionen addiert: $H\overline{O}H, |\overline{O}H^-, |\overline{Cl}|^-, |\overline{I}|^-, |C{\equiv}N|^-$.

Komplex-Ionen geben sehr oft nicht die Reaktionen der Komponenten, aus denen sie entstanden sind. Wenn aber der Komplex hinreichend dissoziiert, so treten einige der für die Komponenten charakteristischen Reaktionen ein (vgl. Versuch 16.2.).

Salpetrige Säure

9.5.   Salpetrige Säure ist unbeständig und zerfällt unter Disproportionierung in verschiedene Richtungen. Versetzt man eine Alkalinitrit-Lösung mit Säure, so bilden sich – neben Salpetersäure – vornehmlich Stickstoffmonoxid und Stickstoffdioxid.

Versuch: (Abzug!) Eine Natriumnitrit-Lösung wird mit verd. Schwefelsäure angesäuert. Es entweicht ein Gemisch von farblosem Stickstoffmonoxid und braunem Stickstoffdioxid.

Entsorgung: In kleinen Mengen nicht abwassergefährdend.

$$2 \overset{+3}{\text{HNO}_2} \longrightarrow \overset{+2}{\text{NO}} + \overset{+4}{\text{NO}_2} + \text{H}_2\text{O} \, ;$$

$$3 \overset{+3}{\text{HNO}_2} \longrightarrow \overset{+5}{\text{HNO}_3} + 2 \overset{+2}{\text{NO}}\uparrow + \text{H}_2\text{O}; \quad 2 \overset{+2}{\text{NO}} + \text{O}_2 \longrightarrow 2 \overset{+4}{\text{NO}_2}\uparrow$$

Da Salpetrige Säure den Stickstoff in einer mittleren Oxidationsstufe enthält, kann sie sowohl als Oxidations- wie auch als Reduktionsmittel wirken. Ammoniak wird durch Salpetrige Säure zu Stickstoff oxidiert. **9.6.**

Versuch: 3 ml einer Lösung von Natriumnitrit werden mit 3 ml einer Ammoniumchlorid-Lösung versetzt. Beim Erwärmen auf etwa 80 °C beginnt Gasentwicklung. Es entweicht Stickstoff, der einen glimmenden Holzspan zum Verlöschen bringt.

Entsorgung: In kleinen Mengen nicht abwassergefährdend.

$$\text{NH}_4^+ + \text{NO}_2^- \longrightarrow \overset{0}{\text{N}_2} + 2\,\text{H}_2\text{O}$$

Salpetrige Säure oxidiert Iodid-Ionen und wird dabei zu Stickstoffmonoxid reduziert. **9.7.**

Versuch: Einige Tropfen einer verd. Lösung von Natriumnitrit werden mit etwas Kaliumiodid-Lösung und anschließend mit verd. Essigsäure versetzt. Es scheidet sich elementares Iod ab, das durch Ausschütteln mit Dichlormethan nachgewiesen werden kann (Violettfärbung).

Entsorgung: Unterphase halogenierte Lösungsmittel

$$2 \overset{+3}{\text{NO}_2^-} + 2\,\text{I}^- + 4\,\text{H}^+ \longrightarrow 2 \overset{+2}{\text{NO}} + \overset{0}{\text{I}_2} + 2\,\text{H}_2\text{O}$$

Salpetrige Säure reduziert die stark oxidierenden Permanganat-Ionen, wobei sie zu Salpetersäure oxidiert wird. **9.8.**

Versuch: Etwas Natriumnitrit-Lösung wird mit einigen Tropfen Kaliumpermanganat-Lösung versetzt und mit verd. Schwefelsäure angesäuert. Die violette Farbe des Permanganat-Ions verschwindet.

Entsorgung: In kleinen Mengen nicht abwassergefährdend.

$$\text{Oxidation:} \quad 5 \overset{+3}{\text{NO}_2^-} - 10\,\text{e}^- + 5\,\text{H}_2\text{O} \longrightarrow 5 \overset{+5}{\text{NO}_3^-} + 10\,\text{H}^+$$

$$\text{Reduktion:} \quad 2 \overset{+7}{\text{MnO}_4^-} + 10\,\text{e}^- + 16\,\text{H}^+ \longrightarrow 2\,\text{Mn}^{2+} + 8\,\text{H}_2\text{O}$$

$$\overline{2\,\text{MnO}_4^- + 5\,\text{NO}_2^- + 6\,\text{H}^+ \longrightarrow 2\,\text{Mn}^{2+} + 5\,\text{NO}_3^- + 3\,\text{H}_2\text{O}}$$

Salpetersäure

Bei der technischen Herstellung von Salpetersäure geht man vom Ammoniak aus und verbrennt dieses am Platinkontakt zu Stickstoffoxiden. Salpetersäure entsteht dann durch Disproportionierung von NO_2 nach folgender Gleichung:

$$2 \overset{+4}{N}O_2 + H_2O \longrightarrow \overset{+5}{H}NO_3 + \overset{+3}{H}NO_2$$

Die neben Salpetersäure gebildete Salpetrige Säure zerfällt nach der für Versuch 9.5. gegebenen Gleichung in Salpetersäure und NO, das mit Sauerstoff erneut zu NO_2 reagiert.

Konzentrierte Salpetersäure ist ein starkes Oxidationsmittel. Sie oxidiert z. B. relativ edle Metalle wie Kupfer und Silber, aber nicht Gold oder Platin. In der verdünnten Salpetersäure tritt die oxidierende Wirkung zurück; so werden z. B. Iodid-Ionen durch verdünnte HNO_3 nicht oxidiert.

9.9.   Nitrat-Ionen werden durch unedle Metalle, z. B. Zink, in alkalischer Lösung zu Ammoniak reduziert.

> **Versuch:** Eine große Spatelspitze Kaliumnitrat und dieselbe Menge Zinkstaub werden in einem Reagenzglas mit 2 ml Wasser und 2 ml verd. Natronlauge versetzt (Reagenzglashalter!). Man erhitzt zum Sieden und hält ein feuchtes Universal-Indikatorpapier über die Öffnung; dieses wird blau. Auch ist Ammoniakgeruch wahrzunehmen.
>
> **Entsorgung**: In kleinen Mengen nicht abwassergefährdend.

$$\text{Reduktion:} \quad \overset{+5}{N}O_3^- + 8\,e^- + 6\,H_2O \longrightarrow \overset{-3}{N}H_3 + 9\,OH^-$$

$$\text{Oxidation:} \quad 4\,Zn - 8\,e^- \longrightarrow 4\,Zn^{2+}$$

$$\overline{NO_3^- + 4\,Zn + 6\,H_2O \longrightarrow NH_3 + 4\,Zn^{2+} + 9\,OH^-}$$

9.10.   Die Salze der Salpetersäure sind in Wasser leicht löslich. Zum Nachweis von NO_3^--Ionen benutzt man eine Farbreaktion.

> ***Versuch:** Zu einigen Tropfen verd. Salpetersäure werden einige ml frisch bereiteter gesättigter Eisen(II)-sulfat-Lösung gegeben. Die Mischung wird vorsichtig mit 2 ml konz. Schwefelsäure unterschichtet (nicht schütteln!), indem man die Säure an der inneren Wand des schräg gehaltenen Reagenzglases herablaufen läßt. An der Berührungsfläche zwischen den beiden Schichten entsteht ein brauner oder violetter Ring.
>
> **Entsorgung**: Säureabfälle

Im einzelnen laufen folgende Reaktionen ab: Die an der Berührungsfläche mit konz. Schwefelsäure durch Wasserentzug gebildete konzentrierte Salpetersäure wird durch Fe^{2+}-Ionen reduziert, wobei diese in Fe^{3+}-Ionen übergehen:

$$\overset{+5}{N}O_3^- + 3\,Fe^{2+} + 4\,H^+ \longrightarrow \overset{+2}{N}O + 3\,Fe^{3+} + 2\,H_2O$$

Das entstandene NO addiert sich an im Überschuß vorhandene Fe^{2+}-Ionen unter Bildung brauner, komplexer Nitrosyl-eisen(II)-Kationen:

$$Fe^{2+} + NO \longrightarrow \left[Fe(NO)\right]^{2+}$$

Die gleiche Reaktion geben Nitrite mit Fe^{2+}-Ionen bereits beim Ansäuern mit verd. Es- **9.11.**
sigsäure, da die freie HNO_2 (nach Versuch 9.5.) beim Zerfall NO bildet.

 *Versuch: 2 Tropfen einer Lösung von Natriumnitrit oder der Analysensubstanz
werden mit 3 bis 5 ml Wasser verdünnt. Dazu gibt man etwas Eisen(II)-sulfat-Lösung
und säuert mit verd. Essigsäure an. Die Lösung färbt sich braun durch gebildetes Nitro-
syl-eisen(II)-sulfat.

 Entsorgung: In kleinen Mengen nicht abwassergefährdend.

Das Stickstoffatom besitzt 5 Außenelektronen, kann also durch Elektronenpaarbindun-
gen nur drei Sauerstoffatome binden, wobei sich für das Anion zunächst Formelbild a ergibt: Zwar ist der Stickstoff hier von 8 Elektronen umgeben und besitzt damit eine stabile
Elektronenkonfiguration, jedoch liegen 2 der drei Sauerstoffatome mit ungepaarten Elektronen als Radikale vor. Unter Beteiligung des freien Elektronenpaars am Stickstoff kann
eine Doppelbindung zu dem einen Sauerstoffatom ausgebildet werden; dies ist jedoch nur
möglich, wenn zuvor ein Elektron vom Stickstoff zum zweiten Sauerstoffatom übergeht
(Formelbild b): Man überzeuge sich davon, daß andernfalls der Stickstoff von 9 Elektronen umgeben wäre, was in der L-Schale nicht möglich ist.

Nun ist experimentell festgestellt, daß alle drei O-Atome gleichartig gebunden sind;
dieser Bindungszustand wird durch die Formel c nicht richtig wiedergegeben. Man beschreibt die Gleichartigkeit der Stickstoff-Sauerstoff-Bindungen durch eine Gruppe von
Grenzformeln (b – d), die sich nur durch die Anordnung von Elektronen unterscheiden
und die durch Doppelpfeile (↔) verbunden werden. Die gebogenen Pfeile deuten die
Elektronenverschiebung an, die von einer Grenzformel zur nächsten führt:

a   b   c   d

Der wirkliche Bindungszustand im NO_3^--Ion liegt zwischen den Strukturen der Grenzformeln und wird als *mesomer* ("dazwischen liegend") bezeichnet (vgl. S. 185); durch
Grenzformeln beschriebene Zustände sind experimentell nicht unterscheidbar.

Phosphorsäure

Von den Verbindungen des Phosphors untersuchen wir nur Salze der Phosphorsäure,
H_3PO_4, in der Phosphor die Oxidationsstufe +5 hat.

Phosphor bildet mit Sauerstoff in stark exothermer Reaktion Phosphor(V)-oxid. Dieses **9.12.**
enthält auf zwei Phosphor-Atome fünf Sauerstoff-Atome, hat aber die doppelte Molmasse, d. h. die Summenformel P_4O_{10}. Zu seiner Herstellung verwenden wir im folgenden
Versuch hochmolekularen, roten Phosphor, der im Gegensatz zum weißen ungiftig und
gefahrloser zu handhaben ist.

 Versuch: 2 Spatelspitzen roter Phosphor werden in einer kleinen Porzellanschale unter
dem Abzug entzündet. Dicht über den brennenden Phosphor wird nun mit Hilfe einer

Holzklammer ein trockener Glastrichter so gehalten, daß die Flamme nicht erlischt. Der entstehende weiße Nebel von P_4O_{10} schlägt sich zum Teil an der Innenwand des Trichters nieder. Nach Beendigung der Reaktion wird der weiße Belag mit Wasser in ein Reagenzglas gespült.

Entsorgung: In kleinen Mengen nicht abwassergefährdend.

Im Phosphor(V)-oxid sind die Phosphoratome über Sauerstoffatome miteinander verknüpft. P_4O_{10} ist das Anhydrid der Phosphorsäure und nimmt begierig Wasser auf (Verwendung als Trocknungsmittel). Dabei entsteht als Endprodukt der hydrolytischen Spaltung die Orthophosphorsäure H_3PO_4.

Das PO_4^{3-}-Ion ist ebenso gebaut wie das ClO_4^-- und das SO_4^{2-}-Ion. Spaltet man aus Orthophosphorsäure durch Erhitzen Wasser ab, so bilden sich nach folgendem Schema – über die Diphosphorsäure ($H_4P_2O_7$) – hochmolekulare Polyphosphorsäuren:

Diphosphorsäure   Triphosphorsäure

Metaphosphorsäuren haben die Zusammensetzung $(HPO_3)_3$ bzw. $(HPO_3)_4$. In diesen Verbindungen sind die Phosphor-Atome – wie in den Polyphosphorsäuren – über Sauerstoff-Atome miteinander verknüpft; die trimere Verbindung hat nebenstehende Konstitutionsformel.

Eine monomere Phosphorsäure, HPO_3, die eine der Salpetersäure analoge Konstitution hätte, existiert nicht, da Phosphor – zum Unterschied von Stickstoff – bevorzugt über Einfachbindungen verknüpfte Polymere bildet. Mehrfachbindungen finden sich in Verbindungen aus Elementen der 2. Periode, dem Kohlenstoff, Stickstoff und Sauerstoff (z. B. CO, CO_2, N_2, NO usw.). Die übrigen Elemente "vermeiden" es meist, Doppelbindungen zu bilden. Da Phosphor in der M-Schale über d-Orbitale verfügt, sind Bindungszustände mit 10 Außenelektronen möglich.

Die in wasserärmeren Phosphorsäuren vorliegenden P–O–P-Bindungen (Anhydridbindungen) sind im Stoffwechsel von Bedeutung. In einer der wichtigsten Verbindungen dieser Art, dem Adenosintriphosphat, sind 3 über Anhydridbindungen verknüpfte Phosphatreste an einen organischen Rest gebunden (s. S. 225).

Phosphorsäure bildet 3 Reihen von Salzen:

1. NaH_2PO_4, Natrium-dihydrogenphosphat (früher: primäres Natriumphosphat)
2. Na_2HPO_4, Dinatrium-hydrogenphosphat (früher: sekundäres Natriumphosphat)
3. Na_3PO_4, Trinatriumphosphat (früher: tertiäres Natriumphosphat)

Als lösliche Salze verwendet man die Natrium- oder Kaliumsalze. Die dreibasige Phosphorsäure dissoziiert in drei Stufen:

$$H_3PO_4 \; + \; H_2O \; \rightleftharpoons \; H_3O^+ \; + \; H_2PO_4^-$$

$$H_2PO_4^- \; + \; H_2O \; \rightleftharpoons \; H_3O^+ \; + \; HPO_4^{2-}$$

$$HPO_4^{2-} \; + \; H_2O \; \rightleftharpoons \; H_3O^+ \; + \; PO_4^{3-}$$

Phosphorsäure ist eine mittelstarke Säure. Bei ihrer Dissoziation bilden sich zunächst fast nur $H_2PO_4^-$-Ionen. Neutralisiert man aber die am ersten Gleichgewicht beteiligten H_3O^+-Ionen, so daß man eine Lösung von primärem Natriumphosphat (NaH_2PO_4) in Wasser erhält, so kommt die 2. Dissoziation zum Zuge. Der Dissoziationsgrad nimmt in der Folge $H_3PO_4 > H_2PO_4^- > HPO_4^{2-}$ stark ab. $H_2PO_4^-$-Ionen sind eine schwächere Säure als Essigsäure; HPO_4^{2-}-Ionen sind eine noch schwächere Säure. – Phosphorsäure hat keine oxidierenden Eigenschaften.

PO_4^{3-}-Ionen können mit Magnesiamixtur (s. Versuch 13.1.b) nachgewiesen werden. **9.13.**

*Versuch: Einige ml Magnesiumchlorid-Lösung werden mit verd. Ammoniak-Lösung versetzt, wobei Magnesiumhydroxid ausfällt. Nach Zugabe von etwas festem Ammoniumchlorid löst sich der Niederschlag wieder auf. Zu der so erhaltenen, schwach alkalischen Lösung von Mg^{2+}-Ionen wird eine Lösung von sekundärem Natriumphosphat (Na_2HPO_4) gegeben. Es bildet sich ein kristalliner Niederschlag von Ammonium-magnesiumphosphat, der sich in verd. Säuren löst.

Entsorgung: Nicht abwassergefährdend.

$$Mg^{2+} \; + \; NH_4^+ \; + \; PO_4^{3-} \longrightarrow \; MgNH_4PO_4\downarrow$$

Die Auflösung von $Mg(OH)_2$ durch NH_4Cl wird bei Versuch 13.1.b erklärt.
Silberphosphat ist in Wasser schwerlöslich. **9.14.**

Versuch: Einige Tropfen einer Lösung von sek. Natriumphosphat werden mit etwas Silbernitrat-Lösung versetzt. Es fällt ein gelber Niederschlag von Silberphosphat. Dieses löst sich in verd. Ammoniak-Lösung und – zum Unterschied von den Silberhalogeniden – auch in verd. Salpetersäure.

Entsorgung: In kleinen Mengen nicht abwassergefährdend.

$$3 \, Ag^+ \; + \; PO_4^{3-} \longrightarrow \; Ag_3PO_4\downarrow$$

PO_4^{3-}-Ionen können als Ammonium-phosphormolybdat nachgewiesen werden. **9.15.**

*Versuch: Zu etwa 5 ml einer heiß angesetzten Lösung von Ammoniummolybdat füge man tropfenweise konz. Salpetersäure, bis sich der gebildete, weiße Niederschlag wieder gelöst hat. Hierzu gebe man 5 Tropfen einer Lösung von sek. Natriumphosphat und kocht auf. Es fällt allmählich ein gelber Niederschlag aus, der die Zusammensetzung $(NH_4)_3PO_4 \cdot 12 \, MoO_3$ hat.

Entsorgung: Schwermetall-Abfälle

$$3 \, NH_4^+ \; + \; PO_4^{3-} \; + \; 12 \, MoO_4^{2-} \; + \; 24 \, H^+ \longrightarrow \; (NH_4)_3[P(O\text{-}Mo_3O_9)_4] \; + \; 12 \, H_2O$$

Für den Nachweis und die quantitative Bestimmung sehr geringer Mengen von PO_4^{3-}- **9.16.**
Ionen steht eine kolorimetrische Methode zur Verfügung, die bei biochemischen Untersu-

chungen angewendet wird. Das Prinzip dieser Bestimmungsmethode zeigt folgender Versuch:

Versuch: Man stelle sich folgende Lösungen her:

a) Aus einer Lösung von Dinatriumhydrogenphosphat (sek. Natriumphosphat) wird mit einem Glasstab ein Tropfen entnommen und in 250 ml dest. Wasser gegeben.

b) 5 ml Ammoniummolybdat-Lösung werden mit 5 ml Wasser und 1 ml konz. Schwefelsäure versetzt.

c) 10 Tropfen Zinn(II)-chlorid-Lösung werden in 10 ml Wasser gegeben.

Zur gesamten Lösung a gebe man 1 ml der Lösung b (20 Tropfen) und 10 Tropfen der Lösung c. Es tritt eine intensive Blaufärbung auf.

Entsorgung: Schwermetall-Abfälle

Der Phosphormolybdat-Komplex, der Molybdän mit der Oxidationszahl +6 enthält, wird durch Zinn(II)-chlorid zu Verbindungen reduziert, in denen Molybdän eine niedrigere Oxidationsstufe hat. Die intensiv blaue Farbe dieser Verbindungen ist auch noch bei sehr großer Verdünnung zu erkennen. Diese Farbreaktion kann daher zur kolorimetrischen Bestimmung sehr kleiner Phosphat-Konzentrationen dienen. Ammoniummolybdat-Lösung allein gibt unter den hier gewählten Bedingungen nur sehr langsam eine Blaufärbung.

Verbindungen des Arsens, Antimons und Bismuts

Diese Elemente werden zusammen betrachtet, um die Ähnlichkeit ihrer Eigenschaften herauszustellen. Sie können in ihren Verbindungen die Oxidationszahlen -3, $+3$, $+5$ haben. Die Fähigkeit, Verbindungen zu bilden, in denen das Element die Oxidationszahl $+5$ hat, nimmt zum Bismut hin ab.

9.17.   Diarsentrioxid, As_2O_3 (Arsenik), verhält sich wie das Anhydrid der (nicht isolierbaren) Arsenigen Säure. Es löst sich in Laugen unter Bildung von Arsenit-Ionen. Gegenüber konz. Salzsäure verhält es sich wie ein Metalloxid und löst sich.

(Versuch a): Eine Spatelspitze Arsenik wird mit verd. Natronlauge erwärmt. Das Oxid löst sich.

Entsorgung: Arsen-Abfälle; T+, Carc I

(Versuch b): Man versetze etwas Arsenik mit konz. Salzsäure; beim Erwärmen tritt Lösung ein.

Entsorgung: Arsen-Abfälle; T+, Carc I

a) $As_2O_3 + 3 H_2O \rightleftharpoons 2 H_3AsO_3$; $H_3AsO_3 + OH^- \rightleftharpoons [H_2AsO_3]^- + H_2O$

b) $As_2O_3 + 6 HCl \rightleftharpoons 2 AsCl_3 + 3 H_2O$; $AsCl_3 \rightleftharpoons As^{3+} + 3 Cl^-$

Diantimontrioxid (Sb_2O_3) verhält sich analog; es bildet mit OH^--Ionen wasserlösliche Antimonite und mit konz. Salzsäure lösliches $SbCl_3$.

Hydroxide bzw. Oxide, die sich sowohl in Säuren als auch in Laugen lösen, werden als amphoter bezeichnet.

Bismuthydroxid ($Bi(OH)_3$) ist nicht amphoter und löst sich nicht in Laugen.   **9.18.**

Versuch: Man versetze einige Tropfen Bismutnitrat-Lösung mit verd. Natronlauge. Es scheidet sich farbloses Bismuthydroxid aus, das im Überschuß der Lauge nicht löslich ist.

Entsorgung: In kleinen Mengen nicht abwassergefährdend.

$$Bi^{3+} + 3\,OH^- \longrightarrow Bi(OH)_3\downarrow$$

Durch Wasser werden Bismutsalze – ebenso wie die des Antimons (vgl. Versuch 8.1.) **9.19.** – partiell hydrolysiert.

Versuch: Gibt man zu einer Lösung von Bismutnitrat (der konz. Salpetersäure zugesetzt ist) Wasser, so fällt ein Niederschlag von Bismut-oxidnitrat aus.

Entsorgung: In kleinen Mengen nicht abwassergefährdend.

$$Bi(NO_3)_3 + 2\,H_2O \rightleftharpoons Bi(OH)_2NO_3\downarrow + 2\,HNO_3$$

Als einfache Nachweisreaktion für As^{3+}-, Sb^{3+}- und Bi^{3+}-Ionen wird die Bildung der **9.20.** schwerlöslichen und charakteristisch gefärbten Sulfide benutzt.

*****Versuch:** Je 3 Tropfen einer Lösung von Arsen(III)-chlorid, Antimon(III)-chlorid bzw. 1 Tropfen Bismutnitrat-Lösung werden mit je 15 ml Schwefelwasserstoff-Wasser versetzt; die Sulfide fallen aus (für Versuch 9.21. aufheben!).

Entsorgung: Arsen- bzw. Schwermetall-Abfälle

$$2\,As^{3+} + 3\,S^{2-} \longrightarrow As_2S_3\downarrow \ (gelb)$$

$$2\,Sb^{3+} + 3\,S^{2-} \longrightarrow Sb_2S_3\downarrow \ (orange)$$

$$2\,Bi^{3+} + 3\,S^{2-} \longrightarrow Bi_2S_3\downarrow \ (braun)$$

Diese Sulfide haben ein so kleines Löslichkeitsprodukt (s. S. 46), daß sie auch aus saurer Lösung ausgefällt werden können, in der die Konzentration an Sulfid-Ionen sehr gering ist.

Arsen(III)-sulfid und Antimon(III)-sulfid, nicht aber Bismut(III)-sulfid, lösen sich in **9.21.** farblosem Ammoniumsulfid unter Bildung von Thioarsenit- bzw. von Thioantimonit-Ionen.

*****Versuch:** Um die im vorangehenden Versuch 9.20. erhaltenen Niederschläge von Arsen- und Antimonsulfid leicht filtrierbar zu machen, werden die Suspensionen zum Sieden erhitzt; dabei flocken sie zusammen. Man filtriert, wäscht mit Wasser nach und durchstößt die im Trichter belassenen Filter mit einem Glasstab. Dann spült man die Sulfidniederschläge mit 10 ml einer heißen Lösung von farblosem Ammoniumsulfid in Reagenzgläser. Arsensulfid löst sich sofort unter Bildung von Thioarsenit, Antimonsulfid erst nach kurzem Kochen (bis auf wenige Flocken) unter Bildung von Thioantimonit. Bismutsulfid löst sich nicht. Die beiden Lösungen der Thioverbindungen werden je mit etwa 10 ml verd. Salzsäure angesäuert; es scheiden sich Arsensulfid und Antimonsulfid ab.

Entsorgung: Arsen- bzw. Schwermetall-Abfälle

$$As_2S_3\downarrow + 3\,S^{2-} \longrightarrow 2\left[AsS_3\right]^{3-};\ 2\left[AsS_3\right]^{3-} + 6\,H^+ \longrightarrow As_2S_3\downarrow + 3\,H_2S\uparrow$$

$$Sb_2S_3\downarrow + 3\,S^{2-} \longrightarrow 2\left[SbS_3\right]^{3-};\ 2\left[SbS_3\right]^{3-} + 6\,H^+ \longrightarrow Sb_2S_3\downarrow + 3\,H_2S\uparrow$$

Die Bildung der Thioarsenite ist der Reaktion von Arsenik mit Natronlauge vergleichbar; in beiden Umsetzungen erscheint Arsen im Anion.

Im Trennungsgang für Kationen (S. 122) setzt man Arsen(III)-sulfid und Antimon(III)-sulfid mit einer Lösung von gelbem Ammoniumsulfid um (vgl. Versuch 7.7.). Diese Verbindungen werden durch die Di- und Polysulfide des gelben Ammoniumsulfids zu löslichen Thioarsenaten und Thioantimonaten oxidiert:

$$\overset{+3}{As}S_3^{3-} + S_2^{2-} \longrightarrow \overset{+5}{As}S_4^{3-} + S^{2-}$$

$$\overset{+3}{Sb}S_3^{3-} + S_2^{2-} \longrightarrow \overset{+5}{Sb}S_4^{3-} + S^{2-}$$

Bei Zugabe von Säuren werden die Thio-Komplexe des Arsens und Antimons zerstört, und es fallen die schwerlöslichen Sulfide des 5wertigen Arsens oder Antimons aus.

9.22. Arsenik wird durch Zinn(II)-chlorid in saurer Lösung zu Arsen reduziert.

(**Versuch**): Eine kleine Spatelspitze Arsenik wird in 2 ml konz. Salzsäure gelöst und mit einigen Tropfen einer Lösung von Zinn(II)-chlorid ($SnCl_2$) vermischt. Sofort oder bei gelindem Erwärmen färbt sich die Lösung durch kolloidales Arsen dunkelbraun.

Entsorgung: Arsen-Abfälle

$$2\,As^{3+} + 3\,Sn^{2+} \longrightarrow 2\,\overset{0}{As} + 3\,Sn^{4+}$$

Diese BETTENDORFsche Probe kann als Nachweis für Arsen benutzt werden. Antimon- und Bismut-Verbindungen bedürfen in saurer Lösung stärkerer Reduktionsmittel und geben diese Reaktion nicht.

9.23. Durch Zink in saurer Lösung werden Arsen-Verbindungen zu äußerst giftigem Arsenwasserstoff reduziert:

Oxidation: $3\,\overset{0}{Zn} - 6\,e^- \longrightarrow 3\,Zn^{2+}$

Reduktion: $As^{3+} + 6\,e^- + 3\,H^+ \longrightarrow \overset{-3}{As}H_3$
_____

$As^{3+} + 3\,Zn + 3\,H^+ \longrightarrow AsH_3\uparrow + 3\,Zn^{2+}$

Der sehr giftige Arsenwasserstoff ist wie die Wasserstoff-Verbindungen der Nichtmetalle flüchtig und entweicht mit dem aus Zink und Säure gebildeten Wasserstoff. Er zerfällt beim Erwärmen und liefert einen Metallspiegel: $2\,AsH_3 \longrightarrow 2\,As + 3\,H_2$. Diese Reaktion wird in der MARSHschen Probe als empfindlicher Arsennachweis von der forensischen (d.h. gerichtlichen) Chemie benutzt. – Antimonverbindungen verhalten sich ähnlich. BiH_3 ist zu zersetzlich, um unter den Bedingungen der MARSHschen Probe gefunden zu werden.

9.24. AsH_3 und SbH_3 reduzieren Silber-Ionen.

(***Versuch**): Abzug! Arsenwasserstoff ist sehr giftig. Zu einigen Tropfen einer Arsen(III)-chlorid-Lösung gibt man etwa 3 ml Wasser und eine Zinkgranalie. Beim Erhitzen entweicht Wasserstoff zusammen mit dem flüchtigen Arsenwasserstoff; dieser schwärzt ein über das Reagenzglas gehaltenes, mit Silbernitrat-Lösung befeuchtetes Filtrierpapier durch Bildung von Silber.

Entsorgung: Arsen-Abfälle

$$\overset{-3}{AsH_3} + 6\,Ag^+ + 3\,H_2O \longrightarrow 6\,\overset{0}{Ag} + \overset{+3}{H_3AsO_3} + 6\,H^+$$

Arsenik wird z. B. durch konz. Salpetersäure zu Arsensäure (H_3AsO_4) oxidiert. Arsensäure hat manche Ähnlichkeit mit Phosphorsäure; sie läßt sich z. B. wie diese mit Magnesia-Mixtur oder mit Ammoniummolybdat nachweisen. Silberarsenat ist braun und schwer löslich.

Bismut(III)-Salze werden durch Zinn(II)-Ionen in alkalischer Lösung zu Bismut redu- **9.25.** ziert.

Versuch: Zu einigen Tropfen einer Lösung von Bismutnitrat werden einige Tropfen Zinn(II)-chlorid-Lösung gegeben. Sobald man mit Natronlauge alkalisch macht, tritt Reduktion zu fein verteiltem, schwarzem Bismut ein.

Entsorgung: In kleinen Mengen nicht abwassergefährdend.

$$Bi^{2+} \xrightarrow[OH^-]{SnCl_2} \overset{0}{Bi} \quad \text{(vgl. Versuch 11.9.a u. 11.10.)}$$

Kapitel 10. Säuren – Basen (II)

Ionenprodukt des Wassers; pH-Wert

Die geringe Leitfähigkeit selbst von reinstem Wasser ist durch Ionen bedingt, die nach folgender Gleichung gebildet werden: $HOH + H_2O \rightleftharpoons H_3O^+ + OH^-$. In dieser Reaktion hat ein sehr kleiner Anteil der Wassermoleküle als Säure reagiert und hat Protonen an andere H_2O-Moleküle abgegeben, die als Base wirken. – Aus dem MWG folgt für diese Reaktion:

$$\frac{[H_3O^+]\cdot[OH^-]}{[H_2O]^2} = K_{Gl}$$

Da die Konzentration an H_2O durch die sehr geringe Ionisierung nur minimal geändert wird, zieht man die nahezu konstante Größe $[H_2O]^2$ mit der Konstanten K_{Gl} zusammen und kommt so zu der Gleichung.

$$[H_3O^+]\cdot[OH^-] = K_{Gl}\cdot[H_2O]^2 = K_w = 10^{-14}\ mol^2/l^2\ \text{(bei 20 °C)}$$

In reinem Wasser ist mithin die Konzentration der H_3O^+-Ionen, ebenso wie die der OH^--Ionen, gleich 10^{-7} mol/l; d. h. es befinden sich in 10 Millionen l Wasser nur 19 g H_3O^+-Ionen und 17 g OH^--Ionen. Bei höherer Temperatur wird die Dissoziation des Wassers größer: $K_w = 10^{-12}\ mol^2/l^2$ (bei 100 °C).

Das Produkt $[H_3O^+] \cdot [OH^-]$ nennt man *Ionenprodukt des Wassers*. Mit Hilfe der Gleichung $[H_3O^+] \cdot [OH^-] = 10^{-14}$ mol^2/l^2 läßt sich bei einer bekannten Konzentration der H_3O^+- oder OH^--Ionen die Konzentration an OH^-- bzw. H_3O^+-Ionen berechnen.

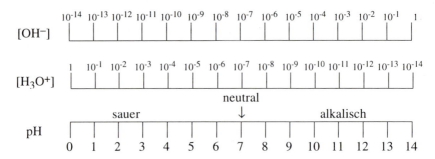

Aus praktischen Gründen hat man den Begriff des pH-Wertes eingeführt. Man versteht darunter den negativen dekadischen Logarithmus der H_3O^+-Ionenkonzentration. Der pH-Wert wird also durch Multiplikation des entsprechenden Exponenten mit -1 erhalten.

$$pH = -\lg [H_3O^+]$$

In reinem Wasser ist pH $= -\log 10^{-7} = 7$; in sauren Lösungen ist pH < 7, in alkalischen > 7. Erhöht man durch Zugabe einer starken Säure die Konzentration an H_3O^+–Ionen, z. B. auf 10^{-1} mol/l, so sinkt die der OH^--Ionen auf 10^{-13} mol/l. Der pH-Wert ist dann gleich 1 (vgl. das vorstehende Schema).

Ungefähr läßt sich der pH-Wert einer Lösung mit geeigneten Indikatoren feststellen. Diese zeigen jeweils in einem bestimmten pH-Bereich einen Farbumschlag. Die Farbänderung vollzieht sich in einem Bereich von 1.2–3 pH-Einheiten (Umschlagsintervall vgl. S. 72). In der folgenden Tabelle ist der Farbumschlag einiger gebräuchlicher Indikatoren angegeben.

Tabelle 10.1. Umschlagsbereiche gebräuchlicher Indikatoren

Indikator	sauer	neutral	alkalisch	Umschlagsintervall im Bereich von pH
Thymolblau	rot	gelb	blau	1.2–2.8; 8.0–9.6
Methylorange	rot	orange	orange	3.1–4.4
Mischindikator (Methylrot-Methylenblau)	blaurot	grün	grün	4.4–6.2
Lackmus	rot	blaurot	blau	5–8
Phenolphthalein	farblos	farblos	rot	8.0–10
Thymolphthalein	farblos	farblos	blau	9.4–10.6
Kongorot	blau	rot	rot	3.0–5.2

Der Indikator Thymolblau hat die – für manche Reaktionen vorteilhafte – Eigenschaft, zwei Umschlagsbereiche zu besitzen, einen im sauren und einen im alkalischen Gebiet; zwischen pH 2.8 und 8.0 ist dieser Indikator unverändert gelb. Im Methylrot-Methylen-blau-Indikator (im folgenden kurz als Mischindikator bezeichnet) zeigt nur das Methylrot einen Farbumschlag, und zwar – beim Übergang vom sauren ins alkalische Gebiet – von Rot nach Gelb. Um diesen Umschlag deutlicher erkennen zu lassen, ist Methylenblau zugesetzt worden. - Die im Laboratorium benutzten Indikatorpapiere sind mit einzelnen Indikatoren oder mit Mischungen getränkt und ermöglichen – unter Verwendung von zugehörigen Vergleichsskalen – mehr oder minder genaue pH-Messungen.

Säure-Base-Gleichgewichte
Qualitative Einstufung von Säuren und Basen nach ihrer Stärke

Die Umsetzungen von Säuren und Basen mit Wasser verlaufen nicht einseitig – wie wir in Kapitel 3 unvollständig gesagt haben –, sondern führen zu einem dynamischen Gleichgewicht. Mithin ist z. B. die Ionenbildung (Dissoziation) von Salzsäure in Wasser oder die von verd. Ammoniak-Lösung durch eine Gleichung zu beschreiben, in der zwei Pfeile verwendet werden:

Säure		Base		Säure		Base	
HCl	+	H_2O	⇌	H_3O^+	+	Cl^-	(1)
HOH	+	NH_3	⇌	NH_4^+	+	OH^-	(2)

Die Gleichungen zeigen die enge Beziehung von Säuren zu Basen, sobald man beachtet, daß die Reaktionen umkehrbar sind. So wird nach Gleichung (1) aus der Säure Chlorwasserstoff das Chlorid-Anion gebildet, das wieder ein Proton aufnehmen kann, also eine Base ist. Das Kation NH_4^+ gibt Protonen ab und ist mithin eine Säure. Allgemein gehen Säuren durch Abgabe von Protonen in Basen über. Basen werden durch Aufnahme von Protonen zu Säuren. Man bezeichnet Systeme wie HCl/Cl⁻- oder NH_4^+/NH_3 als korrespondierende Säure-Base-Paare.

Wasser reagiert nach Gleichung (1) als Base, nach Gleichung (2) als Säure (vgl. Ionenprodukt des Wassers, S. 59). Dementsprechend muß man beim Wasser zwischen den zwei korrespondierenden Säure-Base-Paaren H_3O^+/H_2O und H_2O/OH^- unterscheiden. Säuren sind nach BRÖNSTED Protonendonoren, Basen Protonenakzeptoren.

Aus den Gleichungen (1) und (2) ersehen wir weiterhin, daß nicht nur neutrale Moleküle (wie HCl und H_2O) Säuren sind, sondern auch positive Ionen, z. B. die Kationsäure NH_4^+. Negative Ionen wie HSO_4^- oder $H_2PO_4^-$ sind Anionsäuren.

Als Basen können neutrale Moleküle (NH_3, H_2O) reagieren und Anionen, z. B. Anionbasen wie Cl⁻ und OH⁻. Charakteristisch für alle Basen ist das Vorhandensein eines freien Elektronenpaares, an das ein Proton addiert werden kann,

z.B. $|\underline{O}H^-$, $|NH_3$, $H\underline{O}H$, $H\underline{S}|^-$, $|C \equiv N|^-$, R—

Dies führt uns zu der erweiterten Säure/Base-Definition nach LEWIS: Säuren sind Elektronenpaar-Akzeptoren, d.h. Verbindungen mit "Elektronenlücke" (z.B. BF_3 oder Kationen wie H^+). LEWIS-Basen sind wie bei BRÖNSTED Elektronenpaar-Donoren, d.h. Anionen oder Neutralteilchen mit freien Elektronenpaaren (z.B. H_2O); in Kap. 17. wird dies genauer erklärt.

10.1. Die durch Reaktion von Säuren mit Wasser hervorgerufene Konzentration an H_3O^+-Ionen ist abhängig von der Konzentration der Säure sowie von der Stärke der Säure. Im folgenden Versuch vergleichen wir mit Hilfe des Indikators Thymolblau pH-Werte von Essigsäure verschiedener Konzentration mit dem pH von verd. Salzsäure.

Versuch: Man stellt sich durch Verdünnen der ausstehenden Lösungen von verd. Essigsäure und verd. Salzsäure (Konzentration jeweils 2 N) auf das Zwanzigfache 0.1 N Lösungen her. Nun werden in 4 Reagenzgläser je 5 Tropfen Thymolblau und je eine der folgenden Lösungen gegeben.

a)   5 ml Wasser   gelb
b)   5 ml 0.1 M Essigsäure   gelb
c)   5 ml 2 M Essigsäure   schwach rotstichig gelb
d)   5 ml 0.1 M Salzsäure   rot

Entsorgung: In kleinen Mengen nicht abwassergefährdend.

Der Umschlagsbereich von Thymolblau liegt nach der Tabelle auf S. 60 bei pH 1.2–2.8, d. h. bei einer H_3O^+-Konzentration von $10^{-1.2}$ bis $10^{-2.8}$. Da 0.1 M Essigsäure (Probe b) keinen Farbumschlag bewirkt, ist hier $[H_3O^+]$ kleiner als $10^{-2.8}$. – In Probe c) wird eine geringe Farbänderung beobachtet: $[H_3O^+]$ der 2 M Essigsäure muß also zwischen $10^{-1.2}$ und $10^{-2.8}$ liegen. – Die in Probe d) untersuchte 0.1 M Salzsäure bewirkt einen vollständigen Farbumschlag des Indikators; $[H_3O^+]$ ist also größer als $10^{-1.2}$.

Versuch b in Verbindung mit Versuch c zeigt, daß bei Erhöhung der Konzentration einer Säure auch die H_3O^+-Ionen-Konzentration erhöht wird. – Der Unterschied im pH-Wert der Proben b und d ist durch die verschiedene Stärke der Säuren bedingt.

Die Stärke einer Säure ist charakterisiert durch das Ausmaß, in dem sie Protonen an Wasser abgibt. Die Stärke einer Base ist gegeben durch das Ausmaß, in dem sie Protonen aus Wasser aufnimmt (und somit durch die Erhöhung der OH^--Ionenkonzentration, die durch diese Reaktion bewirkt wird).

Bei korrespondierenden Säure-Base-Paaren besteht zwischen Säure- und Basenstärke ein ursächlicher Zusammenhang. Die Aussage: HCl ist eine starke Säure, die Protonen vollständig an Wasser abgibt, bedeutet, von seiten der korrespondierenden Base Cl^- gesehen: das Anion Cl^- ist eine schwache Base, die so gut wie keine Protonen bindet. – Die durch die Länge der Pfeile gekennzeichnete Lage des Gleichgewichtes der Reaktion von Wasser mit Ammoniak (Gl. (2), S. 61) besagt: H_2O ist eine schwache Säure und gibt nur in geringem Ausmaß Protonen ab; die korrespondierende Base OH^- ist dementsprechend sehr stark. Allgemein gilt:

schwache Base + H^+ $\rightleftharpoons$ starke Säure (z. B. Cl^- + H^+ $\rightleftharpoons$ HCl)

starke Base + H^+ $\rightleftharpoons$ schwache Säure (z. B. OH^- + H^+ $\rightleftharpoons$ HOH)

Um einige Basen – und gleichzeitig die korrespondierenden Säuren – nach ihrer relativen Stärke einstufen zu können, betrachten wir Gleichgewichte, die ganz zugunsten einer Seite liegen.

Wir vergleichen die in den Versuchen 9.3. u. 9.4. gemachten Beobachtungen, die in folgenden Gleichungen zusammengestellt sind:

$$\text{Base} \quad \text{Säure} \qquad \text{Säure} \quad \text{Base}$$

$$OH^- + NH_4^+ \rightleftharpoons HOH + NH_3 \qquad (NaOH + NH_4Cl + H_2O) \qquad (3)$$

$$NH_3 + H_3O^+ \rightleftharpoons NH_4^+ + H_2O \qquad (NH_3 + HCl + H_2O) \qquad (4)$$

In jeder der obigen Reaktionen konkurrieren – wie in allen Säure-Base-Gleichgewichten – zwei Basen um die Protonen, z. B. in Reaktion (3) die Basen OH^- auf der linken Seite und NH_3 auf der rechten. Aus der Lage des Gleichgewichtes läßt sich entnehmen, welche Base erfolgreicher und damit stärker ist. Im Gleichgewicht (3) haben die OH^--Ionen den größten Anteil der Protonen erlangt und sind demnach die stärkere Base. – Dagegen bindet in Reaktion (4) NH_3 die Protonen weitgehend; NH_3 ist demnach eine stärkere Base als H_2O. – Das Verhältnis der Basenstärke von H_2O zu Cl^- ergibt sich aus der Lage des Gleichgewichtes der Reaktion von HCl mit Wasser (Gl. (1), S. 61); die Base Cl^- überläßt die Protonen fast vollständig der Base H_2O, die also stärker ist. Die Stärke der betrachteten Basen nimmt somit in der Folge: $OH^- > NH_3 > H_2O > Cl^-$ ab. Die Stärke der korrespondierenden Säuren nimmt in der Reihe: $HOH < NH_4^+ < H_3O^+ < HCl$ zu.

Wäßrige Lösungen von bestimmten Salzen reagieren nicht neutral. So zeigen Lösungen **10.2.** der Alkalisalze von schwachen Säuren (z. B. Natriumacetat, Natriumcarbonat) alkalische Reaktion; sauer reagieren z. B. Lösungen der Ammoniumsalze von starken Säuren. Ein solches Verhalten von Salzen wird auch als *Hydrolyse* bezeichnet.

Versuch: Man löse je eine Spatelspitze NaCl, KNO_3, CH_3COONa und NH_4Cl in Wasser und prüfe die Reaktion der Lösung mit Universal-Indikatorpapier. Die Lösungen der ersten beiden Salze reagieren neutral, die von CH_3COONa schwach alkalisch und die von NH_4Cl schwach sauer.

Entsorgung: Nicht abwassergefährdend.

Natriumacetat ist, wie fast alle Salze, in Wasser vollständig in Ionen zerfallen. Das Acetat-Ion nimmt als Base nach folgender Gleichung Protonen auf:

$$CH_3COO^- + HOH \rightleftharpoons CH_3COOH + OH^-$$

Dies führt zu einer Erhöhung der Konzentration an OH^--Ionen, die wir an der Blaufärbung von Indikatorpapier erkennen. Die Anionen starker Säuren, also sehr schwache Basen, wie z. B. Cl^- oder NO_3^-, haben dagegen keinen Einfluß auf den pH-Wert einer Lösung; sie binden keine Protonen.

Die Lösung des Salzes NH_4Cl reagiert schwach sauer, da die Kationen NH_4^+ als Säure Protonen an Wasser abgeben: $NH_4^+ + H_2O \rightleftharpoons NH_3 + H_3O^+$. Allerdings liegt das Gleichgewicht nicht so sehr zugunsten der rechten Seite, daß NH_3 durch den Geruch feststellbar wäre.

Eine Erhöhung der Konzentration an H_3O^+-Ionen wird auch in Lösungen von Salzen einiger Metall-Ionen (z. B. Al^{3+}, Fe^{3+}) mit den Anionen starker Säuren beobachtet, obwohl die Kationen dieser Salze scheinbar keine Protonen enthalten. Die Erklärung für diese Erscheinung wird später gegeben werden (vgl. S. 82).

Herabsetzung der H_3O^+- bzw. der OH^--Ionenkonzentration; Puffer-Lösungen

10.3. Es ist oft erwünscht, die Konzentration an H_3O^+-Ionen herabzusetzen, ohne daß Gefahr besteht, ins alkalische Gebiet zu kommen, wie es bei der Verwendung von starken Basen (OH^--Ionen) der Fall wäre. Dies gelingt durch Zugabe von Alkalisalzen schwacher Säuren. Als Beispiel sei Essigsäure gewählt.

> **Versuch:** Man gebe zu 1 ml Eisessig und 1 ml Wasser 2 Tropfen Thymolblau. Fügt man nun zu der roten Lösung 2 Spatelspitzen Natriumacetat, so schlägt die Farbe nach Gelb um. (Eisessig ist konzentrierte Essigsäure.)
>
> **Entsorgung**: Nicht abwassergefährdend.

Die in Form von Natriumacetat zugefügten Acetat-Ionen haben als Base einen Teil der in verd. Essigsäure enthaltenen H_3O^+-Ionen "abgefangen" und den pH-Wert "abgepuffert".

$$CH_3COO^- + H_3O^+ \rightleftharpoons CH_3COOH + H_2O$$

Die gleiche Wirkung wird durch Zugabe von Alkalisalzen anderer *schwacher* Säuren (z. B. Na_2HPO_4) erzielt.

10.4. Die Konzentration an Hydroxid-Ionen kann durch Zugabe von Ammoniumsalzen starker Säuren herabgesetzt werden. Meist benutzt man dazu Ammoniumchlorid.

> **Versuch:** In zwei Reagenzgläsern werden je 5 Tropfen verd. Ammoniak-Lösung mit 10 ml Wasser und 1 Tropfen Phenolphthalein-Lösung versetzt. Dann gebe man zu einer der Proben festes Ammoniumchlorid: die rote Farbe des Indikators geht auf schwach rosa zurück.
>
> **Entsorgung**: In kleinen Mengen nicht abwassergefährdend.

Die Reaktion ist der obigen vergleichbar. Die Säure NH_4^+ reagiert mit den in einer Ammoniak-Lösung vorliegenden OH^--Ionen zu H_2O:

$$NH_4^+ + OH^- \rightleftharpoons NH_3 + HOH$$

Erhöhung der Konzentration an NH_4^+-Ionen hat mithin eine Verminderung der OH^--Ionen zur Folge.

10.5. Der Ablauf vieler chemischer und insbesondere biochemischer Reaktionen ist an einen bestimmten pH-Bereich gebunden. Korrespondierende Säure/Base-Paare, die nach dem oben diskutierten Prinzip diese optimalen Konzentration an H_3O^+-Ionen aufrechterhalten, nennt man Puffer.

Puffer-Lösungen enthalten eine schwache Säure und ihre Salze mit einer starken Base oder eine schwache Base und ihre Salze mit einer starken Säure. So enthält z. B. der Acetatpuffer Essigsäure und Natriumacetat. Im folgenden Versuch prüfen wir die Wirkung dieses Puffers.

Versuch: Man gebe 2 ml verd. Essigsäure und 2 Spatelspitzen Natriumacetat in 10 ml Wasser. Die klare Lösung wird auf zwei Reagenzgläser verteilt und mit je 2 Tropfen Thymolblau-Lösung versetzt. Zu der einen Lösung tropfe man verd. Salzsäure und zu der anderen verd. Natronlauge. In beiden Fällen tritt der Farbumschlag – von Gelb nach Rot bzw. nach Blau – erst nach Zugabe mehrerer Tropfen ein. – Zum Vergleich wiederhole man den Versuch mit 10 ml Kochsalz-Lösung an Stelle des Essigsäure-Acetat-Gemisches; der Farbumschlag tritt hier bereits nach Zugabe von 1 Tropfen Säure oder Lauge ein.

Entsorgung: In kleinen Mengen nicht abwassergefährdend.

Der Acetatpuffer kann sowohl H_3O^+- als auch OH^--Ionen abfangen:

$$CH_3COOH + OH^- \rightleftharpoons CH_3COO^- + H_2O \tag{1}$$

$$CH_3COO^- + H_3O^+ \rightleftharpoons CH_3COOH + H_2O \tag{2}$$

Nach Gleichung (1) werden zugesetzte (oder im Verlauf einer Reaktion gebildete) OH^--Ionen durch die schwache Essigsäure neutralisiert. Nach (2) werden Protonen von der Base CH_3COO^- aufgenommen. Es ist also nach (1) vermehrt Natriumacetat, nach (2) vermehrt Essigsäure gebildet worden. Der pH-Wert ändert sich aber nur wenig, wenn das Verhältnis $[CH_3COOH] : [CH_3COO^-]$ nicht allzu sehr verändert wird (vgl. S. 70). Das Optimum der Pufferwirkung liegt bei pH 5.

Ganz analog wirken Phosphatpuffer. Wir untersuchen die Wirkung des Puffersystems **10.6.** $H_2PO_4^-/HPO_4^{2-}$. Die schwache Anionsäure $H_2PO_4^-$ wird erhalten durch Lösen von Natriumdihydrogenphosphat (prim. Natriumphosphat, NaH_2PO_4) in Wasser. Die korrespondierende Base HPO_4^{2-} liegt in wäßrigen Lösungen von Dinatriumhydrogenphosphat (sek. Natriumphosphat, Na_2HPO_4) vor.

Versuch: Man löse drei Spatelspitzen Natriumdihydrogenphosphat und die gleiche Menge Dinatriumhydrogenphosphat in 10 ml Wasser und versetze mit einem Tropfen Thymolblau. Dann gebe man tropfenweise zu einer Hälfte der Lösung verd. Salzsäure, zur anderen verd. Natronlauge. Auch hier wird erst nach Zugabe mehrerer Tropfen saure bzw. alkalische Reaktion beobachtet.

Entsorgung: In kleinen Mengen nicht abwassergefährdend.

Die Wirkung dieses Puffers ist ebenso wie beim Acetatpuffer zu erklären:

$$H_2PO_4^- + OH^- \rightleftharpoons HPO_4^{2-} + H_2O$$

$$HPO_4^{2-} + H_3O^+ \rightleftharpoons H_2PO_4^- + H_2O$$

Das Optimum der Wirkung liegt bei pH 7. – Auch Lösungen der mittelstarken Säure H_3PO_4 und ihrer korrespondierenden Base $H_2PO_4^-$ können als Puffer benutzt werden; die maximale Pufferwirkung liegt hier bei pH 2. – Der Puffer NH_3/NH_4Cl ist im alkalischen Gebiet (pH ~ 9) wirksam.

Anwendung des Massenwirkungsgesetzes auf Säure-Base-Gleichgewichte

Säure- und Basekonstanten

In den vorstehenden Abschnitten haben wir die Lage von Säure-Base-Gleichgewichten qualitativ untersucht. Die Ergebnisse seien nun durch Zahlenwerte genauer gekennzeichnet. Zunächst befassen wir uns mit schwachen Säuren und Basen und wenden das MWG auf ihre Reaktionen mit Wasser an. Dabei ist es vorteilhaft, von allgemeinen Gleichungen auszugehen. Als Beispiel benutzen wir folgende Reaktionen:

Nicht geladene Säure: $\qquad$ $Hba + H_2O \rightleftharpoons H_3O^+ + ba^-$ $\qquad$ (1a)

(Spez. Beispiel: $Hba = CH_3COOH$)

Anionbase: $\qquad$ $ba^- + H_2O \rightleftharpoons Hba + OH^-$ $\qquad$ (2a)

(Spez. Beispiel: $ba^- = CH_3COO^-$)

Wendet man auf die Reaktion (1a) einer schwachen, nicht geladenen Säure mit Wasser das MWG an, so erhält man:

$$\frac{\left[H_3O^+\right] \cdot \left[ba^-\right]}{\left[Hba\right] \cdot \left[H_2O\right]} = K_{Gl}$$

Da durch Lösen der Säure in viel Wasser die Konzentration des Wassers sich nur minimal ändert, darf man $[H_2O]$ konstant setzen und mit K_{Gl} zusammenziehen:

$$\frac{\left[H_3O^+\right] \cdot \left[ba^-\right]}{\left[Hba\right]} = K_{Gl} \cdot \left[H_2O\right] = K_{Säure} = K_S$$ (1b)

K_S ist die Dissoziationskonstante einer Säure. Diese kurz als Säurekonstante bezeichnete Größe gibt ein Maß für die durch Reaktion von Säuren mit Wasser hervorgerufene Konzentration an H_3O^+-Ionen und ermöglicht eine genaue Einstufung von Säuren nach ihrer Stärke. Für starke Säuren (z. B. HCl) ist $K_S > 1$. Säuren, deren Konstante $K_S < 10^{-2}$ ist, nennt man schwache Säuren.

Um die Basekonstante einer Anionbase zu ermitteln, überträgt man das MWG auf Gleichung (2a) und erhält:

$$\frac{\left[Hba\right] \cdot \left[OH^-\right]}{\left[ba^-\right]} = K_{Gl} \cdot \left[H_2O\right] = K_{Base} = K_B$$ (2b)

K_B gibt ein Maß für die durch Reaktion einer Base mit Wasser verursachte Konzentration an OH^--Ionen, also für die Stärke der Base.

Aus praktischen Gründen benutzt man an Stelle der Säure- oder Basekonstante meist deren negativen dekadischen Logarithmus, den pK_S- oder pK_B-Wert; Basekonstanten werden nach Gleichung (3) auf Säurekonstanten umgerechnet.

$$pK_S = -lg\,[K_S]$$

K_S und K_B stehen bei korrespondierenden Säure-Base-Paaren in einer einfachen Beziehung zueinander, die offenbar wird, wenn wir Gleichung (1b) mit Gleichung (2b) multiplizieren. Dabei heben sich [ba$^-$] und [Hba] heraus und wir erhalten die Gleichung:

$$K_S \cdot K_B = \left[H_3O^+\right] \cdot \left[OH^-\right] = K_w = 10^{-14} \tag{3}$$

oder

$$pK_S + pK_B = 14$$

Die Gleichung zeigt, daß bei korrespondierenden Säure-Base-Paaren K_S und K_B umgekehrt proportional zueinander sind, was auf Grund der Überlegungen von Seite 62 zu erwarten war. Mit Gleichung (3) läßt sich eine der Konstanten berechnen, wenn die andere bekannt ist.

Bei mehrprotonigen Säuren, die wie die Phosphorsäure (H_3PO_4) mehrere Protonen abgeben können, hat jede Protolysestufe ihren eigenen pK_S-Wert:

$$H_3PO_4 + H_2O \longrightarrow H_2PO_4^- + H_3O^+ \; ; \; pK_{S1} = 1.96$$

$$H_2PO_4^- + H_2O \longrightarrow HPO_4^{2-} + H_3O^+ \; ; \; pK_{S2} = 7.21$$

$$HPO_4^{2-} + H_2O \longrightarrow PO_4^{3-} + H_3O^+ \; ; \; pK_{S3} = 12.32$$

Das Hydrogenphosphat-dianion ist also eine sehr schwache Säure.

Der Protolysegrad

Aus dem Protolysegrad α wird die Konzentrationsabhängigkeit der Dissoziation besonders deutlich. Für die Reaktion

$$Hba + H_2O \rightleftharpoons H_3O^+ + ba^-$$

gilt mit der Anfangskonzentration [Hba] = c_s vor der Protolyse (= Einwaage):

$$\alpha = \frac{\left[H_3O^+\right]}{c_s}$$

Mit $\left[H_3O^+\right] = \sqrt{K_s \cdot c_s}$ folgt daraus $\alpha = \sqrt{\dfrac{K_s}{c_s}}$

Wie das folgende Beispiel zeigt, ist eine 5 N Essigsäure zu nur 6.5 % in Ionen zerfallen, eine 0.001 N Essigsäure dagegen zu etwa 13 % dissoziiert:

$$5\,\text{N}: \qquad \alpha = \sqrt{\frac{10^{-4.76}}{5}} = 0.065 \; ;$$

$$0.001\,\text{N}: \qquad \alpha = \sqrt{\frac{10^{-4.76}}{10^{-3}}} = 0.132$$

pH-Wert-Berechnungen

Starke Säuren oder Basen: Starke Säuren oder Basen dissoziieren vollständig, die Konzentrationen [H$_3$O$^+$] bzw. [OH$^-$] sind daher mit den Anfangskonzentrationen c_S bzw. c_B identisch. Für eine 0.2 N Natronlauge gilt deshalb

$$[OH^-] = 2 \cdot 10^{-1} = 10^{-0.699} \text{ [mol/l]}$$

$$pOH \approx 0.7$$

$$pH = 14 - pOH = 13.3$$

Eine 1proz. Salpetersäure hat etwa die Dichte 1 g/ml und ist bei einer Molmasse von MW = 63 etwa 10/63 = 0.16 M. Ihr pH-Wert errechnet sich damit nach

$$[H^+] = 0.16 = 10^{-0.799} \text{ zu pH} \approx 0.8$$

Schwache Säuren oder Basen: Nach Gleichung (1b) ergibt sich für die Dissoziation der Essigsäure (pK-Wert = 4.76, gerundet auf 5):

$$\frac{\left[H_3O^+\right] \cdot \left[CH_3CO_2^{\,-}\right]}{\left[CH_3CO_2H\right]} = K_S = 10^{-5} \tag{1c}$$

Um Gleichung (1c) auswerten zu können, benötigen wir die Größe [CH$_3$CO$_2$H], d. h. die im Gleichgewicht vorhandene Konzentration an undissoziierter Essigsäure; diese ist:

[CH$_3$CO$_2$H] = [eingesetzte Essigsäure – dissoziierter Anteil]

Da auf Grund des kleinen K_S-Wertes nur wenig Essigsäure dissoziiert ist ([H$^+$] << c_S), so können wir diesen Anteil gegenüber der wesentlich größeren Menge der eingesetzten Essigsäure in vorstehender Gleichung vernachlässigen. Durch diese Vereinfachung ergibt sich:

[CH$_3$CO$_2$H] = [eingesetzte Essigsäure] = c_S

Da nach Gleichung (1a) pro H$_3$O$^+$-Ion ein Acetat-Ion gebildet wird, gilt:

[H$_3$O$^+$] = [CH$_3$CO$_2^-$].

Setzen wir dies in Gleichung (1c) ein, so erhalten wir:

$$\left[H_3O^+\right]^2 = 10^{-5} \cdot c_s ; \qquad \left[H_3O^+\right] = \sqrt{10^{-5} \cdot c_s} \tag{1d}$$

Für eine Konzentration an Essigsäure von 0.1 mol/l ergibt sich demnach die H$_3$O$^+$-Ionenkonzentration zu:

$$\left[H_3O^+\right] = \sqrt{10^{-5} \cdot 10^{-1}} = 10^{-3} \quad \Rightarrow \quad pH = 3$$

Die einfache Gleichung (1d) zeigt besonders deutlich, daß die Konzentration an H$_3$O$^+$-Ionen sowohl von der Säurekonstante als auch von der Konzentration der Säure abhängt. Wir formulieren allgemein für schwache Säuren:

$$\left[H_3O^+\right] = \sqrt{K_S \cdot c_B} \quad \text{oder} \quad pH = {}^1/_2 \, (pK_S - \lg c_s) \tag{4}$$

Überträgt man sinngemäß die am Beispiel der Essigsäure angestellten Überlegungen auf die für schwache Basen geltende Gleichung (2b), so erhält man:

$$[OH^-] = \sqrt{K_B \cdot c_B} \qquad \text{(hier ist } c_B = [ba^-] \text{)} \qquad (5)$$

und $pOH = {}^1\!/_2 (pK_B - \lg c_B)$

Nach den Gleichungen (4) und (5) lassen sich die Konzentrationen an H_3O^+- bzw. OH^--Ionen in einer Lösung leicht errechnen. Umgekehrt lassen sich mit Hilfe der Gleichungen (4) und (5) die Werte für K_s und K_B errechnen, wenn man die pH-Werte in Lösungen bekannter Konzentration mit einem pH-Meter gemessen hat.

In folgender Tabelle sind für einige 0.1 M Lösungen die nach Gleichung (4) bzw. (5) errechneten H_3O^+- bzw. OH^--Ionen-Konzentrationen zusammengestellt (Werte gerundet):

CH_3CO_2H	$K_{CH_3CO_2H} = 10^{-5}$	$[H_3O^+] = 10^{-3}$	pH = 3
NH_4^+	$K_{NH_4^+} = 10^{-9}$	$[H_3O^+] = 10^{-5}$	pH = 5
NH_3	$K_{NH_3} = 10^{-5}$	$[OH^-] = 10^{-3}$	pH = 11
CH_3CO_2	$K_{CH_3CO_2} = 10^{-9}$	$[OH^-] = 10^{-9}$	pH = 9

Die Zeilen 2 und 4 beschreiben in Zahlen Befunde, die wir im Versuch 10.2. (S. 63) gemacht haben. – Die Konstanten in Zeile 2 und 4 zeigen, daß – zufällig - NH_4^+ eine ebenso starke Säure ist, wie $CH_3CO_2^-$ eine Base; $K_{NH_3^+}$ und $K_{CH_3CO_2}$- sind gleich groß. Ammoniumacetat reagiert daher in Wasser neutral. – Aus den Zeilen 3 und 4 ist zu entnehmen, daß $[OH^-]$ in 0.1 M Ammoniak erheblich größer ist als in 0.1 M Natriumacetat-Lösung.

Es interessiert ein Vergleich mit der H_3O^+-Ionen-Konzentration in der Lösung einer gleich konzentrierten, starken Säure, z. B. von 0.1 M Salzsäure. Hier benötigen wir keine komplizierte Berechnung. Da starke Säuren in genügender Verdünnung vollständig dissoziiert sind, ist die Konzentration an H_3O^+-Ionen gleich der eingesetzten Konzentration an Säure. – In Alkalilaugen ist die Konzentration der OH^--Ionen gleich der eingesetzten Konzentration an Lauge.

In einer 0.1 M Salzsäure ist $[H_3O^+] = 10^{-1}$; pH = 1. Es sind also in dieser Lösung 0.1×19 g = 1.9 g H_3O^+-Ionen im Liter enthalten. Dagegen befinden sich nach obiger Berechnung in einer 0.1 M Essigsäure nur $10^{-3} \times 19$ g = 0.019 g H_3O^+-Ionen im Liter. – In einer 0.1 M Natronlauge ist $[OH^-] = 10^{-1}$ (1.7 g OH^--Ionen/l).

Es sei bemerkt, daß die nach dem MWG berechneten pH-Werte nur dann mit den gemessenen übereinstimmen, wenn die Lösungen sehr verdünnt sind. In konzentrierten Lösungen beeinflussen sich alle Ionen gegenseitig; ein Effekt, der zusätzlich bei der Berechnung berücksichtigt werden muß, indem man anstelle der Konzentrationen die *Aktivitäten* der Lösungen einsetzt.

Quantitative Betrachtung der Pufferwirkung

Eine Berechnung der H_3O^+-Ionen-Konzentration in Puffer-Lösungen zeigt in Zahlen die Wirkung dieser Systeme. Für den allgemeinen Fall ergibt sich die Konzentration an H_3O^+-Ionen durch Umformung von Gleichung (1c).

$$\left[H_3O^+\right] = 10^{-5} \cdot \frac{\left[CH_3CO_2H\right]}{\left[CH_3CO_2^-\right]} \quad \text{oder allgemein} \quad \left[H_3O^+\right] = K_S \cdot \frac{c_{Säure}}{c_{Anion}}$$

Bei Zusatz von starken Säuren oder starken Basen wird das Verhältnis $[CH_3CO_2H]/[CH_3CO_2^-]$ verändert. Wir haben nun auf Seite 65 behauptet, daß dies nur einen geringen Einfluß auf den pH-Wert hat, wenn die zugegebene Menge an Säure oder an Base in gewissen Grenzen bleibt. Um diese Behauptung zu prüfen, ändern wir stufenweise das Verhältnis von Essigsäure zu Natriumacetat und berechnen aus Gleichung (1c) die sich jeweils ergebenden pH-Werte. Die Ergebnisse der Rechnung sind in folgender Tabelle in Zahlen und in Abb. 10.1. graphisch dargestellt. Bei den Berechnungen haben wir die Säurekonstante der Essigsäure ($1.85 \cdot 10^{-5}$) wieder auf 10^{-5} abgerundet.

Tabelle 10.2: pH-Werte von Essigsäure/Natriumacetat-Gemischen

0.1 M Essigsäure:pH		ΔpH
0.1 M Natriumacetat		
0.1 M Essigsäure	3.00 (Gleichung 1d)	1.05
9:1	4.05	0.35
8:2	4.40	0.23
7:3	4.63	0.19
6:4	4.82	0.18
5:5	5.00	0.18
4:6	5.18	0.19
3:7	5.37	0.23
2:8	5.60	0.35
1:9	5.95	3.05
0.1 M Natriumacetat	9.00	

Aus dem flacher abfallenden Teil der Kurve und aus der Tabelle ist zu ersehen, daß ein geringer Zusatz von Acetat-Ionen zu verdünnter Essigsäure eine verhältnismäßig große pH-Verschiebung zur Folge hat. Dies entspricht der in Versuch 10.3. gemachten Beobachtung.

Dagegen zeigt der steil abfallende Teil der Kurve, daß eine Änderung im Verhältnis Essigsäure: Acetat sich nur wenig auf den pH-Wert auswirkt, wenn dieses Verhältnis etwa zwischen 7 : 3 und 3 : 7 liegt. In diesem Bereich puffert das System, und zwar am besten, wenn das Verhältnis Säure: Base ungefähr 1 : 1 ist. Hier sind die ΔpH-Werte der Tabelle am kleinsten, bzw. die Kurve hat in diesem Bereich ihre flachste Stelle. – Aus Gleichung 1c (S. 70) ist zu ersehen, daß $[H_3O^+] = K_S$ wird, wenn die Konzentrationen von schwacher Säure und korrespondierender Base gleich groß sind: Hier ist die Pufferkapazität am höchsten, und der Puffer besitzt gegenüber H_3O^+- und OH^--Ionen ein gleich großes Puffervermögen.

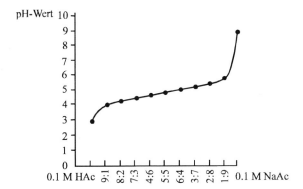

Abb. 10.1.   Abhängigkeit des pH-Wertes vom Verhältnis Essigsäure : Natriumacetat

Im folgenden Versuch wollen wir aus Natriumacetat und 0.1 N Salzsäure 100 ml eines **10.7.** 0.1 M Acetatpuffers mit pH = 5.2 ansetzen. Da die Konzentration [HAc] + [Ac$^-$] = 0.1 M sein soll, müssen für 100 ml 0.01 M = 0.82 g Natriumacetat eingewogen werden. Zur Berechnung der Essigsäure-Konzentration benutzen wir Gleichung (1c), die wir durch Logarithmieren in die folgende Form bringen (HENDERSON-HASSELBALCH-Gleichung):

$$pH = pKs + \lg \frac{[\text{Salz}]}{[\text{Säure}]}$$

$$5.2 = 4.76 + \lg \frac{[\text{NaAc}]}{[\text{HAc}]} \Rightarrow 10^{0.44} = \frac{[\text{NaAc}]}{[\text{HAc}]}$$

Mit [HAc] + [NaAc] = 0.1 und $10^{0.44}$ = 2.754 erhält man:

$$[\text{HAc}] = \frac{0.1}{3.754} = 0.027\,\text{M}$$

Eine Molarität von 0.027 M Essigsäure entspricht bei 100 ml Puffer einem Volumen von 27 ml 0.1 N Essigsäure, die wir aus dem vorhandenen Natriumacetat durch Zusatz der äquivalenten Menge Salzsäure, also z.B. durch 27 ml 0.1 N HCl erzeugen. Die Natriumacetat/Salzsäure-Mischung wird anschließend mit Wasser auf 100 ml verdünnt. Der pH-Wert wird mit Universal-Indikatorpapier oder besser mit dem pH-Meter kontrolliert.

Für andere Puffersysteme verlaufen die Kurven ähnlich der in Abb. 10.1. wiedergegebenen, sind aber bei einem größeren K_S-Wert mehr nach unten (d. h. zu kleineren pH-Werten), bei kleinerem K_S-Wert mehr nach oben verschoben.

Puffer spielen bei vielen chemischen Reaktionen eine wichtige Rolle und sind besonders in lebenden Zellen von großer Bedeutung (s. Kap. 11.).

Wirkung von Säure-Base-Indikatoren

Die zur Erkennung von pH-Werten verwendeten Indikatoren sind schwache bis mittelstarke Säuren oder Basen. Die Indikatorsäure hat eine andere Farbe als ihre korrespondierende Base.

10.8. Im folgenden Versuch wird als Beispiel für die Reaktion eines Indikators mit OH^-- bzw. mit H_3O^+-Ionen Phenolphthalein benutzt.

> **Versuch:** Man gebe in ein Reagenzglas etwa 10 ml Wasser, 10 Tropfen verd. Natronlauge und 5 Tropfen Phenolphthalein-Lösung. Tropft man nun zu der roten Lösung langsam verd. Salzsäure, so bilden sich – ausgehend von der Eintropfstelle – farblose Schlieren. Diese verschwinden beim Umschütteln. Bei weiterem Zutropfen von Salzsäure wird die Lösung – über schwach rosa – allmählich farblos.
>
> **Entsorgung**: Nicht abwassergefährdend

Versetzt man eine Lauge in Gegenwart eines Indikators mit Säure, so konkurrieren OH^--Ionen und die Indikatorbase um die zugegebenen Protonen. Im Fall des Phenolphthaleins laufen folgende Reaktionen ab:

$$\text{Indikatorsäure (farbl.)} + OH^- \; \rightleftharpoons \; \text{Indikatorbase (rot)} + H_2O \tag{1}$$
$$OH^- + H_3O^+ \; \rightleftharpoons \; 2\,H_2O \tag{2}$$
$$\text{Indikatorbase (rot)} + H_3O^+ \; \rightleftharpoons \; \text{Indikatorsäure (farbl.)} + H_2O \tag{3}$$

Die farblose Indikatorsäure reagiert in Versuch 10.8. zunächst mit OH^--Ionen nach Gl. (1) zur roten Indikatorbase. Tropft man nun Säure hinzu, so werden die OH^--Ionen und die Indikatorbase an der Eintropfstelle nach Gl. (2) und Gl. (3) protoniert, was wir an der Bildung farbloser Schlieren erkennen. Da aber OH^--Ionen die stärkere Base sind, entziehen sie – solange sie noch im Überschuß sind – der gebildeten Indikatorsäure nach Gl. (1) wieder die Protonen; die farblosen Schlieren verschwinden beim Durchmischen. Erst wenn die Konzentration an H_3O^+-Ionen genügend groß geworden ist, kann die schwache Indikatorbase endgültig Protonen addieren und die farblose Säure bilden.

10.9. Im folgenden Versuch beobachten wir den allmählichen Farbumschlag des auf Seite 60 erwähnten Mischindikators, dessen Umschlagintervall bei pH 4.4–6.2 liegt. Um den pH-Wert langsam verschieben zu können, verwenden wir eine schwache Säure, und zwar $H_2PO_4^-$-Ionen (eine Anionsäure):

$$H_2PO_4^- + H_2O \; \rightleftharpoons \; H_3O^+ + HPO_4^{2-}$$

> **Versuch:** Man stelle sich eine Lösung von Natriumdihydrogenphosphat her, die 1 Spatelspitze NaH_2PO_4 in 10 ml Wasser enthält. – Je 3 Tropfen Mischindikator werden in je 5 ml Wasser gegeben. Eine dieser Proben wird – zum Vergleichen – mit einem Tropfen verd. Salzsäure versetzt, wobei die grüne Farbe in ein blaustichiges Rot umschlägt. – Zur zweiten Probe fügt man tropfenweise die Lösung von Natriumdihydrogenphosphat. Nach 2–3 Tropfen beginnt der Farbumschlag, nach etwa 10 Tropfen zeigt die Lösung eine schmutzig grünbraune Färbung. Gibt man nun den Rest der Phosphat-Lösung hinzu, so wird fast die Farbe der mit Salzsäure versetzten Vergleichslösung erreicht.
>
> **Entsorgung**: In kleinen Mengen nicht abwassergefährdend.

Indikatorbase (+ Methylenblau) + H_3O^+ $\rightleftharpoons$ Indikatorsäure (+ Methylenblau) + H_2O
       (grün)   (blaurot)

Die rote Farbe der Indikatorsäure erscheint erst, wenn das Gleichgewicht durch Verwendung einer genügend hohen Konzentration an H_3O^+-Ionen ganz zugunsten der rechten Seite verlagert ist; vorher tritt eine Mischfarbe auf.

Kapitel 11. Elemente der IV. Hauptgruppe

Kohlenstoff, Silicium, Zinn, Blei

In den Verbindungen des Kohlenstoffs und des Siliciums sind die vier Elektronen der Außenschale an Bindungen beteiligt. Die Chemie des Kohlenstoffs unterscheidet sich in wesentlichen Punkten von der des Siliciums. So werden z. B. die Verbindungen des Siliciums mit Wasserstoff – im Gegensatz zu den Kohlenwasserstoffen – durch Wasser leicht gespalten.

Wie befassen uns hier nur mit Reaktionen des Kohlendioxids (CO_2) und des Siliciumdioxids (SiO_2). Die Eigenschaften dieser beiden Verbindungen sind sehr verschieden; so schmilzt z. B. Quarz (SiO_2) erst über 1500 °C, das gasförmige CO_2 löst sich recht leicht in Wasser, wobei ein Teil zu Kohlensäure (H_2CO_3) reagiert, während Quarz in Wasser so gut wie unlöslich ist. Dieses unterschiedliche Verhalten ist durch die Struktur der Verbindungen bedingt. Im Kohlendioxid liegen polarisierte Doppelbindungen vor: $\overset{\delta-}{O}=\overset{2\delta+}{C}=\overset{\delta-}{O}$. Siliciumdioxid dagegen ist hochmolekular.

$$\begin{array}{cc} | & | \\ O & O \\ | & | \\ -O-Si-O-Si-O- \\ | & | \\ O & O \\ | & | \end{array}$$

Da Silicium nicht zur Ausbildung von Doppelbindungen neigt, erreicht es im (hochmolekularen) Dioxid über Si–O-Bindungen ein Oktett, also auf ähnliche Weise wie der Phosphor in den Polyphosphorsäuren:

Die Elemente Zinn und Blei sind Metalle. Sie haben in ihren Verbindungen die Oxidationszahlen +2 oder +4. Die Beständigkeit der niederen Oxidationsstufe nimmt (wie in der V. Gruppe) mit steigender Atommasse der Elemente zu: Zinn strebt die Oxidationszahl +4 an und wirkt daher in der (+2)-wertigen Stufe reduzierend. Verbindungen des Bleis mit der Oxidationszahl +4 sind Oxidationsmittel.

Die sauren Eigenschaften der Hydroxidverbindungen nehmen – wie auch in der V. Gruppe – mit steigender Atommasse der Elemente ab. Kohlensäure und Kieselsäure sind schwache Säuren; Zinnhydroxide und Blei(II)-hydroxid reagieren amphoter.

Kohlensäure

Kohlensäure (H_2CO_3) existiert nur in wäßriger Lösung. Die Konstitution des (CO_3^{2-})-Ions ist analog der des (NO_3^{-})-Ions und wird durch mehrere Grenzformeln beschrieben:

$$\left[\begin{array}{c} O=C\begin{array}{c}O\\O\end{array}\end{array}\right]^{2-} \longleftrightarrow \left[\begin{array}{c} O-C\begin{array}{c}O\\O\end{array}\end{array}\right]^{2-} \longleftrightarrow \left[\begin{array}{c} O-C\begin{array}{c}O\\O\end{array}\end{array}\right]^{2-}$$

Leitet man CO_2 in Wasser, so stellt sich folgendes Gleichgewicht ein, das im Hinblick auf seine biologische Bedeutung eingehender betrachtet sei:

$$H_2O + CO_2 \rightleftharpoons H_2CO_3 \overset{H_2O}{\rightleftharpoons} H_3O^+ + HCO_3^- \overset{H_2O}{\rightleftharpoons} H_3O^+ + CO_3^{2-}$$

In dieser Reaktion liegt das Gleichgewicht ganz zugunsten der linken Seite, d. h. ganz zugunsten des nur (physikalisch) gelösten Kohlendioxids.

H_2CO_3 ist eine etwas stärkere Säure als Essigsäure. Ihre 1. Säurekonstante ist gegeben durch Gl. (1):

$$\frac{[H_3O^+]\cdot[HCO_3^-]}{[H_2CO_3]} = 10^{-3.3} \quad (1); \qquad \frac{[H_3O^+]\cdot[HCO_3^-]}{[H_2CO_3 + CO_{2\,gelöst}]} = 10^{-6.5} \quad (2)$$

Die Säurekonstante $10^{-3.3}$ gilt nur für die Verbindung H_2CO_3, die jedoch nur in sehr geringer Konzentration (ca. 0.1 %) vorliegt. Es ist aber zweckmäßig, auch das gelöste Kohlendioxid zu berücksichtigen; man erhält so Gleichung (2). Die in dieser Gleichung auftretende *scheinbare* Säurekonstante ist erheblich kleiner als die *wahre* Säurekonstante ($K_s = 10^{-3.3}$), da der Nenner in Gleichung (2) größer ist als in Gleichung (1).

11.1. Entfernt man die H_3O^+-Ionen aus dem Kohlensäure-Gleichgewicht durch Zugabe von OH^--Ionen, so wird das Gleichgewicht zugunsten der rechten Seite – d. h. der Carbonat-Ionen – verlagert. Der erste Schritt dieser Reaktion – die Anlagerung von Wasser an die Kohlenstoff-Sauerstoff-Doppelbindung im Kohlendioxid – verläuft nicht so schnell wie eine Ionenreaktion, z. B. die Neutralisation einer Säure.

Versuch: In ein Reagenzglas gebe man etwa 15 ml Sprudel (der eisgekühlt sein soll, damit die Konzentration an CO_2 möglichst hoch ist) und einen Tropfen Phenolphthalein-Lösung. Dann fügt man 8 Tropfen verd. Natronlauge in 2 ml Wasser hinzu. Die Lösung ist zunächst rot. Erst nach einigen Sekunden verblaßt die Farbe.

Entsorgung: Nicht abwassergefährdend

$$CO_2 + H_2O \rightleftharpoons H_2CO_3 ; \quad H_2CO_3 + OH^- \rightleftharpoons HCO_3^- + H_2O$$

Der wichtigste Puffer des Blutes ist das System H_2CO_3/HCO_3^- (Carbonat-Puffer). Die Einstellung des Kohlensäure-Gleichgewichtes wird im Blut durch einen Biokatalysator, das Enzym Kohlensäure-Anhydratase, beschleunigt.

Versuch: Man verdünne einige Milliliter verd. Salzsäure sowie verd. Natronlauge auf das Vierfache. Nun löse man eine Spatelspitze Natrium-hydrogencarbonat in 10 ml eisgekühltem Sprudel, füge 4 Tropfen Thymolblau-Lösung hinzu und verteile auf zwei

Reagenzgläser. In eines der beiden Reagenzgläser wird tropfenweise die verdünnte Salzsäure, ins andere die verdünnte Natronlauge gegeben. Der Farbumschlag des Indikators tritt mit Säure (rot) erst nach Zugabe von 20 bis 30 Tropfen ein. Bei Zugabe von 2–3 Tropfen Lauge schlägt der Indikator vorübergehend (nach Blau) um. Dieser Farbumschlag geht wieder zurück, da sich H_2CO_3 aus dem gelösten Kohlendioxid nachbildet. Man kann 8–10 Tropfen der Lauge zugeben, bis der Indikator endgültig umschlägt, d. h. bis der Puffer verbraucht ist.

Entsorgung: Nicht abwassergefährdend

Die Pufferwirkung ergibt sich aus den Gleichungen:

$$HCO_3^- + H_3O^+ \rightleftharpoons H_2CO_3 + H_2O \longrightarrow CO_2\uparrow + 2\,H_2O$$

$$H_2CO_3 + OH^- \rightleftharpoons HCO_3^- + H_2O$$

Das Optimum der Pufferwirkung liegt in der Nähe des Neutralpunktes; der pH-Wert des Blutes liegt bei 7.3. Bei einem Abfallen des pH-Wertes wird Kohlendioxid aus dem Puffer freigesetzt und über die Lunge abgeatmet. Bei zu hohem pH wird Hydrogencarbonat über die Nieren ausgeschieden.

Wie bei allen mehrbasigen Säuren wird auch in der Kohlensäure das erste Proton durch **11.2.** Wasser leichter abgelöst als das zweite aus dem nun negativ geladenen Rest; d. h., das CO_3^{2-}-Ion ist eine stärkere Base als das HCO_3^--Ion:

Stärke der Säure $\Big|$ $H_2CO_3 + H_2O \rightleftharpoons H_3O^+ + HCO_3^-$ $\uparrow$ Stärke der Base
nimmt ab $\Big\downarrow$ $HCO_3^- + H_2O \rightleftharpoons H_3O^+ + CO_3^{2-}$ $\Big|$ nimmt ab

Versuch: In je 5 ml Wasser wird eine Spatelspitze $NaHCO_3$ (Natriumhydrogencarbonat) bzw. Na_2CO_3 (Soda) gelöst. Versetzt man beide Proben mit einem Tropfen Phenolphthalein-Lösung, so färbt sich die Hydrogencarbonat-Lösung schwach rot, die Soda-Lösung intensiv rot.

Entsorgung: Nicht abwassergefährdend

HCO_3^-- sowie CO_3^{2-}- Ionen bewirken also eine Erhöhung der OH^--Ionenkonzentration:

$$HCO_3^- + H_2O \rightleftharpoons H_2CO_3 + OH^- \quad ; \quad CO_3^{2-} + H_2O \rightleftharpoons HCO_3^- + OH^-$$

In der Hydrogencarbonat-Lösung liegt der pH-Wert im Umschlagsbereich des Phenolphthaleins; es ist aber nur ein geringer Anteil der roten Indikatorbase im Gleichgewicht enthalten. CO_3^{2-}-Ionen sind eine so starke Base, daß sie das Indikatorgleichgewicht ganz zugunsten der roten Indikatorbase verschieben.

Im Gegensatz zu den Hydrogencarbonaten sind fast alle Carbonate schwer löslich in **11.3.** Wasser; Natrium-, Kalium- und Ammoniumcarbonat sind leicht löslich. Als Nachweis für CO_3^{2-}-Ionen benutzt man meist die Bildung von Bariumcarbonat oder Calciumcarbonat.

Versuch: Einige Tropfen Soda-Lösung werden mit Wasser verdünnt. Bei Zugabe einiger Tropfen Bariumchlorid-Lösung fällt ein weißer Niederschlag von Bariumcarbonat. Dieser löst sich in verd. Salzsäure, auch schon in Essigsäure.

Entsorgung: In kleinen Mengen nicht abwassergefährdend.

$$CO_3^{2-} + Ba^{2+} \longrightarrow BaCO_3\!\downarrow$$

Wie alle Carbonate löst sich Bariumcarbonat in Säuren (vgl. Löslichkeitsprodukt S. 46).

$$BaCO_3 + 2\,H_3O^+ \longrightarrow Ba^{2+} + CO_2\!\uparrow + 3\,H_2O$$

11.4.   Eine Lösung von Kohlensäure gibt mit Barytwasser (wäßrige Lösung von $Ba(OH)_2$) einen Niederschlag von Bariumcarbonat ($BaCO_3$). Mit einer Bariumchlorid-Lösung entsteht kein Niederschlag.

> ***Versuch**: Man übergieße ein Stückchen Marmor ($CaCO_3$) mit verd. Salzsäure (Gasentwicklung) und halte in die Öffnung des Reagenzglases einen Glasstab, an dem ein Tropfen Barytwasser hängt. Der Tropfen wird durch ausfallendes Bariumcarbonat getrübt. – Ein Tropfen von Bariumchlorid-Lösung (am Glasstab) zeigt keine Trübung.
>
> **Entsorgung**: Nicht abwassergefährdend

$$CO_2 + Ba^{2+} + 2\,OH^- \longrightarrow BaCO_3\!\downarrow + H_2O$$

In wäßrigen Lösungen von Kohlendioxid ist die Konzentration an CO_3^{2-}-Ionen so gering, daß mit $BaCl_2$ das Löslichkeitsprodukt von $BaCO_3$ nicht erreicht wird. Neutralisiert man aber die im Kohlensäure-Gleichgewicht auftretenden H_3O^+-Ionen mit den im Barytwasser enthaltenen OH^--Ionen, so werden aus dem gelösten CO_2 genügend CO_3^{2-}-Ionen gebildet, um die Ausfällung von $BaCO_3$ zu ermöglichen.

11.5.   Das in der Atemluft enthaltene Kohlendioxid wird im folgenden Versuch als Calciumcarbonat nachgewiesen.

> **Versuch:** Man bläst durch eine Pasteurpipette Luft in 2 ml Kalkwasser (filtrierte wäßrige Lösung von $Ca(OH)_2$). Die anfangs klare Lösung wird durch Abscheidung von Calciumcarbonat trüb. Jetzt wird mit einigen Millilitern eisgekühltem Sprudel versetzt, bis die Lösung gegen Indikatorpapier sauer reagiert. Der Niederschlag verschwindet, da HCO_3^--Ionen gebildet werden; Calciumhydrogencarbonat aber ist leichter löslich. Beim Erhitzen tritt durch Rückbildung von Calciumcarbonat erneut eine Trübung der Lösung auf.
>
> **Entsorgung**: In kleinen Mengen nicht abwassergefährdend.

$$CO_2 + Ca^{2+} + 2\,OH^- \longrightarrow CaCO_3\!\downarrow + H_2O$$
$$CaCO_3 + H_2O + CO_2 \underset{\text{Erhitzen}}{\rightleftharpoons} Ca^{2+} + 2\,HCO_3^-$$

11.6.   Das Carbonat/Hydrogencarbonat-Gleichgewicht ist die Ursache für die Bildung von Kesselstein und von Tropfsteinen (Stalagmiten und Stalagtiten) Aber auch alle anderen Hydrogencarbonate spalten beim Erhitzen Kohlendioxid ab und gehen in die stabileren Carbonate über.

$$2\,HCO_3^- \longrightarrow CO_3^{2-} + CO_2\!\uparrow + H_2O$$
$$CO_3^{2-} + H_2O \rightleftharpoons HCO_3^- + OH^-$$

Versuch: Eine Spatelspitze Natrium-hydrogencarbonat wird mit etwas Wasser und 1 Tropfen Phenolphthalein-Lösung versetzt. Erhitzt man zum Sieden, so entweicht CO_2; es bilden sich CO_3^{2-}-Ionen, die mit Wasser unter Bildung von OH^--Ionen reagieren. Deren Auftreten wird vom Phenolphthalein durch eine intensive Rotfärbung angezeigt (vgl. Versuch 11.2.).

Entsorgung: In kleinen Mengen nicht abwassergefährdend.

Kieselsäure

Siliciumdioxid ist das Anhydrid der Kieselsäure. Diese zerfällt beim Versuch, sie aus ihren **11.7.** Salzen darzustellen, unter Wasserabspaltung. Da Kieselsäure eine schwache Säure ist, reagieren die Lösungen ihrer Alkalisalze – z. B. Na_2SiO_3 (Wasserglas) – alkalisch.

*Versuch: Man versetze Wasserglas mit einigen Tropfen Phenolphthalein-Lösung und gebe in die rote Lösung tropfenweise unter Umschütteln konz. Salzsäure. Die Lösung erstarrt zu einer Gallerte, bevor der Indikator umgeschlagen ist. In der Gallerte liegen hochmolekulare, hydratisierte Polykieselsäuren vor, die in Wasser schwer löslich sind.

Entsorgung: Nicht abwassergefährdend

$$Na_2SiO_3 + 2\,H_3O^+ \longrightarrow 2\,Na^+ + 2\,H_2O + H_2SiO_3 \;(\longrightarrow SiO_2 \cdot aq\downarrow)$$

Man kann diese Reaktion zum Nachweis von SiO_3^{2-}-Ionen benutzen.

Mit Ausnahme der Alkalisilicate sind die Salze der Kieselsäure schwer löslich (Beispiel: **11.8.** Kupfersilicat).

Versuch: Versetzt man einige Milliliter Wasserglas mit Kupfersulfat-Lösung, so fällt türkisgrünes Kupfersilicat aus.

Entsorgung: Schwermetall-Abfälle

Reaktionen der Zinn(II)-Ionen

Zinn(II)-hydroxid und Zinn(II)-sulfid sind in Wasser schwer löslich. Zinn(II)-hydroxid rea- **11.9.** giert amphoter.

Versuch a: Versetzt man eine salzsaure Lösung von Zinn(II)-chlorid tropfenweise mit verd. Natronlauge, so fällt zuerst farbloses Zinn(II)-hydroxid aus. Der Niederschlag löst sich bei weiterer Zugabe von Natronlauge unter Bildung von Stannat(II)-Ionen wieder auf. Er löst sich auch in verd. Salzsäure.

Entsorgung: Schwermetall-Abfälle

$$Sn^{2+} + 2\,OH^- \longrightarrow Sn(OH)_2\downarrow$$
$$Sn(OH)_2 + OH^- \longrightarrow \left[Sn(OH)_3\right]^-;\; Sn(OH)_2 + 2\,H^+ \longrightarrow Sn^{2+} + 2\,H_2O$$

Die Hydroxide und Oxide von Metallen sind mit wenigen Ausnahmen, z. B. der Alkali- und einiger Erdalkalihydroxide, in Wasser schwer löslich. Hydroxide lösen sich stets in

Säuren. Einige Hydroxide reagieren amphoter, d. h. sie lösen sich sowohl in Säuren als auch in Alkalilaugen. Die Löslichkeit in Laugen ist dadurch bedingt, daß die Metallhydroxide OH^--Ionen anlagern, wobei lösliche Hydroxo-Komplexe entstehen. Zinn(II)-hydroxid geht z. B. durch Anlagerung eines OH^--Ions in das Hydroxostannat(II)-Ion, $[Sn(OH)_3]^-$, über, das man als Anion der hypothetischen Säure $HSn(OH)_3$ auffassen kann.

Versuch b: Zu einer Zinn(II)-chlorid-Lösung gibt man Schwefelwasserstoff-Wasser. Braunes Zinn(II)-sulfid fällt aus. Es löst sich nach Zugabe von gelbem Ammoniumsulfid beim Erwärmen unter Bildung von Thiostannat(IV)-Ionen. Fügt man nun verd. Salzsäure hinzu, so fällt gelbes Zinn(IV)-sulfid aus.

Entsorgung: Schwermetall-Abfälle

$$Sn^{2+} + S^{2-} \longrightarrow \overset{+2}{Sn}S\downarrow \;\; ; \;\; \overset{+2}{Sn}S + S_2^{2-} \longrightarrow \left[\overset{+4}{Sn}S_3\right]^{2-} \;\; ; \;\; \left[\overset{+4}{Sn}S_3\right]^{2-} + 2\,H^+ \longrightarrow \overset{+4}{Sn}S_2\downarrow + H_2S\uparrow$$

Das zunächst gebildete Zinn(II)-sulfid addiert S_2^{2-}-Ionen, wobei die Oxidationsstufe des Zinns auf +4 erhöht wird. Die entstandenen Thiostannat-Ionen reagieren mit Säure zu schwerlöslichem Zinn(IV)-sulfid.

11.10.   Zinn(II)-Salze sind recht starke Reduktionsmittel.

Versuch: Gibt man zu einer Zinn(II)-chlorid-Lösung einige Tropfen Bromwasser, so wird das Brom unter Bildung von Bromid-Ionen entfärbt.

Entsorgung: Schwermetall-Abfälle

$$Sn^{2+} + Br_2 \longrightarrow Sn^{4+} + 2\,Br^-$$

11.11.   Zinn(II)-Ionen werden durch Zink reduziert (vgl. Spannungsreihe S. 91).

*Versuch: Zu 2 ml Zinn(II)-chlorid-Lösung gibt man eine Zink-Granalie und etwas verd. Salzsäure. Es scheidet sich langsam feinkristallines, metallisches Zinn ab.

Entsorgung: In kleinen Mengen nicht abwassergefährdend.

$$Sn^{2+} + Zn \longrightarrow Sn\downarrow + Zn^{2+}$$

11.12.   Wir weisen Zinn(II)-Ionen durch die sehr empfindliche Flammensaum-Reaktion nach:

*Versuch: Zu einigen mg Zinn(II)-chlorid oder der auf Zinn zu prüfenden Substanz gibt man drei Zinkgranalien und 5 ml 20proz. Salzsäure. Man rührt die Mischung mit einem mit kaltem Wasser gefüllten Reagenzglas um und hält dieses in die nichtleuchtende Bunsenbrenner-Flamme. Bei Anwesenheit von Zinn entsteht an den benetzten Glasflächen ein charakteristischer blauer Flammensaum. Die Reaktion ist sehr empfindlich!

Entsorgung: In kleinen Mengen nicht abwassergefährdend.

Reaktionen der Zinn(IV)-Ionen

11.13.   Zinn(IV)-hydroxid und Zinn(IV)-sulfid sind schwerlöslich. Zinn(IV)-hydroxid reagiert amphoter.

Versuch a: Zu einer Lösung von Pinksalz, $(NH_4)_2[SnCl_6]$, gebe man tropfenweise verd. Natronlauge. Zunächst fällt farbloses Zinndioxid-Hydrat, $SnO_2 \cdot aq$, aus, das sich im Überschuß der Natronlauge unter Bildung von Stannat(IV)-Ionen, $[Sn(OH)_6]^{2-}$, löst.

Entsorgung: Schwermetall-Abfälle

$$[SnCl_6]^{2-} \rightleftharpoons SnCl_4 + 2\,Cl^-$$
$$SnCl_4 + 4\,OH^- \longrightarrow Sn(OH)_4 \downarrow (\rightarrow SnO_2 \cdot aq) + 4\,Cl^-$$
$$Sn(OH)_4 + 2\,OH^- \longrightarrow [Sn(OH)_6]^{2-}$$

Versuch b: Versetzt man etwas Pinksalz-Lösung mit Schwefelwasserstoff-Wasser, so bildet sich ein gelber Niederschlag von Zinn(IV)-sulfid, der sich bei Zugabe von farblosem Ammoniumsulfid unter Bildung von Thiostannat-Ionen löst. Säuren fällen aus der Lösung wieder Zinn(IV)-sulfid aus (vgl. Versuch 11.9.b).

Entsorgung: Schwermetall-Abfälle

$$Sn^{4+} + 2\,S^{2-} \longrightarrow SnS_2 \downarrow; \quad SnS_2 + S^{2-} \underset{H_3O^+}{\rightleftharpoons} \left[SnS_3\right]^{2-}$$

Reaktionen der Blei(II)-Ionen

Blei(II)-hydroxid ist schwerlöslich und reagiert amphoter. Auch folgende Salze des 2-wertigen Bleis sind in Wasser schwerlöslich: Bleisulfid, Bleichlorid, Bleisulfat und Bleichromat. Sie lösen sich – mit Ausnahme des Sulfids – in Natronlauge unter Bildung von Plumbat(II)-Ionen. Blei(II)-Salze sind keine Reduktionsmittel. **11.14.**

Versuch a: Versetzt man eine Lösung von Bleiacetat tropfenweise mit verd. Natronlauge, so fällt zunächst farbloses Bleihydroxid aus, das sich bei weiterer Zugabe von Natronlauge unter Bildung von Plumbat(II)-Ionen wieder löst.

Entsorgung: Schwermetall-Abfälle

$$Pb^{2+} + 2\,OH^- \longrightarrow Pb(OH)_2 \downarrow; \quad Pb(OH)_2 + OH^- \longrightarrow \left[Pb(OH)_3\right]^-$$

*****Versuch b:** Man versetze einige Tropfen Bleiacetat-Lösung mit 1 ml verd. HCl und etwa 10 ml frisch bereitetem Schwefelwasserstoff-Wasser. Es fällt schwarzes Bleisulfid, das mit verd. Salzsäure nicht reagiert.

Entsorgung: Schwermetall-Abfälle

$$Pb^{2+} + S^{2-} \longrightarrow PbS \downarrow$$

Versuch c: Aus einer Lösung von Bleiacetat fällt bei Zugabe von etwas verd. Salzsäure farbloses Bleichlorid aus. Bleichlorid ist in viel heißem Wasser und – unter Bildung von Plumbat(II)-Ionen – in verd. Natronlauge löslich.

Entsorgung: Schwermetall-Abfälle

$$Pb^{2+} + 2\,Cl^- \longrightarrow PbCl_2\downarrow$$

Versuch d: Gibt man zu etwas Bleiacetat-Lösung verd. Schwefelsäure, so fällt farbloses Bleisulfat aus. Bleisulfat löst sich in verd. Natronlauge unter Bildung von Plumbat(II)-Ionen.

Entsorgung: Schwermetall-Abfälle

$$Pb^{2+} + SO_4^{2-} \longrightarrow PbSO_4\downarrow$$

*Versuch e: Fügt man zu etwas Bleiacetat-Lösung in 1 ml verd. Essigsäure eine Lösung von Kaliumchromat, so fällt gelbes Bleichromat aus. Der Niederschlag löst sich in verd. Salpetersäure und in verd. Natronlauge. Vergleichen Sie dieses Verhalten mit den Eigenschaften von Bariumchromat.

Entsorgung: Schwermetall-Abfälle

$$Pb^{2+} + CrO_4^{2-} \longrightarrow PbCrO_4\downarrow$$

Reaktionen von Blei(IV)-Verbindungen

11.15.   Blei(IV)-Verbindungen entstehen unter geeigneten Bedingungen durch Oxidation von Blei(II)-Salzen; sie sind – im Gegensatz zu Zinn(IV)-Verbindungen – selbst Oxidationsmittel.

Versuch: Eine Lösung von 1 Spatelspitze Bleiacetat in 5 ml Wasser versetzt man tropfenweise mit Bromwasser. Nach kurzer Zeit scheidet sich ein brauner Niederschlag von Bleidioxid ab.

Entsorgung: Schwermetall-Abfälle

Versuch: Eine kleine Spatelspitze Bleidioxid wird mit einigen Tropfen verd. Schwefelsäure und mit 1 ml Kaliumiodid-Lösung versetzt. Dann unterschichtet man mit 3 ml Dichlormethan und schüttelt um. Die Dichlormethan-Schicht färbt sich durch gebildetes Iod violett.

Entsorgung: Halogenierte Lösungsmittel / Schwermetall-Abfälle.

$$\overset{+4}{Pb}O_2 + 2\,I^- + 4\,H^+ + SO_4^{2-} \longrightarrow \overset{+2}{Pb}SO_4\downarrow + \overset{0}{I_2} + 2\,H_2O$$

11.16.   Die in Rostschutzfarben enthaltene rote Mennige (Pb_3O_4) zerfällt mit verd. Salpetersäure zu braunem Bleidioxid und Pb^{2+}-Ionen.

Versuch: Gibt man zu etwas Mennige verd. Salpetersäure, so verschwindet die rote Farbe; es bildet sich braunes, schwerlösliches Bleidioxid. Die gleichzeitig entstandenen Pb^{2+}-Ionen können nach Filtrieren durch Fällung mit verd. Salzsäure nachgewiesen werden (vgl. Versuch 11.14.c).

Entsorgung: Schwermetall-Abfälle

$$Pb_3O_4 + 4\,H_3O^+ \longrightarrow \overset{+4}{Pb}O_2 + 2\,\overset{+2}{Pb}{}^{2+} + 6\,H_2O$$

Kapitel 12. Elemente der III. Hauptgruppe

Bor, Aluminium

Wie in allen Gruppen des Periodensystems gehen auch in der III. Gruppe die sauren Eigenschaften der Hydroxid-Verbindungen mit steigender Atommasse zurück. Borsäure, H_3BO_3, ist eine sehr schwache Säure; Aluminiumhydroxid, $Al(OH)_3$, reagiert amphoter.

Reaktionen der Borsäure

Borsäure ist eine kristalline Säure; sie neigt zur Abspaltung von Wasser. Borax ($Na_2B_4O_7$ **12.1.** · 10 H_2O) leitet sich von der Tetraborsäure ab, die formal aus Orthoborsäure durch Abspaltung von Wasser entsteht: $4\,H_3BO_3 \longrightarrow H_2B_4O_7 + 5\,H_2O$. Die Bor-Atome sind in der Tetraborsäure – wie auch die Phosphor-Atome in den Polyphosphorsäuren – über Sauerstoff-Atome miteinander verknüpft.

> **Versuch a:** Man erhitze eine Spatelspitze Borsäure mit 2 ml Wasser bis zur Lösung; beim Erkalten kristallisiert Borsäure wieder aus. Die überstehende Lösung rötet Mischindikator, d. h. sie ist sauer.
> **Entsorgung**: In kleinen Mengen nicht abwassergefährdend.

> **Versuch b:** Man löse eine Spatelspitze Borax in 5 ml Wasser und gebe einen Tropfen Phenolphthalein-Lösung hinzu. Die Lösung rötet sich, d. h. sie reagiert alkalisch.
> **Entsorgung**: In kleinen Mengen nicht abwassergefährdend.

Zum Nachweis von Borsäure dient die grüne Flammenfärbung, die man beim Verbren- **12.2.** nen von Borsäuremethyl- oder -ethylester beobachtet. Die Bildung dieser Ester aus Borsäure und Alkohol wird durch H^+-Ionen (konz. Schwefelsäure) katalysiert.

> ***Versuch:** In einem Reagenzglas (Reagenzglashalter benutzen!) werden eine Spatelspitze Borsäure (oder Analysen-Ursubstanz), einige Tropfen konz. Schwefelsäure und 2 ml Methanol zum Sieden erhitzt. Man entzündet die entweichenden Dämpfe. Grüne Flamme durch Verbrennung des leicht flüchtigen Borsäure-trimethylesters.
> **Entsorgung**: Säureabfälle

$$B(OH)_3 + 3\,CH_3OH \xrightarrow{H_2SO_4} B(OCH_3)_3 + 3\,H_2O$$

Alkaliborate haben die Fähigkeit, mit Wasserstoffperoxid Additions-Verbindungen zu **12.3.** bilden ("Perborate", z.B. $NaBO_2 \cdot H_2O_2 \cdot 3\,H_2O$). Diese sind Waschmitteln zugesetzt, wenn eine bleichende Wirkung erzielt werden soll. Das Vorhandensein von gebundenem Wasserstoffperoxid in derartigen Waschmitteln ersieht man aus folgendem Versuch.

> **Versuch:** Eine Spatelspitze eines handelsüblichen Vollwaschmittels wird in etwas Wasser suspendiert und mit einigen Tropfen einer Kaliumiodid-Lösung versetzt. Gibt man einige Tropfen dieser Mischung zu 1 ml Stärke-Lösung, so entsteht die für Iod charakteristische Blaufärbung. – Auch kann man im Waschmittel nach Versuch 12.2. die Borsäure nachweisen, wenn man die Schwefelsäuremenge auf ca. 5 Tropfen erhöht.
> **Entsorgung**: Nicht abwassergefährdend

Reaktionen der Aluminium-Ionen

12.4.   Aluminiumhydroxid ist in Wasser schwerlöslich und verhält sich amphoter.

Versuch a: Eine Lösung von Alaun [KAl(SO$_4$)$_2$ · 12 H$_2$O] wird mit verd. Ammoniak-Lösung versetzt. Es fällt farbloses, gallertiges Aluminiumhydroxid aus, das sich in starken Säuren löst.

Entsorgung: In kleinen Mengen nicht abwassergefährdend.

$$Al^{3+} + 3\,OH^- \longrightarrow Al(OH)_3\downarrow; \quad Al(OH)_3 + 3\,H^+ \longrightarrow Al^{3+} + 3\,H_2O$$

*Versuch b: Zu einer Alaun-Lösung gebe man tropfenweise verd. Natronlauge. Es fällt zunächst Aluminiumhydroxid aus, das im Überschuß der Lauge löslich ist. Aus dieser Lösung fällt nach Zugabe von festem Ammoniumchlorid wieder Aluminiumhydroxid aus.

Entsorgung: Laugen-Abfälle

$$Al^{3+} + 3\,OH^- \rightleftharpoons Al(OH)_3\downarrow; \quad Al(OH)_3 + OH^- \rightleftharpoons \left[Al(OH)_4\right]^-$$

Um Hydroxide, die sich amphoter verhalten, in Hydroxokomplexe, z. B. [Al(OH)$_4$]$^-$, überzuführen, ist eine hohe Konzentration an OH$^-$-Ionen (Alkalilaugen) erforderlich. Setzt man durch Zugabe der schwachen Säure NH$_4^+$ die Konzentration an OH$^-$-Ionen herab, so fällt Al(OH)$_3$ wieder aus.

Versuch e: Versetzt man eine Lösung von Alaun mit Ammoniumsulfid-Lösung, so fällt farbloses Aluminiumhydroxid aus.

Entsorgung: Laugen-Abfälle

In einer Lösung von Ammoniumsulfid ist die Konzentration an OH$^-$-Ionen so groß, daß Al(OH)$_3$ ausfällt.

12.5.   Lösungen von Alaun reagieren sauer.

Versuch: Zu etwas Alaun-Lösung gebe man einen Tropfen Mischindikator. Die Farbe schlägt nach Blaurot um.

Entsorgung: In kleinen Mengen nicht abwassergefährdend.

Aluminium-Ionen sind – wie andere Ionen – in wäßriger Lösung von einer Hydrat-Hülle umgeben. Sie haben die besondere Eigenschaft zu bewirken, daß einzelne Wassermoleküle ihrer Hydrat-Hülle leicht Protonen abgeben; die dabei gebildeten OH$^-$-Ionen verbleiben am Kation. Wir können diese Hydrolysereaktion folgendermaßen formulieren:

$$\left[Al(H_2O)_6\right]^{3+} + H_2O \rightleftharpoons \left[Al(OH)(H_2O)_5\right]^{2+} + H_3O^+$$

Ähnlich wie Aluminium-Ionen verhalten sich auch z. B. Eisen(III)-, Chrom(III)- und Kupfer(II)-Ionen: Wäßrige Lösungen von Eisen(III)-chlorid, Chrom(III)-sulfat und Kupfer(II)-sulfat reagieren sauer.

Kapitel 13. Elemente der II. Hauptgruppe

Magnesium, Calcium, Barium

Die Elemente der zweiten Hauptgruppe bezeichnet man als Erdalkalien. Sie bilden in ihren Verbindungen (+2)-wertige Ionen. Wir untersuchen nur Reaktionen des Magnesiums, Calciums und Bariums. Die Löslichkeiten der Hydroxide, Carbonate und Sulfate dieser Elemente ändern sich systematisch: die Hydroxide werden mit steigender Atommasse der Elemente leichter löslich; in gleicher Reihenfolge nimmt die Löslichkeit der Carbonate und – sehr stark – die der Sulfate ab. Erdalkalihydroxide und -carbonate sind in verd. starken Säuren löslich, auch in Essigsäure. – Mit Ausnahme von Magnesium-Salzen geben Erdalkali-Salze und auch Alkali-Salze beim Erhitzen in der Bunsenflamme charakteristische Flammenfärbungen. Die verdampften Salze dissoziieren bei Temperaturen um 1000 °C in Atome, und es werden Elektronen der äußeren Schale auf ein höheres Energieniveau angehoben. Wenn diese Elektronen wieder in den Ausgangszustand zurückfallen, strahlen sie die Energiedifferenz als Licht bestimmter Wellenlänge ab. Flammenfärbungen in der Bunsenflamme werden nur von solchen Elementen gegeben, die keine hohe Ionisierungsenergie haben (vgl. S. 8).

Reaktionen der Magnesium-Ionen

13.1. Magnesiumhydroxid und Magnesiumcarbonat sind schwerlöslich. Magnesium-Ionen können durch Überführung in schwerlösliches Magnesium-ammoniumphosphat nachgewiesen werden.

Versuch a: Magnesiumchlorid-Lösung gibt mit etwas verd. Natronlauge einen farblosen Niederschlag von Magnesiumhydroxid, der in verd. Salzsäure löslich ist.
Entsorgung: In kleinen Mengen nicht abwassergefährdend.

$$Mg^{2+} + 2\,OH^- \rightleftharpoons Mg(OH)_2\downarrow$$

Versuch b: Gibt man zu etwas Magnesiumchlorid-Lösung verd. Ammoniak-Lösung, so fällt farbloses Magnesiumhydroxid aus. Bei Zugabe von Ammoniumsalzen löst es sich wieder auf (Magnesiamixtur).
Entsorgung: In kleinen Mengen nicht abwassergefährdend.

$$Mg(OH)_2 + 2\,NH_4^+ \rightleftharpoons Mg^{2+} + 2\,NH_3 + 2\,H_2O$$

NH_4^+-Ionen setzen als schwache Säure die Konzentration der OH^--Ionen soweit herab, daß das Löslichkeitsprodukt von $Mg(OH)_2$ nicht mehr erreicht wird.

Versuch c: Aus einer Lösung von Magnesiumchlorid wird bei Zugabe von Soda-Lösung ein farbloser Niederschlag ausgefällt, der neben Magnesiumcarbonat auch Magnesiumhydroxid enthält.
Entsorgung: In kleinen Mengen nicht abwassergefährdend.

$$Mg^{2+} + CO_3^{2-} \longrightarrow MgCO_3\downarrow \ ; \quad Mg^{2+} + 2\,OH^- \longrightarrow Mg(OH)_2\downarrow$$

*Versuch d: Zu einer Lösung von Magnesiumchlorid gebe man etwas festes Ammoniumchlorid und verd. Ammoniak-Lösung. Mit einer Lösung von sek. Natriumphosphat fällt ein Niederschlag von Magnesium-ammoniumphosphat. Unter dem Mikroskop sieht man schneeblumenähnliche Kristalle.

Entsorgung: In kleinen Mengen nicht abwassergefährdend.

$$Mg^{2+} + NH_3 + HPO_4^{2-} \longrightarrow MgNH_4PO_4$$

Reaktionen der Calcium-Ionen

13.2.   Calciumhydroxid ist viel leichter löslich als Magnesiumhydroxid. Calciumcarbonat, Calciumoxalat und Calciumsulfat ($CaSO_4 \cdot 2\,H_2O$, Gips) sind schwerlöslich.

Versuch a: Versetzt man eine Lösung von Calciumchlorid mit Natriumcarbonat-Lösung, so fällt farbloses Calciumcarbonat aus.

Entsorgung: In kleinen Mengen nicht abwassergefährdend.

$$Ca^{2+} + CO_3^{2-} \longrightarrow CaCO_3\downarrow$$

Über die Reaktion von $CaCO_3$ mit H_2CO_3 vgl. Versuch 11.5.

*Versuch b: Calciumchlorid-Lösung in verd. Essigsäure wird mit einer Lösung von Ammoniumoxalat versetzt. Es entsteht ein farbloser Niederschlag von Calciumoxalat, der in verd. Essigsäure unlöslich ist. Er löst sich in verd. Salzsäure und in verd. Salpetersäure.

Entsorgung: In kleinen Mengen nicht abwassergefährdend.

Versuch c: Zu 3 ml Calciumchlorid-Lösung gebe man 3 ml verd. Schwefelsäure. Aus der klaren, übersättigten Lösung kristallisiert beim Anreiben Calciumsulfat aus.

Entsorgung: In kleinen Mengen nicht abwassergefährdend.

$$Ca^{2+} + SO_4^{2-} \longrightarrow CaSO_4\downarrow$$

Verbindungen können oft aus übersättigten Lösungen dadurch zur Kristallisation gebracht werden, daß man die Lösung mit einem Kristall der Verbindung "animpft" oder die Innenwand des Gefäßes mit einem Glasstab reibt.

13.3.   Calciumchlorid färbt eine nicht-leuchtende Bunsenflamme orangerot.

*Versuch: Man gibt etwas Calciumchlorid und einige Tropfen verd. Salzsäure auf ein Uhrglas, befeuchtet darin das Ende eines vorher ausgeglühten Magnesiastäbchens (gesintertes Magnesiumoxid) und bringt es in eine nichtleuchtende Bunsenflamme; die Flamme leuchtet orangerot.

Entsorgung: In kleinen Mengen nicht abwassergefährdend.

Calcium und Magnesiumsalze bedingen die Härte des Wassers, die man an der verminder-   **13.4.** ten Schaumbildung von Seife – im Vergleich zu der in destilliertem Wasser – erkennt (vgl. S. 121 Kap. 18.8.). Man unterscheidet eine temporäre und eine permanente Härte des Wassers. Erstere wird durch Calcium- und Magnesium-hydrogencarbonate hervorgerufen; sie läßt sich durch Erhitzen beseitigen, wobei – unter Entwicklung von Kohlendioxid (vgl. Versuch 11.5.) – $CaCO_3$ und $MgCO_3$ als Kesselstein abgeschieden werden. Die perma- nente Härte, bewirkt durch Calcium- und Magnesiumsulfat, kann wie die temporäre Härte durch Zugabe von Soda behoben werden, wodurch die bei der Schaumbildung störenden Erdalkali-Ionen in schwerlösliche Carbonate übergehen.

Auf sehr einfache Weise lassen sich Erdalka- li- und andere Kationen mit sogenannten Katio- nenaustauschern entfernen. Es sind dies hochmo- lekulare, in Wasser unlösliche Kunstharze, die SO_3H- oder $COOH$-Gruppen enthalten und die sich dadurch wie feste, unlösliche Säuren verhal- ten. Kationen können deren Proton ersetzen und durch elektrostatische Wechselwirkungen festge- halten werden. Wir verwenden im folgenden Ver- such Lewatit$^{®}$ S 100[1], ein mit Divinylbenzol quervernetztes Polystyrolharz, das (stark saure) SO_3H-Gruppen trägt.

Wie bei einer Umsetzung in homogener Lösung beobachten wir auch hier eine Gleich- gewichtseinstellung, die mit zunehmender Ladung des Kations (z.B. $Na^+ < Mg^{2+} < Al^{3+}$) weiter nach rechts verschoben wird:

$$\vdash SO_3H + K^+ + H_2O \rightleftharpoons \vdash SO_3K + H_3O^+$$

Aus diesem Zusammenhang wird auch deutlich, warum ein stärker gebundenes Ion durch einen großen Überschuß eines schwächer bindenden verdrängt und der Austauscher z.B. durch Waschen mit Salzsäure regeneriert werden kann.

Versuch: In ein Reagenzglas, das am unteren Ende mit einem kleinen Loch versehen ist, gibt man etwas Watte oder Glaswolle und füllt es dann bis zu einer Höhe von 6 cm mit Lewatit S 100$^{®}$. Man läßt 5 ml verd. Salzsäure durchlaufen und anschließend de- stilliertes Wasser, bis keine saure Reaktion mehr nachweisbar ist (man füllt das Glas etwa 12mal bis zum Rand mit destilliertem Wasser und preßt dieses mit einem Gummi- gebläse und einem passenden Stopfen durch den Austauscher). Der Austauscher liegt nun in der H^+-Form vor. Das Reagenzglas wird dann im Hals eines 200-ml-Erlenmey-

---

[1]   Mit dem gleichen Erfolg können die meisten anderen stark sauren Kationenaustauscher (z.B. Amberlite IR-120, Dowex 50W-X8 oder Riedel-Permutit RS-90) benutzt werden.

erkolbens mit Hilfe eines aufgeschnittenen Gummischlauchs so befestigt, daß das untere Ende des Reagenzglases etwa 3 cm vom Boden des Kolbens entfernt ist. – Man verdünnt nun 1 ml 10proz. Calciumchlorid-Lösung mit dest. Wasser auf das 200fache und läßt 20 ml dieser Lösung durch die Säule laufen. Die unten abtropfende Flüssigkeit reagiert stark sauer. Ca^{2+}-Ionen lassen sich in ihr mit ammoniakalischer Ammoniumoxalat-Lösung nicht mehr nachweisen.

Entsorgung: In kleinen Mengen nicht abwassergefährdend.; der Ionenaustauscher wird zur Wiederbenutzung gesammelt.

Die SO_3H-Gruppen des Lewatits, für den wir das Symbol $R(SO_3H)_n$ benutzen, bilden mit Ca^{2+}-Ionen in Gleichgewichtsreaktionen (!) Salze, wobei Protonen frei werden. Wir beschreiben diese Reaktion durch die Gleichung:

$$R(SO_3H)_n + n\frac{Ca^{2+}}{2} \rightleftharpoons R\left(SO_2\frac{Ca}{2}\right)_n + n\,H^+$$

Überlegen Sie, wie man mit Hilfe eines Kationenaustauschers den Gehalt einer NaCl-Lösung durch alkalimetrische Titration bestimmen könnte.

Die Reaktion ist umkehrbar: Durch überschüssige starke Säuren werden die Kationen verdrängt und die freien SO_3H-Gruppen des Austauschers regeneriert. – Auch Anionen können mit Austauschern aus wäßrigen Lösungen entfernt werden: Derartige Anionenaustauscher (s. Kap. 13.4) enthalten quartäre Ammoniumgruppen, die man zuvor mit Natronlauge aus den Salzen in die Hydroxide $R\text{-}NR_3^+\ OH^-$ überführt:

$$\left|\!-CH_2\text{-}\overset{\displaystyle CH_3}{\underset{\displaystyle CH_3}{N^+}}CH_3\ OH^- + NaX \rightleftharpoons \left|\!-CH_2\text{-}\overset{\displaystyle CH_3}{\underset{\displaystyle CH_3}{N^+}}CH_3\ X^- + NaOH\right.\right.$$

Reaktionen der Barium-Ionen

13.5. Bariumcarbonat, Bariumsulfat und Bariumchromat sind schwerlöslich. Bariumsulfat ist wesentlich schwerer löslich als Calciumsulfat.

Versuch a: Man versetzt eine Bariumchlorid-Lösung mit Soda-Lösung; es fällt Bariumcarbonat aus.

Entsorgung: In kleinen Mengen nicht abwassergefährdend.

$$Ba^{2+} + CO_3^{2-} \longrightarrow BaCO_3\downarrow$$

*Versuch b: Zu Bariumchlorid-Lösung gebe man verd. Schwefelsäure. Im Gegensatz zu Calciumsalzen fällt *sofort* sehr schwer lösliches Bariumsulfat als feinkristalliner Niederschlag aus.

Entsorgung: In kleinen Mengen nicht abwassergefährdend.

$$Ba^{2+} + SO_4^{2-} \longrightarrow BaSO_4 \downarrow$$

Erhitzt man Suspensionen von feinkristallinen Niederschlägen, so tritt meist Kornvergrößerung ein; die nun grobkristallinen Niederschläge sind besser filtrierbar.

Versuch c: Gibt man zu Bariumchlorid-Lösung etwas (filtriertes) Gipswasser, so bildet sich ein schwerlöslicher Niederschlag von Bariumsulfat.

Entsorgung: In kleinen Mengen nicht abwassergefährdend.

$$Ba^{2+} + Ca^{2+} + SO_4^{2-} \longrightarrow BaSO_4 \downarrow + Ca^{2+}$$

Das Löslichkeitsprodukt von $BaSO_4$ (ca. $10-10 \ mol^2/l^2$) ist so klein, daß die Konzentration an SO_4^{2-}-Ionen in einer Lösung von Calciumsulfat (L $\approx 10^{-4} \ mol^2/l^2$) genügt, um $BaSO_4$ auszufällen.

Versuch d: Man versetze Bariumchlorid-Lösung mit einer Lösung von Kaliumchromat. Es fällt ein schwerlöslicher, gelber Niederschlag von Bariumchromat aus, der sich in verd. Salzsäure wieder löst.

Entsorgung: Schwermetall-Abfälle

$$Ba^{2+} + CrO_4^{2-} \longrightarrow BaCrO_4 \downarrow$$

13.6.
*****Versuch:** Bariumchlorid gibt eine fahlgrüne Flammenfärbung. Einen entsprechenden Versuch führt man, wie unter 13.3. beschrieben, aus.

Kapitel 14. Elemente der I. Hauptgruppe

Natrium, Kalium

Die Alkalimetalle sind äußerst reaktionsfähig. Sie geben ihr einziges Außenelektron sehr bereitwillig ab. Die Neigung dazu vergrößert sich mit steigender Atommasse (wachsendem Atomradius). So reagiert Kalium z. B. weit heftiger mit Wasser als Natrium. – Die meisten Alkalisalze sind leicht in Wasser löslich. Die Hydroxide der Alkalimetalle sind in Wasser wesentlich leichter löslich als die der Erdalkalien. Charakteristisch für die Alkalimetalle ist ihre Flammenfärbung.

Reaktionen der Natrium- und Kalium-Ionen

14.1.
Alkalihydroxide zerfließen schon mit wenig Wasser; sie sind hygroskopisch. Konzentrierte Lauge wirkt stark ätzend und bewirkt auf der Haut tiefgehende Zerstörungen. Besonders gefährlich sind Spritzer im Auge: *Sie müssen sofort mit viel Wasser ausgewaschen werden; unbedingt einen Augenarzt aufsuchen!*

Versuch: Man lege ein Plätzchen festes Kaliumhydroxid auf ein Uhrglas; in kurzer Zeit wird Wasser aus der Luft angezogen, und das Plätzchen zerfließt.

Entsorgung: Basen-Abfälle

14.2.   Natriumchlorid färbt die entleuchtete Bunsenflamme gelb, Kaliumchlorid fahlviolett.

Versuch a: Man gebe auf ein Uhrglas etwas Kochsalz-Lösung und befeuchte damit das Ende eines Magnesiastäbchens, das man vorher in der entleuchteten Bunsenflamme ausgeglüht hat. Bringt man das Stäbchen jetzt erneut in die Flamme, so färbt sie sich gelb.

Entsorgung: Hausmüll

Versuch b: Man führt den vorstehenden Versuch mit etwas Kaliumchlorid-Lösung aus. Der Flammenrand wird fahlviolett.

Entsorgung: Hausmüll

Wenn das Kaliumsalz durch Spuren eines Natriumsalzes verunreinigt ist, so überdeckt die gelbe Natriumflamme die violette des Kaliums. Betrachtet man die Flamme aber durch ein blaues Cobaltglas, so wird die gelbe Flamme herausgefiltert und nur die Kaliumflamme bleibt sichtbar, nun allerdings karminrot:

Versuch c: Man mische einige Tropfen einer Natriumchlorid- und einer Kaliumchlorid-Lösung und führe damit Versuch a aus. Die Flamme wird durch ein Cobaltglas betrachtet.

Entsorgung: Hausmüll

14.3.   Kalium-Ionen geben mit Perchlorsäure schwerlösliches Kaliumperchlorat.

Versuch: Zu einer Kaliumchlorid-Lösung gebe man etwas Perchlorsäure-Lösung. Farbloses Kaliumperchlorat fällt aus, das in der Hitze oder beim Verdünnen wieder in Lösung geht.

Entsorgung: Säure-Abfälle

$$K^+ + ClO_4^- \longrightarrow KClO_4\downarrow$$

Achtung, Perchlorsäure und besonders ihre Salze bilden mit brennbaren Substanzen explosionsfähige Gemische!

Kapitel 15. Oxidation – Reduktion (II)

Bei der Untersuchung der Halogene haben wir festgestellt, daß die elementaren Halogene Oxidationsmittel sind, die Halogenid-Ionen dagegen Reduktionsmittel.

Allgemein gilt: Aus einem Oxidationsmittel wird durch Aufnahme von Elektronen ein Reduktionsmittel (z. B. $I_2 + 2\,e^- \longrightarrow 2\,I^-$); ein Reduktionsmittel wird durch Abgabe von Elektronen zum Oxidationsmittel (z. B. $2\,I^- - e^- \longrightarrow I_2$).

Man bezeichnet Paare wie $I_2/2\,I^-$, deren Partner sich durch die Oxidationsstufe unterscheiden, als Redoxpaare.

Gleichgewichte in Oxidations-Reduktions-Reaktionen

Auch Oxidations-Reduktions-Reaktionen führen zu Gleichgewichten. Ein derartiges **15.1.**
Gleichgewicht können wir z. B. bei der Reduktion von Eisen(III)-Ionen durch Iodid-Ionen
beobachten:

$$2\,Fe^{3+} + 2\,I^- \rightleftharpoons 2\,Fe^{2+} + I_2$$

Oxidationsmittel   Reduktionsmittel   Reduktionsmittel   Oxidationsmittel

Diese Reaktion läuft nicht vollständig von links nach rechts: da elementares Iod die gebildeten Fe^{2+}-Ionen oxidiert, enthält die Lösung auch in Gegenwart eines Überschusses an
Iodid-Ionen noch Eisen(III)-Ionen. Entfernt man aber das gebildete Iod durch Ausschütteln mit Dichlormethan, so werden schließlich alle Eisen(III)-Ionen reduziert.

Versuch: Man bringe 5 ml Kaliumiodid-Lösung, 2 ml Eisen(III)-chlorid-Lösung und
10 ml verd. Salzsäure in einen kleinen Scheidetrichter. 3 Tropfen der Lösung werden in
einem Reagenzglas zum Nachweis der noch vorhandenen Eisen(III)-Ionen mit Ammoniumrhodanid-Lösung versetzt (vgl. Versuch 17.14.d). Nun schüttle man das im Scheidetrichter befindliche Gemisch zweimal mit je 10 ml Dichlormethan aus; die durch Iod
violett gefärbte untere Schicht wird abgetrennt. Versetzt man jetzt wieder 3 Tropfen
der wäßrigen Schicht in einem Reagenzglas mit Ammoniumrhodanid-Lösung, so ist die
Rotfärbung wesentlich schwächer als bei der ersten Probe. Schüttelt man noch einige
Male mit Dichlormethan aus, so sind mit Ammoniumrhodanid kaum mehr Eisen(III)-
Ionen nachzuweisen.

Entsorgung: In kleinen Mengen nicht abwassergefährdend.

In Redox-Gleichgewichten konkurrieren Oxidationsmittel um Elektronen, wie wir z. B.
aus den für vorstehenden Versuch geltenden Teilgleichungen sehen:

$$2\,Fe^{3+} + 2\,e^- \rightleftharpoons 2\,Fe^{2+}\,;\ I_2 + 2\,e^- \rightleftharpoons 2\,I^-$$

Man beachte die Parallele zu Säure-Base-Gleichgewichten, bei denen Basen um Protonen konkurrieren.

Meist wird ein möglichst vollständiger Ablauf von Oxidationen bzw. Reduktionen an-
gestrebt; man benutzt daher so starke Oxidations- bzw. Reduktionsmittel, daß die rückläufige Reaktion nicht in Erscheinung tritt.

Bei vielen Oxidations-Reduktions-Vorgängen werden H_3O^+-Ionen gebildet oder ver- **15.2.**
braucht. In diesen Fällen ist der Oxidationsablauf vom pH-Wert abhängig. Eine Gleichge-
wichtsverlagerung durch Änderung des pH-Wertes beobachten wir im folgenden Versuch.

(Versuch): Zu etwas salzsaurer Lösung von Arseniger Säure gebe man in kleinen Portionen festes Natrium-hydrogencarbonat, bis keine CO_2-Entwicklung mehr zu beobachten ist. Nun versetze man tropfenweise mit Iod-Kaliumiodid-Lösung; diese wird sofort
entfärbt. Gießt man eine Probe der farblosen Lösung in konz. Salzsäure, so wird in
Umkehrung der Reaktion Iod ausgeschieden.

Entsorgung: Arsen-Abfälle; T+, Carc I

Bei der Oxidation von Arseniger Säure durch Iod werden Protonen gebildet:

$$\overset{+3}{As}O_3^{3-} + \overset{0}{I_2} + H_2O \rightleftharpoons \overset{+5}{As}O_4^{3-} + 2\,H^+ + 2\,I^-$$

Die Protonen werden durch Natrium-hydrogencarbonat abgefangen. Nach Zugabe von Säure läuft die umgekehrte, Protonen verbrauchende Reaktion ab, und die Arsensäure oxidiert Iodid-Ionen.

Die Spannungsreihe

Die Halogene und ihre Ionen sind in folgendem Schema nach der Stärke ihrer oxidierenden bzw. reduzierenden Wirkung angeordnet.

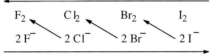

Die Tendenz der Halogene, Elektronen aufzunehmen, nimmt zu

Die Tendenz, der Halogenid-Ionen, Elektronen abzugeben, nimmt zu

Die schrägen Pfeile deuten einige der möglichen Elektronenübergänge an. Das Schema bringt zum Ausdruck, daß in einem Redoxpaar $Hal_2/2\,Hal^-$ einem stark oxidierenden Halogen (z. B Cl_2) ein schwach reduzierendes Ion (Cl^-) entspricht. Verallgemeinernd ist festzustellen:

$$\text{Starkes Oxidationsmittel} + e^- \rightleftharpoons \text{schwaches Reduktionsmittel}$$

15.3.   Die elementaren Metalle verhalten sich umgekehrt wie die freien Halogene; sie geben – mehr oder minder bereitwillig – Elektronen ab, sind also Reduktionsmittel. Ihre positiv geladenen Ionen sind mehr oder minder starke Oxidationsmittel.

Um Metalle nach ihrer reduzierenden Wirkung einstufen zu können, bringen wir in den folgenden Versuchen – ähnlich wie wir es bei den Halogenen getan haben – Metalle mit den Ionen anderer Metalle und außerdem mit H^+-Ionen zur Umsetzung.

Zink reduziert H^+-Ionen und Cu^{2+}-Ionen.

Versuch a: Man übergieße einige Zinkspäne mit verd. Salzsäure; Zink geht unter Entwicklung von Wasserstoff in Lösung. Man prüfe analog auch das Verhalten von Eisendraht, Kupferdraht und Magnesiumband.

Entsorgung: Hausmüll; Lösung in kleinen Mengen nicht abwassergefährdend.

$$\overset{0}{Zn} + 2\,HCl \longrightarrow \overset{+2}{Zn}Cl_2 + H_2\uparrow$$

Versuch b: Kupferspäne werden mit etwa 3 ml Wasser und 5 Tropfen Silbernitrat-Lösung versetzt. Man erwärmt, läßt etwa 10 min stehen und gießt die Lösung dann in verdünnte Ammoniak-Lösung. Es tritt die intensiv blaue Farbe des Tetrammin-kupfer-(II)-Komplexes auf (vgl. Versuch 16.1.b).

Entsorgung: Schwermetall-Abfälle

$$Cu + 2\,AgNO_3 \longrightarrow Cu^{2+} + 2\,NO_3^- + 2\,Ag\downarrow\,;\; Cu^{2+} + 4\,NH_3 \longrightarrow \left[Cu(NH_3)_4\right]^{2+}$$

Versuch c: In Reagenzgläsern löse man in jeweils etwa 5 ml Wasser 1 Spatelspitze Silbernitrat, Eisensulfat, Zinksulfat, Kupfersulfat und Magnesiumsulfat. In jeder dieser

Lösungen prüfe man die Reaktion mit: Eisendraht, Kupferdraht, Zinkspänen und Magnesiumband. Zinkspäne überziehen sich dabei z.B. mit Kupfer, und die anfangs blaue Lösung wird allmählich farblos.

Entsorgung: Silber und Kupfer: Schwermetall-Abfälle; Rest in kleinen Mengen nicht abwassergefährdend.

$$Zn + Cu^{2+} \longrightarrow Cu + Zn^{2+}$$

Die Ergebnisse der Versuche 15.3. entsprechen dem Inhalt der *Spannungsreihe der Metalle*. In dieser Reihe sind die Metalle nach ihrer Tendenz, Elektronen abzugeben, geordnet:

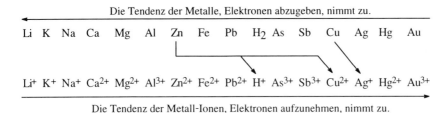

Die Tendenz der Metalle, Elektronen abzugeben, nimmt zu.

Li K Na Ca Mg Al Zn Fe Pb H$_2$ As Sb Cu Ag Hg Au

Li$^+$ K$^+$ Na$^+$ Ca^{2+} Mg^{2+} Al^{3+} Zn^{2+} Fe^{2+} Pb^{2+} H$^+$ As^{3+} Sb^{3+} Cu^{2+} Ag$^+$ Hg^{2+} Au^{3+}

Die Tendenz der Metall-Ionen, Elektronen aufzunehmen, nimmt zu.

Die schrägen Pfeile kennzeichnen die in unseren Versuchen beobachteten Elektronenübergänge. Dieses Schema läßt ersehen, daß Metalle an Ionen der in der Spannungsreihe rechts von ihnen stehenden Metalle Elektronen abgeben können.

Die in der Spannungsreihe links vom Wasserstoff stehenden Metalle werden als "unedel" bezeichnet. Sie reagieren mit Säuren – einige auch mit der schwachen Säure Wasser – unter Entwicklung von Wasserstoff. Einige der rechts vom Wasserstoff stehenden "edleren" Metalle, wie z. B. Cu, Ag, Hg, lösen sich in konzentrierter Salpetersäure, wobei sie zu Ionen oxidiert werden. Die Ionen dieser edleren Metalle benutzen wir in einigen Versuchen als Oxidationsmittel.

Zur Einstufung der Metalle in die Spannungsreihe verwendet man eine elektrochemische Meßmethode; man bestimmt Spannungen, die in galvanischen Elementen auftreten. Ein galvanisches Element besteht aus zwei Halbzellen, die durch ein Diaphragma (eine ionendurchlässige Schicht, z.B. Cellophan oder Keramik) miteinander verbunden sind. In den Halbzellen taucht ein Metallblech in eine Lösung des jeweiligen Metallsalzes, oder es wird ein Platinblech von einem Gas, z.B. von Wasserstoff bei der Wasserstoffelektrode, umspült. Die Potentialdifferenzen zwischen den Elektroden hängen ab sowohl von der Tendenz des Metalls, Elektronen abzugeben, als auch von der Tendenz des Ions eines anderen Metalls, Elektronen aufzunehmen. Somit ist die Spannung, z. B. im Zink/Kupfer-Paar, abhängig von der Teilreaktion $Zn - 2\,e^- \longrightarrow Zn^{2+}$ sowie von der Teilreaktion $Cu^{2+} + 2e^- \longrightarrow Cu$, d. h. von den beiden Redoxpaaren Zn/Zn^{2+} und Cu/Cu^{2+}. Werden die beiden Halbzellen leitend verbunden, so fließt eine Strom, bis sich die Potentialdifferenz ausgeglichen hat; eine solche Kombination geeigneter Metalle kann als Stromquelle genutzt werden (galvanisches Element aus Zn und Cu = DANIELL-Element). Die Potentialdifferenz in einem galvanischen Element ist um so größer, je weiter die Metalle in der Spannungsreihe voneinander entfernt sind.

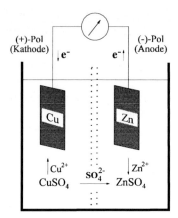
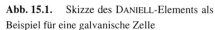
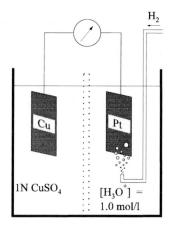

Abb. 15.1. Skizze des DANIELL-Elements als Beispiel für eine galvanische Zelle

Abb. 15.2. Galvanische Zelle zur Messung des Normalpotentials von Kupfer

Die Einzelpotentiale der Halbzellen, ihre Galvanispannungen E, sind grundsätzlich nicht meßbar. Um Vergleichsmöglichkeiten zu haben, bezieht man die Messungen deshalb auf die *Normal-Wasserstoffelektrode*, deren Potential man willkürlich = Null setzt. Man mißt nun unter definierten Bedingungen (25 °C, 1 N, genauer: Lösungen der Aktivität 1, bei Gasen 1 bar) die zwischen einem Redoxpaar (z. B. Cu/Cu^{2+} und dem Paar $H_2/2\ H^+$ auftretende Spannung, die der Differenz der Galvanispannungen entspricht. Das Vorzeichen der Spannung wird festgelegt durch $U = E_{Kathode} - E_{Anode}$.

In dem als Beispiel gewählten Element reduziert Wasserstoff Cu^{2+}-Ionen. Der molekulare Wasserstoff ist dazu direkt nicht befähigt. Daher ist auf dem als Elektrode dienenden Platinblech eine Schicht von feinstverteiltem Platin (Platinmohr) aufgetragen, das in 1 N Salzsäure von Wasserstoffgas umspült wird; Platin vermag erhebliche Mengen Wasserstoff zu absorbieren und zu aktivieren. – Bei den Messungen der Normalpotentiale von Redoxpaaren, die kein Metall enthalten (z. B. $Cl_2/2\ Cl^-$, $Fe^{2+}Fe^{3+}$), verwendet man auch als zweite Elektrode ein Platinblech.

Diese auf die Normal-Wasserstoffelektrode bezogenen Potentiale E° nennt man Normalpotentiale und kennzeichnet sie durch Angabe der beiden zugehörigen Oxidationsstufen, z. B. $\overset{0}{Zn}/Zn^{2+}$, $\overset{0}{Fe}/Fe^{2+}$. Übereinkunftsgemäß erhalten die Normalpotentiale der in der Spannungsreihe links vom Wasserstoff stehenden Redoxpaare ein negatives Vorzeichen, die rechts stehenden ein positives. In der Spannungsreihe für Metalle liegen die Normalpotentiale zwischen –3.02 V für Li/Li^+ und +1.46 V für Au/Au^+.

Die Potentiale unter anderen als den Normalbedingungen erhält man nach der NERNSTschen Gleichung

$$E = E° + \frac{R \cdot T}{n \cdot F} \cdot \ln \frac{[Ox]}{[Red]} \ ,$$

in der R die Allgemeine Gaskonstante, T die absolute Temperatur in [K], n die Zahl der übertragenen Elektronen, F die Faraday-Konstante (96486 Coulomb) und [Ox] bzw. [Red] die Konzentrationen des Redox-Paares nach z.B.

$$Ox + H_2 + 2 H_2O \longrightarrow Red^{2-} + 2 H_3O^+$$

bedeuten. Bei einer Metall- oder Gaselektrode (unter 1 bar) ist die Konzentration des Metalls bzw. Gases konstant, und die NERNSTsche Gleichung vereinfacht sich zu:

$$E = E^\circ + \frac{0.059}{n} \cdot lg\left[Me^{n+} \right] \quad bzw. \quad E = -0.059 \cdot pH$$

[Man beachte den Unterschied zwischen dem natürlichen und dem dekadischen Logarithmus (ln/lg)!]

In der nachstehenden Tabelle sind einige Normalpotentiale von Redoxsystemen angegeben, wobei solche der gleichen Art in Gruppen zusammengefaßt sind. In jeder der Gruppen findet sich links oben das jeweils stärkste Reduktionsmittel, rechts unten das stärkste Oxidationsmittel.

Allgemein gilt: Die oxidierte Stufe eines Redoxpaares mit höherem Normalpotential (z. B. Cl_2) oxidiert die reduzierte Stufe eines Redoxpaares mit niedrigerem Normalpotential (z. B. I^--Ionen). Wenn die Normalpotentiale genügend weit auseinander liegen – wie z. B. bei den Halogenen –, so liegt das Gleichgewicht fast vollständig zugunsten einer Seite. Einige Versuchsergebnisse seien unter diesem Gesichtspunkt betrachtet.

Die Normalpotentiale $Hal_2/2 Hal^-$ liegen höher als das Normalpotential S/S^{2-}. Daher oxidieren die Halogene Sulfid-Ionen, wie in den Versuchen 5.1. und 7.8. beobachtet wurde; man interpretiere auf dieser Basis auch nochmals die Versuche 6.3. a/b.

Normalpotentiale (ϵ) von Redoxsystemen

Red.	$\rightleftharpoons$	Ox.	$+ e^-$	ϵ_0 (Volt)
S^{2-}	$\rightleftharpoons$	S	$+ 2e^-$	-0.50
$2 I^-$	$\rightleftharpoons$	I_2	$+ 2e^-$	$+0.53$
$2 Br^-$	$\rightleftharpoons$	Br_2	$+ 2e^-$	$+1.07$
$2 Cl^-$	$\rightleftharpoons$	Cl_2	$+ 2e^-$	$+1.36$
$2 F^-$	$\rightleftharpoons$	F_2	$+ 2e^-$	$+2.85$
K	$\rightleftharpoons$	K^+	$+ e^-$	-2.92
Zn	$\rightleftharpoons$	Zn^{2+}	$+ 2e^-$	-0.76
H_2	$\rightleftharpoons$	$2 H^+$	$+ 2e^-$	0
Cu	$\rightleftharpoons$	Cu^{2+}	$+ 2e^-$	$+0.35$
Ag	$\rightleftharpoons$	Ag^+	$+ e^-$	$+0.80$
Hg	$\rightleftharpoons$	Hg^{2+}	$+ 2e^-$	$+0.85$
Sn^{2+}	$\rightleftharpoons$	Sn^{4+}	$+ 2e^-$	$+0.15$
Fe^{2+}	$\rightleftharpoons$	Fe^{3+}	$+ e^-$	$+0.77$
Pb^{2+}	$\rightleftharpoons$	Pb^{4+}	$+ 2e^-$	$+1.75$

Zinn(II)-Salze sind recht starke Reduktionsmittel, und Pb(IV)-Verbindungen sind starke Oxidationsmittel (vgl. Versuch 11.10. und 11.15.). Aus der Tabelle ist zu entnehmen, daß diese Einstufung von der Differenz der Normalpotentiale der beteiligten Redox-Partner und nicht allein von deren Vorzeichen abhängt. Kaliumpermanganat ist eines der stärksten Oxidationsmittel in wäßriger Lösung, wie der Wert für das Normalpotential in saurer Lösung zeigt:

$$Mn^{2+} + 4\,H_2O \rightleftharpoons MnO_4^- + 8\,H^+ + 5\,e^-; \quad \varepsilon_0 = +1.52\,\text{Volt}$$

Auch die im Zusammenhang mit der *Spannungsreihe der Metalle* ausgeführten Versuche 15.3.a–d werden durch die Normalpotentiale der Redoxpaare Metall/Metall-Ion erklärt.

Aufgabe: a) Man bestimme aufgrund der Ergebnisse aus den Versuchen 15.3. für die Metalle Kupfer, Zink, Magnesium, Silber und Eisen das Vorzeichen der Normalpotentiale und ordne die Metalle in der Reihenfolge steigender Oxidationskraft.

b) Man gebe das Potential einer Normalwasserstoffelektrode bei pH = 7 an.

c) Man berechne die (ungefähre) Potentialdifferenz zwischen zwei Wasserstoffelektroden, die in eine 1 N und eine 0.01 N Salzsäure eintauchen.

Normalpotentiale und Reaktionsablauf

Von großer Bedeutung ist, daß sich aus dem Wert der Urspannung (Spannung im stromlosen Zustand) einer galvanischen Zelle die chemische Triebkraft der Reaktion berechnen läßt: Für die elektrische Energie W gilt nach dem JOULEschen Gesetz

$$W = U \cdot I \cdot t \quad \text{oder} \quad W = U \cdot Q \,,$$

da $I \cdot t = Q$ (elektrische Ladung). Bei Änderung der Oxidationszahl um n = 1 fließen 96480 Coulomb (1 Faraday, [F]); ersetzt man nun noch W durch die Freie Energie ΔG_R (die bei exergonischen Reaktionen negativ ist), so erhält man

$$\Delta G_R = -\,U \cdot n \cdot F \quad [\text{J/mol}] \,.$$

Beispiel: a) In einer Kupfersulfat-Lösung der Aktivität 1 hat eine Kupferelektrode das Normalpotential 0.34 V, bezogen auf die Standard-Wasserstoffelektrode; das Ni/Ni^{2+}-System weist ein Normalpotential von –0.25 V auf. Schaltet man beide Halbzellen zusammen, so wird die Kupferelektrode zur Kathode; Kupfer scheidet sich an der Kathode ab, und Nickel geht freiwillig anodisch in Lösung:

$$Cu^{2+} + 2\,e^- \longrightarrow Cu \qquad E^0 = +\,0.34\,\text{V}$$

$$Ni \;\; -\,2\,e^- \longrightarrow Ni^{2+} \qquad E^0 = -\,0.25\,\text{V}$$

Da die Zellenspannung nach $E_{\text{Kathode}} - E_{\text{Anode}} = 0.34 - (-0.25) = +0.59$ V positiv ist, ist die Freie Energie (definitionsgemäß) negativ, d.h. die Reaktion läuft freiwillig ab. Bei der Reaktion von 1 mol (58.7 g) Nickel wird dabei eine Energie frei von

$$\Delta G^\circ = 0.59 \cdot 2 \cdot 96500 = 113.9 \;\; \text{kJ/mol}$$

b) Unter Sandardbedingungen werden für Cu/Cu^{2+} und Salpetersäure die folgenden Normalpotentiale gemessen:

$$Cu - 2\,e^- \longrightarrow Cu^{2+} \qquad E^o = +0.34\ V$$

$$HNO_3 + 3\,e^- + 3\,H^+ \longrightarrow NO + 2\,H_2O \qquad E^o = +0.96\ V$$

Daraus folgt, daß sich Kupfer in Salpetersäure unter Entwicklung von farblosem Stickstoffmonoxid löst; letzteres geht an der Luft augenblicklich in braunes giftiges Stickstoffdioxid über. Gold hat dagegen ein Normalpotential von +1.42 V und wird von Salpetersäure nicht angegriffen.

Es ist unmittelbar einleuchtend, daß der Elektronenfluß zwischen zwei Elektroden durch eine von außen angelegte gleich hohe Gegenspannung zum Stillstand gebracht werden kann. Höhere Gegenspannungen kehren die Elektrodenvorgänge sogar um (Elektrolyse), wobei allerdings auch mit dem Lösungsmittel Folgereaktionen eintreten können. Man informiere sich über die elektrochemische Metallabscheidung (z.B. bei der Aluminiumgewinnung und beim Galvanisieren) im Lehrbuch.

Dehydrierungsreaktionen

In Oxidationen wird oft formal Wasserstoff abgespalten, z. B. $H_2S - H_2 \longrightarrow$ S. Bei solchen Reaktionen spricht man in der organischen Chemie und in der Biochemie auch von *Dehydrierungen*. Um herauszustellen, daß diese nichts anderes sind als Oxidationen, sei die Dehydrierung einer organischen Verbindung schon in diesem Kapitel besprochen. Als Modellreaktion benutzen wir die Dehydrierung von Hydrochinon (I) zu Chinon (II). **15.4.**

Versuch a: Zu einer Lösung von wenig Hydrochinon in warmem Wasser werden einige Tropfen Silbernitrat-Lösung gegeben. Es scheidet sich sofort ein grauer Niederschlag von Silber ab. Beim Erhitzen kann man den leicht stechenden Geruch von Chinon wahrnehmen.

Entsorgung: In kleinen Mengen nicht abwassergefährdend.

Versuch b: Je 5 Tropfen Ammoniumrhodanid- und Eisen(III)-chlorid-Lösung gibt man in 5 ml Wasser und stellt sich so eine Eisenrhodanid-Lösung her. Nun löst man eine kleine Spatelspitze Hydrochinon in 10 ml warmem Wasser. Fügt man zu der abgekühlten Lösung einige Tropfen der Eisenrhodanid-Lösung, so wird diese sofort entfärbt.

Entsorgung: In kleinen Mengen nicht abwassergefährdend.

Wir zerlegen die abgelaufenen Reaktionen:

a: $2\,Ag^+ + 2\,e^- \longrightarrow 2\,Ag$;   b: $2\,Fe^{3+} + 2\,e^- \longrightarrow 2\,Fe^{2+}$

Die Dehydrierung von Hydrochinon verläuft stufenweise; in aufeinanderfolgenden Reaktionsschritten werden je ein Elektron und ein Proton abgelöst (s. S. 164).

a und b:

OH
—e⁻, H⁺   —e⁻, H⁺

OH

I   II

$$\text{a und b: } \quad \text{OH} \xrightarrow{-e^-,\,H^+} \xrightarrow{-e^-,\,H^+} \text{O}$$

I   II

Aus der Reaktionsgleichung wird deutlich, daß auch das Oxidationspotential des Chinon/Hydrochinon-Systems pH-abhängig ist. Chinhydron – ein Molekülkomplex äquimolarer Mengen Chinon und Hydrochinon – läßt sich daher zu pH-Messungen und zur Konstruktion einer Bezugselektrode einsetzen: In Chinhydron-Lösungen ist das Potential nur noch vom pH-Wert abhängig.

$$E = E_0 + 0.06/2 \log ([\text{Chinon}] \cdot [H^+]^2 / [\text{Hydrochinon}])$$

Aufgabe: Welches Potential hat eine Chinhydron-Elektrode bei pH = 7, wenn ihr Normalpotential 0.70 Volt beträgt?

Elektrochemische pH-Messungen mit pH-Elektroden

In der Praxis für pH-Messung besser geeignet als die Wasserstoff- oder Chinhydron-Elektrode ist die sog. Glaselektrode. Wird eine dünne ionenleitende Membran auf beiden Seiten durch Lösungen unterschiedlicher Ionenkonzentration benetzt, so baut sich an der Membran eine Potentialdifferenz (Membranpotential) auf. Dünne Schichten aus Spezialgläsern verhalten sich entsprechend, jedoch ist die Potentialdifferenz hier stark pH-abhängig, da das Glas oberflächlich quillt und wie ein Ionenaustauscher reagiert.

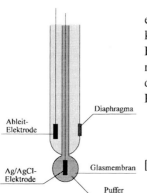

Ableit-Elektrode

Diaphragma

Ag/AgCl-Elektrode

Glasmembran

Puffer

Auch bei der Glaselektrode wird als zweite Halbzelle eine Bezugselektrode benötigt. In modernen Einstab-Meßketten sind beide in einem einzigen Glasschaft vereinigt: Eine Hohlkugel aus ionenleitendem Spezialglas ist mit einem Puffer gefüllt, in den eine Silber/Silberchlorid-Elektrode (ein mit AgCl überzogener Silberdraht) eintaucht. Deren Potential ist nach der NERNSTschen Gleichung gegeben zu

$$E = E° + 0.059 \cdot \lg \left[Ag^+ \right]$$

Da die Lösung an Silberchlorid gesättigt ist, gilt mit $[Ag^+] \cdot [Cl^-] = L$ (Löslichkeitsprodukt):

$$E = E° - const \cdot \lg \left[Cl^- \right]$$

Wird die Chloridionen-Konzentration konstant gehalten, ist demnach auch das Potential E konstant: Bei 25 °C hat die Ag/AgCl-Elektrode in gesättigter KCl-Lösung das Potential von 197.0 mV. Das an der Glasmembran außen anliegende Potential wird über eine zweite in den Glasschaft eingebaute Elektrode abgeleitet, die mit der äußeren zu messen-

den Lösung über eine Fritte verbunden ist. Mit den heute üblichen mit Glaselektroden aus-
gestatteten pH-Metern lassen sich pH-Werte auf 0.01 Einheiten genau ablesen.

Redox-Indikatoren

Säure-Base-Indikatoren zeigen das Ende einer Neutralisation an. Mit Hilfe von Redukti-
ons-Oxidations-Indikatoren läßt sich die Beendigung einer Oxidation erkennen. Diese *Redox-Indikatoren* sind Verbindungen, bei denen die Aufnahme bzw. Abgabe von Elektronen mit einer Farbänderung verbunden ist:

$$\text{Redox-Indikator: reduzierte Stufe} \underset{+\,n\cdot e^-}{\overset{-\,n\cdot e^-}{\rightleftarrows}} \text{oxidierte Stufe}$$
$$\qquad\qquad\qquad\quad\text{(Farbe 1)}\qquad\qquad\qquad\text{(Farbe 2)}$$

Oxidationsmittel, deren Normalpotential höher liegt als das des verwendeten Indikators, oxidieren die reduzierte Stufe des Indikators (vgl. S. 91 ff).

Versuch 15.5.a zeigt das Prinzip der Wirkung von Redox-Indikatoren. Wir oxidieren **15.5.**
Sulfit-Ionen mit Wasserstoffperoxid und verwenden als Indikator das Redoxpaar $I_2/2\ I^-$.
Es laufen folgende Teilreaktionen ab:

Reduktion: $\qquad\qquad H_2O_2 + 2\ H^+ + 2\ e^- \longrightarrow 2\ H_2O$

Indikator-Reaktion: $\qquad\qquad 2\ I^- - 2\ e^- \rightleftharpoons I_2$

Oxidation: $\qquad\qquad SO_3^{2-} + H_2O - 2\ e^- \longrightarrow SO_4^{2-} + 2\ H^+$

Das Normalpotential des Indikators liegt zwischen den Normalpotentialen der beiden
anderen Redoxpaare. Daher oxidiert Wasserstoffperoxid sowohl Iodid- als auch Sulfit-Ionen. Der oxidierte Indikator (I_2) oxidiert seinerseits nur Sulfit-Ionen.

Versuch a: Zu 1 ml Schwefliger Säure gibt man 3 ml verd. Schwefelsäure, 1 Tropfen
Kaliumiodid-Lösung und $^1/_2$ ml Stärke-Lösung. Tropft man langsam 3proz. Wasserstoffperoxid hinzu, so ist an der Eintropfstelle die blaue Farbe des Iod-Stärke-Komple-
xes zu beobachten. Diese Farbe verschwindet beim Umschütteln und bleibt erst bestehen, wenn die gesamte Schweflige Säure oxidiert ist.

Entsorgung: In kleinen Mengen nicht abwassergefährdend.

An der Eintropfstelle des Wasserstoffperoxids werden sowohl SO_3^{2-}- als auch I^--Io-
nen oxidiert. Da aber Iod durch SO_3^{2-}-Ionen reduziert wird, verschwindet die blaue Farbe
der Iod-Stärke-Einschlußverbindung wieder beim Umschütteln. Erst wenn die SO_3^{2-}-Io-
nen vollständig oxidiert sind, bleibt das Iod erhalten und bildet die blaue Einschlußverbindung (vgl. Versuch 31.8.).

Im folgenden Versuch benutzen wir eine organische Verbindung (das Natriumsalz der
Diphenylamin-4-sulfonsäure) als Redox-Indikator.

Versuch b: Zu etwa 3 ml verd. Schwefelsäure gebe man 10 Tropfen Eisen(II)-sulfat-
Lösung und 4 Tropfen einer Lösung des Natriumsalzes der Diphenylaminsulfonsäure.
Tropft man nun eine Lösung von Kaliumchromat hinzu (die man durch Verdünnen der
ausstehenden Lösung auf das 8fache erhält), so erscheint an der Eintropfstelle zunächst

die violette Farbe der oxidierten Form des Indikators. Diese verschwindet beim Umschütteln wieder, da sie durch Fe^{2+}-Ionen zu einer grünen Stufe reduziert wird. Die
violette Farbe bleibt erst bestehen, wenn alle Eisen(II)-Ionen oxidiert sind.

Entsorgung: Schwermetall-Abfälle

Wir zerlegen in Teilreaktionen:

$$CrO_4^{2-} + 8\,H^+ + 3\,e^- \longrightarrow Cr^{3+} + 4\,H_2O$$
$$\text{Indikator (grün)} - H^+ - e^- \rightleftharpoons \text{Indikator (violett)}$$
$$3\,Fe^{2+} - 3\,e^- \longrightarrow 3\,Fe^{3+}$$

Wie in Versuch a liegt das Normalpotential des Indikators zwischen dem des Oxidationsmittels (CrO_4^{2-}/Cr^{3+}) und dem des Reduktionsmittels (Fe^{3+}/Fe^{2+}). – Der Übergang
der violetten Stufe des Indikators in die grüne ist reversibel.

Kapitel 16. Elemente der Nebengruppen des Perioden-systems

Die Nebengruppenelemente oder *Übergangselemente* stehen in der 4., 5. und 6. Periode;
ihre Ordnungszahlen liegen zwischen denen der Elemente der II. und III. Hauptgruppe
(vgl. Periodensystem auf dem Einbanddeckel). Alle Übergangselemente sind Metalle. Sie
haben mit wenigen Ausnahmen 2 Elektronen in der Außenschale und unterscheiden sich
voneinander durch die Zahl der Elektronen in der jeweils zweitäußersten Schale: Nebengruppenelemente haben meist keine abgeschlossenen d-Orbitale. Einige Beispiele für die
Elektronenbesetzung von Übergangsmetallen sind in Tab. 2. angegeben.

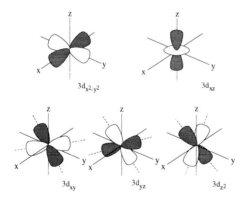

Abb 16.1. Die fünf d-Atomorbitale

Da sich bei den Übergangselementen auch die Elektronen der nicht abgeschlossenen,
zweitäußersten Schale (3 d-Elektronen, s. Tab. 2., S. 15) an chemischen Reaktionen beteiligen können, sind die Ionenwertigkeiten bzw. die Oxidationszahlen, die diese Elemente

erreichen können, variabel. Bei einigen Elementen läßt sich ein Zusammenhang zwischen Elektronenanordnung und (maximaler) Oxidationsstufe erkennen: So bildet Mangan mit der Elektronenkonfiguration $[Ar]3d^5 4s^2$ unter Abgabe der Außenelektronen stabile 2wertige Salze, kann aber auch die Oxidationsstufe +7 erreichen (z. B. in Verbindungen wie $K_2 \overset{+6}{C}rO_4$, $K\overset{+7}{M}nO_4$). – Übergangselemente neigen besonders zur Komplexbildung, sie lagern Moleküle oder Ionen, die freie Elektronenpaare haben, an.

Die räumliche Orientierung der d-Orbitale (s. Abb. 16.1.) ist für die Struktur von Komplexen wichtig. Auf nähere Einzelheiten kann hier jedoch nicht eingegangen werden.

Elemente der I. Nebengruppe: Kupfer, Silber

Kupfer ist in seinen Verbindungen (+1)- oder (+2)-wertig; Silber bildet (+1)-wertige Ionen.

Reaktionen der Kupfer(II)-Ionen

Kupferhydroxid und Kupfersulfid sind in Wasser schwer löslich. Kupferhydroxid löst **16.1.** sich im Ammoniak-Überschuß unter Bildung von komplexen Tetrammin-kupfer(II)-Ionen. Mit gelbem Blutlaugensalz reagieren Kupfer(II)-Ionen zu einer schwer löslichen rotbraunen Verbindung.

Versuch a: Kupfersulfat-Lösung wird mit verd. Natronlauge versetzt. Es entsteht ein blauer, gallertiger Niederschlag, der beim Erwärmen in schwarzes Kupferoxid übergeht.
Entsorgung: Schwermetall-Abfälle

$$Cu^{2+} + 2\,OH^- \longrightarrow Cu(OH)_2\!\downarrow \xrightarrow{-H_2O} CuO\!\downarrow$$

*Versuch b: Zu etwas Kupfersulfat-Lösung gibt man verd. Ammoniak-Lösung. Zunächst fällt blaues Kupfer(II)-hydroxid aus, das sich im Ammoniak-Überschuß unter Bildung tiefblauer Tetrammin-kupfer(II)-Ionen löst. Ebenso löst sich der in Versuch a erhaltene blaue Niederschlag in verd. Ammoniak-Lösung.
Entsorgung: Schwermetall-Abfälle

$$Cu^{2+} + 4\,NH_3 \longrightarrow [Cu(NH_3)_4]^{2+}$$

*Versuch c: Kupfersulfat-Lösung wird mit Schwefelwasserstoff-Wasser versetzt. Es fallen schwarzes Kupfer(II)-sulfid und Kupfer(I)-sulfid aus, die in verd. Salzsäure und in Ammoniak-Lösung unlöslich sind; durch die Reduktion von Cu^{2+} zu Cu^+ wird gleichzeitig H_2S zu elementarem Schwefel oxidiert.
Entsorgung: Schwermetall-Abfälle

$$Cu^{2+} + S^{2-} \longrightarrow CuS\!\downarrow; \quad 2\,Cu^{2+} + 2\,S^{2-} \longrightarrow Cu_2S\!\downarrow + S\!\downarrow$$

*Versuch d: Kupfersulfat-Lösung versetzt man mit einer Lösung von "gelbem Blutlaugensalz" [Kalium-hexacyanoferrat(II)]. Es entsteht ein rotbrauner Niederschlag von Kupfer-hexacyanoferrat(II), der sich in verd. Säure nicht löst.

Entsorgung: Schwermetall-Abfälle

$$2\,Cu^{2+} + [Fe(CN)_6]^{4-} \longrightarrow Cu_2[Fe(CN)_6] \downarrow$$

16.2. Der Tetrammin-kupfer(II)-Komplex ist zu einem geringen Teil dissoziiert (vgl. S. 50).

Versuch: Eine Lösung von Tetrammin-kupfer(II)-Ionen, wie sie in Versuch 16.1.b erhalten wurde, versetzt man mit Schwefelwasserstoff-Wasser. Es fallen Kupfersulfide aus. Versetzt man die Lösung dagegen mit Natronlauge, so entsteht kein Niederschlag.

$$[Cu(NH_3)_4]^{2+} \rightleftharpoons Cu^{2+} + 4\,NH_3$$

Da das Löslichkeitsprodukt des Kupfersulfids sehr klein ist, fällt trotz der geringen Konzentration an Cu^{2+}-Ionen in einer Lösung des Tetrammin-Komplexes Kupfersulfid aus. Dagegen genügt die Cu^{2+}-Ionen-Konzentration nicht, um mit OH^--Ionen das Löslichkeitsprodukt des etwas leichter löslichen Kupferhydroxids zu erreichen. – Auch eine Reihe anderer Komplex-Ionen dissoziiert mehr oder minder weitgehend in ihre Komponenten.

16.3. Cu^{2+}-Ionen können als Oxidationsmittel wirken. Im Versuch a stellen wir fest, daß Iodid-Ionen durch Kupfer(II)-Ionen oxidiert werden.

Versuch a: Kupfersulfat-Lösung versetzt man mit einer Kaliumiodid-Lösung. Es fällt ein brauner Niederschlag, der aus Iod und farblosem Kupfer(I)-iodid besteht. Setzt man Schweflige Säure hinzu, so wird das Iod reduziert und die Lösung samt Niederschlag entfärbt.

Entsorgung: Schwermetall-Abfälle

$$2\,Cu^{2+} + 4\,I^- \longrightarrow 2\,\overset{+1}{Cu}I\downarrow + I_2$$

FEHLINGsche Lösung enthält Kupfer(II)-sulfat, Natronlauge und das Kalium-natrium-salz der Weinsäure (Kalium-natrium-tartrat; Seignettesalz). Die Tartrat-Ionen

sind zugesetzt, um zu verhindern, daß Kupfer(II)-hydroxid ausfällt; sie bilden mit Kupfer(II)-Ionen einen Komplex, an dem die Hydroxylgruppen mit ihren freien Elektronenpaaren beteiligt sind.

Durch bestimmte Reduktionsmittel werden komplex gebundene Kupfer(II)-Ionen in alkalischer Lösung zu Kupfer(I)-Ionen reduziert. Letztere bilden mit Tartrat-Ionen keinen Komplex, und es fällt Kupfer(I)-oxid (Cu_2O) aus. Dieses ist meist ziegelrot, kann aber in fein verteiltem Zustand auch gelb sein.

FEHLINGsche Lösung wird benutzt, um Aldehyde und reduzierende Zucker nachzuweisen (S. 230).

Versuch b: Man versetze 2 ml Kupfer(II)-sulfat-Lösung mit 4 ml verd. Natronlauge; es fällt Kupfer(II)-hydroxid aus. Gibt man 2 ml Seignettesalz-Lösung hinzu, so bildet sich eine klare, blaue Lösung, die den Kupfer(II)-tartrat-Komplex enthält.

Nun löst man 1 kleine Spatelspitze Glucose in 1 ml Wasser, erhitzt die FEHLINGsche Lösung zum Sieden und gibt die Glucose-Lösung hinzu. Es fällt ein roter Niederschlag von Kupfer(I)-oxid aus, und die Lösung wird farblos. Der Versuch wird mit frischer FEHLINGscher Lösung und 5 Tropfen Ethanol oder Formalin wiederholt.

Entsorgung: Schwermetall-Abfälle

$$2\,Cu^{2+} + C_6H_{12}O_6 + 4\,OH^- \longrightarrow Cu_2O\downarrow + C_6H_{12}O_7 + 2\,H_2O$$

Reaktionen der Silber-Ionen

Silberoxid, Silberchlorid und Silbersulfid sind in Wasser schwer löslich; Oxid und Chlorid **16.4.** lösen sich in verd. Ammoniak-Lösung unter Komplexbildung.

Versuch a: Gibt man zu einer Silbernitrat-Lösung verd. Natronlauge, so fällt braunes Silberoxid aus, das in verd. Ammoniak-Lösung unter Bildung des Diammin-silber-Komplexes löslich ist. – Auch mit verd. Ammoniak-Lösung bilden Silber-Ionen zunächst Silberoxid.

Entsorgung: Schwermetall-Abfälle

$$2\,Ag^+ + 2\,OH^- \longrightarrow Ag_2O\downarrow + H_2O \;;\; Ag_2O + 4\,NH_3 + H_2O \longrightarrow 2\left[Ag(NH_3)_2\right]^+ + 2\,OH^-$$

Achtung, aus ammoniakalischen Silbersalz-Lösungen können sich bei längerem Stehen Niederschläge von hochexplosivem "Knallsilber" abscheiden. Ammoniakalische Silbersalz-Lösungen deshalb nach Versuchsende mit verd. Salzsäure ansäuern und entsorgen.

*Versuch b: Versetzt man eine Lösung von Silbernitrat mit verd. Salzsäure oder NaCl-Lösung, so bildet sich ein farbloser, käsiger Niederschlag von Silberchlorid. Silberchlorid löst sich in verd. Ammoniak-Lösung und fällt mit verd. Salpetersäure wieder aus.

Entsorgung: Schwermetall-Abfälle

$$Ag^+ + Cl^- \longrightarrow AgCl\downarrow$$

In der Analyse ist darauf zu achten, daß die Untersuchungslösung stets angesäuert wurde (HNO_3, Indikatorpapier!). Der Niederschlag färbt sich am Licht durch Abscheidung von metallischem Silber dunkel.

Versuch c: Man versetze etwas Silbernitrat-Lösung mit Schwefelwasserstoff-Wasser. Es fällt ein schwarzer Niederschlag von Silbersulfid aus; dieser löst sich in konz. Salpetersäure, aber nicht in Ammoniak.

Entsorgung: Schwermetall-Abfälle

$$2\,Ag^+ + S^{2-} \longrightarrow Ag_2S\downarrow$$

Ag^+-Ionen werden leicht reduziert.   **16.5.**

Versuch: Eine nach Versuch 16.4.a hergestellte Lösung des Silber-diammin-Komplexes wird mit einigen Tropfen Stannat(II)-Lösung (vgl. Versuch 11.9.a) versetzt; man beobachtet Schwarzfärbung infolge Abscheidung von metallischem Silber.

Entsorgung: Schwermetall-Abfälle

$$2\,Ag^+ + \left[\overset{+2}{Sn}(OH)_3\right]^- + 3\,OH^- \longrightarrow 2\,Ag\!\downarrow + \left[\overset{+4}{Sn}(OH)_6\right]^{2-}$$

Kapitel 17. Komplexe

Einige der bei den letzten Versuchen benutzten Verbindungen, wie Kalium-hexacyanoferrat(II) (Gelbes Blutlaugensalz), Kaliumpermanganat ($KMnO_4$) oder auch Silberdiammin-Salze ($Ag(NH_3)_2^+$), sind typische Beispiele für *Komplexe* (Koordinationsverbindungen). In diesen sind (meist) 4, 6 oder 8 *Liganden* (z.B. CN-Gruppen) mit einem Zentralatom über *Atom*bindungen verbunden. Trotz seiner Cyanid-Gruppen ist Gelbes Blutlaugensalz kaum giftig, weil die CN-Gruppen nicht als Ionen vorliegen und daher nicht in freier Form verfügbar sind. Die Ligandensphäre nimmt in den Komplexen diejenige Gestalt an, in der die Wechselwirkung der Liganden untereinander oder mit freien Elektronenpaaren des Zentralatoms minimal ist: Im Hexacyanoferrat besetzten die CN-Gruppen daher die Ecken eines Oktaeders, in dessen Zentrum das Eisenatom liegt.

Die Koordinationszahl des Zentralatoms, d.h. die Zahl der Liganden, wird durch die Zahl der für Bindungen verfügbaren Atomorbitale und durch die Größe von Zentralatom und Liganden bestimmt. Dabei wird die für Hauptgruppenelemente gültige Oktettregel häufig überschritten. Erklärt wird dieser Sachverhalt vor allem durch die Valence Bond-Theorie, die Ligandenfeld-Theorie und die Molekülorbital-Theorie, die die Koordinationszahl der Komplexe sowie weitere Eigenschaften wie Geometrie, magnetisches Verhalten und Stabilität vorhersagbar machen.

Wir gehen hier wieder nur kurz auf die VB-Theorie ein, die wir zunächst durch einen wichtigen Sachverhalt ergänzen: Atombindungen entstehen nach der VB-Theorie durch Überlagerung einfach besetzter Atomorbitale zu doppelt besetzten Molekülorbitalen. Das gleiche Ergebnis erhalten wir nach LEWIS aber auch durch Überlagerung eines leeren und eines *doppelt* besetzten Molekülorbitals! Verbindungen mit Elektronenlücken nennt man auch LEWIS-Säuren, mit freien Elektronenpaaren LEWIS-Basen. Nach dieser Definition sind z.B. Bortrichlorid oder Aluminiumtrichlorid Lewis-Säuren, Ammoniak ist eine LEWIS-Base.

LEWIS-Säuren	LEWIS-Basen
BF_3 [$2s^2\,2p^4$]	OH^- [$2s^2\,2p^6$]
Al^{3+} [$2s^2\,2p^6\,3s^0\,3p^0$]	Cl^- [$3s^2\,3p^6$]
Fe^{3+} [$3s^2\,3p^5\,3d^6\,4s^0\,4p^0$]	NH_3 [$2s^2\,2p^6$]
Zn^{2+} [$3s^2\,3p^6\,3d^{10}\,4s^0\,4p^0$]	H_2O [$2s^2\,2p^6$]

Auch Eisen verfügt über leere Orbitale, die mit den doppelt besetzten sp-Hybrid-Orbitalen des Cyanids verschmelzen können: Eisenatome haben im Grundzustand die Elektronenkonfiguration [Ar]$3d^64s^2$ (die Besetzungen der tieferliegenden Schalen wurden weggelassen, vergleichen Sie die Angaben der obigen Tabelle mit der Tab. 2.2); im Fe^{2+}-Ion werden die zwei 4s-Elektronen abgegeben. Wenn wir die 3d-Elektronen "zusammenschieben" und die Orbitale (formal) doppelt besetzen, können wir aus den nun leeren 3d, 4s und 4p-Orbitalen 6 energiegleiche $3d^2sp^3$-Hybrid-Orbitale erzeugen, die die Elektronenpaare von 6 Cyanid-Resten aufnehmen können; damit wird gleichzeitig die Nettoladung –4 im Hexacyanoferrat(II) (gelbes Blutlaugensalz) verständlich:

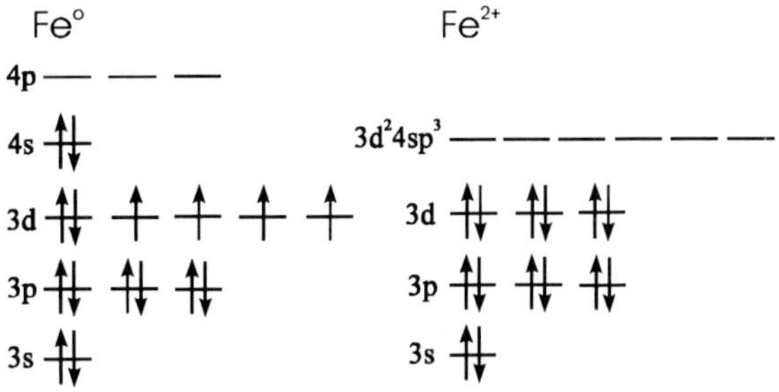

Abb. 17.1.   Energieniveaus des Eisens und von Fe^{2+} im gelben Blutlaugensalz nach der VB-Theorie

Die Liganden ordnen sich um das Zentralatom derart an, daß ihre Wechselwirkung untereinander minimal und gleichzeitig die Bindungsstärke zum Zentralatom maximal wird; dies führt im Falle des Hexacyanoferrats zu einer oktaedrischen Ligandensphäre mit abgeschlossener Elektronenschale. In anderen Komplexen tritt je nach der Struktur eine unterschiedliche Wechselwirkung mit den d-Orbitalen ein, die für die wechselnde Stabilität der Verbindungen und auch deren Farbe mitverantwortlich ist. Man informiere sich über die Grundlagen der Kristallfeld- und Ligandenfeld-Theorie ggf. im Lehrbuch.

In gleicher Weise läßt sich auch die quadratisch-planare Struktur des Komplexes $Cu[(NH_3)_4]^{2+}$ durch die Besetzung von 4 leeren sp^3-Hybridorbitalen erklären ($3d^94s^04p^0$ → $3d^9 (4sp^3)^8$).

Andere Beispiele für LEWIS-Säure/Base-Reaktionen beobachten wir z.B. an Kupferkomplexen:

$$Cu(H_2O)_4^{2+} + 2\,Cl^- \rightleftharpoons \left[CuCl_2(H_2O)_2\right] + 2\,H_2O \qquad grün$$

$$Cu(H_2O)_4^{2+} + 4\,NH_3 \rightleftharpoons \left[Cu(NH_3)_4\right]^{2+} + 4\,H_2O \qquad dunkelblau$$

Versuch a: 3 Spatelspitzen Kupfer(II)-chlorid werden in 2 ml Wasser gelöst. Die blaue Farbe des Aquokomplexes ändert sich in Gelbgrün, wenn man den Chlorokomplex durch Zugabe einiger Spatelspitzen NaCl herstellt. Man verdünnt nun mit Wasser, bis die Lösung wieder blaßblau geworden ist. Bei Zugabe von überschüssiger Ammoniak-Lösung entsteht der dunkelblaue Kupfertetrammin-Komplex.

Entsorgung: Schwermetall-Abfälle

Den schrittweise ablaufenden Austausch der Liganden fassen wir in der Komplexbildungskonstante K zusammen, die ein Maß für die Stabilität des Komplexes ist (s. 16.2.):

$$\frac{\left[\text{Cu}(\text{NH}_3)_4^{2+}\right]}{\left[\text{Cu}(\text{H}_2\text{O})_4^{2+}\right]\left[\text{NH}_3\right]^4} = K$$

Liganden, die über mehrere Koordinationsstellen binden können (mehrzähnige Liganden), bilden meist besonders stabile Komplexe. Besonders wichtig sind die Chelate der Ethylendiamintetraessigsäure (EDTA) sowie von Kronenethern, cyclischen Oligomeren des Ethylenglycols. 18-Krone-6 bindet das genau in den Hohlraum passende Kalium derart stark, daß der Komplex mit organischen Lösungsmitteln extrahiert werden kann. Da der geladene Komplex das Gegenion mit in die organische Phase zieht, wird der Lösungsvorgang bei farbigen Anionen sichtbar.

EDTA-Komplex   18-Krone-6

Versuch: Etwas gepulvertes Kaliumpermanganat wird mit 1 ml Dichlormethan übergossen. Das Lösungsmittel bleibt auch bei längerem Schütteln farblos, Permanganat geht jedoch auf Zusatz von $^1/_2$ Spatelspitze 18-Krone-6 zum Teil violett in Lösung.

Entsorgung: Halogenierte Lösungsmittel

Auch in der Natur spielen Chelatliganden eine wichtige Rolle, z.B. bei der Bindung von Eisen im Hämoglobin oder Magnesium im Chlorophyll. Man informiere sich im Lehrbuch über deren Struktur.

Elemente der II. Nebengruppe

Zink, Quecksilber

Zink bildet nur (+2)-wertige Ionen. – Quecksilber bildet (+1)- und (+2)-wertige Ionen. Quecksilber(I)-Ionen disproportionieren leicht zu elementarem Quecksilber und Quecksilber(II)-Ionen. – Quecksilber neigt zur Ausbildung von kovalenten Bindungen. So sind z. B. Quecksilber(I)-Ionen zweiatomig; die beiden Quecksilber-Atome sind durch eine kovalente Bindung verknüpft: $[\text{Hg}:\text{Hg}]^{2+}$. Auch ist eine Reihe von Quecksilber(II)-Salzen

(z. B. Quecksilber(II)-chlorid und -cyanid) in Lösung nur wenig dissoziiert. Diese Verbindungen bilden somit eine Ausnahme gegenüber den meisten Salzen anderer Metalle.

Reaktionen der Zink-Ionen

Zinkhydroxid und Zinksulfid sind in Wasser schwer löslich. Zinkhydroxid reagiert amphoter. In Ammoniak-Lösung löst es sich unter Bildung komplexer Tetrammin-zink-Ionen.   **17.1.**

Versuch a: Versetzt man eine Lösung von Zinksulfat tropfenweise mit verd. Natronlauge, so fällt zunächst farbloses Zinkhydroxid aus, das sich bei weiterer Zugabe von Natronlauge wieder löst.

Entsorgung: In kleinen Mengen nicht abwassergefährdend.

$$Zn^{2+} + 2\,OH^- \longrightarrow Zn(OH)_2\downarrow; \quad Zn(OH)_2 + 2\,OH^- \rightleftharpoons \left[Zn(OH)_4\right]^{2-}$$

Versuch b: Gibt man zu etwas Zinksulfat-Lösung verd. Ammoniak-Lösung, so fällt zuerst Zinkhydroxid aus, das sich bei weiterem Zufügen von Ammoniak-Lösung unter Bildung von Tetrammin-zink-Ionen löst.

Entsorgung: In kleinen Mengen nicht abwassergefährdend.

$$Zn(OH)_2 + 4\,NH_3 \rightleftharpoons \left[Zn(NH_3)_4\right]^{2+} + 2\,OH^-$$

*****Versuch c:** Eine Lösung von Zinksulfat wird mit einer Lösung von Ammoniumsulfid versetzt. Es fällt farbloses Zinksulfid aus, das in verd. starken Säuren löslich ist.

Entsorgung: In kleinen Mengen nicht abwassergefährdend.

Infolge seines kleinen Löslichkeitsprodukts fällt Zinksulfid schon in schwach essigsaurer Lösung aus.

$$Zn^{2+} + S^{2-} \longrightarrow ZnS\downarrow$$

Mit gelbem Blutlaugensalz reagieren Zink-Ionen zu einem schwerlöslichen Salz.

*****Versuch d:** Zinksulfat-Lösung versetzt man mit einer Lösung von "gelbem Blutlaugensalz" [Kalium-hexacyanoferrat(II)]. Es entsteht ein farbloser Niederschlag von Kalium-zink-hexacyanoferrat(II).

Entsorgung: In kleinen Mengen nicht abwassergefährdend.

$$3\,Zn^{2+} + 2\,K^+ + 2\left[Fe(CN)_6\right]^{4-} \longrightarrow K_2Zn_3\left[Fe(CN)_6\right]_2$$

Reaktionen der Quecksilber(II)-Ionen

Quecksilberoxid, Quecksilbersulfid und Quecksilberiodid sind in Wasser schwer löslich. Mit Ammoniak-Lösung wird aus Quecksilber(II)-chlorid-Lösungen eine schwerlösliche Quecksilberamido-Verbindung gefällt, in der Quecksilber kovalent gebunden ist. Quecksil-   **17.2.**

beriodid addiert Iodid-Ionen unter Bildung des löslichen Komplexsalzes $K_2[HgI_4]$, das mit verd. Natronlauge NESSLERS Reagenz ergibt.

(Versuch a): Aus Quecksilber(II)-chlorid-Lösung (Sublimat-Lösung) fällt mit verd. Natronlauge gelbes Quecksilberoxid.
Entsorgung: Quecksilber-Abfälle

$$Hg^{2+} + 2\,OH^- \longrightarrow HgO\downarrow + H_2O$$

(Versuch b): Quecksilber(II)-chlorid-Lösung wird mit verd. Ammoniak-Lösung versetzt. Es bildet sich ein farbloser Niederschlag von Amido-quecksilber(II)-chlorid (sog. "unschmelzbares Präcipitat").
Entsorgung: Quecksilber-Abfälle

$$\left[\left(-\overset{H}{\underset{H}{N^+}}-Hg-\overset{H}{\underset{H}{N^+}}-Hg-\right)(Cl^-)_2\right]_n$$

Versuch c: Versetzt man einen Tropfen Quecksilber(II)-chlorid-Lösung mit Schwefelwasserstoff-Wasser, so fällt bei hinreichendem Überschuß des Fällungsmittels schwarzes Quecksilbersulfid aus, bei Unterschuß bildet sich ein farbloser Niederschlag. Beide Niederschläge sind nur in Königswasser (1 Teil konz. Salpetersäure + 3 Teile konz. Salzsäure) löslich.
Entsorgung: Quecksilber-Abfälle

$$Hg^{2+} + S^{2-} \longrightarrow HgS \quad \text{(schwarz)}$$
$$3\,Hg^{2+} + 2\,S^{2-} + 2\,Cl^- \longrightarrow \left[2\,HgS\cdot HgCl_2\right] \quad \text{(farblos)}$$

(Versuch d): Zu etwas Quecksilber(II)-chlorid-Lösung gibt man tropfenweise Kaliumiodid-Lösung. Es fällt zuerst rotes Quecksilberiodid aus, das sich im Überschuß unter Bildung farbloser Komplex-Ionen (Tetraiodo-quecksilber(II)-Ionen) wieder löst.
Entsorgung: Quecksilber-Abfälle

$$Hg^{2+} + 2\,I^- \longrightarrow HgI_2\downarrow \;; \quad HgI_2 + 2\,I^- \longrightarrow [HgI_4]^{2-}$$

Aus der Lösung des Komplexsalzes fällt mit Natronlauge kein Quecksilberoxid. Die mit Natronlauge versetzte Lösung des Komplexsalzes ist ein empfindliches Reagenz auf Ammoniak (NESSLERS Reagenz).

(Versuch e): Man gebe zu Quecksilber(II)-chlorid-Lösung tropfenweise eine Lösung von Kaliumiodid, bis sich das Quecksilberiodid eben gelöst hat, und versetze dann mit einigen Tropfen verd. Natronlauge. Eine Lösung, die 1 Tropfen verd. Ammoniak-Lösung in 100 ml Wasser enthält, gibt mit diesem Reagenz eine gelbbraune Lösung, aus der sich bald braune Flocken abscheiden.
Entsorgung: Quecksilber-Abfälle

$$2\,K_2[HgI_4] + 3\,NaOH + NH_3 \longrightarrow [Hg_2N]I\cdot H_2O\downarrow + 2\,H_2O + 4\,KI + 3\,NaI$$

Hg^{2+}-Ionen können stufenweise reduziert werden.   **17.3.**

(Versuch): Gibt man zu 1 ml Quecksilber(II)-chlorid-Lösung 5–10 Tropfen einer Lösung von Zinn(II)-chlorid, so fällt farbloses Quecksilber(I)-chlorid aus; bei Zugabe von etwa 5 ml Zinn(II)-chlorid-Lösung scheidet sich beim Erwärmen graues Quecksilber ab.
Entsorgung: Quecksilber-Abfälle

$$2\,Hg^{2+} + Sn^{2+} \longrightarrow Hg_2^{2+} + Sn^{4+}\,; \; Hg_2^{2+} + 2\,Cl^- \longrightarrow Hg_2Cl_2\downarrow$$
$$Hg^{2+} + Sn^{2+} \longrightarrow Hg\downarrow + Sn^{4+}$$

Reaktionen der Quecksilber(I)-Ionen

Quecksilber(I)-chlorid (Kalomel) ist schwerlöslich; bei Zugabe von Ammoniak-Lösung   **17.4.**
tritt Disproportionierung ein. Hg_2^{2+}-Ionen disproportionieren auch bei Zugabe von Natronlauge oder Schwefelwasserstoff-Wasser.

(Versuch a): Quecksilber(I)-nitrat-Lösung wird mit verd. Salzsäure versetzt. Es fällt farbloses Quecksilber(I)-chlorid aus. Fügt man hierzu verd. Ammoniak-Lösung, so wird der Niederschlag schwarz durch feinverteiltes Quecksilber.
Entsorgung: Quecksilber-Abfälle

$$Hg_2^{2+} + 2\,Cl^- \longrightarrow Hg_2Cl_2\downarrow\,; \; Hg_2Cl_2 + 2\,NH_3 \longrightarrow Hg + Hg(NH_2)Cl + NH_4Cl\downarrow$$
$$\text{"unschmelzbares Präzipitat"}$$

(Versuch b): Versetzt man eine Lösung von Quecksilber(I)-nitrat [$Hg_2(NO_3)_2$] mit verd. Natronlauge, so fällt ein schwarzer Niederschlag aus, der aus fein verteiltem Quecksilber und Quecksilber(II)-oxid besteht.
Entsorgung: Quecksilber-Abfälle

$$Hg_2^{2+} + 2\,OH^- \longrightarrow \overset{0}{Hg}\downarrow + \overset{+2}{Hg}O\downarrow + H_2O$$

(Versuch c): Zu etwas Quecksilber(I)-nitrat-Lösung gebe man Schwefelwasserstoff-Wasser. Es fällt ein schwarzer Niederschlag von Quecksilber und Quecksilber(II)-sulfid aus, der sich nur in Königswasser löst.
Entsorgung: Quecksilber-Abfälle

$$Hg_2^{2+} + S^{2-} \longrightarrow Hg\downarrow + HgS\downarrow$$

Quecksilber-Ionen reagieren analog mit Thiolgruppen von Enzymen und stören dadurch deren Funktion; sie sind deshalb wie auch Blei-Ionen starke Zellgifte.

Elemente der VI. Nebengruppe

Chrom

Es werden Chrom(III)-Verbindungen und Chromate, $\overset{+1}{Me_2}\overset{+6}{Cr}O_4$, untersucht. Freie Chromsäure (H_2CrO_4) spaltet schon in Lösung Wasser ab und bildet Dichromat-Ionen ($Cr_2O_7^{2-}$). Chromate und Dichromate sind in saurer Lösung starke Oxidationsmittel.

Reaktionen der Chrom(III)-Ionen

17.5. Chromhydroxid ist schwer löslich und reagiert amphoter.

> **Versuch:** Versetzt man eine Lösung von Chromalaun, $KCr(SO_4)_2 \cdot 12\,H_2O$, tropfenweise mit verd. Ammoniak-Lösung oder mit verd. Natronlauge, so bildet sich zunächst graugrünes Chrom(III)-hydroxid, das sich im Überschuß von Lauge unter Bildung eines Hydroxo-Komplexes löst.
>
> **Entsorgung**: Schwermetall-Abfälle

$$Cr^{3+} + 3\,OH^- \longrightarrow Cr(OH)_3\downarrow \;;\; Cr(OH)_3 + OH^- \rightleftharpoons [Cr(OH)_4]^-$$

Die wäßrigen Lösungen von Chromalaun sind in der Kälte grün und nehmen beim Erhitzen eine violette Farbe an. Die Farbänderung beruht auf Unterschieden im Aufbau der Hydrathülle.

17.6. Cr^{3+}-Ionen können in alkalischer Lösung zu Chromat-Ionen oxidiert werden.

> ***Versuch:** Zu einer mit Natronlauge im Überschuß versetzten Chromalaun-Lösung gibt man $^1/_2$ ml 30proz. Wasserstoffperoxid und erwärmt. Die anfangs grüne Lösung wird gelb.
>
> **Entsorgung**: Schwermetall-Abfälle

$$2\,Cr^{3+} + 3\,H_2O_2 + 10\,OH^- \longrightarrow 2\,\overset{+6}{Cr}O_4^{2-} + 8\,H_2O$$

Reaktionen der Chromat-Ionen

17.7. Chromat-Ionen (gelb) gehen bei Zugabe von Säure in orangegelbe Dichromat-Ionen über. Bariumchromat und Silberchromat sind in Wasser schwer löslich.

> **Versuch a:** Man versetze etwas Kaliumchromat-Lösung mit verd. Salzsäure; die anfangs blaßgelbe Lösung färbt sich orange. Gibt man verd. Natronlauge bis zur alkalischen Reaktion zu, so tritt wieder Gelbfärbung auf.
>
> **Entsorgung**: Schwermetall-Abfälle

$$2\left[\begin{matrix} O \\ OCrO \\ O \end{matrix}\right]^{2-} + 2\,H^+ \rightleftharpoons \left[\begin{matrix} O\quad O \\ OCrOCrO \\ O\quad O \end{matrix}\right]^{2-} + H_2O$$

Versuch b: Zu einer Lösung von Kaliumchromat in 1 ml verd. Essigsäure gebe man Bariumchlorid-Lösung. Es fällt gelbes Bariumchromat aus, das in verd. Salzsäure oder in verd. Salpetersäure löslich ist.

Entsorgung: Schwermetall-Abfälle

$$Ba^{2+} + CrO_4^{2-} \longrightarrow BaCrO_4\downarrow$$

Versuch c: Fügt man zu einer Lösung von Kaliumchromat in verd. Essigsäure etwas Silbernitrat-Lösung, so fällt rotes Silberchromat aus; es löst sich in verd. Salpetersäure.

Entsorgung: Schwermetall-Abfälle

$$2\,Ag^+ + CrO_4^{2-} \longrightarrow Ag_2CrO_4\downarrow$$

17.8. $CrO_4{}^{2-}$-Ionen können durch Überführung in blaues Chromperoxid nachgewiesen werden. Chromperoxid hat die Konstitution $O_2Cr\overset{O}{O}_2$. Als nicht salzartige Verbindung löst es sich in einigen organischen Lösungsmitteln.

*Versuch: Versetzt man eine Lösung von Kaliumchromat mit verd. Schwefelsäure und etwas 3proz. Wasserstoffperoxid, so bildet sich das unbeständige, blaue Chromperoxid (CrO_5), das sich mit Diethylether ausschütteln läßt. Nach einigem Stehen zersetzt sich das Peroxid unter Bildung von Cr^{3+}-Ionen.

Achtung, Ether ist leicht entflammbar und bildet explosionsfähige Dämpfe, die schwerer als Luft sind und auf der Tischplatte entlangkriechen; auch entfernte Flammen löschen!

Entsorgung: Schwermetall-Abfälle bzw. organ. Lösungsmittel.

17.9. $CrO_4{}^{2-}$-Ionen werden in saurer Lösung – z. B. durch Sulfit-Ionen oder durch Iodid-Ionen – zu Cr^{3+}-Ionen reduziert.

Versuch a: Eine Lösung von Kaliumchromat wird mit verd. Schwefelsäure versetzt und etwas Schweflige Säure zugegeben. Die Dichromat-Ionen enthaltende, orangegelbe Lösung wird grün durch Bildung von Cr^{3+}-Ionen.

Entsorgung: Schwermetall-Abfälle

$$\overset{+6}{Cr_2}O_7^{2-} + 3\,\overset{+4}{S}O_3^{2-} + 8\,H^+ \longrightarrow 2\,Cr^{3+} + 3\,\overset{+6}{S}O_4^{2-} + 4\,H_2O$$

Versuch b: Gibt man zu einer mit verd. Schwefelsäure angesäuerten Lösung von Kaliumchromat etwas Kaliumiodid-Lösung, so färbt sie sich braun durch gebildetes Iod.

Entsorgung: Schwermetall-Abfälle

$$\overset{+6}{Cr_2}O_7^{2-} + 6\,I^- + 14\,H^+ \longrightarrow 2\,Cr^{3+} + 3\,\overset{0}{I}_2 + 7\,H_2O$$

Elemente der VII. Nebengruppe

Mangan

Es werden Mangan(II)-Verbindungen, Braunstein ($\overset{+4}{Mn}O_2$), Kaliummanganat ($K_2\overset{+6}{Mn}O_4$) und Kaliumpermanganat ($K\overset{+7}{Mn}O_4$) untersucht. Verbindungen, in denen Mangan die Oxidationszahl +4, +6 oder +7 hat, sind starke Oxidationsmittel.

Reaktionen der Mangan(II)-Ionen

17.10.   Manganhydroxid und Mangansulfid sind in Wasser schwer löslich.

Versuch a: Mangan(II)-sulfat-Lösung versetzt man mit verd. Natronlauge. Es bildet sich ein fast farbloser Niederschlag von Mangan(II)-hydroxid. An der Luft (man schüttle kräftig) oder bei Zugabe von 3proz. Wasserstoffperoxid wird der Niederschlag infolge der Bildung von Mangandioxid braun.

Entsorgung: In kleinen Mengen nicht abwassergefährdend.

$$Mn^{2+} + 2\,OH^- \longrightarrow Mn(OH)_2\!\downarrow\,; \quad 2\,\underset{\text{blaß rosa}}{\overset{+2}{Mn}(OH)_2} + O_2 \longrightarrow 2\,\underset{\text{braun}}{\overset{+4}{Mn}O_2}\!\downarrow + 2\,H_2O$$

Versuch b: Zu etwas Mangan(II)-sulfat-Lösung gebe man Ammoniumsulfid-Lösung. Es fällt fahlrosa-farbenes Mangansulfid aus, das sich in verd. Essigsäure und in stärkeren Säuren unter Schwefelwasserstoff-Entwicklung löst.

Entsorgung: In kleinen Mengen nicht abwassergefährdend.

$$Mn^{2+} + S^{2-} \longrightarrow MnS\!\downarrow$$

17.11. Mn^{2+}-Ionen lassen sich zu Permanganat- und zu Manganat(VI)-Ionen oxidieren.

*Versuch a: 3 Tropfen Mangan(II)-sulfat-Lösung werden mit 5 ml Bromwasser, 1 ml verd. Natronlauge und 2 Tropfen Kupfersulfat-Lösung (als Katalysator) versetzt. Nach kurzem Kochen wird die Lösung violett; daneben bildet sich etwas Braunstein (absitzen lassen).

Entsorgung: In kleinen Mengen nicht abwassergefährdend.

$$Mn^{2+} \xrightarrow[\text{(Cu}^{2+})]{Br_2,\,OH^-} MnO_4^-$$

Versuch b: Einige Kriställchen Mangan(II)-sulfat werden mit einer Spatelspitze Natriumcarbonat und mit ebensoviel Kaliumnitrat in der Porzellanschale verrieben. Man erhitzt das Gemisch in einer Magnesiarinne, wobei die Schmelze durch Bildung von Manganat-Ionen grün wird. Die Schmelze wird nach dem Abkühlen in wenig Wasser gelöst und mit verd. H$_2$SO$_4$ angesäuert (pH-Papier!). Was beobachten Sie?

Entsorgung: In kleinen Mengen nicht abwassergefährdend.

In der "Oxidationsschmelze" werden Mn^{2+}-Ionen in alkalischem Medium durch Nitrat zu Manganat(VI)-Ionen, MnO_4^{2-}, oxidiert, wobei das Nitrat zu Nitrit reduziert wird. Freie Mangansäure ist unbeständig und zerfällt unter Disproportionierung.

$$Mn^{2+} \xrightarrow[Na_2CO_3]{KNO_3} MnO_4^{2-}; \quad 3\,\overset{+6}{Mn}O_4^{2-} + 4\,H^+ \longrightarrow 2\,\overset{+7}{Mn}O_4^- + \overset{+4}{Mn}O_2\downarrow + 2\,H_2O$$
$$\phantom{Mn^{2+} \xrightarrow[Na_2CO_3]{KNO_3} MnO_4^{2-}; \quad 3\,}\text{grün}\text{violett}\quad\text{braun}$$

Reaktionen der Permanganat-Ionen

$\overset{+7}{Mn}O_4^-$-Ionen werden in saurer Lösung zu Mn^{2+}-Ionen reduziert, in neutraler oder alkalischer Lösung zu Mangandioxid. **17.12.**

Versuch a: Man versetze etwas Kaliumpermanganat-Lösung mit verd. Schwefelsäure und dann mit Schwefliger Säure. Die Lösung wird entfärbt.

Entsorgung: In kleinen Mengen nicht abwassergefährdend.

$$2\,\overset{+7}{Mn}O_4^- + 5\,\overset{+4}{S}O_3^{2-} + 6\,H^+ \longrightarrow 2\,Mn^{2+} + 5\,\overset{+6}{S}O_4^{2-} + 3\,H_2O$$

Versuch b: Gibt man zu 5 Tropfen Kaliumpermanganat-Lösung die Lösung einer Spatelspitze Eisen(II)-sulfat in 5 ml verd. Schwefelsäure, so verschwindet die violette Farbe.

Entsorgung: In kleinen Mengen nicht abwassergefährdend.

$$\overset{+7}{Mn}O_4^- + 5\,Fe^{2+} + 8\,H^+ \longrightarrow Mn^{2+} + 5\,Fe^{3+} + 4\,H_2O$$

Versuch c: Zu einer mit verd. Schwefelsäure angesäuerten Kaliumpermanganat-Lösung werden einige Tropfen einer Lösung von Kaliumiodid gegeben. Durch Bildung von Iod tritt Braunfärbung ein.

Entsorgung: In kleinen Mengen nicht abwassergefährdend.

$$2\,MnO_4^- + 10\,I^- + 16\,H^+ \longrightarrow 2\,Mn^{2+} + 5\,I_2 + 8\,H_2O$$

Versuch d: Fügt man zu einer mit verd. Natronlauge versetzten Kaliumpermanganat-Lösung eine Lösung von Natriumsulfit oder Schwefliger Säure, so scheidet sich Braunstein ab.

Entsorgung: In kleinen Mengen nicht abwassergefährdend.

$$2\,\overset{+7}{Mn}O_4^- + 3\,\overset{+4}{S}O_3^{2-} + H_2O \longrightarrow 2\,\overset{+4}{Mn}O_2\downarrow + 3\,\overset{+6}{S}O_4^{2-} + 2\,OH^-$$

Versuch e: Eine Lösung von Kaliumpermanganat wird mit Mangan(II)-sulfat-Lösung versetzt. Es scheidet sich Braunstein ab.

Entsorgung: In kleinen Mengen nicht abwassergefährdend.

$$2\,MnO_4^- + 3\,Mn^{2+} + 2\,H_2O \longrightarrow 5\,MnO_2\downarrow + 4\,H^+$$

*Versuch f: Zu Kaliumpermanganat-Lösung gibt man etwas Wasserstoffperoxid. Die violette Lösung wird unter Sauerstoff-Entwicklung entfärbt; gleichzeitig scheidet sich Braunstein ab.

Entsorgung: In kleinen Mengen nicht abwassergefährdend.

a) neutral/alkalisch: $2 \overset{+7}{Mn}O_4^- + 3 \overset{-1}{H_2O_2} \longrightarrow 3 \overset{0}{O_2} + 2 \overset{+4}{Mn}O_2 + 2 H_2O + 2 OH^-$

b) sauer $\quad\quad\quad 2 MnO_4^- + 5 H_2O_2 + 6 H^+ \longrightarrow 5 O_2 + 2 Mn^{2+} + 8 H_2O$

Die Oxidationszahl -1 des Sauerstoffs im Wasserstoffperoxid wird auf 0 (O_2) erhöht. MnO_4^--Ionen sind ein stärkeres Oxidationsmittel als Wasserstoffperoxid.

Elemente der VIII. Nebengruppe

Eisen, Cobalt, Nickel

Die Elemente Eisen, Cobalt, Nickel stehen in der gleichen Horizontal-Reihe des Perioden-systems. Eisen bildet Fe^{2+}- und Fe^{3+}-Ionen. Cobalt und Nickel bilden Verbindungen, in denen sie die Oxidationszahl +2 oder +3 haben.

Reaktionen der Eisen(II)-Ionen

17.13. Eisen(II)-hydroxid und Eisen(II)-sulfid sind in Wasser schwer löslich; Eisen(II)-hydroxid wird leicht oxidiert. Mit Kaliumcyanid bilden Eisen(II)-Ionen gelbes Blutlaugensalz (Kali-um-hexacyanoferrat(II), $K_4[Fe(CN)_6]$). Eisen(II)-Ionen werden mit "rotem Blutlaugen-salz" (Kalium-hexacyanoferrat(III), $K_3[Fe(CN)_6]$) nachgewiesen.

Versuch a: Eisen(II)-sulfat-Lösung wird mit verd. Natronlauge oder verd. Ammoniak-Lösung versetzt. Es entsteht ein grünlicher Niederschlag von Eisen(II)-hydroxid, der sich durch Oxidation an der Luft allmählich über Schwarz nach Rotbraun verfärbt.

Entsorgung: In kleinen Mengen nicht abwassergefährdend.

$Fe^{2+} + 2 OH^- \longrightarrow Fe(OH)_2\downarrow \overset{O_2}{\longrightarrow} Fe(OH)_3\downarrow$ (rotbraun)

Versuch b: Eisen(II)-sulfat-Lösung wird mit Ammonium-sulfid-Lösung versetzt. Es bildet sich eine schwarze Fällung von Eisen(II)-sulfid, die sich in verd. Säuren löst.

Entsorgung: In kleinen Mengen nicht abwassergefährdend.

$Fe^{2+} + S^{2-} \longrightarrow FeS\downarrow$

*Versuch c: Zu 1 Tropfen einer Eisen(II)-sulfat-Lösung gibt man 10 ml Wasser und dann 1 ml einer Lösung von Kalium-hexacyanoferrat(III) ("rotes Blutlaugensalz"). Die Lösung wird tiefblau durch zunächst kolloidal gelöstes $KFe[Fe(CN)_6]$, das beim Erhit-zen ausfällt ("lösliches Berliner Blau", s. Kap. 18.).

Entsorgung: In kleinen Mengen nicht abwassergefährdend.

$$Fe^{2+} + K^+ + [Fe(CN)_6]^{3-} \longrightarrow KFe[Fe(CN)_6]\downarrow$$

Reaktionen der Eisen(III)-Ionen

Eisen(III)-hydroxid ist in Wasser schwer löslich. Sulfid-Ionen werden durch Eisen(III)-Ionen oxidiert. Eisen(III)-Ionen lassen sich mit gelbem Blutlaugensalz oder mit Ammoniumrhodanid nachweisen.   **17.14.**

Versuch a: Eisen(III)-chlorid-Lösung versetzt man mit etwas verd. Natronlauge. Es entsteht ein rotbrauner Niederschlag von Eisenhydroxid, der im Überschuß des Fällungsmittels unlöslich ist und seine Farbe an der Luft nicht ändert. Ebenso reagiert verdünnte Ammoniak-Lösung mit Fe^{3+}-Ionen.

Entsorgung: In kleinen Mengen nicht abwassergefährdend.

$$Fe^{3+} + 3\,OH^- \longrightarrow Fe(OH)_3\downarrow$$

Versuch b: Zu einer Eisen(III)-chlorid-Lösung gibt man etwas Ammoniumsulfid-Lösung. Es bildet sich eine schwarze Fällung von Eisen(II)-sulfid. Der Niederschlag enthält außerdem elementaren Schwefel, da Eisen(III)-Ionen die Sulfid-Ionen oxidiert haben. Versetzt man den Niederschlag mit starken Säuren, so löst sich das Eisen(II)-sulfid auf, und Schwefel bleibt als Trübung zurück.

Entsorgung: In kleinen Mengen nicht abwassergefährdend.

$$2\,Fe^{3+} + 3\,S^{2-} \longrightarrow 2\,\overset{+2}{Fe}S\downarrow + \overset{0}{S}\downarrow$$

*Versuch c: 3 Tropfen einer Eisen(III)-chlorid-Lösung werden mit 10 ml Wasser versetzt und dann mit 1 ml einer Lösung von gelbem Blutlaugensalz [Kalium-hexacyanoferrat(II)]. Die Lösung wird tiefblau.

Entsorgung: In kleinen Mengen nicht abwassergefährdend.

$$Fe^{3+} + K^+ + [Fe(CN)_6]^{4-} \longrightarrow KFe[Fe(CN)_6]$$

Wie in Versuch 17.13.c wird "lösliches Berliner Blau" gebildet, da in beiden Reaktionen die Eisen-Kationen mit den komplex gebundenen Eisen-Ionen Elektronen austauschen.

*Versuch d: Eisen(III)-chlorid-Lösung wird mit Ammoniumrhodanid-Lösung versetzt. Es bildet sich intensiv rotes Eisen(III)-rhodanid, das sich mit Diethylether ausschütteln läßt.

Entsorgung: In kleinen Mengen nicht abwassergefährdend.

$$Fe^{3+} + 3\,SCN^- \rightleftarrows Fe(SCN)_3$$

Nicht dissoziiertes Eisenrhodanid (vgl. Versuch 8.2.) ist in Ether löslich.   **17.15.**
Eisen(II)-Ionen können zu Eisen(III)-Ionen oxidiert, Eisen(III)-Ionen zu Eisen(II)-Io-

nen reduziert werden. Als Oxidationsmittel verwenden wir Wasserstoffperoxid, als Reduktionsmittel Zinn(II)-Ionen.

Versuch a: Man löse eine kleine Spatelspitze Eisen(II)-sulfat in der Wärme in etwa 1 ml verd. Salzsäure. Zu der kaum gefärbten Lösung gibt man einige Tropfen 3proz. Wasserstoffperoxid. Die Lösung wird durch Bildung von Eisen(III)-Ionen gelb.

Entsorgung: In kleinen Mengen nicht abwassergefährdend.

$$2\,Fe^{2+} + H_2O_2 \longrightarrow 2\,Fe^{3+} + 2\,OH^-$$

Versuch b: Eisen(III)-chlorid-Lösung wird mit einigen Tropfen einer Lösung von Zinn(II)-chlorid versetzt. Beim Erwärmen entfärbt sich die Lösung, da die Eisen(III)-Ionen reduziert werden.

Entsorgung: Schwermetall-Abfälle

$$2\,Fe^{3+} + Sn^{2+} \longrightarrow 2\,Fe^{2+} + Sn^{4+}$$

Reaktionen der Cobalt(II)-Ionen

17.16. Cobalt(II)-hydroxid und Cobalt(II)-sulfid sind in Wasser schwer löslich. Ein spezifischer Nachweis auf Cobalt(II)-Ionen ist die Reaktion mit Rhodanid-Ionen.

Versuch a: Gibt man zu etwas Cobalt(II)-sulfat-Lösung verdünnte Natronlauge, so fällt ein blauer Niederschlag von Cobalt(II)-hydroxid aus, der sich beim Erwärmen durch Änderung seiner Koordinationssphäre rosa färbt. Fügt man ein Oxidationsmittel hinzu (Wasserstoffperoxid oder Bromwasser), so wird dunkelbraunes bis schwarzes Cobalt(III)-hydroxid gebildet.

Entsorgung: Schwermetall-Abfälle

$$Co^{2+} + 2\,OH^- \longrightarrow Co(OH)_2\downarrow\;;\; 2\,Co(OH)_2 + H_2O_2 \longrightarrow 2\,Co(OH)_3\downarrow$$

$$2\,Co(OH)_2\downarrow + Br_2 + 2\,OH^- \longrightarrow 2\,Co(OH)_3\downarrow + 2\,Br^-$$

Versuch b: Versetzt man Cobalt(II)-sulfat-Lösung mit verd. Ammoniak-Lösung, so fällt ein blauer Niederschlag von $Co(OH)_2$ aus, der sich im Überschuß unter Komplexbildung erst gelb, später unter Oxidation zu Co^{3+} rötlich braun löst.

Entsorgung: Schwermetall-Abfälle

$$Co^{2+} + 6\,NH_3 \longrightarrow [Co(NH_3)_6]^{2+}$$

Versuch c: Man gebe zu Cobalt(II)-sulfat-Lösung eine farblose Ammoniumsulfid-Lösung. Es fällt ein schwarzer Niederschlag von Cobalt(II)-sulfid aus, der in kalter verd. Salzsäure unlöslich ist.

Entsorgung: Schwermetall-Abfälle

$$Co^{2+} + S^{2-} \longrightarrow CoS\downarrow$$

*Versuch d: Gibt man zu Cobalt(II)-sulfat-Lösung eine Lösung von Ammoniumrhodanid, so färbt sich die Mischung blau. Der gebildete Cobaltkomplex löst sich in Amylalkohol beim Ausschütteln mit blauer Farbe.

Entsorgung: Schwermetall-Abfälle bzw. organ. Lösungsmittel

$$[Co(H_2O)_6]^{2+} + 2\,SCN^- \rightleftharpoons [Co(H_2O)_4(SCN)_2] + 2\,H_2O$$

Cobaltsalze färben die "Phosphorsalz-" oder "Boraxperle" dunkelblau, was sich für einen empfindlichen Nachweis nutzen läßt.

*Versuch e: An einem Magnesiastäbchen wird etwas Phosphorsalz ($NaNH_4HPO_4$) oder Borax ($Na_2B_4O_7 \cdot 10\,H_2O$) zu einem klaren Tropfen aufgeschmolzen. Mit der noch heißen "Perle" nimmt man einen *sehr* kleinen Kristall eines Cobalt(II)-Salzes auf und erhitzt erneut zum Schmelzen: Die Salzperle färbt sich dunkelblau.

Entsorgung: Hausmüll

Reaktionen der Nickel(II)-Ionen

Nickel(II)-hydroxid und Nickel(II)-sulfid sind in Wasser schwer löslich. Mit Ammoniak-Lösung bilden Nickel(II)-Ionen einen Komplex. Sehr empfindlich ist die Nachweisreaktion mit Diacetyl-dioxim.

Versuch a: Versetzt man eine Lösung von Nickel(II)-sulfat mit verd. Natronlauge, so fällt grünes Nickel(II)-hydroxid aus. Bei Zugabe von etwas Bromwasser wird durch Oxidation schwarzes Nickel(III)-hydroxid gebildet,

Entsorgung: Schwermetall-Abfälle

$$Ni^{2+} + 2\,OH^- \longrightarrow Ni(OH)_2\downarrow$$

$$2\,Ni(OH)_2\downarrow + Br_2 + 2\,OH^- \longrightarrow 2\,Ni(OH)_3\downarrow + 2\,Br^-$$

Versuch b: Gibt man zu einer Lösung von Nickel(II)-sulfat etwas verd. Ammoniak-Lösung, so fällt grünes Nickel(II)-hydroxid, das sich im Überschuß mit blauer Farbe unter Komplexbildung löst.

Entsorgung: Schwermetall-Abfälle

$$Ni^{2+} + 4\,NH_3 \longrightarrow [Ni(NH_3)_4]^{2+}$$

Versuch c: Versetzt man eine Lösung von Nickel(II)-sulfat mit farblosem Ammoniumsulfid, so fällt schwarzes Nickel(II)-sulfid aus. Der Niederschlag ist in kalter verd. Salzsäure unlöslich.

Entsorgung: Schwermetall-Abfälle

$$Ni^{2+} + S^{2-} \longrightarrow NiS\downarrow$$

*Versuch d: Versetzt man eine Lösung von Nickel(II)-sulfat mit einer alkoholischen Lösung von Diacetyldioxim (Dimethyl-glyoxim) und etwas Ammoniak-Lösung, so fällt

ein roter Niederschlag. Die Reaktion ist sehr empfindlich. Nickel-diacetyldioxim ist in
verd. starken Säuren löslich.

Entsorgung: Schwermetall-Abfälle

Diacetyldioxim (Dioxim des Diacetyls, alt: Dimethylgly-
oxim) bildet mit Ni^{2+}-Ionen – im Molverhältnis 2 : 1 – einen
schwer löslichen Komplex. An der Komplexbildung sind die
freien Elektronenpaare des Stickstoffs beteiligt.

Kapitel 18. Kolloide

Die Eigenschaften eines Stoffes hängen nicht nur von seiner Zusammensetzung und Konstitution ab, sondern auch vom Zerteilungsgrad (*Dispersion*).

Kolloide Lösungen enthalten Teilchen, die größer sind als die Partikel (= Moleküle) in
echten (*molekular-dispersen*) Lösungen, aber kleiner als die in grobdispersen Suspensionen. Genaue Abgrenzungen lassen sich nicht angeben; die Übergänge sind fließend. Ein
kolloides Teilchen enthält 10^3 bis 10^9 Atome und wird von der BRAUNschen Molekular-
bewegung noch in der Schwebe gehalten; es sedimentiert nicht. Infolge ihrer Größe passieren kolloide Teilchen nicht die Poren von pflanzlichen und tierischen Membranen. Letztere Eigenschaft wird bei der *Dialyse* benutzt, um Kolloide von molekulardispersen Stoffen abzutrennen: So lassen die z.B. bei der Hämodialyse an künstlichen Cellulosemembra-
nen Salze und andere niedermolekulare Stoffe aus dem Blut auswaschen, während die
hochmolekularen Eiweißkörper zurückgehalten werden. Dagegen passieren kolloide Partikel meist Filtrierpapier (Porengröße 1–12 μm).

Einige Stoffe bilden spontan kolloide Lösungen. So lagern sich z. B. die Anionen von
Seifen (vgl. S. 120) zu Aggregaten vom Ausmaß der Kolloide zusammen. Hochmolekulare Stoffe bilden – wenn sie überhaupt in Lösung gebracht werden können – kolloide Lösungen (z. B. Stärke, Eiweiß). Die Kräfte, welche die Teilchen aneinander binden, sind
Assoziationskräfte (VAN DER WAALSsche Kräfte) bzw. die noch festeren Wasserstoff-
brücken-Bindungen.

Oft müssen besondere Methoden angewendet werden, um Stoffe kolloid in Lösung zu
bringen. Metalle z. B. lassen sich mechanisch oder durch einen in einem geeigneten Lösungsmittel brennenden elektrischen Lichtbogen (Elektrozerstäubung) so fein zerteilen,
daß Teilchen von kolloiden Dimensionen erhalten werden. Andere Methoden zur Herstellung von Kolloiden werden wir in den folgenden Versuchen kennenlernen.

Die Frage, warum die kolloiden Teilchen sich nicht durch Zusammenlagerung weiter
vergrößern und als grobdisperse Aggregate schließlich ausfallen, ist nicht einheitlich zu
beantworten. Zwei Gründe sind – je nach Art der kolloiden Teilchen – maßgebend: lyo-
phobe (das Lösungsmittel abstoßende) Teilchen (z. B. Metalle oder Schwefel in Wasser)
nehmen aus dem Dispersionsmittel positive oder negative Ionen auf oder geben solche an
das Dispersionsmittel ab, wodurch sie sich gleichsinnig aufladen und sich gegenseitig ab-
stoßen. Den Ladungssinn kann man aus der Wanderungsrichtung der Teilchen im elektri-

schen Feld bestimmen. – Lyophile Kolloide dagegen umgeben sich mit einer schützenden Hülle von Dispersionsmittel-Molekülen; sie nehmen oft zusätzlich Ionen auf oder sind selbst polar.

Kolloide Lösungen zeigen oft besondere optische Effekte (Farberscheinungen, Opaleszenz, TYNDALL-Effekt), die darauf beruhen, daß das Licht an den kleinen Teilchen gebeugt wird. Diese Erscheinungen sind besonders gut wahrzunehmen, wenn sich die Brechungsindices von Dispersionsmittel und dispergierter Phase stark unterscheiden, z. B. in wäßrig-kolloiden Lösungen von Metallen. Bei hydrophilen Kolloiden sind die Beugungseffekte dagegen kaum zu beobachten, da der Brechungsindex der stark hydratisierten kolloiden Teilchen dem des Wassers zu ähnlich ist.

Wir untersuchen an einfachen Beispielen einige typische Eigenschaften von Kolloiden und beschränken uns auf wäßrig-kolloidale Systeme.

Sole und Gele. In wäßrig-kolloiden Lösungen kann ein fester oder ein flüssiger Stoff dispergiert sein. Bei festen Stoffen unterscheidet man je nach Konsistenz der kolloiden Lösung Sole und Gele. In Solen sind die kolloiden Teilchen und die Moleküle des Dispersionsmittels (z. B. Wasser) frei gegeneinander beweglich.

Im folgenden Versuch stellen wir ein opaleszierendes Schwefelsol her, indem wir eine **18.1.** alkoholische Schwefel-Lösung in Wasser eingießen. Schwefel ist in Wasser unlöslich; die Moleküle lagern sich zunächst zu kolloidalen Partikeln zusammen, die sich allmählich zu grobdispersen Aggregaten vergrößern.

Versuch: Eine Spatelspitze Schwefelblume wird in 3 ml Methanol einige Minuten gekocht (Reagenzglashalter!). Dann filtriert man und läßt das Filtrat in 30 ml Wasser einlaufen. Es entsteht ein opaleszierendes Sol.

Entsorgung: In kleinen Mengen nicht abwassergefährdend.

Gele sind mehr oder minder formbeständige (erstarrte) kolloide Lösungen. In diesen **18.2.** sind die Kolloid-Teilchen und die Moleküle des Lösungsmittels nicht mehr frei gegeneinander beweglich. Zur Gelbildung sind vor allem stark solvatisierte, hochmolekulare, fadenförmige Makromoleküle befähigt. Die teilweise geknäuelten Molekül-Fäden assoziieren oder sind zusätzlich durch einzelne Bindungen untereinander verknüpft. Zwischen den Molekül-Fäden ist Lösungsmittel eingeschlossen. Die Konzentration an Feststoffen in formbeständigen Gelen ist oft auffallend gering. Im Glaskörper des Auges beträgt sie z. B. nur ~0.1 %.

Wir untersuchen ein aus dem hochmolekularen Polysaccharid Agar-Agar hergestelltes Gel. Erwärmt man dieses Gel, so lösen sich infolge der stärkeren Molekül-Bewegung die assoziierten Moleküle voneinander, und es bildet sich ein flüssiges Sol. Dieses geht beim Abkühlen allmählich wieder in den Gelzustand über. Auch Gelatine (Name!) oder genügend konzentrierte Seifen-Lösungen bilden Gele; verdünntere Seifen-Lösungen bilden Sole. Kernseife ist ein sehr formbeständiges Gel.

Versuch a: Man gibt einige Stückchen Agar-Agar-Gel in ein Reagenzglas. Beim Erwärmen wird die Masse flüssig und erstarrt beim Abkühlen wieder.

Entsorgung: Nicht abwassergefährdend

Versuch b: Drei Spatelspitzen Seifenpulver (*sapo medicinalis*) werden in der Wärme in 2 ml Wasser gelöst. Kühlt man die Seifen-Lösung ab, so erstarrt sie in kurzer Zeit.
Entsorgung: Nicht abwassergefährdend

Schutzkolloide. Kolloide, die nur durch Ladungen stabilisiert und nicht hydratisiert sind, z. B. kolloide Metalle, flocken bei längerem Stehen oder beim Erhitzen zusammen und fallen aus. Diesen Vorgang kann man oft durch Zusatz eines zweiten Kolloids verhindern, das man daher als Schutzkolloid bezeichnet. Schutzkolloide, z. B. Gelatine-Eiweiß (vgl. S. 242) oder Seife (S. 120) sind lyophile Kolloide, deren Lösungen infolge der Solvatation der Teilchen recht beständig sind; sie umgeben die zu stabilisierenden Teilchen mit einer schützenden Hülle.

18.3.   In den Versuchen a und b reduzieren wir Ag^+-Ionen mit Ascorbinsäure, geben in Versuch b aber Gelatine-Eiweiß als Schutzkolloid hinzu und erhalten so ein stabileres Sol.

Versuch a: 10 Tropfen Silbernitrat-Lösung werden in 50 ml Wasser gegeben. 2 ml dieser Lösung versetzt man mit 2 ml Wasser und 1 Spatelspitze Ascorbinsäure und erwärmt im Wasserbad. Nach kurzer Zeit bildet sich ein schiefergraues Silbersol. Bei längerem Erwärmen wird das Sol zerstört, und es fällt Silber aus, das sich zum Teil als glänzender Niederschlag am Glas niederschlägt..
Entsorgung: In kleinen Mengen nicht abwassergefährdend.

Versuch b: Man wiederhole Versuch a und gebe 2 ml 0.1proz. Gelatine-Lösung (die man durch Verdünnen der ausstehenden Lösung auf das 10fache erhält) statt 2 ml Wasser hinzu; das erhaltene (jetzt rotbraune) Sol ist in der Siedehitze stabil.
Entsorgung: In kleinen Mengen nicht abwassergefährdend.

An den beiden Versuchen können wir zwei weitere Phänomene kolloidaler Lösungen beobachten: Die Veränderung der Farbe mit der Teilchengröße und den TYNDALL-Effekt. Im Versuch a sind die Silberpartikel stärker aggregiert, die Lösung ist in der Durchsicht blau. Beide Lösungen sehen in der Aufsicht trübe aus, sind in der Durchsicht jedoch vollständig klar, was besonders gut in Versuch b zu erkennen ist. Verursacht wird der TYNDALL-Effekt durch die Lichtstreuung an den submikroskopischen Teilchen.

Unter *Koagulation* versteht man die Ausflockung von Kolloiden zu grobdispersen Aggregaten. Hydrophobe, d. h. vornehmlich durch ihre Ladung stabilisierte Kolloide koagulieren, wenn man geeignete Elektrolyte hinzufügt. Experimentell zeigt sich, daß bei positiv aufgeladenen Kolloiden SO_4^{2-}-Ionen erheblich wirksamer sind als einwertige Anionen. Bei negativ geladenen Kolloiden ist der Effekt von Al^{3+}-Ionen weit größer als der einwertiger Kationen.

18.4.   Eine Koagulation durch Anionen beobachten wir an einem Sol, das positiv geladene Eisen(III)-hydroxid-Partikel enthält. Dieses wird durch Erhitzen einer Eisen(III)-chlorid-Lösung (Hydrolyse) hergestellt.

Versuch a: Man erhitze 75 ml Wasser zum Sieden und gebe 1 ml einer 30proz. Eisen(III)-chlorid-Lösung zu; es bildet sich ein dunkelrotes Sol (für Versuch b und 18.5. aufheben!).
Entsorgung: In kleinen Mengen nicht abwassergefährdend.

Versuch b: Eine Spatelspitze Ammoniumsulfat bzw. Natriumchlorid werden je in 3 ml Wasser gelöst. Fügt man 1 Tropfen der Ammoniumsulfat-Lösung zu 2 ml des Eisenhydroxid-Sols, so schlägt die Farbe nach Rotbraun um, und Eisenhydroxid fällt aus. Dagegen tritt bei Zugabe von 10–15 Tropfen Natriumchlorid-Lösung noch keine Koagulation ein.

Entsorgung: In kleinen Mengen nicht abwassergefährdend.

18.5. Entgegengesetzt geladene Kolloide können sich gegenseitig ausfällen, da sich die stabilisierenden Ladungen neutralisieren. Eine derartige Koagulation läßt sich beim Mischen eines Sols von Antimonsulfid (negativ geladen) mit einem Sol von Eisenhydroxid (positiv geladen) beobachten.

Versuch: Man versetze 2 ml 5proz. Brechweinstein-Lösung mit 2 ml 1proz. Gummiarabicum-Lösung (als Schutzkolloid) und dann mit 4 ml Schwefelwasserstoff-Wasser. Es entsteht eine orangerote kolloide Lösung von Antimonsulfid. Gibt man gleiche Volumina dieses Sols und des nach Versuch 18.4. hergestellten Eisenhydroxid-Sols zusammen, so fällt ein braunroter Niederschlag.

Entsorgung: Schwermetall-Abfälle

Brechweinstein ist Kalium-antimono-tartrat ($K[C_4H_2O_6Sb(H_2O) \cdot {}^1/_2 H_2O]$).

18.6. Stark hydratisierte Kolloide koagulieren, wenn man ihnen die schützende Hydrathülle entzieht. Als Modell benutzen wir eine kolloide Lösung von Gelatine. Gibt man Alkohol zu dieser Lösung, so dringen Alkohol-Moleküle in die schützende Hydratschicht ein und zerstören sie. Auch durch Zugabe sehr konzentrierter Salz-Lösungen [$(NH_4)_2SO_4$] kann man hydratisierte kolloide Teilchen zur Koagulation bringen, da die zugegebenen Elektrolyte die Solvatationsverhältnisse ändern und auch die Ladung der Kolloide beeinflussen.

Versuch a: Man versetze 2 ml einer 1proz. Gelatine-Lösung mit 10 ml Ethanol. Die ausfallende Gelatine bewirkt eine Trübung der Lösung.

Entsorgung: Nicht abwassergefährdend

Versuch b: 1 ml 1proz. Gelatine-Lösung wird allmählich mit einer gesättigten Ammoniumsulfat-Lösung versetzt. Nach Zugabe von etwa 3 ml fällt das Protein in Flocken aus.

Entsorgung: Nicht abwassergefährdend

Auf entsprechende Weise lassen sich auch andere Proteine (z.B. Eiweiß, Albumin) aus ihren Lösungen fällen. Man benutzt dieses Prinzip zur Reinigung und Trennung von Proteinen.

Peptisation. Kolloide benötigen zur Stabilisierung ein Optimum an Ionen, das nicht unter- oder überschritten werden darf. Bei der Peptisation wird eine Suspension eines festen Stoffes durch Zugabe von Ionen (vor allem durch OH^-- oder H_3O^+-Ionen) oder durch Herabsetzung einer zu hohen Ionenkonzentration in kolloide Lösung übergeführt.

18.7. Ein Beispiel für den ersten Fall gibt Versuch a, in dem zunächst ein Silbersol – ähnlich wie in Versuch 18.3. – hergestellt wird. Durch Tannin (einen in der Natur z.B. in Galläpfeln vorkommenden Gerbstoff) wird das Silber als flockiger Niederschlag gefällt. Bei Zugabe von OH^--Ionen bildet sich wieder eine kolloide Silber-Lösung.

Die zweite Möglichkeit zu peptisieren zeigen wir im Versuch b am Beispiel des Vanadin(V)-oxids, das man aus Ammoniumvanadat bei Zugabe von Säure als flockigen Niederschlag erhält. Wäscht man diesen mit reinem Wasser, so geht er kolloidal in Lösung.

Versuch a: 3 ml Silbernitrat-Lösung werden mit 2 ml einer 1proz. Gelatine-Lösung, bis zur klaren Lösung mit der gerade ausreichenden Menge verd. Ammoniak und dann mit 1 Spatelspitze Glucose versetzt. Man erwärmt unter Rühren mit dem Glasstab etwa 5 Minuten auf dem Wasserbad. Die trübe Lösung wird filtriert und abgekühlt. Zum Filtrat fügt man 2 ml verd. Essigsäure und 5 ml 1proz. Tannin-Lösung und schüttelt kräftig (Gummistopfen). Silber flockt aus und wird abfiltriert. Gibt man nun etwas verd. Natronlauge auf das Filter, so bildet sich durch Peptisation ein dunkelbraunes Silbersol, das durch das Filter läuft.

Entsorgung: In kleinen Mengen nicht abwassergefährdend.

Versuch b: 2 Spatelspitzen Ammoniumvanadat werden mit 2 Tropfen Wasser mit Hilfe eines Glasstabs verrieben. Dann gibt man tropfenweise unter Kühlung mit Eiswasser etwa 1 ml verd. Salzsäure zu. Der rote Niederschlag von Vanadin(V)-oxid wird mit dem Glasstab zerkleinert und auf ein Filter gespült. Man wäscht zunächst mit 3–4 ml Wasser aus, die einige Tropfen verd. Salzsäure enthalten; das Filtrat ist zuerst rot und dann hellgelb. Wäscht man nun einige Male mit kaltem dest. Wasser, so läuft eine rote kolloide Lösung von Vanadin(V)-oxid durch das Filter.

Entsorgung: Schwermetall-Abfälle

In der analytischen Chemie ist eine beim Auswaschen von Niederschlägen mit dest. Wasser auftretende Peptisierung oft störend. Daher wäscht man Niederschläge häufig mit Wasser, das einen Elektrolyten, z. B. das Fällungsmittel, enthält.

Seifenwirkung. Auch das Verhalten von Seifen und seifenwirksamen Stoffen muß kolloidchemisch erklärt werden. Die wichtigsten Seifen sind Alkalisalze der Palmitin-, der Stearin- und der Ölsäure (vgl. S. 168). Sie lagern sich zu Teilchen von kolloiden Dimensionen zusammen, in denen die CO_2-Gruppen hydratisiert sind, sog. Micellen. Diese kolloiden Teilchen hüllen beim Waschvorgang Schmutzteilchen ein. Außerdem setzen Waschmittel die Oberflächenspannung des Wassers herab, bewirken dadurch Schaumbildung und vermitteln die Benetzung der Schmutzteilchen.

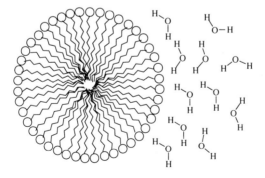

Abb. 18.1. Querschnitt durch eine kugelförmige Micelle mit angedeuteter Hydrathülle. Die Kreise symbolisieren die hydrophilen Endgruppen, bei Carboxylaten also die Säuregruppe.

Seifenwirksame Stoffe (Netzmittel) in modernen Waschmitteln haben wie Seifen einen hydrophoben Alkylrest. Die hydrophilen Gruppen sind z. B. in Anionen von Sulfonsäuren $-SO_3$-Gruppen oder in Anionen von Schwefelsäurehalbestern $-O-SO_3$-Gruppen. Einige Desinfektionsmittel mit seifenähnlicher Wirkung (z. B. Zephirol) enthalten quartäre Ammoniumsalze, in denen der *positiv* geladene Stickstoff als hydrophile Gruppe wirkt. Man nennt sie daher *Invertseifen:*

In Versuch b prüfen wir die Wirkung einer Seifen-Lösung auf eine Suspension von Ruß. Als Beispiel für Netzmittel benutzen wir das Waschmittel Fewa®, dessen Hauptbestandteile Natriumsalze der Schwefelsäureester höherer Alkohole ($ROSO_3Na$) sind. – Alkalisalze von Fettsäuren verlieren ihre Seifenwirkung bei Zugabe von H^+- bzw. Ca^{2+}-Ionen. Die Netzwirkung von Waschmitteln, die $-SO_3-$, $-OSO_3-$ sowie $-NR_3^+$-Gruppen enthalten, ist gegenüber Säuren und Ca^{2+}-Ionen ziemlich unempfindlich (Versuch c). – Netzmittel und Seifen heben die Wirkung von Invertseifen teilweise oder vollständig auf. In Versuch d stellen wir fest, daß Fewa mit Zephirol ein schwer lösliches Salz gibt. – Für die folgenden Versuche ist das Filtrierpapier Schleicher und Schüll Nr. 0905 oder ein normales Kaffeefilter geeignet. **18.8.**

Versuch a: Man suspendiere 10 Spatelspitzen Ruß in 10 ml Wasser. Gibt man eine Probe der Suspension von Ruß auf ein weitporiges Filter, so verbleibt der Ruß auf dem Filter. Den Rest der Suspension für Versuch b, c und e aufheben!
Entsorgung: Nicht abwassergefährdend

Versuch b: Man versetze je 1 ml der Suspension von Ruß mit je 4 ml einer Lösung von Seife bzw. von Fewa, schüttele eine Minute und filtriere; dunkle, kolloide Lösungen laufen durch das Filter.
Entsorgung: Nicht abwassergefährdend

Versuch c: Nach Versuch b hergestellte Mischungen aus Ruß-Suspension und Seifen- bzw. Fewa-Lösung werden in zwei Teile geteilt und mit je 3 Tropfen Säure bzw. mit je 3 Tropfen Calciumchlorid-Lösung versetzt. Die mit Fewa erhaltenen Lösungen durchlaufen auch jetzt noch das Filter, während aus den mit Seife hergestellten Lösungen der Ruß und die Fettsäuren bzw. deren Calciumsalze ausfallen.
Entsorgung: Nicht abwassergefährdend

Versuch d: 3 ml Zephirol-Lösung werden tropfenweise mit Fewa-Lösung versetzt, bis sich ein flockiger Niederschlag bildet. Die Lösung schäumt jetzt beim Schütteln kaum mehr.
Entsorgung: Nicht abwassergefährdend

Versuch e: 2 ml Seifen-Lösung, 2 ml Zephirol-Lösung und 1 ml der Ruß-Suspension werden gemischt. Man schüttele kräftig und filtriere; der Ruß verbleibt weitgehend auf dem Filter.

Entsorgung: Nicht abwassergefährdend

18.9. Bei Emulsionen sind – zum Unterschied von Solen und Gelen – beide Phasen flüssig. Wir stellen eine Emulsion von Öl in Wasser her und benutzen als Schutzkolloid eine Lösung von Seife bzw. von Zephirol.

Versuch: Man versetze je 5 ml Seifen- bzw. Zephirol-Lösung mit 3 Tropfen Olivenöl. Beim Schütteln bilden sich Emulsionen. Gibt man zu den Proben etwas verdünnte Schwefelsäure, so scheidet sich nur aus der Seifen-Emulsion das Öl zusammen mit den Fettsäuren (aus der Seife) ab.

Entsorgung: Nicht abwassergefährdend

Kapitel 19. Qualitative anorganische Analyse

In den vorangehenden Kapiteln haben wir uns mit den Reaktionen der wichtigsten Kationen und Anionen vertraut gemacht. Diese Reaktionen sollen nun benutzt werden, um unbekannte Stoffe zu identifizieren, und zwar entweder eine einzelne Verbindung oder die Bestandteile eines Stoffgemisches.

Da Elektrolyte in wäßriger Lösung in Ionen zerfallen, kann man nur die einzelnen Kationen bzw. Anionen durch spezifische Reaktionen nachweisen; es läßt sich meist nicht feststellen, wie die Anionen und Kationen einander zuzuordnen sind, d. h. welches Salz im ungelösten Gemisch vorgelegen hat.

Trennungsgang der Kationen

Da Nachweisreaktionen für ein Kation vielfach in Gegenwart anderer Kationen versagen oder nicht eindeutig ausfallen, muß man die Kationen zunächst voneinander trennen. In einem derartigen Trennungsgang fällt man die Kationen zuerst gruppenweise aus und unterteilt die Gruppen dann durch Lösen des Niederschlages und erneute Fällung mit anderen Reagenzien.

Wir beschreiben hier einen verkürzten Trennungsgang, in dem nur die in der folgenden Tabelle aufgeführten Kationen berücksichtigt sind.

Gruppenreagenz	Einen schwer löslichen Niederschlag bilden
verd. Salzsäure	Pb^{2+}, Ag^+
Schwefelwasserstoff	Cu^{2+}, Pb^{2+}, Bi^{3+} ("Kupfergruppe", unlöslich in gelbem Ammoniumsulfid)
	Sb^{3+}, Sn^{2+} ("Arsengruppe", da auch As gefällt wird; löslich in gelbem Ammoniumsulfid)
Ammoniumsulfid	Fe^{2+}, Fe^{3+}, Mn^{2+}, Al^{3+}, Cr^{3+}, Zn^{2+}
Ammoniumcarbonat	Ca^{2+}, Ba^{2+}, Mg^{2+}

In der Lösung verbleiben die Alkali-Ionen Na^+ und K^+.

Die Gruppenreagenzien müssen in der angegebenen Reihenfolge angewendet werden. Man trennt z. B. die in der Salzsäuregruppe ausgefallenen Chloride durch Filtrieren ab und versetzt dann das Filtrat mit dem zweiten Gruppenreagenz, mit Schwefelwasserstoff.

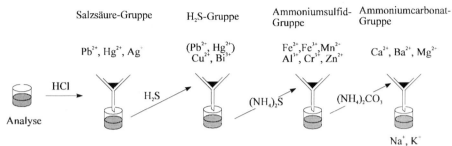

Wenn man die Reihenfolge vertauscht, also z. B. gleich nach der Salzsäuregruppe das Gruppenreagenz Ammoniumcarbonat anwendet, so wird die gewünschte Trennung nicht erzielt; fast alle Kationen würden mit Ammoniumcarbonat einen schwerlöslichen Niederschlag ergeben. – Auch wenn nur das Kation einer einzelnen Verbindung identifiziert werden soll, werden die Gruppenreagenzien verwendet, um festzustellen, in welcher Gruppe das Kation zu suchen ist. In den Gruppen oder – gegebenenfalls – in den Untergruppen identifiziert man ein Kation dann durch spezifische Reaktionen. Hier ist ebenfalls die im folgenden angegebene Reihenfolge einzuhalten, da andernfalls bestimmte Kationen einige Nachweisreaktionen stören würden. Falls es sich jedoch nicht um eine "Vollanalyse" handelt, können eine oder auch mehrere Gruppen ganz fehlen, auf deren Einzelbestandteile dann natürlich nicht geprüft wird.

In der modernen Analytik werden die Gruppenfällungen durch selektive Farb- und Fällungsreaktionen, meist aber durch physikalische Meßmethoden ersetzt.

Identifizierung des Kations einer einzelnen Verbindung   19.1.

Zur Analyse werden wäßrige Lösungen ausgegeben oder Feststoffe, die in Wasser oder in verd. Salpetersäure löslich sind. Wichtig bei den nachfolgenden Versuchen ist eine sorgfältige Protokollierung!

Vorproben

Wenn die Substanz in Wasser löslich ist, so untersucht man zunächst in einer kleinen **H_3O^+** Probe mit Indikatorpapier, ob die Lösung sauer, alkalisch oder neutral reagiert. Reagiert sie sauer und wird später kein anderes Kation mehr gefunden, so enthält die Analysenlösung eine Säure.

NH_4^+-Ionen werden stets direkt in der Analysensubstanz nachgewiesen: Man versetzt **NH_4^+** die Substanz in einem Reagenzglas mit verd. Natronlauge, hält dicht über den Rand des Glases angefeuchtetes Universal-Indikatorpapier und erwärmt vorsichtig (Spritzen durch Aufsieden vermeiden). Entweichendes Ammoniak färbt das Indikatorpapier blau.

In den folgenden Vorproben wird festgestellt, mit welchem Gruppenreagenz das Kation einen Niederschlag gibt: Man löst eine Spatelspitze der Analysensubstanz – wenn nötig unter Erwärmen – in einigen ml Wasser. Ist die Substanz in Wasser nicht löslich, so enthält sie z. B. Carbonate oder Hydroxide[1]. In diesem Fall gibt man möglichst wenig verd. Salpetersäure hinzu, um sie zu lösen. Dann versetzt man mit verd. *Salzsäure*. Fällt ein Niederschlag aus, so ist auf die Kationen der Salzsäuregruppe zu prüfen.

Bei Zugabe von *Schwefelwasserstoff* würde Salpetersäure stören, da sie Schwefelwasserstoff oxidiert. Man löst daher eine neue Probe der Analysensubstanz in verd. Salzsäure und gibt Schwefelwasserstoff-Wasser hinzu. Die Farbe eines eventuell ausfallenden Niederschlags ist zu beobachten, da diese für spätere Identifizierungen wichtig ist. Man filtriert und prüft, ob sich der Niederschlag in *warmem, gelbem Ammoniumsulfid* löst. Ist dies der Fall, so liegt ein Kation aus der Arsengruppe vor (im Praktikum nur Sb^{3+} oder Sn^{2+}). Sulfide von Kationen dieser Gruppe reagieren mit gelbem Ammoniumsulfid zu löslichen Thioverbindungen (vgl. Versuch 9.21. und 11.9.b). Löst sich der Niederschlag nicht in gelbem Ammoniumsulfid, so handelt es sich um ein Sulfid eines Kations der Kupfergruppe.

Fällt mit Schwefelwasserstoff aus der sauren Lösung kein Niederschlag, so gibt man Ammoniak-Lösung bis zur alkalischen Reaktion und eine Spatelspitze Ammoniumchlorid hinzu. Nun müssen die Kationen der *Ammoniumsulfid*-Gruppe ausfallen. – Bildet sich auch hier kein Niederschlag, so gibt man als nächstes Reagenz *Ammoniumcarbonat* hinzu. Mit diesem Reagenz fallen – in Gegenwart von Ammoniumchlorid – in der Hitze nur $BaCO_3$ und $CaCO_3$ aus.

Bildet sich kein Niederschlag, so kann die Lösung noch die Kationen Mg^{2+}, Na^+ und K^+ enthalten.

Nachdem man so festgestellt hat, in welcher Gruppe das Kation der Analysensubstanz zu finden ist, führt man die eigentliche Analyse aus: man löst eine etwas größere Menge der Substanz (3–4 Spatelspitzen) und wendet nacheinander die Reaktionen an, die im folgenden für die betreffende Gruppe beschrieben sind. Fällungsschritte, die in den Vorproben negativ waren, können übergangen werden.

Salzsäure-Gruppe

Man gibt verd. Salzsäure zur wäßrigen oder salpetersauren Lösung der Analysensubstanz. Der ausgefallene Niederschlag kann enthalten: $PbCl_2$, $AgCl$.

Der Niederschlag wird abfiltriert, einige Male mit Wasser ausgekocht und die Lösung jedesmal heiß filtriert; die Filtrate fängt man in verschiedenen Reagenzgläsern auf.

Pb^{2+}   Ist Bleichlorid vorhanden, so kristallisiert dieses aus den Filtraten beim Abkühlen aus (vgl. Versuch 11.14.c). Pb^{2+}-Ionen werden zusätzlich durch Zugabe von Kaliumchromat identifiziert (vgl. Versuch 11.14.e).

Ag^+   Besteht der Rückstand aus Silberchlorid, so wird er von verd. Ammoniak-Lösung unter Bildung von Diammin-silber-Ionen aufgelöst. Gibt man zu dieser Lösung dann verd. Salpetersäure, so fällt Silberchlorid aus.

---

1)   Ionenkombinationen, die das extrem schwerlösliche Bariumsulfat ergeben, werden nicht ausgeteilt.

Im Trennungsgang (S. 127) kann der nach Auskochen mit Wasser verbliebene Rückstand nur noch Silberchlorid enthalten.

Schwefelwasserstoff-Gruppe

a) Kupfer-Gruppe

Ist die Lösung der Analysensubstanz hellblau, so prüfe man auf Kupfer(II)-Ionen; diese Cu^{2+} lassen sich durch verd. Ammoniak-Lösung nach Versuch 16.1.b identifizieren.

Hat man nur eine einzelne Verbindung zur Analyse erhalten, so braucht man hier nicht Pb^{2+} mehr auf Pb^{2+}-Ionen zu prüfen, da diese schon in der Salzsäuregruppe nachgewiesen worden wären.

Bi^{3+}-Ionen geben beim Versetzen der Analysenlösung mit verd. Ammoniak-Lösung ei- Bi^{3+} nen Niederschlag von $Bi(OH)_3$, der sich in Natronlauge nicht löst (vgl. Versuch 9.18.). Stannat(II)-Lösung reduziert das Hydroxid zu schwarzem metallischem Bismut (vgl. Versuch 9.25.).

b) Arsen-Gruppe

Die Sulfide dieser Gruppe haben eine charakteristische Farbe, die wir in der Vorprobe schon beobachtet haben.

Antimon(III)-sulfid ist orange (vgl. Versuch 9.20.). Sb^{3+}

Zinn(II)-sulfid ist braun. Als spezifische Nachweisreaktion für Sn^{2+}-Ionen benutzt man Sn^{2+} die Flammensaum-Reaktion (s. Versuch 11.12.).

Ammoniumsulfid-Gruppe

Mit Ammoniumsulfid fallen Sulfide aus, deren Löslichkeitsprodukt größer ist als das der Sulfide der Schwefelwasserstoff-Gruppe. Da Aluminiumhydroxid und Chrom(III)-hydroxid schwerer löslich sind als Aluminiumsulfid und Chromsulfid, fallen die Hydroxide aus der ammoniakalischen Lösung aus.

Für die folgenden Nachweisreaktionen werden jeweils einige Tropfen der wäßrigen oder der mit verd. Salzsäure angesäuerten Lösung der Analysensubstanz verwendet.

Eisen(II)-Ionen werden durch Zugabe einer Lösung von rotem Blutlaugensalz nachge- Fe^{2+} wiesen (vgl. Versuch 17.13.c).

Eisen(III)-Ionen werden mit gelbem Blutlaugensalz (vgl. Versuch 17.14.c) oder mit Fe^{3+} Ammoniumrhodanid (vgl. Versuch 17.14.d) identifiziert.

Ist die salzsaure Lösung grün gefärbt, so enthält sie Cr^{3+}-Ionen. Man identifiziert diese Cr^{3+} durch Überführen in Chromat-Ionen nach Versuch 17.6..

Man gibt zu einigen ml der salzsauren Analysen-Lösung tropfenweise verd. Ammoni- Al^{3+} ak-Lösung. Fällt ein farbloser Niederschlag, der sich nicht im Überschuß löst, so liegt Aluminiumhydroxid vor (vgl. Versuch 12.4.).

Ist der Hydroxidniederschlag nicht rein weiß, so besteht er aus Manganhydroxid. Man Mn^{2+} identifiziert dieses durch Zugabe einiger Tropfen Wasserstoffperoxid, wobei sich Braunstein bildet (vgl. Versuch 17.10.a).

Zn^{2+}   Zinkhydroxid, das ebenfalls farblos ist, löst sich in Ammoniak-Lösung unter Komplexbildung (vgl. Versuch 17.1.b). Zink-Ionen werden als Zinksulfid identifiziert, das aus schwach essigsaurer Lösung ausfällt: Man fügt zu der salzsauren Lösung der Analysensubstanz einige Spatelspitzen Natriumacetat, wodurch die H$_3$O$^+$-Ionen-Konzentration herabgesetzt wird, und gibt Schwefelwasserstoff-Wasser hinzu.

Ammoniumcarbonat-Gruppe

In dieser Gruppe ist auf Ba^{2+}, Ca^{2+} und Mg^{2+}-Ionen zu prüfen; als Vorproben auf Ca/Ba benutzen wir die Flammenfärbungen aus der Ursubstanz (Versuche 13.3., 13.6.).

Danach löst man einige Spatelspitzen der Analysensubstanz in verd. Essigsäure und führt jeweils mit einem Teil der Lösung die folgenden Reaktionen aus:

Ba^{2+}   Ba^{2+}-Ionen werden – nach Zugabe von einigen Spatelspitzen Natriumacetat – als Bariumchromat identifiziert (vgl. Versuch 13.5.d).

Ca^{2+}   Ca^{2+}-Ionen geben mit Ammoniumoxalat einen schwer löslichen Niederschlag von Calciumoxalat (vgl. Versuch 13.2.b).

Mg^{2+}   Mg^{2+}-Ionen werden als Magnesium-ammoniumphosphat (vgl. Versuch 13.1.d) nachgewiesen.

Alkalimetall-Gruppe

Na$^+$, K$^+$ Man löst eine Probe der Analysensubstanz in verd. Salzsäure und prüft auf Na$^+$- und K$^+$-Ionen mit der Flammenfärbung (vgl. Versuch 14.2.). Hierbei ist zu beachten, daß Natriumspuren fast allgegenwärtig sind und daher nur eine langanhaltende Gelbfärbung der Flamme positiv zu bewerten ist. – Kalium-Ionen können außerdem als schwerlösliches Kaliumperchlorat (vgl. Versuch 14.3.) identifiziert werden.

H$_3$O$^+$, NH$_4^+$ Zum Nachweis von H$_3$O$^+$- und NH$_4^+$-Ionen vgl. 19.1., S. 123.

19.2. Identifizierung mehrerer Kationen in einem Substanzgemisch[1)]

Wenn mehrere Kationen in einem Substanzgemisch zu identifizieren sind, müssen die zu einer Gruppe gehörenden Kationen vollständig ausgefällt werden. Um dies zu erreichen, sind die Gruppenreagenzien stets im Überschuß anzuwenden. Jeder Gruppen-Niederschlag wird filtriert und das Filtrat, das die Kationen der folgenden Gruppen enthält, aufgehoben. Den Niederschlag wäscht man mit Wasser, dem etwas Fällungsmittel zugesetzt wurde; das Waschwasser wird verworfen.

[1)]   Einige Bemerkungen, die im Abschnitt 17.1 gemacht wurden, werden in diesem Abschnitt nicht wiederholt.

Vorproben

Vor Ausführung einer Gruppenfällung prüft man in einer kleinen Probe der Lösung, ob Ionen der betreffenden Gruppe überhaupt vorhanden sind. Tritt keine Fällung ein, so wendet man sogleich das nächste Gruppenreagenz an. Als Vorproben auf die Alkali- und Erdalkali-Gruppen sind auch die Flammenfärbungen geeignet (Vers. 13.3., 13.6., 14.2.).

Salzsäure-Gruppe

Wenn in der Vorprobe Ionen der Salzsäuregruppe festgestellt wurden, so gibt man zu etwa $1/3$ der Analysensubstanz ungefähr 30 ml verd. Salzsäure, erhitzt einige Minuten, kühlt und filtriert den gebildeten Niederschlag ab. Man identifiziert die Kationen des Niederschlags wie auf S. 125 beschrieben.

Schwefelwasserstoff-Gruppe

Die Fällung mit Schwefelwasserstoff wird im Filtrat der Salzsäuregruppe vorgenommen. (Wenn in der Vorprobe keine Ionen der Salzsäuregruppe festgestellt wurden, so löst man die Ursubstanz dennoch in verd. Salzsäure.) Man fällt in der Hitze durch Zugabe eines Überschusses von Schwefelwasserstoff-Wasser, oder man leitet Schwefelwasserstoff in die Lösung ein.

Der abfiltrierte und gewaschene Niederschlag wird durch Erwärmen mit gelbem Ammoniumsulfid in 2 Untergruppen aufgeteilt: die Sulfide des Antimons und des Zinns ("Arsengruppe", weil sich auch Arsensulfid löst) lösen sich als Thioverbindungen (vgl. Versuch 9.21. u. 11.9.b); die Sulfide der Kupfergruppe bleiben ungelöst und werden abfiltriert. Das Filtrat enthält die Thiosalze der Arsengruppe.

a) Kupfer-Gruppe
Die ungelöst gebliebenen Sulfide werden in einer Porzellanschale unter dem Abzug mit etwa 5 ml 20proz. Salpetersäure (erhalten durch Verdünnen von konz. 65proz. Salpetersäure auf das Dreifache) erwärmt. Dabei lösen sich die Sulfide.

Pb²⁺

Das saure Filtrat wird mit 1–2 ml konz. Schwefelsäure versetzt und unter dem Abzug in einer kleinen Porzellanschale eingedampft, bis weiße Nebel von Schwefelsäure entweichen. Man läßt erkalten und gibt etwa das gleiche Volumen verd. Schwefelsäure hinzu. Bei Gegenwart von Pb^{2+}-Ionen entsteht ein farbloser Niederschlag von Bleisulfat, der abfiltriert wird. (Blei-Ionen werden in dieser Gruppe gefunden, auch wenn vorher $PbCl_2$ mit Salzsäure ausgefällt worden ist, da sich dieses in kaltem Wasser etwas löst.) Zur Identifizierung löst man den Niederschlag durch Zugabe von ammoniakalischer Weinsäure-Lösung (Komplexbildung). Beim Versetzen mit Kaliumchromat entsteht ein gelber Niederschlag von Bleichromat (vgl. Versuch 11.14.e).

Bi³⁺

Das Filtrat vom Bleisulfat wird mit konz. Ammoniak-Lösung bis zur alkalischen Reaktion versetzt. Bei Vorliegen von Bismut-Ionen bildet sich ein farbloser Niederschlag von Bismuthydroxid $(Bi(OH)_3)$. Zur Identifizierung wird ein Teil des abfiltrierten Niederschlages zu einer Stannat(II)-Lösung gegeben; es tritt Schwarzfärbung durch Bildung von metallischem Bismut ein (vgl. Versuch 9.25.).

Cu²⁺   Ist das ammoniakalische Filtrat vom Bismuthydroxid blau gefärbt, so sind
[Cu(NH₃)₄]²⁺-Ionen anwesend.

b) Arsen-Gruppe

Das nach Behandeln der Schwefelwasserstoff-Fällung mit gelbem Ammoniumsulfid erhaltene Filtrat wird unter dem Abzug mit verd. Salzsäure angesäuert, wobei die Sulfide
Sb_2S_3, SnS_2 und Schwefel ausfallen. Nach dem Filtrieren kocht man den gelben oder
orangefarbenen Niederschlag einige Minuten unter dem Abzug in einem Erlenmeyerkolben
mit konz. Salzsäure. Dabei gehen die Sulfide des Zinns und des Antimons unter Schwefelwasserstoff-Entwicklung in Lösung. Man verdünnt mit Wasser etwa auf das dreifache
Volumen.

Sb³⁺   Das salzsaure Filtrat wird – um den Hauptteil der Salzsäure zu entfernen – in einer Porzellanschale weitgehend eingedampft. Man nimmt mit Wasser auf und gibt einen blanken
Eisennagel in die salzsaure Lösung. Eisen reduziert die Sb^{3+}-Ionen zu metallischem Antimon, das sich als schwarzer Überzug auf dem Nagel oder in Form von schwarzen Flocken
abscheidet. Sn^{4+}-Ionen werden dabei gleichzeitig zu Sn^{2+}-Ionen reduziert. Das metallische Antimon wird abfiltriert bzw. vom Nagel abgeschabt und in etwas Königswasser in
der Wärme gelöst. Dann wird die Lösung durch Eindampfen von der Salpetersäure befreit
und der Rückstand mit verd. Salzsäure aufgenommen. Zur Identifizierung gibt man
Schwefelwasserstoff-Wasser hinzu, wobei orangegelbes Antimonsulfid (Sb_2S_3) ausfällt.
Sn²⁺   Das vom metallischen Antimon abgetrennte, salzsaure Filtrat wird mit der Flammensaum-Reaktion auf Zinn(II)-Ionen geprüft (vgl. Versuch 17.3.).

Ammoniumsulfid-Gruppe

Das salzsaure Filtrat der Schwefelwasserstoff-Gruppe wird mit etwas festem Ammoniumchlorid und dann mit verd. Ammoniak-Lösung bis zur alkalischen Reaktion versetzt. Man
gibt Ammoniumsulfid-Lösung hinzu, ohne einen eventuell schon gebildeten Niederschlag
abzutrennen, und erwärmt kurze Zeit. Es fallen aus:

FeS	MnS	Al(OH)₃	Cr(OH)₃	ZnS
schwarz	fahlrosa	farblos	graugrün	farblos

Man filtriert vom Niederschlag ab und hebt das Filtrat für den weiteren Analysengang
auf. Der Niederschlag wird in verd. Salzsäure gelöst und die Lösung unter dem Abzug
zum Sieden erhitzt, um den gebildeten Schwefelwasserstoff zu vertreiben. Dann gibt man
zur Neutralisation Soda-Lösung zu, solange sich der an der Eintropfstelle gebildete Niederschlag beim Umschütteln wieder löst.

Wir teilen nun wieder in Untergruppen auf und trennen die Hydroxide ab, die im Überschuß von Lauge nicht löslich sind. Gleichzeitig oxidieren wir die Cr^{3+}-Ionen zu CrO_4^{2-}-
Ionen: Die fast neutrale Lösung wird in eine Mischung von 15 ml 2 N Natronlauge und
15 ml 3proz. Wasserstoffperoxid gegeben und kurze Zeit erwärmt. Es fallen Eisen(III)-
hydroxid, $Fe(OH)_3$, und Mangandioxid aus. Man filtriert heiß ab und löst den Niederschlag unter Erhitzen in wenig konz. Salzsäure.

Eine Probe der Lösung wird mit Ammoniumrhodanid versetzt; Rotfärbung zeigt Fe^{3+}- **Fe^{3+}**
Ionen an (vgl. Versuch 17.14.d)

Eine zweite Probe der Lösung wird nach Versuch 17.11.a behandelt. Bei Vorhanden- **Mn^{2+}**
sein von Mangan(II)-Ionen tritt Violettfärbung durch Bildung von Permanganat-Ionen
auf.

Das alkalische, von Eisen- und Mangan-Ionen befreite Filtrat wird mit festem Ammoni- **Al^{3+}**
umchlorid versetzt und zum Sieden erhitzt, wobei Aluminiumhydroxid als farblose Flok-
ken ausfällt (vgl. Versuch 12.4.b). Zink bleibt als Tetramminkomplex in Lösung.

Ist das Filtrat gelb gefärbt, so enthält es Chromat-Ionen. Man säuert mit verd. Essig- **CrO_4^{2-}**
säure an, gibt Bariumchlorid-Lösung hinzu und filtriert das ausgefallene Bariumchromat
ab. – Man kann die Chromat-Ionen nach Auflösen des Bariumchromats in verd. Salzsäure
zusätzlich nach Versuch 17.8. identifizieren.

Zu dem essigsauren, jetzt farblosen Filtrat fügt man Schwefelwasserstoff-Wasser, wo- **Zn^{2+}**
bei gegebenenfalls Zinksulfid ausfällt.

Erdalkalimetall-Gruppe

Das ammoniakalische Filtrat der Ammoniumsulfid-Gruppe wird mit verd. Salzsäure angesäuert und unter dem Abzug in einer Porzellanschale bis zur Trockne eingedampft. Man
erhitzt mit kleiner Flamme, bis keine Nebel von Ammoniumchlorid mehr zu beobachten
sind. Es hinterbleiben Salze der Erdalkalien und Alkalien.

Man nimmt den Rückstand in Wasser auf, gibt eine Spatelspitze Ammoniumchlorid
sowie etwas Ammoniumcarbonat-Lösung hinzu und kocht. Es fallen $CaCO_3$ und $BaCO_3$
aus. Sie werden abfiltriert und in Essigsäure gelöst.

Ba^{2+}-Ionen werden als Bariumchromat ausgefällt (vgl. Versuch 13.5.d). **Ba^{2+}**

Man filtriert vom gelben Niederschlag ab und gibt zum Filtrat etwas Ammoniumoxalat- **Ca^{2+}**
Lösung. Ca^{2+}-Ionen fallen als schwerlösliches Calciumoxalat aus (vgl. Versuch 13.2.b).

Eine Probe des nach der Fällung mit Ammoniumcarbonat erhaltenen Filtrates wird auf **Mg^{2+}**
Mg^{2+}-Ionen untersucht. Man versetzt mit einer Lösung von sekundärem Natriumphosphat. Bei Anwesenheit von Mg^{2+}-Ionen fällt kristallines Magnesium-ammoniumphosphat
aus (vgl. Versuch 13.1.d).

Im Filtrat der Erdalkalicarbonate können noch Na^+- und K^+-Ionen sein. Sie werden **Na^+, K^+**
identifiziert, wie auf S. 126 beschrieben.

Nachweis der Anionen   **19.3.**

Es werden nur Analysen ausgegeben, die folgende Anionen enthalten: CO_3^{2-}, Cl^-, Br^-,
I^-, NO_3^-, SO_4^{2-}, PO_4^{3-}, BO_3^{3-}, Acetat

Carbonat-Ionen werden in der Analysensubstanz direkt nachgewiesen: Man übergießt **CO_3^{2-}**
eine Spatelspitze der Ursubstanz mit verd. Salzsäure. Das Vorhandensein von Carbonat-
Ionen gibt sich durch kräftige Gasentwicklung zu erkennen. Das entwickelte Kohlendioxid
kann man zusätzlich nach Versuch 11.4. identifizieren.

Borat wird ebenfalls in der Ursubstanz nachgewiesen. Man erhitzt dazu in einem Rea- **BO_3^{3-}**
genzglas eine Spatelspitze Analysensubstanz, einige Tropfen konz. Schwefelsäure und

2 ml Methanol zum Sieden und entzündet die entweichenden Dämpfe. Eine grüne Flamme zeigt Borat an (s. Vers. 12.2.).

Acetat   Zum Nachweis von Acetat mischt man 1 Spatelspitze der festen Probe mit Calciumcarbonat oder dampft 2 Tropfen der Lösung mit 1 Spatelspitze Calciumcarbonat im Porzellantiegel zur Trockne ein. Der Rückstand wir in ein Glühröhrchen gebracht. In dessen oberen Ende befestigt man einen mit einer frisch bereiteten gelben Lösung von o-Nitrobenzaldehyd in 2 N NaOH getränkten Filterpaperstreifen lose mit einem Korken. Beim Erhitzen entsteht Aceton, das mit dem Reagenz zu blauem Indigo reagiert:

$$Ca(CH_3COO)_2 \longrightarrow CH_3\text{–}CO\text{–}CH_3 + CaCO_3$$

Indigo

In den meisten Fällen reicht es aus, eine Analysenprobe mit Kaliumhydrogensulfat in der Reibschale innig zu verreiben. Bei Anwesenheit von Acetat wird der charakteristische Geruch der Essigsäure wahrnehmbar.

Entsorgung: In kleinen Mengen nicht abwassergefährdend.

Sodaauszug

Um störende Kationen aus der Analysensubstanz zu entfernen, wird diese mit Soda-Lösung (5 g Soda in 50 ml Wasser pro g Ursubstanz) 10 min zum Sieden erhitzt. Dabei gehen die Kationen mit Ausnahme der Alkali-Ionen in schwerlösliche Verbindungen (Carbonate bzw. Hydroxide) über, die abfiltriert werden. Das Filtrat, der "Sodaauszug", enthält die Anionen der Analysensubstanz. Die Nachweisreaktionen der oben vorgesehenen Anionen stören sich gegenseitig nicht; sie können jeweils in einer Probe des Sodaauszugs – nach Ansäuern (Indikatorpapier!) – ausgeführt werden. Vorsicht bei Gegenwart von Ammoniumsalzen, die bestimmte Kationen (welche ?) komplexieren können. Man erhitzt so lange zum Sieden, bis alles Ammoniak entwichen ist (Lösung darf nicht eintrocknen).

$SO_4{}^{2-}$ Man säuert eine Probe des Sodaauszugs mit verd. Salzsäure an und gibt Bariumchlorid-Lösung hinzu. Gegebenenfalls fällt $BaSO_4$ aus.

$NO_3{}^{-}$ $NO_3{}^{-}$-Ionen werden als Nitrosyl-eisen(II)-Ionen in einer mit Schwefelsäure angesäuerten Probe des Sodaauszugs nach Versuch 9.10. identifiziert.

Cl^-,   Man gibt zu einer mit Salpetersäure angesäuerten Probe des Sodaauszugs einige Trop-
Br^-, I^- fen Silbernitrat-Lösung. Ein farbloser, käsiger Niederschlag zeigt das Vorliegen von Cl^--Ionen an. Ist der Silberhalogenid-Niederschlag gelb gefärbt, so kann Silberiodid oder eine Mischung von Silberchlorid und Silberiodid vorliegen. In diesem Fall filtriert man den Niederschlag ab und übergießt ihn mit verd. Ammoniak-Lösung, in dem sich nur Silberchlorid löst. Man filtriert wieder und säuert das Filtrat mit verd. Salpetersäure an, wobei gegebenenfalls Silberchlorid ausfällt. – Iodid-Ionen können auch in einer mit verd. Salzsäure an-

gesäuerten Probe des Sodaauszugs durch Oxidation zu elementarem Iod nach Versuch 6.3.b identifiziert werden.

Phosphate werden im Sodaauszug mit Magnesiamixtur (s. Vers. 9.13.) oder mit Ammoniummolybdat (Versuch 9.15.) nachgewiesen. PO_4^{3-}

Versuch: 1 Spatelspitze Analysensubstanz oder 10 Tropfen Sodaauszug werden mit 1 ml konz HNO_3 kurz zum Sieden erhitzt und mit 1 ml Molybdat-Reagenz versetzt (s. Vers. 9.15.). In Gegenwart von Phosphat entsteht innerhalb von 3 min eine gelbe Fällung. Silikate (in den Analysen normalerweise nicht enthalten) können stören.

Entsorgung: Schwermetall-Abfälle

Kapitel 20. Quantitative Bestimmungen – Maßanalyse (Volumetrie)

Wichtige Methoden zur quantitativen Bestimmung von Stoffen sind die Gewichtsanalyse und die Maßanalyse.

Bei der Gewichtsanalyse (Gravimetrie) führt man den Stoff, dessen Menge bestimmt werden soll, in eine möglichst schwerlösliche Verbindung über und wägt diese, nachdem sie bis zur Gewichtskonstanz getrocknet wurde. Chlorid-Ionen z. B. fällt man mit Silber-Ionen und berechnet aus der gefundenen Silberchlorid-Menge die Menge an Chlorid-Ionen.

Weniger zeitraubend und zur Serienbestimmung besser geeignet sind die Verfahren der Maßanalyse (Volumetrie). Bei diesen wird eine Lösung von unbekanntem Gehalt mit einer Reagenz-Lösung bekannten Gehalts (Titrierlösung) umgesetzt. Man verwendet vollständig und rasch ablaufende Reaktionen, bei denen das Ende der Umsetzung gut erkennbar ist oder durch Indikatoren erkennbar gemacht werden kann.

Arbeitsmethoden

Zur Ausführung von maßanalytischen Bestimmungen benutzt man Meßkolben, Vollpipetten und Büretten (Abb. 20.1.).

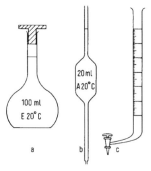

Abb. 20.1.   Geräte zur Ausführung maßanalytischer Bestimmungen.

a) Meßkolben, b) Vollpipette, c) Bürette

In den Meßkolben wird die zu untersuchende Lösung durch Auffüllen mit destilliertem Wasser auf ein bestimmtes Volumen verdünnt. Man füllt so weit auf, daß der untere Rand des Meniskus in der Ebene des Markierungsringes liegt; bei stark gefärbten Lösungen berührt der Rand des Flüssigkeitsspiegels die Marke. Während des Auffüllens schüttelt man ab und zu um.

Vollpipetten dienen zur Abmessung der zu titrierenden Proben. Man taucht die Pipettenspitze in den aufgefüllten Meßkolben und saugt die Flüssigkeit mit einem Peleusball (nicht mit dem Mund !) vorsichtig ein, bis der Flüssigkeitsmeniskus etwa 2 cm über der Marke steht. Durch vorsichtiges Lüften läßt man Flüssigkeit austropfen, bis der Meniskus die ringförmige Eichmarke berührt, und läßt dann den ganzen Inhalt der Pipette in den vorbereiteten Weithalskolben fließen. Etwa 15 Sekunden nach der Entleerung streicht man die Pipettenspitze an der Wand des Kolbens ab. Der durch Kapillarwirkung in der Pipette verbleibende Flüssigkeitsrest darf nicht ausgeblasen oder ausgespült und der ausgeflossenen Menge zugefügt werden, da dieser Rest bei der Eichung der Pipetten berücksichtigt worden ist.

Büretten dienen zum Zugeben der Titrierlösung. Sie haben eine Graduierung, so daß sich Bruchteile von Millilitern abmessen lassen. Für die Ablesung gilt das bei den Meßkolben über farblose und gefärbte Lösungen Gesagte. Um bei der Ablesung einen Parallaxenfehler zu vermeiden, achte man darauf, daß das Auge sich in Höhe des Flüssigkeitsspiegels befindet. Vorteilhaft sind Büretten mit einem schmalen blauen Streifen (SCHELLBACH-Streifen), der sich dem Beobachter in der Höhe des Meniskus eingeschnürt zeigt. Die üblichen Büretten haben eine 0.1-ml-Graduierung; man liest mit einer Genauigkeit von 0.03–0.05 ml ab.

Die Titrationen werden in weithalsigen Erlenmeyerkolben (Titrierkolben) ausgeführt. Während man die Titrierlösung zutropft, wird umgeschwenkt.

Die zur quantitativen Analyse verwendeten Gefäße müssen gut gereinigt werden, damit die Lösungen die Gefäßwände gleichmäßig benetzen und es nicht zur Bildung von Tropfen kommt, was die Meßgenauigkeit vermindern würde. Man stellt die Pipetten am besten über Nacht in eine 2-5proz. Lösung eines speziellen Laborspülmittels wie Extran MA-01 (Fa. Merck) ein und spült sie anschließend mit dest. Wasser, verd. Salzsäure und wieder dest. Wasser. Die früher übliche Chromschwefelsäure sollte nicht mehr benutzt werden. Büretten und Pipetten müssen vor der Verwendung entweder trocken sein oder mit kleinen Mengen Titrierlösung mehrfach durchgespült werden.

Acidimetrie

Säuren und Basen werden volumetrisch durch Neutralisation bestimmt, wobei sich in einer schnellen Reaktion Wasser und Salze bilden. Das Ende der Reaktion wird mit einem Säure-Base-Indikator festgestellt. Um die bei Titrationen erhaltenen Resultate leicht überblicken zu können, benutzt man den Begriff *Grammäquivalent* oder *val* und den der *Normallösung*.

Ein Grammäquivalent (g-Äquivalent) einer Säure ist diejenige Menge, die 1 g Protonen zu liefern vermag. Ein Grammäquivalent einer Base ist diejenige Menge, die 1 g Protonen zu binden vermag.

Beispiele: 1 mol HCl (= 36.5 g HCl), $^1/_2$ mol H_2SO_4, 1 mol NH_3, 17 g OH^--Ionen sind jeweils 1 val dieser Stoffe.

Eine 1-*normale* (1 N) Lösung enthält 1 val eines Stoffes in 1 Liter.

Da man in der Maßanalyse Milliliter mißt, ist es zweckmäßig, diese Einheit auch bei der Berechnung zu benutzen. Auf Grund der eben gegebenen Definition für Normallösungen enthält 1 ml einer 1 N Lösung 1/1000 g-Äquivalent = 1 Millival (1 mval). 1 ml 0.5 N Lösung enthält 0.5 mval, 1 ml 2 N Lösung enthält 2 mval.

Somit ist die Zahl der Millival in a ml einer N normalen Lösung gleich dem Produkt aus der Anzahl der Milliliter und der Normalität der Lösung:

Zahl der Millival in a ml einer N normalen Lösung = a × N   (1)

Entsprechend der Definition für das Millival, werden b Millival Säure durch b Millival Lauge neutralisiert, d. h. bei äquivalenten Lösungen ist:

Anzahl der Millival Säure = Anzahl der Millival Lauge   (2)

Benötigt man a_1 Milliliter einer N_1 normalen Säure, um a_2 Milliliter einer N_2 normalen Lauge zu neutralisieren, so erhält man durch Kombination von Gleichung (1) und Gleichung (2) für den Äquivalenzpunkt die Gleichung:

$a_1 \cdot n_1 = a_2 \cdot n_2$ (3)

Mit Hilfe von Gleichung (3) läßt sich aus einem Titrationsergebnis errechnen:

a) die Normalität der titrierten Säure (bzw. Lauge)

b) die Anzahl der Millival Säure bzw. Lauge, die in der titrierten Lösung enthalten waren.

Beispiel: 25 ml einer Natronlauge unbekannter *Normalität* verbrauchen zur Neutralisation 30 ml einer 0.1 N Salzsäure. Für die Normalität (x) der Natronlauge folgt dann aus Gleichung (3):

$30 \cdot 0.1 = 25 \cdot x$; $x = 0.12$

Die Zahl der Millival Natriumhydroxid (y), die das titrierte Volumen Natronlauge enthielt, ist nach Gleichung (3) gleich der Anzahl der Millival verbrauchter Säure, also:

$y = 30 \cdot 0.1 = 3$ mval.

In unserem Beispiel enthalten somit 25 ml Lauge 3 Millival NaOH.

Um zu berechnen, wieviel *Milligramm* NaOH das titrierte Volumen Natronlauge enthielt, multipliziert man die gefundene Anzahl Millival (y) mit der Stoffmenge, die 1 mval NaOH entspricht (1 mval NaOH = 40 mg NaOH). Demnach enthalten 25 ml der in unserem Beispiel titrierten Natronlauge: $y \times 40$ mg NaOH = 3×40 mg NaOH = 120 mg NaOH.

Allgemein gilt:

Menge des titrierten Stoffes in mg = verbrauchte ml der Titrierlösung × Normalität der Titrierlösung × 1 mval des titrierten Stoffes in mg.   (4)

Die zur Titration benötigten Normal-Lösungen werden hergestellt, indem man ein Grammäquivalent der betreffenden Substanz oder einen Bruchteil desselben genau einwiegt, in Wasser löst und dann im Meßkolben auf ein bestimmtes Volumen auffüllt. Läßt sich die Substanz nicht auf einfache Weise genau einwägen (z. B. Salzsäure), so bereitet man eine Lösung, die ungefähr die gewünschte Normalität hat, und stellt durch Titration mit einer Lösung, deren Substanz sich genau einwägen läßt, die genaue Normalität fest. Dieses Verfahren bezeichnet man als *Einstellen* einer Lösung. Verbindungen, die sich zur Herstellung von Lösungen genau bekannter Normalität verwenden lassen, heißen *Urtiter*-Substanzen. Zum Einstellen von Säuren kann man z. B. Natriumcarbonat als Urtiter-Substanz nehmen; Natriumhydroxid ist hygroskopisch und selten frei von Carbonat und eignet sich daher nicht als Urtiter. Laugen lassen sich z. B. gegen Oxalsäure oder Bernsteinsäure einstellen.

20.1. Titration starker Säuren und starker Basen

Neutralisiert man eine Säure durch allmähliche Zugabe von Lauge – wie es bei Titrationen der Fall ist –, so ändert sich der pH-Wert der Lösung in charakteristischer Weise. In Abbildung 20.2. wird durch die ausgezogene Kurve die Änderung des pH-Wertes der Lösung während der Neutralisation von starken Säuren mit starken Basen hergestellt. Wir gehen aus von einer 0.1 N Säure (pH = 1). Wie der schwach abfallende Teil der Kurve zeigt, ändert sich der pH-Wert bei Zugabe von Lauge zunächst nur wenig. Erst wenn fast die der Säure äquivalente Menge an Lauge zugegeben ist, erfolgt eine starke pH-Änderung (steiler Teil der Kurve).

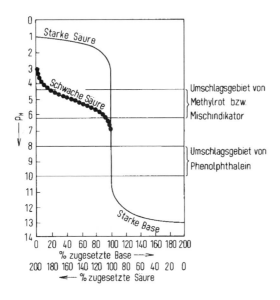

Abb. 20.2.   pH-Änderung während acidimetrischer Titrationen

Nach Abbildung 20.2. liegen die Umschlagsbereiche der als Beispiele angegebenen Indikatoren im steilen Teil der Kurve, so daß 1 bis 2 Tropfen starker Lauge genügen, um vom Umschlagsbereich des Mischindikators in den des Phenolphthaleins zu kommen. Diese wenigen Tropfen können bei einer Titration meist vernachlässigt werden. Man kann daher bei der Titration von starken Basen mit starken Säuren jeden Indikator verwenden, der zwischen pH 3 und pH 10 umschlägt.

Im unteren Teil der ausgezogenen Kurve ist die Änderung des pH-Wertes während der Neutralisation einer starken Base mit einer starken Säure dargestellt. Die Kurve verläuft analog; es ist somit auch hier gleichgültig, welchen der auf S. 60 angegebenen Indikatoren man verwendet.

Allgemeine Bemerkung: Die Proben für die folgenden quantitativen Bestimmungen werden in einem 100-ml-Meßkolben ausgegeben. Man füllt mit destilliertem Wasser bis zur Marke auf. Für eine Titration verwendet man 25.0 ml (Vollpipette!) der so verdünnten Lösung. Es sind stets 2–3 Parallelbestimmungen durchzuführen; aus diesen wird der Mittelwert genommen und der Berechnung zugrunde gelegt.

Bestimmung von Natronlauge

Versuch: 25.0 ml der auf 100 ml aufgefüllten Analysen-Lösung werden mit der Pipette in einen 200 ml fassenden Weithalskolben gegeben und etwa 30 ml Wasser sowie 2–3 Tropfen Phenolphthalein-Lösung zugefügt. Die Bürette wird bis zur Nullmarke mit 0.1 N Salzsäure gefüllt. Dann läßt man unter Umschwenken die Säure zunächst rasch und später, wenn die Indikatorfarbe blasser wird, langsamer zutropfen. Man liest den Verbrauch ab, sobald der nächste Tropfen die Rosafärbung gerade zum Verschwinden bringt.

Um die Behauptung zu prüfen, daß bei der Titration von starken Säuren und Laugen jeder Indikator verwendet werden kann, wiederhole man die Titration mit Mischindikator (Gemisch zweier verschiedener Indikatoren). Die gefundenen Werte dürfen um nicht mehr als 2–3 Tropfen differieren.

Berechnung: Die im titrierten Volumen vorhandene Natriumhydroxid-Menge wird nach Gleichung (4) (s. S. 133) berechnet:

mg NaOH = verbr. ml HCl × Normalität der HCl × 40 mg (40 mg = 1 mval NaOH).

Da wir jeweils nur $^1/_4$ der gesamten Analysen-Lösung titriert haben, muß der hier berechnete Wert noch mit 4 multipliziert werden, um die in 100 ml enthaltene NaOH-Menge zu erhalten.

Titration schwacher Säuren und schwacher Basen   20.2.

Eine schwache Säure, z. B. Essigsäure, bildet in Wasser nur wenig H_3O^+-Ionen:

$$CH_3COOH + H_2O \rightleftarrows H_3O^+ + CH_3CO_2^-$$

Entfernt man aber durch Neutralisation die H_3O^+-Ionen aus dem Gleichgewicht, so werden neue nachgebildet. Bei der Titration von schwachen Säuren erfaßt man also nicht nur die ursprünglich im Gleichgewicht vorhandenen, sondern die insgesamt verfügbaren Protonen.

Die während der Titration von schwachen Säuren (z. B. von Essigsäure) mit starken Basen eintretende Änderung des pH-Wertes ist aus Abbildung 20.2. zu ersehen. Nach Zugabe einer der Essigsäure äquivalenten Menge an Lauge enthält die Lösung Natriumacetat, das alkalisch reagiert (pH = 9; s. S. 63 u. 69). Mithin ist Phenolphthalein geeignet, den Äquivalenzpunkt bei der Titration von schwachen Säuren mit starken Basen anzuzeigen. Indikatoren, die schon im sauren Gebiet umschlagen, wie z. B. Mischindikator, würden schon vor Erreichen des Äquivalenzpunktes, d. h. zu früh, umschlagen. Allgemein gilt für die Wahl von Säure-Base-Indikatoren die Regel:

Bei der Titration von schwachen Säuren werden Indikatoren benutzt, die im alkalischen Gebiet umschlagen; bei der Titration von schwachen Basen verwendet man Indikatoren, die im sauren Gebiet umschlagen.

Titration von Essigsäure

Versuch a: 25.0 ml der auf 100 ml aufgefüllten Analysenlösung werden in einem Kolben mit 30 ml dest. Wasser und 3 Tropfen Phenolphthalein-Lösung versetzt. Man titriert mit 0.1 N Natronlauge bis zur bleibenden Rotfärbung.

Entsorgung: In kleinen Mengen nicht abwassergefährdend.

mg Essigsäure in der gesamten Analysen-Lösung = 4 × verbr. ml NaOH × Normalität der NaOH × 60 mg (60 mg = 1 mval Essigsäure).

Man titriere eine Probe mit Mischindikator. Es wird etwa 3 % weniger Natronlauge verbraucht, da der Indikator bereits umschlägt, wenn die Essigsäure noch nicht vollständig neutralisiert ist.

Stufenweise Titration von Phosphorsäure[1]

Bei der Neutralisation von Phosphorsäure werden die Protonen stufenweise abgelöst (vgl. S. 54):

$$H_3PO_4 + OH^- \longrightarrow H_2O + H_2PO_4^-$$

$$H_3PO_4 + 2 OH^- \longrightarrow 2 H_2O + HPO_4^{2-}$$

Nach Zugabe von 1 Äquivalent Natronlauge liegt in der Lösung das Salz NaH_2PO_4 vor. Dieses reagiert schwach sauer (pH ungefähr 4.4). Verwendet man einen Indikator, der diesen pH-Wert anzeigt, so kann man das Ende der Neutralisation der 1. Stufe erkennen. Geeignet ist z. B. Methylorange, dessen Umschlagsbereich zwischen pH = 3.1 und 4.4 liegt, oder Kongorot, das zwischen pH 3.0 und 5.2 umschlägt.

Nach Zugabe von 2 Äquivalenten Natronlauge befindet sich in der Lösung sekundäres Natriumphosphat, Na_2HPO_4. Der pH-Wert der Lösung liegt jetzt bei ~ 9.6; man verwendet als Indikator Thymolphthalein, das im pH-Bereich 9.4 bis 10.6 umschlägt. Mit diesem Indikator kann man das Ende der Neutralisation der 2. Stufe feststellen.

---

[1]   Bei acidimetrischen Titrationen sind nur 2--3 Tropfen der angegebenen Indikator-Lösung zu verwenden.

Versuch b: Man entnimmt zweimal 25.0 ml der auf 100 ml aufgefüllten Analysenlösung, gibt sie je in einen Titrierkolben und fügt je 30 ml Wasser hinzu. Eine Probe wird mit Methylorange oder Kongorot, die andere mit Thymolphthalein versetzt. Dann titriert man beide Proben mit 0.1 N Natronlauge auf orange bzw. hellblau. Die bei den Titrationen verbrauchten ml Lauge stehen im Verhältnis 1 : 2. Bei der Titration mit Methylorange ist es vorteilhaft, eine Vergleichslösung zu benutzen, die durch Auflösen einer Spatelspitze NaH_2PO_4 in 50 ml dest. Wasser und Zugabe derselben Indikatormenge wie im Versuch hergestellt wird. Man titriert auf Farbgleichheit.

Entsorgung: In kleinen Mengen nicht abwassergefährdend.

Titration mit Methylorange oder Kongorot als Indikator:

mg H_3PO_4 in der gesamten Analysen-Lösung = 4 × verbr. ml NaOH × Normalität der NaOH × 98 mg

(98 mg = 1 mmol H_3PO_4)

Titration mit Thymolphthalein als Indikator:

mg H_3PO_4 in der gesamten Analysen-Lösung = 4 × verbr. ml NaOH × Normalität der NaOH × 49 mg

(49 mg = 0.5 mmol H_3PO_4)

Titration von Anionbasen (Beispiele: Carbonat-Ionen)

Lösungen von Anionbasen erhält man durch Auflösen entsprechender Salze. Sie reagieren ebenso wie die Anionbase OH^- mit H_3O^+-Ionen. Wenn diese Reaktion fast vollständig abläuft, d. h. wenn die Anionbase genügend stark ist, kann die Reaktion mit H_3O^+-Ionen zur quantitativen Bestimmung der Anionbase benutzt werden. Genügend starke Anionbasen sind z. B. CN^-- oder CO_3^{2-}-Ionen.

Setzt man Soda mit verd. Salzsäure um, so laufen folgende Reaktionen ab:

$$CO_3^{2-} + H_3O^+ \longrightarrow HCO_3^- + H_2O$$

$$HCO_3^- + H_3O^+ \rightleftharpoons H_2CO_3 + H_2O \rightleftharpoons CO_2 + 2\,H_2O$$

Das in der Reaktion gebildete Kohlendioxid entweicht bei Raumtemperatur nicht vollständig. Es reagiert nach Gleichung (2) mit Wasser unter Bildung von H_3O^+-Ionen. Daher schlägt der Indikator schon um, bevor die äquivalente Menge Salzsäure zugegeben ist. Durch Erhitzen wird das Kohlendioxid entfernt.

Versuch c: 25.0 ml der auf 100 ml aufgefüllten Analysen-Lösung werden in einem Titrierkolben mit 30 ml Wasser versetzt und in Gegenwart von Mischindikator mit 0.1 N Salzsäure bis zur Rosafärbung titriert. Dann erhitzt man kurz zum Sieden, wobei die rote Farbe des Indikators wieder auf Grün zurückgeht. Nach dem Abkühlen gibt man erneut Salzsäure bis zur bleibenden Rotfärbung zu; es genügen einige Tropfen.

Entsorgung: In kleinen Mengen nicht abwassergefährdend.

mg Na_2CO_3 in der gesamten Analysen-Lösung = 4 × verbr. ml HCl × Normalität d. HCl × 53 mg

(53 mg = 1 mval Na_2CO_3 = 0.5 mmol Na_2CO_3).

Redoxmethoden

Bei der maßanalytischen Bestimmung von Oxidationsmitteln werden diese mit Reduktionsmitteln umgesetzt; Reduktionsmittel werden durch Umsetzung mit Oxidationsmitteln bestimmt.

Da sich bei Redoxreaktionen Oxidationszahlen der Reaktionspartner ändern, wird die Definition für ein g-Äquivalent hier auf die Änderung der Oxidationszahl bezogen:

$$1 \text{ Val} = \frac{1 \text{ Mol (bzw. g-Atom) des Oxidations- bzw. Reduktionsmittels}}{\text{Änderung der Oxidationszahl in der jeweiligen Reaktion}}$$

Beispiele: $\overset{+6}{Cr}O_4^{2-}$- und $\overset{+6}{Cr_2}O_7^{2-}$- Ionen werden in saurer Lösung zu (+3)-wertigem Chrom reduziert. 1 val $K_2CrO_4 = {}^1/_3$ mol K_2CrO_4; 1 val $K_2Cr_2O_7 = {}^1/_6$ mol $K_2Cr_2O_7$.

Je nach Art der Redox-Reaktion können die Äquivalentgewichte von Oxidations- bzw. Reduktionsmitteln verschieden sein: MnO_4^--Ionen werden in saurer Lösung zu Mn^{2+}-Ionen reduziert, wobei die Oxidationszahl des Mangans sich um 5 Einheiten ändert. 1 val $KMnO_4 = {}^1/_5$ mol $KMnO_4$. – In alkalischer Lösung werden MnO_4^--Ionen zu MnO_2 reduziert. Die Oxidationszahl des Mangans ändert sich hier nur um 3 Einheiten, d. h. in dieser Reaktion ist 1 val $KMnO_4 = {}^1/_3$ mol $KMnO_4$.

In der Reaktion:

$$2\,S_2O_3^{2-} + I_2 \longrightarrow S_4O_6^{2-} + 2\,I^-$$

ändert sich für jedes der vier S-Atome die Oxidationszahl um 0.5 Einheiten, für die beiden S-Atome in einem $Na_2S_2O_3$-Molekül also insgesamt um 1 Einheit (vgl. Versuch 7.12.). Daher ist 1 val $Na_2S_2O_3 = 1$ mol $Na_2S_2O_3$.

20.3.
Manganometrie

Bestimmung von Fe^{2+}-Ionen

Fe^{2+}-Ionen werden von MnO_4^--Ionen in saurer Lösung zu Fe^{3+}-Ionen oxidiert.

$$5\,Fe^{2+} + \overset{+7}{Mn}O_4^- + 8\,H^+ \longrightarrow 5\,Fe^{3+} + Mn^{2+} + 4\,H_2O$$

Das Ende der Titration gibt sich durch schwache Rotfärbung der Lösung zu erkennen. Da Eisen(III)-Ionen die Lösung schwach gelb färben würden, gibt man vor Beginn der Titration Phosphorsäure hinzu, die mit Fe^{3+}-Ionen einen farblosen Komplex bildet.

Versuch a: Zu 25.0 ml der auf 100 ml aufgefüllten Eisen(II)-sulfat-Lösung werden 30 ml verd. Schwefelsäure und 2 ml Phosphorsäure gegeben. Dann titriert man mit 0.1 N Kaliumpermanganat-Lösung bis zur bleibenden Rosafärbung.

mg Fe^{2+} in d. gesamten Analysen-Lösung = 4 × verbr. ml $KMnO_4$ × Normalität der $KMnO_4$× 56 mg

(56 mg = 1 mval Fe = 1 mg-Atom Fe)

Bestimmung von Oxalsäure

Oxalsäure wird von MnO_4^--Ionen in schwefelsaurer Lösung zu Kohlendioxid oxidiert.

$$5\,(COOH)_2 + 2\,MnO_4^- + 6\,H^+ \longrightarrow 10\,CO_2 + 8\,H_2O + 2\,Mn^{2+}$$

Da in dieser Reaktion 10 val Kaliumpermanganat mit 5 mol Oxalsäure reagieren, ist 1 val Oxalsäure gleich $^1/_2$ mol Oxalsäure.

Versuch b: Zu 25.0 ml der auf 100 ml aufgefüllten Analysen-Lösung werden 50 ml verd. Schwefelsäure gegeben. Man erwärmt auf 80 °C und titriert mit 0.1 N Kaliumpermanganat-Lösung bis zur bleibenden Rosafärbung. Die ersten Tropfen der Permanganat-Lösung werden nur langsam entfärbt.

Entsorgung: In kleinen Mengen nicht abwassergefährdend.

mg Oxalsäure in der gesamten Analysen-Lösung = 4 × verbr. ml $KMnO_4$ × Normalität d. $KMnO_4$ × 45 mg

(45 mg = 1 mval Oxalsäure = $^1/_2$ mmol Oxalsäure)

Bestimmung von Wasserstoffperoxid

Wasserstoffperoxid wird in schwefelsaurer Lösung von Kaliumpermanganat zu Sauerstoff oxidiert (vgl. Versuch 7.3.).

$$2\,\overset{+7}{Mn}O_4^- + 5\,\overset{-1}{H_2O_2} + 6\,H^+ \longrightarrow 5\,\overset{0}{O_2} + 2\,Mn^{2+} + 8\,H_2O$$

Versuch c: 25.0 ml der auf 100 ml aufgefüllten Lösung von Wasserstoffperoxid werden mit 50 ml Wasser und dann mit 25 ml verd. Schwefelsäure versetzt. Man titriert mit 0.1 N $KMnO_4$-Lösung bis zur Rosafärbung.

Entsorgung: In kleinen Mengen nicht abwassergefährdend.

mg H_2O_2 in der gesamten Analysen-Lösung = 4 × verbr. ml $KMnO_4$ × Normalität d. $KMnO_4$ × 17 mg

(17 mg = 1 mval H_2O_2 = $^1/_2$ mmol H_2O_2)

Iodometrie   20.4.

Mit Hilfe der Iodometrie können Oxidationsmittel bestimmt werden, die Iodid-Ionen zu Iod oxidieren, sowie Reduktionsmittel, die Iod reduzieren.

Das durch Oxidation erhaltene Iod wird durch Titration mit Natriumthiosulfat quantitativ bestimmt, wobei Tetrathionat-Ionen gebildet werden (vgl. Versuch 7.12.):

$$I_2 + 2\,S_2O_3^{2-} \longrightarrow S_4O_6^{2-} + 2\,I^-$$

Das zur Reduktion des Iods verbrauchte Natriumthiosulfat ist äquivalent der Menge an Oxidationsmittel, die Iodid-Ionen zu Iod oxidiert hat. Bei der Berechnung der gesuchten Menge des Oxidationsmittels bezieht man daher direkt auf das verbrauchte Natriumthiosulfat.

A. Iodometrische Bestimmung von Oxidationsmitteln

Bestimmung von Dichromat-Ionen

Dichromat-Ionen oxidieren Iodid-Ionen in saurer Lösung zu Iod, das mit einer Natriumthiosulfat-Lösung bekannten Gehaltes bestimmt wird.

$$Cr_2O_7^{2-} + 6\,I^- + 14\,H^+ \longrightarrow 2\,Cr^{3+} + 7\,H_2O + 3\,I_2$$

Versuch a: Zu 25.0 ml der auf 100 ml aufgefüllten Dichromat-Lösung gibt man 2 g Kaliumiodid und 5 ml konz. Salzsäure. Man läßt einige Minuten stehen, fügt 100 ml Wasser hinzu und titriert das ausgeschiedene Iod mit 0.1 N Natriumthiosulfat-Lösung. Um den Endpunkt genau feststellen zu können, setzt man – sobald die Iodfarbe nur noch schwach erkennbar ist – 2 bis 3 ml Stärke-Lösung zu. Dann gibt man weiter tropfenweise Natriumthiosulfat hinzu, bis die blaue Iod-Stärke-Farbe verschwunden ist; die Lösung wird grünlich durch gebildetes Cr^{3+}.

Entsorgung: Schwermetall-Abfälle

mg $K_2Cr_2O_7$ in der gesamten Analysen-Lösung = 4 × verbr. ml $Na_2S_2O_3$ × Normalität der $Na_2S_2O_3$ × 49 mg
(49 mg = 1 mval $K_2Cr_2O_7$ = $^1/_6$ mmol $K_2Cr_2O_7$)

Bestimmung von Cu^{2+}-Ionen

Cu^{2+}-Ionen oxidieren Iodid-Ionen in saurer Lösung. Das gebildete Iod wird mit Natriumthiosulfat-Lösung titriert.

$$2\,Cu^{2+} + 4\,I^- \longrightarrow 2\,CuI\downarrow + I_2$$

Versuch b: 25.0 ml der auf 100 ml aufgefüllten Kupfersulfat-Lösung versetzt man mit 5 ml Eisessig und 3 g Kaliumiodid. Man titriert mit 0.1 N Natriumthiosulfat-Lösung bis zum Verblassen der Braunfärbung, gibt 3 ml Stärke-Lösung hinzu und titriert weiter bis zum Verschwinden der Blaufärbung.

Entsorgung: Schwermetall-Abfälle

mg Cu^{2+} in der gesamten Analysen-Lösung = 4 × verbr. ml $Na_2S_2O_3$ × Normalität der $Na_2S_2O_3$ × 63 mg
(63 mg = 1 mval Cu = 1 mg-Atom Cu)

Bestimmung von Wasserstoffperoxid

Wasserstoffperoxid oxidiert in saurer Lösung Iodid-Ionen. Die Reaktion verläuft langsam. Das gebildete Iod wird durch Titration mit Natriumthiosulfat-Lösung bestimmt.

$$\overset{-1}{H_2O_2} + 2\,I^- + 2\,H^+ \longrightarrow \overset{0}{I_2} + 2\,\overset{-2}{H_2O}$$

Versuch c: In einen Weithalskolben gibt man 20 ml Kaliumiodid-Lösung und 20 ml verd Schwefelsäure (hergestellt durch Eingießen von 4 ml konz. H_2SO_4 in 16 ml Wasser). Zu dieser Lösung läßt man langsam 25.0 ml der auf 100 ml aufgefüllten Analysen-Lösung unter Umschwenken fließen. Nach 5 min. Stehen wird mit 0.1 N Natriumthio-sulfat-Lösung titriert. Sobald Gelbfärbung erreicht ist, gibt man 3 ml Stärke-Lösung zu und dann wieder tropfenweise Natriumthiosulfat-Lösung bis zum Verschwinden der Blaufärbung.

Entsorgung: Säure-Abfälle

mg H_2O_2 in der gesamten Analysen-Lösung = 4 × verbr. ml $Na_2S_2O_3$ × Normalität d. $Na_2S_2O_3$ × 17 mg
(17 mg = 1 mval H_2O_2 = $^1/_2$ mmol H_2O_2)

B. Iodometrische Bestimmung von Reduktionsmitteln

Bestimmung von Schwefliger Säure

Schweflige Säure reduziert Iod. Da Schweflige Säure leicht flüchtig ist, wird das Oxidationsmittel Iod im Überschuß angewendet und nicht verbrauchtes Iod mit Natriumthiosulfat-Lösung zurücktitriert.

$$H_2SO_3 + I_2 + H_2O \longrightarrow H_2SO_4 + 2\,H^+ + 2\,I^-$$

Versuch d: In einen Weithalskolben, der 25.0 ml 0.1 N Iod-Lösung enthält, läßt man unter Umschwenken aus einer Pipette 25.0 ml der auf 100 ml aufgefüllten Lösung von Schwefliger Säure fließen. Die Lösung ist durch überschüssiges Iod braun gefärbt. Man titriert mit 0.1 N Natriumthiosulfat-Lösung bis zur Gelbfärbung, fügt 2–3 ml Stärke-Lösung hinzu und beendet die Titration durch Zutropfen weiterer Thiosulfat-Lösung bis zum Verschwinden der Blaufärbung.

Entsorgung: In kleinen Mengen nicht abwassergefährdend.

Die in der Analysen-Lösung enthaltene Schweflige Säure wird nach folgender Überlegung berechnet:
Die titrierte Menge an Schwefliger Säure ist der verbrauchten Iod-Menge äquivalent. Diese erhält man durch Subtraktion des mit Natriumthiosulfat zurücktitrierten Iods von der vorgelegten Iod-Menge. Demnach sind:

verbrauchte mval Iod = vorgelegte mval Iod – zurücktitrierte mval Iod.

Die zurücktitrierten Millival Iod sind äquivalent den bei der Titration verbrauchten Millival Natriumthiosulfat. Somit ist:

mg H_2SO_3 in der gesamten Analysen-Lösung = 4 × (vorgel. ml Iod-Lsg. × Normalität d. Iod-Lsg. – verbr. ml $Na_2S_2O_3$) × 41 mg
(41 mg = 1 mval H_2SO_3 = $^1/_2$ mmol H_2SO_3)

20.5. Anwendung von Redox-Indikatoren

Bestimmung von Fe^{2+}-Ionen mit Kaliumdichromat

Fe^{2+}-Ionen werden in schwefelsaurer Lösung durch Kaliumdichromat oxidiert. Als Redox-Indikator verwenden wir im folgenden Versuch das Natriumsalz der Diphenylaminsulfonsäure.

$$Cr_2O_7^{2-} + 6\,Fe^{2+} + 14\,H^+ \longrightarrow 6\,Fe^{3+} + 2\,Cr^{3+} + 7\,H_2O$$

Versuch: 25.0 ml der auf 100 ml aufgefüllten Analysen-Lösung werden mit 20 ml verd. Schwefelsäure und 5 Tropfen einer 0.1proz. Lösung des Indikators versetzt. Dann titriert man mit 0.1 N Dichromat-Lösung. Die Lösung wird in der Nähe des Äquivalenzpunktes dunkelgrün. Jetzt fügt man noch 2 ml Phosphorsäure hinzu und gibt dann tropfenweise weiter Dichromat-Lösung zu bis zum Farbumschlag nach Blauviolett (vgl. Versuch 15.5.b).

Entsorgung: Schwermetall-Abfälle

mg Fe^{2+} in der gesamten Analysen-Lösung = 4 × verbr. ml $K_2Cr_2O_7$ × Normalität der $K_2Cr_2O_7$ × 56 mg
(56 mg = 1 mval Fe = 1 mg-Atom Fe)

20.6. Fällungsverfahren

Bei der Fällungsanalyse werden die zu bestimmenden Ionen durch die zugegebene Maßlösung ausgefällt.

Chlorid-Bestimmung nach VOLHARD

Bei dieser Bestimmung spielen sich folgende Reaktionen ab:

$$Ag^+ + Cl^- \longrightarrow AgCl \downarrow$$
$$Ag^+ + SCN^- \longrightarrow AgSCN \downarrow$$
$$Fe^{3+} + 3\,SCN^- \rightleftharpoons Fe(SCN)_3 \text{ (rot)}$$

Die Chlorid-Ionen werden zunächst durch 0.1 N Silbernitrat-Lösung, die man im Überschuß zugibt, ausgefällt. Überschüssige Silber-Ionen werden anschließend mit Ammoniumrhodanid-Lösung zurücktitriert. Erst wenn alle Silber-Ionen zu schwerlöslichem Silberrhodanid umgesetzt sind, reagiert der nächste Tropfen der Ammoniumrhodanid-Lösung mit den als Indikator wirkenden Fe^{3+}-Ionen zu rotem Eisenrhodanid. Da Silberrhodanid schwerer löslich ist als Silberchlorid, kann sich zugegebenes Rhodanid auch mit dem ausgefallenen Silberchlorid umsetzen und so das Resultat verfälschen. Um dies zu verhindern, wird der Silberchlorid-Niederschlag vor der Titration abfiltriert.

Versuch: 25.0 ml der Analysen-Lösung werden im 100 ml-Meßkolben mit 5 ml chloridfreier, verd. Salpetersäure angesäuert und mit 50.0 ml 0.1 N Silbernitrat-Lösung versetzt. Man gibt 1 ml kalt gesättigte Eisen(III)-ammoniumsulfat-Lösung zu, füllt auf 100 ml auf und filtriert durch ein trockenes Filter ab. Ein Aliquot von 50.0 ml titriert man mit 0.1 N Ammoniumrhodanid-Lösung bis zu einem rötlichen Gelb.

Entsorgung: Schwermetall-Abfälle

Zur Berechnung von Bestimmungen, bei denen zurücktitriert wird, vgl. Versuch 20.4.d.

mg Cl^- in der gesamten Analysen-Lösung = 8 × (vorgelegte ml $AgNO_3$ × Normalität d. $AgNO_3$ – verbr. ml NH_4SCN × Normalität d. NH_4SCN) × 35.5 mg.

(35.5 mg = 1 mval Cl = 1 mg-Atom Cl)

Komplexometrie

20.7.

Von den auf Komplexbildung beruhenden maßanalytischen Bestimmungsverfahren besprechen wir nur eines, das besonders vielseitig anwendbar ist.

Bei diesem Verfahren werden Metall-Ionen mit komplexbildenden Stoffen umgesetzt, wobei das Ende der Reaktion durch einen Metallindikator kenntlich gemacht wird. Metallindikatoren bilden ebenfalls mit den Metall-Ionen einen Komplex. Dieser hat eine andere Farbe als der metallfreie Indikator.

Wir führen eine Titration von Calcium-Ionen durch, wie sie ähnlich bei der Bestimmung dieser Ionen im Blutserum benutzt wird. Als komplexbildender Stoff dient das Dinatriumsalz der Ethylendiamin-tetraessigsäure (abgekürzt EDTA); als Indikator wird Eriochromschwarz T verwendet. Dieses ist in ammoniakalischer Lösung grün; der Komplex des Indikators mit Ca^{2+}-Ionen ist rot. Aus folgendem Versuch ersehen wir den Farbumschlag des Indikators.

Versuch a: Man gebe in 10 ml Wasser (mit Hilfe eines dünnen Glasstabs) einen Tropfen Indikator-Lösung (Eriochromschwarz T), eine Spatelspitze Ammoniumchlorid und 1 ml verd. Ammoniak-Lösung. Fügt man nun zu der grünen Lösung einige Tropfen einer Lösung von Calciumchlorid, so schlägt die Farbe nach Rot um. Nach Zugabe einiger Tropfen einer EDTA-Lösung wird die Probe wieder grün.

Entsorgung: In kleinen Mengen nicht abwassergefährdend.

Eriochromschwarz T und Ammoniumchlorid lassen sich auch durch eine halbe Indikator-Puffertablette ersetzen.

In diesem Versuch sind folgende Reaktionen abgelaufen:

Ca^{2+} + Indikator (blau) $\rightleftharpoons$ Ca-Indikator (rot)
Ca^{2+} + EDTA (farblos) $\rightleftharpoons$ Ca-EDTA (farblos)
Ca-Indikator (rot) + EDTA $\rightleftharpoons$ Ca-EDTA + Indikator (blau)

EDTA bindet Ca^{2+}-Ionen fester als der Indikator. Tropft man EDTA zur roten Lösung, so bindet dieses zunächst die in der Lösung vorhandenen Ca^{2+}-Ionen. Bei weiterer Zugabe von EDTA entreißt dieses dem Indikator die Ca^{2+}-Ionen, und die Lösung wird wieder blau.

Bestimmung von Ca^{2+}-Ionen mit EDTA

Versuch b: 25.0 ml der auf 100 ml aufgefüllten Calciumchlorid-Lösung werden in 80 ml destilliertes Wasser gegeben. Man gibt (mit einem Glasstab) 2 Tropfen Erio-chrom-T-Lösung, 10 ml Ammoniak-Lösung sowie 1 Spatelspitze Ammoniumchlorid oder einfacher eine in 1 ml konz. Ammoniak aufgelöste Indikator-Puffertablette hinzu. Um den Farbumschlag schärfer erkennbar zu machen, wird noch 1 ml einer 0.1 M Lösung von Magnesium-EDTA zugefügt. Man titriert mit einer 0.1 M Lösung von EDTA bis zum Farbumschlag nach reinem Blau. 20–50 mg Ca^{2+}-Ionen können so titriert werden.

Entsorgung: In kleinen Mengen nicht abwassergefährdend.

mg Ca^{2+} in der gesamten Analysen-Lösung = 4 × verbr. ml EDTA × Molarität d. EDTA × 40 mg

(40 mg = 1 mg-Atom Ca)

Ganz analog geht man bei der Bestimmung der Härte von Leitungswasser vor, indem man 50 ml titriert. Deutsche Härtegrade (DH°) sind definiert als mg CaO in 100 ml Wasser (1 DH° ≅ 1 mg CaO in 100 ml Wasser; 40 mg Ca^{2+} ≅ 56 mg CaO)

Organische Chemie

Der Kohlenstoff ist auf Grund seiner besonderen Eigenschaften prädestiniert, Grundbaustein aller von der lebenden Zelle synthetisierten Stoffe zu sein. Wie kein anderes Element hat er die Fähigkeit, mit Atomen der gleichen Art sowie mit allen Nichtmetallen Bindungen einzugehen. C–C-Bindungen sind im allgemeinen fest, sie können nur dann leicht gelöst werden, wenn besondere Voraussetzungen im Molekül gegeben sind.

Die Bindungen des Kohlenstoffs mit Nichtmetallen sind kovalent und polarisiert. Seine Elektronegativität ist erheblich geringer als z. B. die des Sauerstoffs und der Halogene (vgl. Tab. 1.5., S. 6). In Verbindung mit diesen Elementen trägt ein C-Atom eine δ^+-Ladung:

$$\overset{\delta+}{H_3C}\text{—}\overset{\delta-}{OH}; \qquad \overset{\delta+}{H_3C}\text{—}\overset{\delta-}{Hal}$$

Während Ionen-Reaktionen sehr schnell ablaufen, reagieren Kohlenstoff-Verbindungen langsam, es sei denn, daß ionen-bildende Substituenten oder besonders reaktionsfähige Gruppen an ihren Umsetzungen beteiligt sind.

In gesättigten Verbindungen ist jedes C-Atom mit vier anderen Atomen verbunden. Die Bindungen sind nach den Ecken eines Tetraeders gerichtet, in dessen Zentrum sich das C-Atom befindet. Daher sind Kohlenstoff-Ketten zickzackförmig gebaut. Die Bindungsrichtungen bilden, dem Tetraedermodell entsprechend, einen Winkel von 109° miteinander. In Kap. 26. besprechen wir die Vorstellung, die man sich von Bindungen in organischen Molekülen nach der Orbitaltheorie macht.

Kapitel 21. Kohlenwasserstoffe

Alkane

Alkane oder Paraffine haben die allgemeine Summenformel C_nH_{2n+2}; Cycloalkane enthalten pro Ring 2 H-Atome weniger. Vom Butan (C_4H_{10}) ab führt die Fähigkeit des Kohlenstoffs, auch verzweigte Ketten zu bilden, zu Isomeren, d. h. zu Verbindungen mit gleicher Bruttoformel, aber verschiedener Konstitution:

n-Butan   *iso*-Butan

In der Laboratoriumspraxis sind auch physikalische Eigenschaften von Interesse, u. a. Schmelz- und Siedepunkte sowie Löslichkeits-Verhältnisse. Diese ändern sich in einer homologen Reihe, d. h. bei Verbindungen, die sich nur durch die Anzahl von CH_2-Gruppen im Molekül unterscheiden, mit einer gewissen Regelmäßigkeit. Schmelz- und Siedepunkte steigen mit wachsender Zahl der CH_2-Gruppen an, da die zwischenmolekularen Anziehungskräfte mit zunehmender Molekülgröße stärker werden.

21.1. Alkane lösen sich in Lösungsmitteln, die ihnen chemisch ähnlich sind. Ein derartiges Verhalten beschrieb PARACELSUS mit dem Satz: *similia similibus solvuntur*. In stark polaren Lösungsmitteln, z. B. Wasser, sind Alkane unlöslich, da sie nicht polar sind.

> **Versuch[1]:** Zu einem erbsengroßen Stückchen Paraffin (= Gemisch hochmolekularer Alkane) gibt man 3 ml Wasser und erwärmt. Das Paraffin schmilzt, ohne sich zu lösen, und schwimmt auf der Wasseroberfläche. Beim Erkalten erstarrt es wieder. – Man wiederhole den Lösungsversuch mit je 3 ml Methanol, Ethanol, Toluol und Cyclohexan. Beim Erwärmen löst sich das Paraffin in den Alkoholen teilweise, in den beiden Kohlenwasserstoffen vollständig. Aus den erkalteten Lösungen kristallisiert es wieder aus.
>
> **Entsorgung**: Organ. Lösungsmittel (nur Toluol und Cyclohexan).

Auf Grund unserer früheren Bemerkungen zum Lösungsvorgang (vgl. S. 34) lassen sich die hier beobachteten Verhältnisse verstehen: Die Kohlenwasserstoffe sind unpolar und können die relativ starken Anziehungskräfte zwischen den Wassermolekülen nicht überwinden. Die H_2O-Teilchen verbleiben daher im eigenen Verband, und es kommt nicht zu einer Solvatation. Dagegen werden Moleküle von Lösungsmitteln, die selbst Alkane sind oder diesen chemisch nahestehen, nur durch schwache Kräfte zusammengehalten, so daß beide Molekülarten (Paraffin und Lösungsmittel) sich durchmischen können.

21.2. Alkane sind sehr reaktionsträge (*parum affinis* = wenig reaktionsfähig ⇨ Paraffin). Paraffin wird unter den Bedingungen des folgenden Versuches weder durch heiße konz. Salpetersäure noch durch heiße konz. Schwefelsäure angegriffen.

> **Versuch:** Man gebe zu einem erbsengroßen Stückchen Paraffin 3 ml konz. Salpetersäure und erhitze; das Paraffin schmilzt in der siedenden Säure. Eine Oxidation, die durch Stickstoffdioxid-Entwicklung angezeigt würde, tritt nicht ein. – Erwärmt man etwas Paraffin mit 3 ml konz. Schwefelsäure ungefähr 10 min im siedenden Wasserbad, so beobachtet man nur eine leichte Verfärbung der Säure. – In beiden Versuchen erstarrt das Paraffin beim Abkühlen unverändert.
>
> **Entsorgung**: Säure-Abfälle

Auch von Basen werden Paraffine nicht angegriffen; d. h., die H-Atome in Paraffinen haben keine sauren Eigenschaften (vgl. Tab. S. 48). Als stärkste Base in wäßriger Lösung haben wir OH^--Ionen kennengelernt. Stärkere Basen wie NH_2^--Ionen – vorgebildet im Natriumamid $NaNH_2$ – sind so stark basisch, daß sie mit Wasser augenblicklich zu NH_3 reagieren. Ebensowenig ist die Base CH_3^- oder das Anion eines anderen Paraffins im Wasser existenzfähig[2].

Radikale sind dagegen vielfach genügend reaktionsfähig, um auch mit Alkanen zu reagieren; sie müssen allerdings zunächst in einer Startreaktion gebildet werden, z.B. durch

---

[1]   Man sei vorsichtig im Umgang mit flüchtigen organischen Lösungsmitteln und entferne Flammen aus ihrer Nähe! Zum Erwärmen dieser Lösungsmittel darf niemals eine offene Flamme benutzt werden, sondern nur warmes Wasser (Wasserbad), nachdem der Bunsenbrenner gelöscht worden ist!

[2]   Bei organischen Verbindungen setzen wir Ladungen in einen kleinen Kreis (⊖ , ⊕), um die negative Ladung besser von einem freien Elektronenpaar unterscheiden zu können.

homolytische Spaltung von Chlor oder Brom im Licht. Das in der Startreaktion (1) gebildete Radikal reagiert z.B. mit Methan, wobei die Radikaleigenschaft auf den Kohlenwasserstoff übergeht (2). Das Methylradikal kann nun mit Chlor unter Rückbildung eines Chlorradikals zu Chlormethan reagieren (3). Die Umsetzung kommt zum Stillstand, wenn mehr Radikale wie in (4) unter Rekombination reagieren, als durch Energiezufuhr neu gebildet werden.

$$Cl_2 \xrightarrow{h\nu} 2\,Cl^{\cdot} \tag{1}$$

$$Cl^{\cdot} + CH_4 \longrightarrow HCl + CH_3^{\cdot} \tag{2}$$

$$CH_3^{\cdot} + Cl_2 \longrightarrow CH_3Cl + Cl^{\cdot} \tag{3}$$

$$Cl^{\cdot} + CH_3^{\cdot} \longrightarrow CH_3Cl \tag{4}$$

Da der Reaktionszyklus (2)/(3) mehrfach durchlaufen wird, kann 1 Lichtquant (Photon) 100000 und mehr Alkanmoleküle zur Reaktion bringen. Ist die Umsetzung wie bei der Reaktion von Chlor mit Wasserstoff stark exergonisch, so reicht die Reaktionswärme zur Bildung weiterer Radikale aus. Man spricht dann von einer Kettenreaktion, die im Beispiel von Chlor und Wasserstoff in eine Explosion einmündet; aus Methan entsteht ein Gemisch unterschiedlicher Chlormethane

Versuch: In einem Reagenzglas versetzt man 20 ml Petrolether mit 5 Tropfen reinem Brom. Im Sonnenlicht oder vor einer Glühlampe entfärbt sich die Lösung innerhalb von Sekunden, und der in Petrolether kaum lösliche Bromwasserstoff entweicht in Blasen und bildet an der Luft weiße Nebel. Im Dunkeln bleibt die Farbe dagegen längere Zeit erhalten.

Entsorgung: Halogenierte Lösungsmittel

Alkene

Alkene oder Olefine haben eine gerade Anzahl von Wasserstoff-Atomen weniger als die entsprechenden Paraffine; sie enthalten eine oder mehrere Doppelbindungen. Eine Doppelbindung besteht aus zwei kovalenten Bindungen. Eines der beiden Elektronenpaare verknüpft die C-Atome in gleicher Weise wie in den Paraffinen. Das zweite bedingt die Reaktionsfähigkeit der Olefine; dieses zweite Elektronenpaar nennt man π-Elektronenpaar (s. Kapitel 26.).

Siede- und Schmelzpunkte sowie die Löslichkeiten der Alkene unterscheiden sich nur wenig von denen der Alkane mit gleicher Kohlenstoffzahl, da der Mindergehalt von 2 H-Atomen diese Eigenschaften kaum beeinflußt.

Für das chemische Verhalten der Alkene sind Additions-Reaktionen charakteristisch. **21.3.** Wir untersuchen die Addition von Brom, die als Nachweis für Kohlenstoff-Doppelbindungen benutzt werden kann.

Versuch: 5 Tropfen Cyclohexen werden tropfenweise mit einer Lösung von Brom in Eisessig versetzt. Das Brom wird augenblicklich verbraucht. Man gibt weiter Brom hinzu, bis die gelbe Farbe bestehen bleibt. Nun versetzt man mit einem Tropfen Phenolphthalein-Lösung und mit verd. Natronlauge bis zur Rotfärbung. Es scheidet sich öliges 1,2-Dibrom-cyclohexan ab, das terpentinähnlich riecht.

Entsorgung: Wäßrige Lösung in kleinen Mengen nicht abwassergefährdend; Dibromcyclohexen → halogenierte Lösungsmittel

Bei der Addition von Br_2, an Cyclohexen entsteht 1,2-Dibrom-cyclohexan, und zwar – von den beiden möglichen Isomeren – die *trans*-Verbindung. In dieser stehen die Brom-Atome auf entgegengesetzten Seiten des gewellten Rings.

Die Addition von Brom verläuft über ein cyclisches Bromonium-Ion, das mit einem Bromid-Ion aus sterischen Gründen von der entgegengesetzten Seite zu *trans*-1,2-Dibromcyclohexan reagiert.

Verbindungen mit konjugierten Doppelbindungen können in 1,2- oder 1,4-Stellung Addenden aufnehmen. Butadien bildet mit Brom 1,2- neben 1,4-Dibrom-buten:

21.4. Doppelbindungen werden von Kaliumpermanganat angegriffen. Wenn keine anderen reduzierenden Gruppen in einem Molekül enthalten sind, kann die Reduktion von MnO_4^--Ionen als Nachweis für Doppelbindungen benutzt werden[1] .

Versuch: Man gebe 1 Tropfen Cyclohexen zu 2 ml Wasser und füge 3 Tropfen Kaliumpermanganat-Lösung zu. Beim Durchschütteln verschwindet die violette Farbe, und es scheidet sich Braunstein ab.

Entsorgung: In kleinen Mengen nicht abwassergefährdend.

Alkine

21.5. Alkine sind Kohlenwasserstoffe, die eine C≡C-Gruppe enthalten. Die Dreifachbindung zeigt ähnliche Additionsreaktionen wie die Doppelbindung. So wird z. B. Brom addiert

---

[1] Im organischen Teil dieses Buches beschreiben wir Reaktionen häufig nicht durch stöchiometrische Gleichungen, sondern geben nur die charakteristischen Veränderungen der Reaktionspartner an. Über oder unter dem Reaktionspfeil sind dann die Reagenzien genannt, welche die Veränderungen bewirken.

(Versuch a). Zum Unterschied von Einfach- und Doppelbindungen acidifiziert die C≡C-Dreifachbindung die an den C-Atomen haftenden H-Atome. Dies erkennt man an der Bildung von Salzen. Acetylen (HC≡CH) und Alkine der allgemeinen Formel R-C≡CH bilden meist schwerlösliche Silber- und Kupfer(I)-Salze (sog. Acetylide), was sich zum Nachweis dieser Verbindungen verwenden läßt. Wir untersuchen Reaktionen der HC≡C-Gruppe am Beispiel des wasserlöslichen Propinols (HC≡C–CH$_2$OH). In Versuch b fällt ein Niederschlag aus, der das Silbersalz des Propinols (AgC≡C–CH$_2$OH) enthält.

Versuch a: Man gebe zu 1 ml Propinol-Lösung einige Tropfen einer Lösung von Brom in Eisessig; die Lösung wird allmählich farblos.
Entsorgung: Halogenierte Lösungsmittel

Versuch b: Man versetze 1 ml Propinol-Lösung mit 1 ml verd. Ammoniak-Lösung und gebe einige Tropfen Silbernitrat-Lösung hinzu; es fällt ein farbloses Silbersalz aus.
Entsorgung: Salz in kleinen Mengen nicht abwassergefährdend; Lösung → organ. Lösungsmittel

Achtung, viele Schwermetall-acetylide sind nach dem Trocknen explosiv! Sie werden am besten noch im feuchten Zustand mit einigen Tropfen verd. Salzsäure zersetzt und weggespült.

Kapitel 22. Hydroxy-Verbindungen

Alkohole

Die physikalischen Eigenschaften der Alkohole (ROH; R = aliphat. Rest) unterscheiden sich erheblich von denen der Kohlenwasserstoffe.

Die Siede- und Schmelzpunkte von Alkoholen liegen höher als die von Alkanen mit der **22.1.** gleichen Zahl von C-Atomen, d. h., man muß bei Alkoholen mehr Energie aufwenden, um die zwischenmolekularen Anziehungskräfte zu überwinden. Diese sind infolge der polaren OH-Gruppe relativ groß; vor allem aber deshalb, weil Alkohole – ebenso wie Wasser – Wasserstoffbrücken untereinander bilden. Der Einfluß der OH-Gruppe wirkt sich besonders stark bei den niederen Alkoholen aus; Ethanol z. B. siedet um 167 °C höher als Ethan. Methanol, CH$_3$OH, das nur ein C-Atom enthält, hat fast den gleichen Siedepunkt (65 °C) wie Hexan (C$_6$H$_{14}$).

Versuch: Ein Thermometer wird durch ein etwa 2 cm^2 großes, durchbohrtes Gummiplättchen gesteckt oder mit einer Wäscheklammer gehalten. Man verschiebt das Plätzchen (die Wäscheklammer) so, daß die Quecksilberkugel beim Einstecken in ein Reagenzglas etwa 4 cm vom Boden des Glases entfernt ist. Jetzt wird das Reagenzglas mit einer Klammer an einem Stativ befestigt und in ein kleines Becherglas mit Wasser gehängt. Zur Siedepunkts-Bestimmung gibt man 2 ml der zu untersuchenden Flüssigkeit und einen Siedestein in das Reagenzglas. Das Wasserbad wird rasch auf etwa 50 °C erhitzt. Man kontrolliere diese Temperatur mit dem Thermometer, das man aus dem Reagenzglas herausnimmt und in das Wasserbad stellt. Dann erhitzt man mit kleiner Flamme weiter; die Temperatur des Wasserbads soll etwa 3–5 °C pro Minute ansteigen. Wenn im Reagenzglas Dampfblasen auftreten, trocknet man das Thermometer ab und hängt es in das Reagenzglas und zwar so, daß es die Glaswand nicht berührt. Die Quecksilberkugel soll sich etwa 2 cm über der Flüssigkeits-Oberfläche befinden. Sobald das Thermometer einen konstanten Wert anzeigt, liest man die Temperatur ab.

Man bestimme die Siedepunkte von: Methanol (65 °C), Ethanol (78 °C), Hexan (69 °C) und Cyclohexan (81 °C).

Entsorgung: Methanol und Ethanol in kleinen Mengen nicht abwassergefährdend, Hexan, Cyclohexan → organ. Lösungsmittel

22.2. Alkohole mit 1–3 C-Atomen sind mit Wasser unbegrenzt mischbar; n-Butanol (C_4H_9OH) löst sich nur wenig in Wasser, die höheren Alkohole sind in Wasser schlecht oder unlöslich.

Bei den niederen Alkoholen überwiegt der Einfluß der hydrophilen OH-Gruppe, bei den höheren der des hydrophoben Alkyl-Restes; daher sind die höheren Alkohole nicht in Wasser, wohl aber in Kohlenwasserstoffen löslich.

Versuch: Man gebe je 1 ml Methanol, Ethanol, Isopropanol, n-Butanol und Amylalkohol zu je 1 ml Wasser. Nur die ersten drei Alkohole mischen sich mit Wasser. n-Butanol und Amylalkohol sind nur teilweise in Wasser löslich. Sie bilden, mit dem gleichen Volumen Wasser gemischt, zwei Schichten, von denen die wäßrige unten ist. – Versetzt man die Alkohole jeweils mit dem gleichen Volumen Hexan, so beobachtet man außer bei Methanol vollständige Mischung.

Entsorgung: Organ. Lösungsmittel-Abfälle.

Das chemische Verhalten der Alkohole zeigt Parallelen zu dem des Wassers. So reagieren Alkohole z. B. mit Natrium, wenn auch weniger heftig als Wasser:

$$2\,C_2H_5OH + 2\,Na \longrightarrow 2\,C_2H_5O^- + 2\,Na^+ + H_2\uparrow$$

Ethylalkohol ist eine schwächere Säure als Wasser; dementsprechend sind Ethylat-Ionen ($C_2H_5O^-$) stärker basisch als OH^--Ionen.

Veresterung von Alkoholen mit organischen Säuren

22.3. Alkohole reagieren mit Säuren in einer Gleichgewichtsreaktion unter Abspaltung von Wasser zu Estern. Bei der Veresterung von niederen Alkoholen mit niederen organischen Säuren entstehen leichtflüchtige Ester, die sich – wie z. B. der in folgendem Versuch gebildete Essigsäure-ethylester – durch einen Fruchtgeruch bemerkbar machen.

Versuch: Man gebe zu 1 ml Ethanol einen Tropfen Eisessig und einen Tropfen konz. Schwefelsäure und erhitze zum Sieden. Nach kurzem Kochen tritt der süßliche Geruch von Essigester auf. Man vergleiche den Geruch mit dem von Essigester, der auf dem Arbeitsplatz aufgestellt ist. (Auch merke man sich den Geruch anderer Lösungsmittel!)

Entsorgung: In kleinen Mengen nicht abwassergefährdend.

Die Bildung eines Esters aus Alkohol und Säure ist eine Gleichgewichtsreaktion:

$$CH_3\!-\!CH_2\!-\!OH \; + \; \underset{HO}{\overset{O}{\diagdown}}\!\!-\!CH_3 \; \underset{(H^+)}{\rightleftharpoons} \; \underset{CH_3CH_2O}{\overset{O}{\diagdown}}\!\!-\!CH_3 \; + \; H_2O$$

Wie die meisten Reaktionen der organischen Chemie verläuft die Esterbildung langsam. Man beschleunigt die Einstellung des Gleichgewichtes durch starke Säuren. Da bei Zugabe von Wasser die linke Seite des Gleichgewichts begünstigt würde, verwendet man zur Katalyse[1] wasserfreie Säuren, z. B. konz. H_2SO_4 oder HCl-Gas, die das Reaktionswasser binden. (Zum Mechanismus der Veresterung s. auch S. 170.)

22.4. Mit Ausnahme von Methylformiat sind Ester, auch die der niederen Alkohole, in Wasser nur wenig löslich, da die Estergruppe kaum hydrophil ist. Im folgenden Versuch überführen wir das mit Wasser unbegrenzt mischbare Glycerin (Trihydroxy-propan, ein dreiwertiger Alkohol) in den Tribenzoesäureester, der in Wasser schwer löslich ist. Diese Veresterung führen wir – statt mit der freien Benzoesäure – mit einem sehr reaktionsfähigen Säure-Derivat, mit Benzoylchlorid, aus.

Versuch: (Benzoylchlorid reizt stark zu Tränen!) Zu 10 Tropfen Glycerin gibt man 1 ml Pyridin und anschließend langsam 20 Tropfen Benzoylchlorid. Sobald sich die Lösung abgekühlt hat, fügt man 10 ml Wasser hinzu. Der Glycerinester scheidet sich als Öl ab, das nach mehrtägigem Stehen kristallisiert.

Entsorgung: Organ. Lösungsmittel-Abfälle.

$$\begin{matrix} CH_2OH \\ | \\ CHOH \\ | \\ CH_2OH \end{matrix} \; + \; 3 \; \underset{Cl}{\overset{O}{\diagup}}\!\!\!\!\bigcirc \; \longrightarrow \; \begin{matrix} CH_2OCOC_6H_5 \\ | \\ CHOCOC_6H_5 \\ | \\ CH_2OCOC_6H_5 \end{matrix} \; + \; 3 \; HCl$$

Der entstehende Chlorwasserstoff bildet mit der Base Pyridin ein wasserlösliches Salz.

Oxidation von Alkoholen

22.5. Primäre Alkohole lassen sich zu Aldehyden und weiter zu Carbonsäuren, sekundäre Alkohole zu Ketonen oxidieren. Ein geeignetes Reagenz für Dehydrierungen (vgl. S. 95) dieser Art ist Chromsäure-anhydrid, das in saurer Lösung Dichromat-Ionen bildet.

$$Cr_2O_7^{2-} + 6\,e^- + 14\,H^+ \longrightarrow 2\,Cr^{3+} + 7\,H_2O$$

$$3\;CH_3\!-\!CH_2\!-\!OH - 6\,e^- - 6\,H^+ \longrightarrow 3\;CH_3\!-\!\underset{H}{\overset{O}{\diagup}} \;\dashrightarrow\; CH_3\!-\!\underset{OH}{\overset{O}{\diagup}}$$

Durch Abzählen der Elektronen erkennt man, daß die Aldehydgruppe $-\!\underset{H}{\overset{O}{\diagup}}$ zwei Elektronen weniger enthält als die Gruppe $-CH_2\!-\!O\!-\!H$.

---

1)   Um anzudeuten, daß ein Stoff *katalytisch* wirkt, schreiben wir ihn bei Reaktionsgleichungen in *Klammern* über oder unter den Reaktionspfeil.

Versuch: Eine kleine Spatelspitze Chromsäure-anhydrid wird in 1 ml Wasser gelöst. Man gibt einen Tropfen Ethanol hinzu und drei Tropfen konz. Schwefelsäure. Beim Erhitzen tritt der Geruch nach Acetaldehyd auf, und die Lösung wird durch die gebildeten Chrom(III)-Ionen grün.

Entsorgung: Schwermetall-Abfälle

Analog können Methanol, Propanol und Butanol zu den entsprechenden Aldehyden (Formaldehyd, Propionaldehyd und Butyraldehyd) oxidiert werden, die man an ihrem stechenden Geruch erkennt. Isopropanol (CH_3–CHOH–CH_3) wird zu Aceton oxidiert, dessen Bildung man durch Geruchsprobe feststellt. *tert*-Butanol wird unter den Reaktionsbedingungen nicht angegriffen.

Spezielle Reaktionen einiger Alkohole

22.6. Ethylalkohol und sekundäre Alkohole, die die Gruppierung CH_3—|—OH enthalten – wie z. B. Isopropylalkohol – geben die Iodoformprobe.

Versuch a: 2 ml Ethanol werden mit 2 ml verd. Natronlauge versetzt und auf 30–40 °C erwärmt. Dann gibt man 4 ml Iod-Kaliumiodid-Lösung zu. Es fällt ein hellgelber Niederschlag von Iodoform (CHI_3) aus, das einen charakteristischen Geruch hat.

Entsorgung: Organ. Lösungsmittel-Abfälle.

Versuch b: Man gebe zu 2 ml Isopropanol 2 ml verd. Natronlauge und 4 ml Iod-Kaliumiodid-Lösung; es scheidet sich Iodoform allmählich als hellgelber Niederschlag ab.

Entsorgung: Organ. Lösungsmittel-Abfälle.

In Versuch a reagiert Ethylalkohol mit Iod und Lauge über folgende Zwischenstufen zu Iodoform (CHI_3) und Formiat-Ionen (Anionen der Ameisensäure):

$$CH_3\text{-}CH_2OH + I_2 + 2\,OH^- \longrightarrow H_3C\text{—CHO} + 2\,I^- + 2\,H_2O$$

$$H_3C\text{—CHO} + 3\,I_2 + 3\,OH^- \longrightarrow I_3C\text{—CHO} + 3\,I^- + 3\,H_2O$$

$$I_3C\text{—CHO} + OH^- \longrightarrow CHI_3 + H\text{—COO}^-$$

In dem durch Dehydrierung des Ethylalkohols zunächst entstandenen Acetaldehyd lassen sich die H-Atome der CH_3-Gruppe leicht durch Halogene substituieren (vgl. Versuch 23.3.a). Der so gebildete Triiod-acetaldehyd zerfällt sofort unter dem Einfluß der OH^--Ionen. Eine derart leichte Spaltung von C–C-Bindungen tritt nur bei sehr wenigen Atom-Gruppierungen ein. Beim Triiod-acetaldehyd ist sie bedingt durch das Vorhandensein von drei elektronegativen Iod-Atomen an dem zur C=O-Gruppe α-ständigen C-Atom.

Die Bildung von Iodoform aus Isopropylalkohol in Versuch b verläuft analog:

$$H_3C \overset{OH}{\underset{H}{\rule{0pt}{0pt}\big|}} CH_3 \xrightarrow[\substack{\text{1. Dehydrierung} \\ \text{2. Substitution}}]{I_2/OH} \left[H_3C \overset{O}{\overset{\|}{C}} CI_3 \right] \xrightarrow{OH^-} CHI_3 + H_3C \overset{O}{\overset{\|}{C}} O^-$$

Das in Versuch b als Zwischenstufe gebildete Triiod-aceton wird durch Lauge in Iodo-form und Acetat-Ionen gespalten.

22.7. Verbindungen, welche die Gruppierung $-\overset{H}{\underset{OH}{C}}-\overset{H}{\underset{OH}{C}}-$ enthalten, werden Glycole genannt.

Sie bilden mit Cu^{2+}-Ionen einen Komplex; dieser ist so wenig dissoziiert, daß z. B. aus einer Lösung von Kupfersulfat und Glycol (CH_2OH-CH_2OH) oder Glycerin ($CH_2OH-CHOH-CH_2OH$) mit Natronlauge kein Kupferhydroxid ausfällt.

Versuch: Man gebe zu 1 ml Glycol bzw. zu 1 ml Glycerin je 1 ml Kupfer(II)-sulfat-Lösung und dann 3 ml verd. Natronlauge. Die Lösungen werden tiefblau; es fällt kein Kupferhydroxid aus.

Entsorgung: Schwermetall-Abfälle

Dieser Versuch zeigt zugleich an einem einfachen Modell die Wirkung der Weinsäure ($CO_2H-CHOH-CHOH-CO_2H$) in der FEHLINGschen Lösung.

22.8. Bei Alkoholen, die mehrere Hydroxyl-Gruppen enthalten, läßt sich mit Borsäure fest-stellen, ob sich die OH-Gruppen an nachbarständigen C-Atomen befinden. Wir untersu-chen Glycerin.

Versuch: Man löse etwas Borax in wenig Wasser und füge 2 Tropfen Phenolphthalein-Lösung hinzu. Bei Zugabe von einigen Tropfen Glycerin verschwindet die rote Farbe. Glycerin reagiert neutral, Borax alkalisch, wie man mit Indikatorpapier feststellt.

Entsorgung: In kleinen Mengen nicht abwassergefährdend.

Glycerin bildet mit Borsäure einen sauer reagierenden Komplex, die Glycerinborsäure:

$$
\begin{array}{c}
H_2C-OH \\
HC-OH \\
H_2C-OH
\end{array}
+
\begin{array}{c}
HO \\ \quad \diagdown B \diagup \quad OH \\
HO
\end{array}
+
\begin{array}{c}
HO-CH_2 \\
HO-CH \\
HO-CH_2
\end{array}
\xrightarrow{- 3 H_2O}
$$

$$
\begin{array}{c}
H_2C-O \\ \quad\diagdown B\diagup\quad O-CH_2 \\
HC-O \quad HO-CH \\
H_2C-OH \quad HO-CH_2
\end{array}
\rightarrow
\begin{array}{c}
H \\
H_2C-O \quad\overset{+}{\diagup}\quad O-CH_2 \\
HC-O \quad\diagdown B\diagdown\quad O-CH \\
H_2C-OH \quad HO-CH_2
\end{array}
$$

In diesem Ester hat ein freies Elektronenpaar des Sauerstoffs einer Hydroxylgruppe die Elektronenlücke am Bor aufgefüllt, wodurch das H-Atom dieser Gruppe acidifiziert wird. Aus räumlichen Gründen bilden nur Alkohole mit nachbarständigen OH-Gruppen derarti-ge Borsäure-Komplexe; diese Komplexe sind Säuren von der Stärke der Essigsäure. Bo-rax reagiert mit Glycerin nach folgender Gleichung:

$$Na_2B_4O_7 + 8\ CH_2OH-CHOH-CH_2OH \longrightarrow 2\ \text{Glycerin-borsäure} +$$

$$2\ \text{Glycerin-borsaures Natrium} + 7\ H_2O$$

In dieser Reaktion wird auf 1 mol Salz ein mol Säure gebildet, wodurch der pH-Wert der Lösung ins schwach saure Gebiet verlagert wird.

Alkylhalogenide

Alkylhalogenide können als Ester von Alkoholen mit Halogenwasserstoffsäuren aufgefaßt werden. Da Alkylhalogenide polar sind, haben sie einen höheren Siedepunkt als vergleichbare Kohlenwasserstoffe. Da sie keine Wasserstoffbrücken ausbilden können, sieden sie tiefer als entsprechende Alkohole.

22.9.   In Wasser sind Alkylhalogenide und ähnliche Halogen-Verbindungen nicht löslich, wohl dagegen in anderen Halogenalkanen, in Alkoholen oder in flüssigen Kohlenwasserstoffen. Einige, wie z. B. Chloroform ($CHCl_3$) oder Trichlorethylen (Cl_2=CHCl), sind gute Lösungsmittel für Paraffine und Fette. Fluorchlorkohlenwasserstoffe wurden in riesigen Mengen als Treibgase ist Sprays, als Kältemittel und in der Industrie zum Entfetten eingesetzt (Produktion in der Bundesrepublik 1987 113ooo t, seitdem weltweit stark rückläufig). Da sie chemisch fast inert sind, gelangten sie bis in die Stratosphäre und zerstören dort den lebenswichtigen Ozongürtel. Ozon ist zwar selbst ein sehr giftiges Gas, das jedoch die gefährliche kurzwellige UV-Strahlung des Sonnenlichtes absorbiert. Wie man sieht, handelt es sich bei der Reaktion mit Halogenverbindungen um einen katalytischen Prozeß: Ein FCKW-Molekül kann sehr viele Chlormoleküle zerstören:

$$R–Cl + h\nu \longrightarrow R^\bullet + Cl^\bullet$$

$$Cl^\bullet + O_3 \longrightarrow ClO^\bullet + O_2$$

$$ClO^\bullet + O \longrightarrow Cl^\bullet + O_2$$

Neben $ClO^\bullet$ können noch weitere Cl-Speicherformen wie $ClNO_3$ oder HOCl entstehen, die bei Belichtung Chlorradikale freisetzen. Die Lebensdauer der halogenierten Kohlenwasserstoffe beträgt in der Stratosphäre zwischen 6 (CH_3CCl_3) und 400 Jahren (C_2ClF_5).

Versuch: Zu je einigen Tropfen Ethylbromid, Dichlormethan, Trichlorethylen bzw. Brombenzol gebe man je 1 ml Wasser, Ethanol, Diethylether oder Toluol. Nur Wasser mischt sich nicht mit den halogenierten Kohlenwasserstoffen.

Entsorgung: Organ. Lösungsmittel-Abfälle.

22.10.   Alkylhalogenide können durch Umsetzung von Alkoholen mit konz. Halogenwasserstoffsäuren hergestellt werden. Diese Veresterung verläuft mit tertiären Alkoholen schneller als mit primären oder sekundären Alkoholen.

Versuch: 0.5 ml *tert*-Butanol werden mit 2 ml konz. Salzsäure versetzt. Die zunächst klare Lösung wird trüb, und es scheidet sich allmählich wasserunlösliches *tert*-Butylchlorid als obere Schicht ab.

Entsorgung: Organ. Lösungsmittel-Abfälle.

Halogen-alkane werden durch Lauge verhältnismäßig leicht unter Bildung der entspre- **22.11.** chenden Alkohole und von Halogenid-Ionen verseift. Dagegen ist Halogen, das an einen aromatischen Rest gebunden ist, weit reaktionsträger.

Versuch a: (Schutzbrille! Siedestein) Man gebe zu 10 Tropfen Ethylbromid 3 ml methanolische Kalilauge und koche 2 Minuten; es scheidet sich Kaliumbromid aus. Nun verdünne man mit etwas Wasser, um das Kaliumbromid zu lösen. Zur Identifizierung der gebildeten Bromid-Ionen wird mit verd. Salpetersäure angesäuert und mit einigen Tropfen Silbernitrat-Lösung versetzt; es fällt Silberbromid aus:

Entsorgung: In kleinen Mengen nicht abwassergefährdend.

$$CH_3-CH_2Br + OH^- \longrightarrow CH_3-CH_2OH + Br^- \quad ; \quad Br^- + Ag^+ \longrightarrow AgBr\downarrow$$

Versuch b: (Schutzbrille! Siedestein) Man behandle 10 Tropfen Brombenzol wie in Versuch a. Beim Versetzen mit Silbernitrat-Lösung wird kein Silberbromid abgeschieden.

Entsorgung: Organ. Lösungsmittel-Abfälle.

Phenole

In Phenolen sind eine oder mehrere Hydroxyl-Gruppen an einen aromatischen Rest **22.12.** gebunden. Phenolische OH-Gruppen zeigen, im Gegensatz zu alkoholischen, in wäßriger Lösung saure Eigenschaften.

Versuch a: Etwa 2 ml Wasser werden mit einem Tropfen verd. Natronlauge und einem Tropfen Phenolphthalein-Lösung versetzt. Eine kleine Spatelspitze Phenol entfärbt die rote Lösung.

Entsorgung: Organ. Lösungsmittel-Abfälle.

Phenol reagiert mit Laugen unter Bildung von Phenolaten, die sich in Wasser leichter lösen als Phenol. Analog verhalten sich andere Phenole, z. B. β-Naphthol.

Phenol   Phenolat-Ion

β-Naphthol   β-Naphtholat-Ion

Die Acidität von Phenolen ist durch den mit der OH-Gruppe verbundenen Phenylrest bedingt, wie im Abschnitt Mesomerie (S. 185) näher ausgeführt wird. Hier sei nur auf die Parallele zu Carbonsäuren aufmerksam gemacht; in beiden Verbindungsklassen befindet sich die OH-Gruppe nach der Strukturformel an einem doppelt gebundenen C-Atom.

Versuch b: Zu einer Spatelspitze Phenol gebe man 3 Tropfen verd. Natronlauge. Versetzt man die so erhaltene Lösung von Natriumphenolat mit etwas konz. Salzsäure, so scheidet sich Phenol als Öl ab.

Entsorgung: Organ. Lösungsmittel-Abfälle.

Versuch c: Eine Spatelspitze β-Naphthol wird mit etwa 3 ml verd. Natronlauge versetzt. Nach kurzem Schütteln tritt Lösung ein. Gibt man verd. Salzsäure zu, so scheidet sich β-Naphthol wieder ab.

Entsorgung: Organ. Lösungsmittel-Abfälle.

22.13.   Phenole geben mit Eisen(III)-chlorid häufig charakteristische Farbreaktionen, die auf der Bildung von Eisensalzen beruhen; empfindliche Phenole wie α-Naphthol werden durch Eisensalze auch oxidiert.

Versuch: Man gebe zu einer kleinen Spatelspitze Phenol einige ml Wasser und einen Tropfen Eisen(III)-chlorid-Lösung. Die Lösung färbt sich blau. Brenzcatechin gibt mit Eisen(III)-chlorid-Lösung eine olivgrüne, Resorcin eine rotblaue Färbung.

Entsorgung: In kleinen Mengen nicht abwassergefährdend.

Brenzcatechin   Resorcin   Hydrochinon

Hydrochinon gibt die Farbreaktion mit Eisen(III)-chlorid nicht; es wird durch Eisen(III)-Ionen zu gelbem Benzochinon dehydriert (vgl. Versuch 15.4.b).

22.14.   Phenole können durch Verseifung der entsprechenden Sulfonsäuren in einer Alkalischmelze hergestellt werden.

Versuch: (Schutzbrille!) 1 Spatelspitze benzolsulfonsaures Natrium wird mit 0.5 ml Wasser versetzt. Man gibt 1 Plätzchen Natriumhydroxid hinzu und erhitzt vorsichtig mit kleiner Flamme, bis das Wasser verdampft ist. Das gebildete Phenol ist an dem charakteristischen Geruch zu erkennen.

Entsorgung: Organ. Abfälle

$$C_6H_5SO_3^- + 2\,OH^- \longrightarrow C_6H_5O^- + SO_3^{2-} + H_2O; \quad C_6H_5O^- + H_2O \rightleftharpoons C_6H_5OH + OH^-$$

Ether

Ether haben die allgemeine Formel R-$\overline{\text{O}}$-R, wobei R ein aliphatischer oder aromatischer Rest sein kann. Der wichtigste Ether, der Diethylether, wird durch Abspaltung von Wasser (z. B. mit Hilfe von konz. Schwefelsäure) aus 2 Molekülen Ethylalkohol erhalten:

$$CH_3\text{-}CH_2\text{-}OH + HO\text{-}CH_2\text{-}CH_3 \xrightarrow{H_2SO_4} CH_3\text{-}CH_2\text{-}O\text{-}CH_2\text{-}CH_3 + H_2O$$

Ether können keine Wasserstoffbrücken ausbilden und sind daher wesentlich leichter flüchtig als Alkohole mit gleicher Zahl von C-Atomen. (Kp[1]) von Diethylether 35 °C, von *n*-Butylalkohol 118 °C).

Diethylether – meist einfach "Ether" genannt – ist in Wasser nur wenig löslich. – Er löst Kohlenwasserstoffe, Alkohole, Ester, Fette usw. und ist daher eines der meist verwendeten Lösungsmittel. In folgenden Versuchen wird Ether benutzt, um Essigsäure und Benzoesäure aus einer wäßrigen Lösung auszuschütteln. **22.15.**

Versuch a: Man gebe 1 ml Eisessig in 3 ml Wasser und schüttle zweimal mit Ether aus (vgl. Versuch 8.5.). Der Ether enthält, wie man am Geruch und an der Reaktion gegen Indikatorpapier erkennt, Essigsäure.

Entsorgung: Organ. Lösungsmittel-Abfälle.

Versuch b: Etwa 3 Spatelspitzen Benzoesäure werden in 5 ml Wasser in der Siedehitze gelöst. Man läßt erkalten und filtriert die ausgeschiedene Säure ab. Die wäßrige, gesättigte Lösung von Benzoesäure wird zweimal mit je 3 ml Ether ausgeschüttelt und der Extrakt auf ein Uhrglas gegeben. Nach dem Abdunsten des Ethers bleibt krist. Benzoesäure zurück.

Entsorgung: In kleinen Mengen nicht abwassergefährdend.

Chemisch verhält sich die Etherbindung sehr reaktionsträge; sie ist nur schwer zu spalten. Dieses chemisch indifferente Verhalten der Ether begünstigt ihre Verwendung als Lösungsmittel. Zu beachten ist allerdings, daß Diethylether und die meisten anderen aliphatischen Ether an der Luft im Licht hochsiedende Peroxide bilden, die sehr heftig detonieren können. Peroxidhaltigen Ether erkennt man an seinen oxidierenden Eigenschaften:

Versuch c: In einem Reagenzglas löst man einige Körnchen Kaliumiodid in 1 ml Wasser und einem Tropfen Essigsäure und schüttelt mit 1 ml peroxidhaltigem Ether kurz durch, wobei sich die wäßrige Phase durch ausgeschiedenes Iod gelb färbt. Geringe Iodmengen können durch die Blaufärbung auf Zusatz einiger Tropfen Stärke-Lösung sichtbar gemacht werden.

Entsorgung: Organ. Lösungsmittel-Abfälle

Peroxide werden am besten durch Stehen über Natriumdraht, durch Ausschütteln mit Eisen(II)-sulfat-Lösung oder durch Filtration über wasserfreies aktiviertes Aluminiumoxid (zur Chromatographie) entfernt.

Kapitel 23. Carbonyl-Verbindungen

In den Aldehyden R–CHO und Ketonen R–CO–R' ist die Carbonyl-Gruppe im Sinn der Formel $\overset{\delta+}{>}C=\overset{\delta-}{O}$ polarisiert. Aldehyde und Ketone haben daher einen höheren Siedepunkt als entsprechende Kohlenwasserstoffe. Da ihre Moleküle aber untereinander keine Wasserstoffbrücken ausbilden können, sind sie flüchtiger als vergleichbare Alkohole (Kp. des

---

[1]   Kp = Abkürzung für Kochpunkt (= Siedepunkt).

Acetaldehyds: 21 °C; Kp. des Acetons: 56 °C). Die Carbonyl-Verbindungen Acetaldehyd und Aceton sind mit Wasser unbegrenzt mischbar; Formaldehyd ist ein in Wasser lösliches Gas. In Alkohol, Ether und Essigester lösen sich auch die in Wasser kaum noch löslichen höheren Carbonyl-Verbindungen.

Reaktionen von Aldehyden und Ketonen

23.1. Aldehyde und Ketone können durch Überführen in kristallisierte, schwerlösliche Derivate nachgewiesen werden.

Versuch a: Zu 1 ml Benzaldehyd oder zu 3 ml Aceton in 3 ml Diethylether gebe man 10 Tropfen einer gesättigten Natriumhydrogensulfit-Lösung. Beim Umschütteln scheidet sich das Natriumsalz der entsprechenden Hydroxysulfonsäure (Formel s. u.) kristallin ab.

Entsorgung: Organ. Lösungsmittel-Abfälle

Die in Versuch a erhaltenen Natrium-hydroxysulfonate sind als Salze in Diethylether schwer löslich; sie werden durch Säuren und Laugen leicht wieder in ihre Komponenten gespalten. In gleicher Weise reagiert Phenylhydrazin (*Vorsicht, bei Hautkontakt sehr giftig!*); wir setzen nachfolgend sein 2,4-Dinitroderivat ein

Versuch b: Eine Lösung von 2 Tropfen Aceton in wenig Wasser wird mit einer schwefelsauren Lösung von 2,4-Dinitrophenylhydrazin versetzt. Es scheidet sich das gelbe Dinitrophenylhydrazon des Acetons feinkristallin ab.

Entsorgung: Organ. Lösungsmittel-Abfälle

Die in den Versuchen b und c primär gebildeten Addukte sind nicht isolierbar, sondern spalten spontan Wasser ab, wie für Versuch b) gezeigt wird:

Benzaldehyd-phenylhydrazon

$$H_3C \diagdown C=O \ + \ H_2N-NH-\underset{NO_2}{\underbrace{}}-NO_2 \ \xrightarrow{-H_2O} \ H_3C\diagdown C=N-NH-C_6H_3(NO_2)_2 \downarrow$$

Aceton-dinitrophenylhydrazin

Die Umsetzungen von Carbonyl-Verbindungen mit 2,4-Dinitrophenylhydrazin (in saurer Lösung) verlaufen nahezu quantitativ und können zur gravimetrischen Bestimmung von Aldehyden und Ketonen benutzt werden.

Umsetzungen von Carbonyl-Verbindungen sind Additionsreaktionen. Alle Stoffe, die addiert werden können, haben wenigstens ein freies Elektronenpaar; sie lagern sich nach folgendem allgemeinen Schema an:

$$R-\underset{R'}{\overset{|\underline{O}|\,\delta-}{\underset{|}{C}}}{}^{\delta+} + \ |X^{\,\delta-} \ \xrightarrow{} \ R-\underset{R'}{\overset{|\overline{O}H}{\underset{|}{C}}}-X$$

Der Addend HXl lagert sich mit seinem freien Elektronenpaar an das positivierte C-Atom, während gleichzeitig das Proton die (vollständige) Polarisierung der Carbonylgruppe erleichtert. – An CO-Doppelbindungen addieren sich aber nicht alle Verbindungen, die mit C=C-Doppelbindungen reagieren; so lagern sich z. B. Brom oder Halogenwasserstoffe nicht an Carbonylgruppen an.

Primäre aromatische Amine reagieren mit Carbonyl-Verbindungen ähnlich wie Phenyl-hydrazin. **23.2.**

Versuch: 10 Tropfen Benzaldehyd und 15 Tropfen Anilin werden zusammengegeben. Das in der Reaktion gebildete Wasser scheidet sich in Tröpfchen ab. Nach dem Erkalten und Versetzen mit verd. Salzsäure kristallisiert nach kurzem Stehen Benzalanilin.

Entsorgung: Organ. Lösungsmittel-Abfälle

$$C_6H_5-\underset{H}{\overset{/\underline{O}/}{\underset{|}{C}}}{}^+ \ \underset{H}{\overset{H}{\underset{|}{|N}}}-\underbrace{} \ \xrightarrow{} \ C_6H_5-\underset{H}{\overset{|\overline{O}H}{\underset{|}{C}}}-\underset{H}{\overset{|}{N}}-\underbrace{} \ \xrightarrow{-H_2O} \ C_6H_5-\underset{H}{\overset{|}{C}}=N-C_6H_5$$

Benzaldehyd   Anilin

Derivate, die aus Carbonylverbindungen und primären Aminen unter Abspaltung von Wasser gebildet werden, nennt man SCHIFFsche Basen oder Azomethine. Diese werden durch verdünnte Säuren leicht gespalten:

$$R-\underset{R'}{\overset{|}{C}}=\overline{N}R'' \ \xrightarrow[H_2O]{H^+} \ \left[R-\underset{R'}{\overset{|\overline{O}-H}{\underset{|}{C}}}\underset{H}{\overset{}{\longleftarrow NR''}} \right] \ \xrightarrow{} \ R-\underset{R'}{\overset{|}{C}}=\overline{O} \ + \ H_2\overline{N}R''$$

23.3.   In Aldehyden und Ketonen sind Wasserstoff-Atome, die sich an einem zur C=O-Gruppe benachbarten C-Atom befinden, reaktionsfähig; sie können z. B. durch Halogene substituiert werden. Daher geben Acetaldehyd sowie Ketone, die eine $CH_3-\overset{\overset{O}{\|}}{C}-$ -Gruppe enthalten, die Iodoform-Probe. Die Bildung von Iodoform aus Aceton läuft über Triiod-aceton, wie unter Versuch 22.6.b formuliert wurde. Analog wird Trichlor-acetaldehyd (Chloral) durch Laugen in Chloroform und Formiat-Ionen gespalten. Chloral bildet – zum Unterschied von anderen Aldehyden – ein beständiges Hydrat.

Versuch a: Man gebe 5 Tropfen Aceton zu 3 ml verd. Natronlauge und füge 2 Tropfen Iod-Kaliumiodid-Lösung hinzu. Es scheidet sich hellgelbes Iodoform ab.

Entsorgung: Organ. Lösungsmittel-Abfälle

Versuch b: 3 Spatelspitzen Chloralhydrat werden in 3 ml Wasser gelöst und mit 2 ml verd. Natronlauge versetzt. Die Lösung trübt sich unter Abscheidung von Chloroform, das man am Geruch erkennt.

Entsorgung: Organ. Lösungsmittel-Abfälle

Zum Nachweis der gebildeten Ameisensäure säuert man mit einigen Tropfen Eisessig an (wobei sich das Chloroform absetzt), gießt die wäßrige Schicht in ein Reagenzglas, versetzt mit 1 ml Sublimat-Lösung und erhitzt zum Sieden; es scheidet sich Quecksilber(I)-chlorid als feinkristalliner, farbloser Niederschlag ab.

Entsorgung: Schwermetall-Abfälle

Spezielle Reaktionen der Aldehyde

Im Unterschied zu Ketonen sind Aldehyde leicht oxidierbar; sie werden durch milde Oxidationsmittel in die entsprechenden Säuren übergeführt.

23.4.   Luftsauerstoff oxidiert Aldehyde allmählich. Beim Benzaldehyd läßt sich die abgelaufene Oxidation an der Bildung von (kristalliner) Benzoesäure erkennen.

Versuch: Auf einem Uhrglas verreibe man einen Tropfen Benzaldehyd mit einem Glasstab. Nach etwa einstündigem Stehenlassen hat sich aus dem Aldehyd krist. Benzoesäure gebildet.

Entsorgung: In kleinen Mengen nicht abwassergefährdend.

Aldehyde reduzieren Ag^+-Ionen in ammoniakalischer Lösung. Als Beispiel verwenden **23.5.**
wir Formaldehyd oder Acetaldehyd.

Versuch: Man verdünne in einem sauberen Reagenzglas 5 Tropfen Silbernitrat-Lösung
mit 1 ml Wasser, gebe 1 Tropfen verd. Natronlauge hinzu und dann verd. Ammoniak-
Lösung bis zur klaren Lösung. Nach Zugabe eines Tropfens Acetaldehyd oder Forma-
lin-Lösung scheidet sich bei schwachem Erwärmen Silber z. T. als Spiegel an der Wand
des Reagenzglases ab.

Entsorgung: In kleinen Mengen nicht abwassergefährdend.

$$C_6H_5-\underset{H}{\overset{O}{\|}}\!\!< + \; 2\left[Ag(NH_3)_2\right]^+ + \; 3\,OH^- \longrightarrow C_6H_5-\underset{O^{\ominus}}{\overset{O}{\|}}\!\!< + \; 2\,Ag\downarrow + \; 2\,H_2O + 4\,NH_3$$

FEHLINGsche Lösung (vgl. 15.3b) wird durch Aldehyde unter Bildung von Kupfer(I)-   **23.6.**
oxid reduziert.

Versuch: Zu 3 ml FEHLINGscher Lösung gebe man 5 Tropfen Formalin (~ 40 % Formaldehyd in Wasser) und erhitze zum Sieden. Es fällt rotes Kupfer(I)-oxid aus.

Entsorgung: Schwermetall-Abfälle

$$H-\underset{H}{\overset{O}{\|}}\!\!< + \; 2\,Cu^{2+} + \; 5\,OH^- \longrightarrow H-\underset{O^{\ominus}}{\overset{O}{\|}}\!\!< + \; \overset{+1}{Cu_2O}\downarrow + \; 3\,H_2O$$

Die in vorstehenden Versuchen durchgeführten Reduktionen von Ag^+- bzw. Cu^{2+}-Io-
nen zeigen nur das Vorliegen eines reduzierenden Stoffes an. Will man beweisen, daß dieser ein Aldehyd ist, so muß man zusätzlich die Carbonyl-Gruppe identifizieren (z. B. mit
2,4-Dinitrophenylhydrazin; vgl. Versuch 23.1.c). – Benzaldehyd reduziert FEHLINGsche
Lösung nicht; dieser Aldehyd disproportioniert in alkalischem Medium beim Erhitzen
(CANNIZZARO-Reaktion; s. Versuch 23.10.).

Fuchsinschweflige Säure gibt mit Aldehyden eine typische Farbreaktion.   **23.7.**

Versuch: Man gebe zu zwei Tropfen Formalin etwa 3 ml Fuchsinschweflige Säure. Die
Lösung färbt sich blaustichig rot; bei Zugabe von 1 ml konz. Salzsäure wird sie blau.

Entsorgung: In kleinen Mengen nicht abwassergefährdend.

In der Fuchsinschwefligen Säure ist der Farbstoff Fuchsin durch Zugabe von Schwefliger Säure entfärbt worden. Die Reaktion dieser farblosen Lösung mit Aldehyden ist kompliziert. Bei fast allen Aldehyden verschwindet die gebildete rote Farbe bei Zugabe von
konz. Salzsäure; beim Formaldehyd schlägt sie dagegen nach Blau um. Formaldehyd läßt
sich so von anderen Aldehyden unterscheiden.

Formaldehyd und Acetaldehyd neigen zur Polymerisation. Entfernt man aus Formalin **23.8.**
das Wasser, so hinterbleibt ein fester Rückstand, den man als Paraformaldehyd bezeichnet
und der aus kettenförmigen Polymeren der Zusammensetzung $(CH_2O)_n$ besteht. Beim Er-

hitzen depolymerisiert Paraformaldehyd unter Rückbildung des monomeren Formaldehyds (Versuch a).

$$\cdots + \underset{H}{\overset{H}{C}}{=}O + \underset{H}{\overset{H}{C}}{=}O + \underset{H}{\overset{H}{C}}{=}O + \cdots \underset{\text{Wärme}}{\rightleftharpoons} \cdots \underset{H}{\overset{H}{C}}{-}O{-}\underset{H}{\overset{H}{C}}{-}O{-}\underset{H}{\overset{H}{C}}{-}O{-}\cdots$$

Paraformaldehyd

Acetaldehyd bildet bei Zugabe von wenig konz. Schwefelsäure den trimeren, ringförmig gebauten Paraldehyd. Diese Trimerisierung ist eine Gleichgewichtsreaktion; Paraldehyd wird durch Säuren wieder zu monomerem Acetaldehyd gespalten. In Versuch 23.8.b depolymerisieren wir Paraldehyd durch Erhitzen mit Schwefliger Säure, in Versuch 23.8.c durch verd. Schwefelsäure.

$$3\ CH_3{-}C\overset{O}{\underset{H}{\diagup}} \rightleftharpoons$$

Paraldehyd

Versuch a: Man dampfe 10 ml Formalin in einer Porzellanschale auf dem Wasserbad ein. Es hinterbleibt fester Paraformaldehyd. – Eine Spatelspitze Paraformaldehyd wird in einem trocknen Reagenzglas erhitzt. Die Verbindung schmilzt, und der stechende Geruch von Formaldehyd tritt auf.
Entsorgung: In kleinen Mengen nicht abwassergefährdend.

Versuch b: Zwei Tropfen Paraldehyd werden mit 3 ml Fuchsinschwefliger Säure versetzt; die Lösung bleibt farblos. – Man erhitze zwei Tropfen Paraldehyd mit 1 ml Schwefliger Säure kurz zum Sieden und kühle dann mit Leitungswasser ab. Versetzt man nun mit 3 ml Fuchsinschwefliger Säure, so färbt sich die Lösung in wenigen Minuten intensiv blaurot. Bei Zugabe von konz. Salzsäure verschwindet die Farbe. (Man beachte, daß sich Fuchsinschweflige Säure beim Erwärmen rot färbt; die Farbreaktion muß daher in der Kälte ausgeführt werden.)
Entsorgung: In kleinen Mengen nicht abwassergefährdend.

Versuch c: Man gebe zu einem Tropfen Paraldehyd 3 ml einer schwefelsauren Lösung von 2,4-Dinitrophenylhydrazin. Es fällt das gelbe, kristalline Dinitrophenylhydrazon des Acetaldehyds aus.
Entsorgung: Organ. Abfälle

23.9. Formaldehyd bildet mit Ammoniak das milde Desinfiziens Urotropin (Hexamethylentetramin). Dieses wird durch Säuren leicht wieder in seine Komponenten gespalten.

Versuch: (Abzug!) Man versetze in einer Porzellanschale 3 ml Formalin mit 15 ml verd. Ammoniak-Lösung und dampfe auf der Ceranplatte über kleiner Flamme zur Trockne ein. Es scheidet sich Urotropin ab.
Entsorgung: In kleinen Mengen nicht abwassergefährdend.

$$6 \ CH_2O + 4 \ NH_3 \ \rightleftharpoons \quad \text{Urotropin} \quad + \ 6 \ H_2O$$

Aldehyde, die an dem zur Carbonyl-Gruppe benachbarten C-Atom keinen Wasserstoff **23.10.** tragen, geben (mit einigen Ausnahmen, z. B. Chloral) die CANNIZZARO-Reaktion, d. h., sie disproportionieren in alkalischem Medium bei Raumtemperatur zu den entsprechenden Säuren und Alkoholen. Enthält ein Aldehyd aber die Gruppierung –CH–CHO, so läuft die Aldolkondensation (s. Versuch 23.13.) der Disproportionierung den Rang ab.

Wir führen die CANNIZZARO-Reaktion am Beispiel des Benzaldehyds aus.

Versuch: (Schutzbrille!) 1 ml Benzaldehyd gebe man zu einer Lösung von 4 Plätzchen Natriumhydroxid in 1 ml Wasser. Unter Rühren mit einem Glasstab erhitze man, bis das Wasser nahezu verdampft ist (2–3 Minuten). Den farblosen Rückstand löse man in 10 ml Wasser und filtriere die Lösung zur Entfernung einer geringen Menge nicht umgesetzten Benzaldehyds. Das klare, fast farblose Filtrat wird mit einer Mischung von 3 ml konz. Salzsäure und 3 ml Wasser versetzt. Es scheidet sich Benzoesäure ab.

Entsorgung: In kleinen Mengen nicht abwassergefährdend.

$$2 \ C_6H_5-C{\overset{O}{\underset{H}{}}} \ + \ OH^- \ \longrightarrow \ C_6H_5-C{\overset{O}{\underset{O^-}{}}} \ + \ C_6H_5-CH_2-OH$$

Benzaldehyd   Benzoesäure-   Benzylalkohol
                  Anion

Herstellung von Carbonyl-Verbindungen

Aldehyde und Ketone können durch Dehydrierung von Alkoholen erhalten werden. **23.11.**

Versuch: Man gebe zu 10 Tropfen Isopropanol 1 ml Kaliumchromat-Lösung und dann unter Schütteln 20 Tropfen konz. Schwefelsäure; die Lösung wird grün. Nach Verdünnen mit 10 ml Wasser gibt man etwa 5 ml einer schwefelsauren 2,4-Dinitrophenylhydrazin-Lösung hinzu. Es fällt das gelbe 2,4-Dinitrophenylhydrazon des Acetons, das nach kurzem Stehen kristallin wird.

Entsorgung: Schwermetall-Abfälle

$$Cr_2O_7^{2-} + 6 \ e^- + 14 \ H^+ \ \longrightarrow \ 2 \ Cr^{3+} + 7 \ H_2O$$

$$3 \ CH_3-CHOH-CH_3 \ - \ e^- \ - \ H^+ \ \longrightarrow \ 3 \ CH_3-CO-CH_3$$

Isopropanol   Aceton

Chinon läßt sich durch Dehydrierung von Hydrochinon herstellen. **23.12.**

Versuch a: 0.5 g Hydrochinon werden abgewogen und im Reagenzglas in 7.5 ml 0.25 M Kaliumbromat-Lösung (KBrO$_3$) unter leichtem Erwärmen gelöst. Man gibt 1 ml verd. Schwefelsäure zu und erwärmt im Wasserbad auf 60-70 °C. Unter Bildung von Chinhydron wird die Lösung erst dunkelbraun. Sobald die Lösung wieder hellgelb geworden ist, kühlt man unter der Wasserleitung ab und filtriert das gelbe stechend riechende Benzochinon ab. Es wird mit etwas Wasser gewaschen und auf Filterpapier abgepreßt.

Entsorgung: Organ. Abfälle; das Chinon färbt die Haut langanhaltend braun, Kontakt vermeiden.

Versuch b: Eine Probe des gebildeten Chinons löse man in einigen Tropfen Methanol und füge einige Tropfen einer Lösung von Hydrochinon in Wasser hinzu. Es bildet sich der schwarze, metallisch grün glänzende Charge-Transfer-Komplex Chinhydron, der aus je einem Molekül Chinon und Hydrochinon besteht.

Entsorgung: Organ. Abfälle

Hydrochinon   Benzochinon

Die Dehydrierung von Hydrochinon verläuft, wie man mit physikalischen Methoden feststellen kann, stufenweise (vgl. S. 95). Im ersten Reaktionsschritt entzieht das Oxidationsmittel dem Hydrochinon nur ein Elektron, wobei ein Molekül gebildet wird, das ein nicht gepaartes Elektron besitzt, ein Radikal. Dieses wird augenblicklich weiter zum Chinon oxidiert. Verbindungen, die ein nicht gepaartes Elektron enthalten, sind meist sehr reaktionsfähig; sie dimerisieren, reagieren mit anderen Radikalen und werden leicht oxidiert. Das bei der Dehydrierung von Hydrochinon gebildete Radikal liegt, wie die Grenzformeln zeigen, im mesomeren Bindungszustand vor und ist dadurch stabilisiert, allerdings nicht so weitgehend, daß es isoliert werden könnte. Diese Stabilisierung ist vergleichbar z. B. mit der des Phenolat-Anions, die wir im Abschnitt Mesomerie besprechen.

Das im Versuch a vorübergehend gebildete und in Versuch b hergestellte dunkelgrüne Chinhydron ist eine Additionsverbindung von Chinon und Hydrochinon im Molverhältnis 1 : 1.

Synthesen mit Carbonyl-Verbindungen

Aldolkondensation

23.13.   Aldehyde und Ketone, welche die Gruppierung $\diagdown \overset{H}{\underset{|}{C}} - \overset{|}{C} = O$ enthalten, sind zur Aldolkondensation befähigt. Sie kondensieren mit Molekülen der gleichen Art oder mit anderen Carbonyl-Verbindungen. In folgendem Versuch wird Aceton mit Benzaldehyd kondensiert.

Versuch: Zu 1 ml Benzaldehyd gebe man 0.5 ml Aceton, 3 ml Ethanol und 3 ml verd. Natronlauge. Nach etwa einer Minute trübt sich die Lösung plötzlich. Das zunächst ölig abgeschiedene Dibenzalaceton erstarrt allmählich kristallin.

Entsorgung: Organ. Abfälle

$$C_6H_5-\overset{\displaystyle O}{\underset{\displaystyle H}{C}} + H_3C-\overset{\displaystyle O}{\overset{\|}{C}}-CH_3 + \overset{\displaystyle O}{\underset{\displaystyle H}{C}}-C_6H_5 \xrightarrow{\;\;OH^-\;\;}$$

$$C_6H_5-CH=CH-\overset{\displaystyle O}{\overset{\|}{C}}-CH=CH-C_6H_5 \downarrow + 2\ H_2O$$

Dibenzal-aceton

Aldolkondensationen verlaufen als Additionsreaktionen an C=O-Doppelbindungen. Sie werden meist durch Basen katalysiert. Um deren Wirkung zu verstehen, betrachten wir den Reaktionsablauf etwas genauer. Die Base – in unserem Falle OH⁻-Ionen – reagiert mit einem der aciden H-Atome der Carbonyl-Verbindung A (z.B. Aceton) unter Bildung des sehr reaktionsfähigen Anions B. Dieses addiert sich an das positivierte C-Atom der C=O-Gruppe einer zweiten Carbonyl-Verbindung unter Bildung einer Zwischenstufe C. Das durch Anlagerung eines Protons entstehende Hydroxyketon D spaltet unter Ausbildung eines konjugierten Systems Wasser ab. Die katalytisch wirkenden OH⁻-Ionen werden am Ende der Reaktion wieder frei.

$$R-\overset{\displaystyle O}{\overset{\|}{C}}-CH_3 + OH^- \rightleftharpoons \left[R-\overset{\displaystyle O}{\overset{\|}{C}}-\overset{\displaystyle H}{\underset{\displaystyle H}{C}}\,| \right]^- + H_2O\ ;$$
$$\quad A \qquad\qquad\qquad\qquad B$$

$$R-\overset{\displaystyle O}{\overset{\|}{C}}-\overset{\displaystyle H}{\underset{\displaystyle H}{C}}\,|^- + \overset{\displaystyle O}{\overset{\|}{\underset{\displaystyle R''}{C}}}-R' \rightleftharpoons \left[R-\overset{\displaystyle O}{\overset{\|}{C}}-\overset{\displaystyle H}{\underset{\displaystyle H}{C}}-\overset{\displaystyle |\overline{O}|}{\underset{\displaystyle R''}{C}}-R' \right]^-\ ;$$
$$\quad B \qquad\qquad\qquad\qquad\qquad\qquad C$$

$$C + H_2O \longrightarrow R-\overset{\displaystyle O}{\overset{\|}{C}}-\overset{\displaystyle H}{\underset{\displaystyle H}{C}}-\overset{\displaystyle |\overline{O}H}{\underset{\displaystyle R''}{C}}-R' + OH^-;\ D \xrightarrow{-H_2O} R-\overset{\displaystyle O}{\overset{\|}{C}}-\overset{\displaystyle H}{C}=\overset{\displaystyle H}{\underset{\displaystyle R''}{C}}-R'$$
$$\qquad\qquad\qquad\qquad\qquad D$$

Triebkraft für die Abspaltung des α-Wasserstoffatoms im Keton ist ähnlich wie bei der Acidifizierung von OH-Gruppen in Carbonsäuren und Phenolen (vgl. Mesomerie S. 185) eine Mesomeriestabilisierung des Anions.

Grignard-Synthese

Grignard-Synthesen sind Reaktionen, in denen die sehr reaktionsfähigen magnesium-organischen Verbindungen RMgHal verwendet werden. Diese erhält man durch Umsetzung von Magnesium mit aliphatischen oder aromatischen Halogen-Verbindungen in Ether:

$$\overset{\delta-}{Mg} + R\,Hal \longrightarrow \overset{\delta-\ \ \delta+}{R\,Mg\,Hal}$$

Mit Wasser bilden Grignard-Reagenzien die entsprechenden Kohlenwasserstoffe, z. B.:

$$CH_3\,Mg\,Br + HOH \longrightarrow CH_4 + Mg(OH)Br\downarrow$$

In der metallorganischen Verbindung CH_3–$MgBr$ ist die Base $|CH_3^-$ vorgebildet. $|CH_3^-$-Ionen sind äußerst stark basisch; sie nehmen aus Wasser augenblicklich Protonen auf.

Grignard-Reagenzien geben mit Aldehyden sekundäre Alkohole:

$$R'\overset{\delta-\ O}{\underset{H}{\overset{\delta+}{C}}} + \overset{\delta-\ \ \delta+}{R\,Mg\,Br} \longrightarrow \left[R'\overset{|\overset{\ominus}{\overline{O}}|}{\underset{R}{C}}H \right] \left[Mg\,Br \right]^+ \xrightarrow{H^+} R'\overset{|\overline{O}H}{\underset{R}{C}}H + Mg^{2+} + Br^-$$

Die stark polarisierte metallorganische Verbindung R-MgHal addiert sich in üblicher Weise an die C=O-Doppelbindung; der anionoide (anion-ähnliche) Rest sucht das positivierte C-Atom der Carbonylgruppe auf. Ketone liefern entsprechend mit Grignard-Reagenzien tertiäre Alkohole:

$$R'\overset{O}{\underset{R''}{C}} + R\,Mg\,Br \longrightarrow \left[R'\overset{|\overline{O}|^-}{\underset{R''}{C}}R \right] \left[Mg\,Br \right]^+ \xrightarrow{H^+} R'\overset{|\overline{O}H}{\underset{R''}{C}}R + Mg^{2+} + Br^-$$

23.14. In Versuch a stellen wir Phenyl-magnesiumbromid her. Dieses ist – wie alle Grignard-Reagenzien – sehr empfindlich gegen Wasser, durch das es leicht hydrolysiert wird. Grignard-Synthesen müssen daher unter Ausschluß von Feuchtigkeit ausgeführt werden.

Versuch a: Man erhitzt in einem trockenen Reagenzglas 0.1 g Magnesiumspäne (ungefähr 20 Stückchen) zur Aktivierung des Magnesiums mit einem Kriställchen Iod. Dazu gibt man nach dem Abkühlen 1 ml Brombenzol und 5 ml trockenen Ether, der mindestens 1 h mit Calciumchlorid getrocknet worden ist. Bei vorsichtigem Erwärmen im Wasserbad beginnt alsbald die Bildung der GRIGNARD-Verbindung, was man am Auftreten einer Trübung erkennt. Man beläßt die Lösung bei Raumtemperatur, wobei der Ether leicht weitersiedet und die eventuell noch vorhandene Iodfarbe plötzlich verschwindet. Nach etwa 20 Minuten gibt man nochmals 0.1 g Magnesiumspäne hinzu und ersetzt den abgedampften Ether. Nach insgesamt etwa 50 Minuten ist die Reaktion beendet.

$$C_6H_5Br + Mg \longrightarrow C_6H_5Mg\,Br$$

In Versuch b stellen wir am Beispiel des Phenyl-magnesiumbromids fest, daß Grignard-Verbindungen ziemlich heftig mit Wasser reagieren. Das dabei entstandene Benzol beobachten wir nicht, wohl aber die Bildung eines schwerlöslichen Magnesiumsalzes.

Versuch b: 1 ml der nach Versuch a bereiteten GRIGNARD-Lösung wird mit 2 ml Wasser versetzt, wobei der Ether aufsiedet. Es scheiden sich basische Magnesiumsalze ab.

Entsorgung: In kleinen Mengen nicht abwassergefährdend.

$$C_6H_5MgBr + H_2O \longrightarrow C_6H_6 + Mg(OH)Br \downarrow$$

In Versuch c setzen wir Phenyl-magnesiumbromid mit Benzaldehyd zum sekundären Alkohol Benzhydrol um.

Versuch c: Den noch verbliebenen Teil der in Versuch a hergestellten GRIGNARD-Lösung gibt man allmählich zu einer Lösung von 1 ml Benzaldehyd in 20 ml trockenem Ether (kleines, trockenes Becherglas benutzen!). Dann wird vorsichtig mit 10 ml verd. Salzsäure versetzt. In einem Scheidetrichter trennt man die untere wäßrige Schicht ab. Die Etherlösung wird zur Entfernung des nicht umgesetzten Benzaldehyds mit Natriumhydrogensulfit-Lösung durchgeschüttelt (vgl. Versuch 23.1.). Man trocknet die Etherlösung etwa 10 Minuten lang mit einigen Körnern Calciumchlorid, filtriert und läßt den Ether in einer Porzellanschale unter dem Abzug verdunsten. Es kristallisiert Benzhydrol aus.

Entsorgung: Die wäßrigen Lösungen können über die Kanalisation entsorgt werden, die organischen Abfälle werden in den vorgesehenen Behältern gesammelt.

$$C_6H_5-\overset{O}{\underset{H}{C}} + C_6H_5MgBr \xrightarrow{H^+} C_6H_5-\overset{OH}{\underset{H}{C}}-C_6H_5 + Mg^{2+} + Br^-$$

Benzhydrol

Kapitel 24. Carbonsäuren

Reaktionen von Carbonsäuren

Die Carboxyl-Gruppe ist stark polar. Da Carbonsäuren Wasserstoffbrücken ausbilden und die Verbindungen selbst in der Dampfphase noch dimer sind, liegen ihre Schmelz- und Siedepunkte erheblich höher als die vergleichbarer Carbonyl-Verbindungen.

Fettsäuren (Alkan-carbonsäuren) sind bis zur Buttersäure (C_3H_7COOH) mit Wasser **24.1.** unbegrenzt mischbar; die niederen Glieder der Reihe riechen stechend bis durchdringend schweißartig. Fettsäuren mit längeren Kohlenstoff-Ketten sind geruchlos und zeigen ähnliche Löslichkeits-Verhältnisse wie Kohlenwasserstoffe, da hier die Wirkung des hydrophoben Alkan-Restes überwiegt. So ist z. B. Stearinsäure ($C_{17}H_{35}CO_2H$) in Wasser nicht löslich; sie löst sich aber in Petrolether. Benzoesäure ($C_6H_5CO_2H$) ist ähnlich löslich wie eine Fettsäure mit einer mittleren Zahl von C-Atomen.

Versuch: 1 ml Eisessig wird allmählich mit Wasser versetzt; die beiden Flüssigkeiten mischen sich vollständig. – Man gebe zu einer Spatelspitze Benzoesäure 5 ml Wasser. Die Säure löst sich erst beim Erwärmen und kristallisiert beim Abkühlen wieder aus. – Erhitzt man eine Spatelspitze Stearinsäure mit 5 ml Wasser, so ist keine Lösung zu beobachten, die wäßrige Suspension reagiert nicht sauer. – Man versetze je eine Spatelspitze Benzoesäure bzw. Stearinsäure mit 3 ml Petrolether. Die Säuren lösen sich beim

Erwärmen und kristallisieren aus der abgekühlten Lösung wieder aus. In Ether lösen sich beide Säuren bereits in der Kälte.

Entsorgung: Wäßrige Lösungen in kleinen Mengen nicht abwassergefährdend; Lösungsmittel → organ. Abfälle.

24.2.   In Wasser schwer lösliche Säuren bilden mit Laugen oder mit Alkalicarbonat-Lösungen oft leicht lösliche Alkalisalze. Die Alkalisalze höherer Fettsäuren, z. B. der Palmitinsäure ($C_{15}H_{31}CO_2H$) und der Stearinsäure ($C_{17}H_{35}CO_2H$), zeigen Seifenwirkung (vgl. Versuch 18.8.); ihre wäßrigen Lösungen schäumen. Calciumstearat ist in Wasser schwer löslich und schäumt nicht; dies ist für den Verlust der Reinigungswirkung von Seife in hartem Wasser von Bedeutung.

Versuch a: 2 Spatelspitzen Benzoesäure in 2 ml Wasser werden mit 20 Tropfen verd. Natronlauge versetzt: Die Säure löst sich und fällt bei Zugabe von verd. Salzsäure wieder kristallin aus. – Bei Zugabe von Natriumcarbonat-Lösung löst sich Benzoesäure unter Entwicklung von Kohlendioxid.

Entsorgung: In kleinen Mengen nicht abwassergefährdend.

Versuch b: Man gebe eine Spatelspitze Stearinsäure in 3 ml verd. Natronlauge und erhitze zum Sieden. Die Säure löst sich; beim Erkalten kristallisiert das Natriumsalz aus. Gibt man zu einem Teil der heißen Lösung 3 ml Kalkwasser, so fällt Calciumstearat aus. Beim Schütteln schäumt nur die Lösung des Natriumsalzes.

Entsorgung: In kleinen Mengen nicht abwassergefährdend.

$$a\text{:}\quad C_6H_5-\overset{\displaystyle O}{\underset{\displaystyle OH}{C}} + OH^- \quad\longrightarrow\quad C_6H_5-\overset{\displaystyle O}{\underset{\displaystyle O^-}{C}} + H_2O$$

$$2\ \ C_6H_5-\overset{\displaystyle O}{\underset{\displaystyle OH}{C}} + 2\,Na^+ + CO_3^{2-} \longrightarrow 2\ C_6H_5-\overset{\displaystyle O}{\underset{\displaystyle O^-}{C}} + 2\,Na^+ + H_2O + CO_2\uparrow$$

$$b\text{:}\ 2\ \ C_{17}H_{35}CO_2^- + Ca^{2+} \quad\longrightarrow\quad (C_{17}H_{35}CO_2)_2Ca\downarrow$$

Die Deutung für die saure Eigenschaft der OH-Gruppe in Carbonsäuren geben wir im Abschnitt *Mesomerie* (S. 185). Nicht substituierte Fettsäuren sind ungefähr gleich starke Säuren; sie haben geringfügig kleinere Dissoziationskonstanten (größere pK_s-Werte) als die Essigsäure ($\sim 10^{-5}$).

24.3.   Führt man in Nachbarschaft zur Carboxyl-Gruppe Substituenten ein, so ändert sich die Stärke der Säuren. Elektronegative Substituenten erhöhen die Acidität.

Versuch: In je ein Reagenzglas, das 3 ml Wasser und 2 Tropfen Thymolblau-Lösung [Umschlagsintervall pH 1.2 (rot) – pH 2.8 (gelb)] enthält, gebe man 2 Tropfen Eisessig bzw. je eine kleine Spatelspitze Monochloressigsäure und Trichloressigsäure. Verdünnte Essigsäure bewirkt einen Umschlag des Indikators nach Gelb, Monochloressigsäure nach gelbstichig Rot, und Trichloressigsäure nach Rot.

Entsorgung: Säure-Abfälle

Die Erhöhung der Acidität in den Chloressigsäuren – im Vergleich zur Essigsäure – beruht auf dem *induktiven Effekt* der elektronegativen Substituenten. In der Chloressigsäure und mehr noch in der Trichloressigsäure werden die Elektronen der Sauerstoff-Atome etwas zu den Chlor-Atomen "hinübergezogen" (in der Formel durch Pfeile angedeutet). Vereinfacht gesehen, stehen sie daher in geringerem Maß als bei der Essigsäure zur Bindung des Protons zur Verfügung, so daß dieses leichter abdissoziieren kann.

$$Cl{\leftarrow}\overset{\overset{\displaystyle Cl}{\uparrow}}{\underset{\underset{\displaystyle Cl}{\downarrow}}{C}}{\leftarrow}C\overset{\displaystyle \overline{O}|}{\underset{\displaystyle \overline{O}{\leftarrow}H}{\diagup\diagdown}}$$

Fettsäuren sind gegen hohe Temperaturen recht beständig. Stearinsäure (Kp = 383 °C) **24.4.** kann z. B. mit freier Flamme destilliert werden.

Versuch: Eine Spatelspitze Stearinsäure erhitze man in einem trockenen, schräg gehaltenen Reagenzglas vorsichtig mit der Bunsenflamme zum Sieden. Die Säure kondensiert unverändert im oberen, kühlen Teil des Glases und wird beim Erkalten wieder fest. Die Kristalle lösen sich in verd. Natronlauge bis auf Spuren von Zersetzungsprodukten.

Entsorgung: In kleinen Mengen nicht abwassergefährdend.

Bestimmte Substituenten (z. B. Cl oder NO_2) in α-Stellung zur Carboxyl-Gruppe er- **24.5.** leichtern die Abspaltung von Kohlendioxid aus Carbonsäuren. Wir decarboxylieren Trichloressigsäure in Glycol als Lösungsmittel.

Versuch: 3 Spatelspitzen Trichloressigsäure werden in 2 ml Glycol erhitzt. Man beobachtet Gasentwicklung und den Geruch von Chloroform.

Entsorgung: Organ. Abfälle

Die verhältnismäßig leichte Decarboxylierung der Trichloressigsäure beruht ebenfalls auf dem induktiven Effekt der drei Chlor-Atome. Bei der Decarboxylierung verbleibt das Elektronenpaar, welches die Carboxyl-Gruppe bindet, beim CCl_3-Rest und nimmt das Proton auf, so daß Chloroform entsteht.

$$Cl{\leftarrow}\overset{\overset{\displaystyle Cl}{\uparrow}}{\underset{\underset{\displaystyle Cl}{\downarrow}}{C}}{\dashleftarrow}C\overset{\displaystyle O}{\underset{\displaystyle O{\leftarrow}H}{\diagup\diagdown}} \quad \longrightarrow \quad Cl_3CH + CO_2 \uparrow$$

24.6.

Ameisensäure, $H{-}\overset{\displaystyle O}{\overset{\|}{C}}{-}OH$, nimmt eine Sonderstellung ein: sie wirkt im Gegensatz zu anderen Fettsäuren reduzierend und wird schon durch milde Oxidationsmittel – wie Ag^+- oder Hg^{2+}-Ionen – zu CO_2 dehydriert.

Versuch a: 10 Tropfen Ameisensäure werden mit 1 ml Wasser und einigen Tropfen Silbernitrat-Lösung versetzt. Erhitzt man zum Sieden, so scheidet sich langsam Silber aus.

Entsorgung: In kleinen Mengen nicht abwassergefährdend.

(Versuch b): Man versetze 10 Tropfen Ameisensäure mit 1 ml Quecksilber(II)-chlorid-Lösung und erhitze zum Sieden; es scheidet sich Quecksilber(I)-chlorid ab.

Entsorgung: Quecksilber-Abfälle

a: $HCO_2H + 2\,Ag^+ \longrightarrow CO_2 + 2\,Ag\downarrow + 2\,H^+$

b: $HCO_2H + 2\,Hg^{2+} + 4\,Cl^- \longrightarrow CO_2 + Hg_2Cl_2\downarrow + 2\,H^+ + 2\,Cl^-$

Carbonsäure-Derivate

Die Reaktionsfähigkeit von Carbonsäure-Derivaten ist sehr verschieden; sie nimmt vom Säureamid zum Säurechlorid hin erheblich zu:

Auch die Umsetzungen dieser Verbindungen verlaufen über eine Addition an die C=O-Doppelbindung, sind aber meist langsamer als entsprechende Reaktionen von Aldehyden und Ketonen (s. S. 158). Um die Reaktionsgeschwindigkeit zu erhöhen, katalysiert man Umsetzungen von Carbonsäuren und ihren Derivaten oft mit H^+- oder OH^--Ionen.

Herstellung und Verseifung von Carbonsäureestern

24.7. Die Bildung eines Carbonsäureesters aus einer organischen Säure und Alkohol haben wir bei Versuch 22.3. besprochen. Im folgenden Versuch beobachten wir am Beispiel des Benzoesäure-ethylesters, daß eine derartige Reaktion durch Protonen katalysiert wird.

> Versuch: 3 Spatelspitzen Benzoesäure werden mit 1 ml Ethanol und 3 Tropfen konz. Schwefelsäure etwa 1 min zum Sieden erhitzt. Man beobachtet den süßlichen Geruch von Benzoesäure-ethylester. – Wiederholt man den Versuch ohne Zugabe von konz. Schwefelsäure, so ist kein Estergeruch festzustellen, weil sich das Reaktionsgleichgewicht nur sehr langsam einstellt.
>
> Entsorgung: In kleinen Mengen nicht abwassergefährdend.

Den Mechanismus der Protonenkatalyse bei der Esterbildung ersehen wir aus folgenden Formeln:

$$R-\underset{\underset{|\underline{O}H|}{\overset{||}{C}}}{\overset{|\underline{O}|}{C}} \xrightarrow{H^+} \left[R-\underset{\underset{|\underline{O}H|}{}}{\overset{+}{C}} \right] \rightleftharpoons \overset{\overset{H}{\underset{|}{\underline{O}-R'}}}{} \rightleftharpoons \left[R-\underset{\underset{|\underline{O}H \ H}{}}{\overset{\overset{|\underline{O}H}{|}}{C}}-O-R' \right] \underset{+H^+ \ ; \ +H_2O}{\overset{-H^+ \ ; \ -H_2O}{\rightleftharpoons}} R-\underset{\underset{O-R'}{}}{\overset{\underline{O}|}{C}}$$

Das katalysierende Proton addiert sich an den Sauerstoff der CO-Gruppe, wodurch das C-Atom der CO-Gruppe eine positive Ladung erhält. An dieses positive C-Atom lagert sich ein Alkoholmolekül mit dem freien Elektronenpaar der OH-Gruppe. Nun spalten sich ein Molekül Wasser und ein Proton ab, so daß der Katalysator zurückgebildet wird. Man beachte, daß der Sauerstoff des Alkohols in den Ester übergeht.

Zur Herstellung von Estern benutzt man vielfach die sehr reaktionsfähigen Säurechloride. Diese können z. B. durch Umsetzung von Säuren mit Thionylchlorid erhalten werden: **24.8.**

$$R-\underset{\underset{OH}{}}{\overset{\overset{O}{\diagup}}{C}} + SOCl_2 \longrightarrow R-\underset{\underset{Cl}{}}{\overset{\overset{O}{\diagup}}{C}} + SO_2{\uparrow} + HCl{\uparrow}$$

Säurechloride sind als gemischte Anhydride von organischen Säuren mit Chlorwasserstoff aufzufassen; sie werden durch Wasser leicht gespalten. Anhydride organischer Säuren, $R-\underset{\underset{O}{}}{\overset{\overset{O}{||}}{C}}\underset{}{\overset{\overset{O}{||}}{C}}-R'$, sind ähnlich reaktionsfähig wie die Säurechloride.

Versuch a: (Abzug! Benzoylchlorid reizt stark zu Tränen!) Man gebe 3 Tropfen Benzoylchlorid zu 3 ml Wasser und erhitze einige Minuten zum Sieden; beim Erkalten kristallisiert Benzoesäure aus. Ein Teil des (im Wasser schwerlöslichen) Benzoylchlorids ist dann, wie der Geruch zeigt, meist noch nicht umgesetzt.
Entsorgung: In kleinen Mengen nicht abwassergefährdend.

Versuch b: 3 Spatelspitzen Phthalsäure-anhydrid werden mit 2 ml Ethanol und 3 Tropfen Pyridin (als Katalysator) zum Sieden erhitzt. Phthalsäure-anhydrid löst sich nach kurzer Zeit und reagiert unter Bildung des Phthalsäure-halbesters. Man ergänzt den Alkohol wieder auf 2 ml und teilt die farblose Lösung in zwei gleiche Teile.
Die eine Hälfte versetze man tropfenweise mit Wasser; der Halbester der Phthalsäure scheidet sich als Öl ab. Er löst sich wieder bei Zugabe von einigen Tropfen verd. Natronlauge.
Entsorgung: Organ. Abfälle

Zur anderen Hälfte gebe man 3 Tropfen konz. Schwefelsäure und erhitze etwa 3 min zum Sieden. Verdampften Alkohol zwischendurch immer wieder ergänzen! Die Lösung riecht nun schwach nach Phthalsäure-diethylester. Bei Zugabe von Wasser scheidet sich dieser als schweres Öl ab, das sich nicht in verd. Natronlauge löst.
Eine Spaltung, die unter Mitwirkung von Wasser verläuft (Versuch a), nennt man *hydrolytische Spaltung* oder *Verseifung*:

$$C_6H_5-C\overset{O}{\underset{Cl}{}} + HOH \longrightarrow \left[C_6H_5-\overset{OH}{\underset{Cl}{C}}-OH \right] \longrightarrow C_6H_5CO_2H + H^+ + Cl^-$$

Alkoholytische Spaltungen eines Säurechlorids (Versuch 22.4.) oder Säureanhydrids (Versuch b) verlaufen analog und ergeben 1 mol Ester und 1 mol Säure. Daher wird in Versuch b zunächst Phthalsäure-halbester erhalten. Die Veresterung der zweiten Carboxylgruppe wird – wie in Versuch 24.7. – durch konz. Schwefelsäure katalysiert.

Phthalsäureanhydrid   Phthalsäurehalbester   Phthalsäurediethylester

24.9.   Ester werden durch Wasser meist nur langsam verseift; schneller verläuft diese hydrolytische Spaltung in alkalischer oder in saurer Lösung.

Versuch a: 0.5 ml Essigester koche man einige Minuten mit 2 ml 10proz. methanolischer Kalilauge und 0.5 ml Wasser. Dann versetze man mit 3 ml Wasser und säure mit verd. Schwefelsäure an; beim Erhitzen tritt der Geruch von Essigsäure auf.

Entsorgung: In kleinen Mengen nicht abwassergefährdend.

Versuch b: 0.5 ml Benzoesäure-methylester, 0.5 ml Wasser und 4 ml methanolische Kalilauge werden 5 Minuten in einem Reagenzglas bei etwa 70 °C im Wasserbad erwärmt (Siedestein! Schutzbrille!). Beim Abkühlen unter dem Wasserhahn erstarrt die farblose, klare Lösung zu einem Kristallbrei, der sich nach Zugabe von 15 ml Wasser löst. Man schüttelt mit 10 ml Dichlormethan aus, um etwa vorhandenen unverseiften Benzoesäureester zu entfernen und säuert die wäßrige Phase mit verd. Salzsäure an. Die dabei kristallin ausfallende Benzoesäure schüttelt man erneut mit 10 ml Dichlormethan aus und gibt die (untere) Dichlormethanschicht in eine Kristallisierschale. Beim Verdunsten des Dichlormethans unter dem Abzug verbleibt als Rückstand reine Benzoesäure.

Entsorgung: Wäßrige Anteile in kleinen Mengen nicht abwassergefährdend; Dichlormethan → halogenierte Lösungsmittel-Abfälle

$$a:\quad CH_3-C\overset{O}{\underset{O-C_2H_5}{}} + OH^- \longrightarrow CH_3-C\overset{O}{\underset{O^-}{}} + C_2H_5OH$$

$$b:\quad C_6H_5-C\overset{O}{\underset{O-CH_3}{}} + OH^- \longrightarrow C_6H_5-C\overset{O}{\underset{O^-}{}} + CH_3OH$$

Ester, die keine hydrophile Gruppe enthalten, sind in Wasser kaum löslich. Um in homogener Lösung verseifen zu können, haben wir in den vorstehenden Versuchen eine Lösung von Kaliumhydroxid in Methylalkohol verwendet. Da bei der Esterverseifung Säuren gebildet werden, die Lauge verbrauchen, muß man pro Äquivalent der gebildeten Säure etwas mehr als ein Äquivalent Lauge einsetzen.

Den Mechanismus der alkalischen Esterverseifung ersehen wir aus folgendem Schema:

Ein OH^--Ion addiert sich an das positivierte C-Atom der C=O-Gruppe des Esters unter Bildung einer nicht isolierbaren Zwischenstufe A. Dann wird aus A ein Alkoholat-Ion abgespalten und es entsteht das Verseifungsprodukt, die Säure; diese wird durch im Überschuß angewendete Lauge neutralisiert. Die Reaktion läuft daher vollständig von links nach rechts ab. Die Verseifung von Estern durch Säuren führt dagegen zu einem Gleichgewicht (s. S. 170), dessen Lage von der Art des Esters abhängt.

Im folgenden Versuch wird ein Fett durch Lauge verseift. Fette sind Ester des Glycerins mit verschiedenen aliphatischen Säuren. Als Säurekomponente enthalten natürliche Fette vor allem Palmitinsäure ($C_{15}H_{31}CO_2H$), Stearinsäure ($C_{17}H_{35}CO_2H$) und Ölsäure ($C_{17}H_{33}CO_2H$), in kleinen Mengen auch Buttersäure ($C_3H_7CO_2H$), die beim Ranzigwerden der Butter frei wird (Geruch!). Alle diese Säuren haben eine gerade Zahl von C-Atomen und sind unverzweigt; Ölsäure enthält in der Mitte des Moleküls eine Doppelbindung. – Fette zeigen ähnliche Löslichkeitsverhältnisse wie höhere Paraffine (Versuch a). In Ölen ist der Anteil an ein- oder mehrfach ungesättigten Fettsäuren höher als in Fetten; sie sind daher auch bei Raumtemperatur flüssig.

24.10.

Versuch a: Zu je 3 Tropfen Olivenöl gebe man in trockenen Reagenzgläsern je 3 ml Wasser, Ethanol, Aceton, Petrolether (Kp = 50–80 °C), Ether bzw. Dichlormethan. Das Öl löst sich in Wasser auch in der Siedehitze nicht, in Alkohol nur teilweise. In den anderen verwendeten Lösungsmitteln ist das Öl in der Kälte löslich.

Entsorgung: Organ. Lösungsmittel-Abfälle

Versuch b: Man gebe zu 1 ml Olivenöl 4 ml methanolische Kalilauge; die beiden Flüssigkeiten mischen sich zunächst nicht. Nun erhitzt man 4 min zum schwachen Sieden. Dann wird der verdampfte Methylalkohol ergänzt und die klare, homogene gelbe Lösung noch heiß in zwei Teile geteilt. Die eine Hälfte läßt man abkühlen. Es scheidet sich das Kaliumsalz der Ölsäure ab; außerdem enthält der Niederschlag etwas Kaliumstearat und Kaliumpalmitat.

Entsorgung: In kleinen Mengen nicht abwassergefährdend.

In der anderen Hälfte wird das gebildete Glycerin nach Versuch 22.7. nachgewiesen: Man verdünnt mit 5 ml Wasser, kühlt auf Raumtemperatur ab und versetzt mit 5 Tropfen Kupfersulfat-Lösung. Es bildet sich ein hellblauer Niederschlag, der sich allmählich unter Bildung einer dunkelblauen Lösung größtenteils auflöst.

Entsorgung: Schwermetall-Abfälle

Bei der Verseifung von Fetten entstehen Alkalisalze von Fettsäuren (Seifen; vgl. S. 120) und Glycerin.

$$H_2C-O-\overset{\displaystyle O}{\overset{\|}{C}}-R$$
$$HC-O-\overset{\displaystyle O}{\overset{\|}{C}}-R' \; + \; 3\,Na^+ + 3\,OH^- \; \longrightarrow$$
$$H_2C-O-\overset{\displaystyle O}{\overset{\|}{C}}-R''$$

$$H_2C-OH \qquad R-\overset{\displaystyle O}{\overset{\|}{C}}-ONa$$
$$HC-OH \; + \; R'-\overset{\displaystyle O}{\overset{\|}{C}}-ONa$$
$$H_2C-OH \qquad R''-\overset{\displaystyle O}{\overset{\|}{C}}-ONa$$

Herstellung und Verseifung von Säureamiden

24.11. Säureamide $R-\overset{\displaystyle O}{\overset{\|}{C}}-NH_2$, $R-\overset{\displaystyle O}{\overset{\|}{C}}-NHR'$ oder $R-\overset{\displaystyle O}{\overset{\|}{C}}-NR'R''$ können durch Umsetzung von Säuren, Estern, Säurechloriden oder Säureanhydriden mit den entsprechenden Aminen erhalten werden. Die sehr reaktionsfähigen Säurechloride und Säureanhydride bilden schon bei Raumtemperatur Säureamide.

Versuch a: (Abzug! Schutzbrille!) Zu 10 ml konz. Ammoniak-Lösung gebe man vorsichtig 5 Tropfen Benzoylchlorid: Das ölige Säurechlorid wandelt sich in festes Benzamid um.

Entsorgung: In kleinen Mengen nicht abwassergefährdend.

$$C_6H_5-C\overset{\displaystyle O}{\underset{\displaystyle Cl}{\big<}} \; + \; 2\,NH_3 \; \longrightarrow \; C_6H_5-C\overset{\displaystyle O}{\underset{\displaystyle NH_2}{\big<}} \downarrow \; + \; NH_4^+ + \; Cl^-$$

Versuch b: (Abzug!) 10 Tropfen Anilin werden mit 3 ml Wasser versetzt und dann unter Schütteln mit 10 Tropfen Benzoylchlorid. Es bildet sich ein farbloser, kristalliner Niederschlag von Benzanilid.

Entsorgung: In kleinen Mengen nicht abwassergefährdend.

$$C_6H_5-C\overset{\displaystyle O}{\underset{\displaystyle Cl}{\big<}} \; + \; 2\,H_2NC_6H_5 \; \longrightarrow \; C_6H_5-C\overset{\displaystyle O}{\underset{\displaystyle NHC_6H_5}{\big<}} \downarrow \; + \; [C_6H_5NH_3]^+ + \; Cl^-$$

Versuch c: (Schutzbrille!) Man gebe vorsichtig 20 Tropfen Anilin zu 1 ml Essigsäureanhydrid; die Lösung erwärmt sich. Beim Abkühlen und Reiben mit dem Glasstab fällt kristallines Acetanilid aus.

Entsorgung: Organ. Abfälle

$$H_3C-\overset{\overset{O}{\|}}{C}\diagdown_{O}\diagup\overset{\overset{O}{\|}}{C}-CH_3 \ + \ 2\,H_2NC_6H_5 \ \longrightarrow \ H_3C-C\overset{\diagup O}{\underset{NHC_6H_5}{\diagdown}} \ \downarrow \ + \ [C_6H_5NH_3]^+ \ + \ CH_3CO_2^-$$

Die Verseifung von Säureamiden kann durch H^+-Ionen (z. B. Erhitzen mit konz. Salz- **24.12.** säure) oder durch OH^--Ionen katalysiert werden. Die Geschwindigkeit der sauren und der alkalischen Verseifung ist abhängig von der Art des Amids.

Versuch: 2 Spatelspitzen Acetamid oder Benzamid werden mit etwa 3 ml verd. Natronlauge gekocht, es entweicht Ammoniak.
Entsorgung: In kleinen Mengen nicht abwassergefährdend.

1 Spatelspitze Acetanilid wird mit 1 ml Methanol und 2 ml verd. Natronlauge 1 min zum Sieden erhitzt. Beim Erkalten scheidet sich Acetanilid wieder aus.
Entsorgung: Organ. Abfälle

Acetanilid wird unter den Versuchsbedingungen nicht verseift, wohl aber Benzamid und Acetamid:

$$CH_3-C\overset{\diagup O}{\underset{NH_2}{\diagdown}} \ + \ H_2O \ + \ OH^- \ \longrightarrow \ CH_3-C\overset{\diagup O}{\underset{O^-}{\diagdown}} \ + \ NH_3 \ + \ H_2O$$

Dicarbonsäuren

Dicarbonsäuren zeigen einige besondere Reaktionen, die von der Stellung der Carboxyl-Gruppen zueinander abhängen.

Oxalsäure

Das Anfangsglied der Reihe der Dicarbonsäuren, die Oxalsäure, kristallisiert mit 2 mol **24.13.** Kristallwasser. Dieses Oxalsäure-Hydrat zerfällt ziemlich leicht (bei 110 °C) in Kohlendioxid und Ameisensäure oder in CO_2, CO und Wasser.

Versuch: Man erhitze 2 Spatelspitzen Oxalsäure in einem trockenen Reagenzglas über freier Flamme. Es entweicht CO_2 und CO, und man bemerkt den stechenden Geruch von Ameisensäure.
Entsorgung: In kleinen Mengen nicht abwassergefährdend.

$$\overset{O}{\underset{HO}{\diagdown}}C-C\overset{\diagup OH}{\underset{O}{\diagdown}} \ \longrightarrow \ CO_2 \ + \ H-C\overset{\diagup O}{\underset{OH}{\diagdown}}$$

Im Gegensatz zu anderen gesättigten Dicarbonsäuren wird Oxalsäure in saurer Lösung leicht durch Kaliumpermanganat zu CO_2 oxidiert.

Malonsäure

24.14. Malonsäure ($HO_2C–CH_2–CO_2H$) spaltet beim Erhitzen CO_2 ab und bildet Essigsäure.

Versuch: Man erhitze 2 Spatelspitzen Malonsäure in einem trockenen Reagenzglas über freier Flamme. Es entweicht CO_2, und der Geruch der Essigsäure ist wahrnehmbar.

Entsorgung: In kleinen Mengen nicht abwassergefährdend.

$$\underset{HO}{\overset{O}{\diagup}}C\text{-}CH_2\text{-}\underset{O}{\overset{OH}{\diagup}}C \longrightarrow CO_2 + CH_3\text{---}\underset{OH}{\overset{O}{\diagup}}C$$

Zur Deutung dieser verhältnismäßig leichten Decarboxylierung s. Versuch 30.2.

24.15. In der Malonsäure sowie in ihren Estern sind die Wasserstoff-Atome der Methylen-Gruppe durch die benachbarten beiden Carboxyl- bzw. Ester-Gruppen aktiviert. Diese Wasserstoff-Atome werden z. B. leichter durch Halogen substituiert als die in der CH_3-Gruppe der Essigsäure. Mit Carbonyl-Verbindungen geht die CH_2-Gruppe der Malonsäure und ihrer Ester Kondensationsreaktionen ein (s. Versuch 24.21.).

Versuch: (Vorsicht beim Umgang mit Brom, s. S. 287, Abzug!) 2 ml Essigester bzw. 2 ml Malonsäure-diethylester werden in je einem Reagenzglas mit je 3 Tropfen Brom versetzt. Beim Erwärmen reagiert nur der Malonester mit Brom unter Bromwasserstoff-Entwicklung und Entfärbung.

Entsorgung: Halogenhaltige Abfälle

$$\begin{array}{l} CO_2C_2H_5 \\ | \\ CH_2 \\ | \\ CO_2C_2H_5 \end{array} + Br_2 \longrightarrow \begin{array}{l} CO_2C_2H_5 \\ | \\ CHBr \\ | \\ CO_2C_2H_5 \end{array} + HBr\uparrow$$

Malonsäure-   Brom-malonsäure-
diethylester   diethylester

Bernsteinsäure und Phthalsäure

1,4-Dicarbonsäuren, z. B. Bernsteinsäure, spalten beim Erhitzen – unter Bildung von Anhydriden – Wasser ab.

$$\underset{H_2C}{\overset{H_2C}{\diagdown}}\overset{O}{\underset{OH}{\diagup}}C \quad \xrightarrow{-H_2O} \quad \underset{H_2C}{\overset{H_2C}{\diagdown}}\overset{O}{\underset{O}{\diagup}}C$$

Bernsteinsäure   Bernsteinsäure-
                     anhydrid

Die Wasserabspaltung aus 1,4-Dicarbonsäuren verläuft besonders glatt, da die reagierenden Gruppen sich in räumlich günstiger Stellung befinden; der gebildete fünfgliedrige Ring des Anhydrids ist fast spannungsfrei.

Wir führen Phthalsäure, die ebenfalls eine 1,4-Dicarbonsäure ist, in das Anhydrid über.   **24.16.**

Versuch: Man erhitze eine Spatelspitze Phthalsäure in einem trockenen Reagenzglas. Unter Wasser-Abspaltung bildet sich das Anhydrid, das in den oberen Teil des schräg gehaltenen Reagenzglases sublimiert. Nach dem Erkalten wird das Anhydrid mit einem Spatel von der Wand des Reagenzglases abgelöst und mit Natriumcarbonat-Lösung übergossen; man beobachtet keine Kohlendioxid-Entwicklung. Phthalsäure löst sich dagegen in kalter Natriumcarbonat-Lösung unter Entwicklung von Kohlendioxid.

Entsorgung: In kleinen Mengen nicht abwassergefährdend.

Zwischen zwei Molekülen einer Monocarbonsäure verläuft die Anhydrid-Bildung erst unter weit energischeren Bedingungen. Reaktionen innerhalb eines Moleküls nennt man intramolekular, Reaktionen zwischen zwei Molekülen intermolekular. Wir werden Reaktionen, die intramolekular leichter ablaufen als intermolekular, wiederholt antreffen.

Maleinsäure

Malein- und Fumarsäure sind Ethylen-dicarbonsäuren, $HO_2-CH=CH-CO_2H$. Moleküle der allgemeinen Formel $X-CH=CH-X$ sind nicht linear. Da die C-Atome einer C,C-Doppelbindung nicht um ihre Achse drehbar sind, gibt es von diesen Verbindungen zwei Isomere, die man als *cis-trans*- oder auch *E/Z*-Isomere bezeichnet. Maleinsäure ist die *cis*- oder *Z*-Ethylen-dicarbonsäure. In der Fumarsäure stehen die Carboxyl-Gruppen in *E*- oder *trans*-Stellung.

Maleinsäure bildet beim Erhitzen unter intramolekularer Wasser-Abspaltung leicht ein Anhydrid, während Fumarsäure aus räumlichen Gründen kein intramolekulares Anhydrid bilden kann.

24.17.   Im folgenden Versuch weisen wir die Doppelbindung in der Maleinsäure nach; wir oxidieren Maleinsäure in alkalischer Lösung mit Kaliumpermanganat zu Oxalsäure.

Versuch: 1 Spatelspitze Maleinsäure-anhydrid wird in etwa 2 ml verd. Natronlauge gelöst. Beim Hinzufügen von etwa 4 ml Kaliumpermanganat-Lösung tritt zunächst die grüne Farbe des Manganat(VI)-Ions auf. Beim Erhitzen scheidet sich aus der Lösung Braunstein ab. Man filtriert, versetzt mit 1 Tropfen Phenolphthalein-Lösung und neutralisiert mit verd. Essigsäure. Bei Zugabe von etwas Calciumchlorid-Lösung fällt Calciumoxalat aus.

Entsorgung: In kleinen Mengen nicht abwassergefährdend.

$$^-O_2C-CH=CH-CO_2^- \xrightarrow[OH^-]{MnO_4^-} 2\ ^-O_2C-CO_2^-$$

Synthesen und Abbau von Carbonsäuren

Oxidation von CH_2- und CH_3-Gruppen zu Carboxyl-Gruppen

Carbonsäuren können durch Oxidation von Alkoholen oder Aldehyden erhalten werden. Auch CH_2- oder CH_3-Gruppen lassen sich unter besonderen Voraussetzungen zu Carboxyl-Gruppen oxidieren. So können z. B. Ketone, die eine $-CO-CH_2$-Gruppe enthalten, unter energischen Bedingungen oxidativ gespalten werden:

$$R-CO-CH_2-R' \xrightarrow{Oxid.} R-CO_2H + R'-CO_2H$$

24.18.   Wir oxidieren Cyclohexanon mit Salpetersäure zu Adipinsäure. Das Oxidationsmittel greift an einer der beiden zur C=O-Gruppe nachbarständigen und dadurch aktivierten Methylen-Gruppen an.

Versuch: (Abzug! Schutzbrille!) Man gebe 1 Tropfen Cyclohexanon zu einer Mischung von 1 ml konz. Salpetersäure und 1 ml Wasser. Dann fügt man – zur Einleitung der Reaktion – eine kleine Spatelspitze Natriumnitrit hinzu und erwärmt vorsichtig (Reagenzglashalter!). Sobald die Mischung siedet, entfernt man die Flamme. Nun werden langsam nochmals 5 Tropfen Cyclohexanon zugegeben. Bei Zugabe eines Tropfens tritt jedesmal Aufsieden ein; erst nach Abklingen dieser Reaktion wird der nächste Tropfen zugegeben. Um die Umsetzung zu beenden, wird kurz zum Sieden erhitzt. Aus der abgekühlten Lösung kristallisiert Adipinsäure sofort oder nach Reiben mit dem Glasstab.

Entsorgung: Säure-Abfälle

Cyclohexanon   → HNO_3 Adipinsäure

Im Toluol sind die Wasserstoff-Atome der CH_3-Gruppe durch den Phenyl-Rest akti- **24.19.**
viert; Toluol läßt sich zu Benzoesäure oxidieren.

Versuch: Eine Mischung aus 10 Tropfen Toluol, 20 ml Wasser, 1 g Kaliumpermanganat und 10 Tropfen 10proz. Natronlauge wird unter Rückfluß gekocht, bis die violette
Farbe des Permanganats verschwunden ist oder die Lösung nicht mehr nach Toluol
riecht (20-30 min). Man kühlt ab, säuert mit verd. Schwefelsäure vorsichtig an und entfernt Mangandioxid und überschüssiges Permanganat durch wenig Natriumbisulfit oder
Oxalsäure. Nach dem Abkühlen schüttelt man zweimal mit Ether aus und wäscht die
etherische Lösung mit Wasser aus. Nach Abdunsten des Ethers auf einem Uhrglas
scheidet sich Benzoesäure farblos ab.

Entsorgung: In kleinen Mengen nicht abwassergefährdend.

Toluol   Benzoesäure

Synthese von Carbonsäuren mit GRIGNARD-Verbindungen

Carbonsäuren können durch Anlagerung von magnesium-organischen Verbindungen an **24.20.**
Kohlendioxid erhalten werden.

Versuch: Man stelle nach Versuch 23.14.a eine Lösung von Phenyl-magnesiumbromid
her. Dann gibt man in ein trockenes Becherglas mehrere erbsengroße Stückchen festes
Kohlendioxid (Trockeneis) und fügt die GRIGNARD-Lösung langsam hinzu. Wenn kein
festes Kohlendioxid mehr vorhanden ist, gebe man allmählich 5 ml verd. Salzsäure zu,
um die ausgefallene Magnesium-Verbindung zu zersetzen. Die Lösung wird zweimal
mit je 5 ml Ether extrahiert und die etherische Lösung mit einigen Körnchen Calciumchlorid etwa 15 min getrocknet. Dann wird die Etherlösung filtriert und der Ether auf
einem Uhrglas verdunstet. Es hinterbleibt Benzoesäure.

Entsorgung: In kleinen Mengen nicht abwassergefährdend.

Phenyl-magnesiumbromid addiert sich an Kohlendioxid analog wie an Carbonyl-Verbindungen. Das Addukt liefert beim Ansäuern Benzoesäure:

Synthesen mit Malonsäure

Vielfach werden Malonsäure und ihre Ester verwendet, um Carbonsäuren aufzubauen. **24.21.**
Diese Synthesen beruhen auf der Reaktionsfähigkeit der CH_2-Gruppe in der Dicarbonsäure und ihren Estern. Wir kondensieren Malonsäure mit Benzaldehyd zu Zimtsäure.

Versuch: 4 Spatelspitzen Malonsäure, 1 ml Benzaldehyd und 0.5 ml Pyridin werden im siedenden Wasserbad 15 min erhitzt. Man beobachtet Kohlendioxid-Entwicklung. Zur Abtrennung des nicht umgesetzten Benzaldehyds von der entstandenen Zimtsäure nimmt man das Reaktionsgemisch in 5 ml verd. Natronlauge auf und schüttelt die Emulsion mit Ether durch. Die Etherschicht enthält den Aldehyd; sie wird in einem kleinen Scheidetrichter abgetrennt und verworfen. Die alkalische Lösung wird mit konz. Salzsäure angesäuert; es fällt kristalline Zimtsäure aus.

Entsorgung: Zimtsäure in kleinen Mengen nicht abwassergefährdend; Ether → organ. Lösungsmittel-Abfälle

Die Reaktion verläuft analog der Aldolkondensation und wird durch die Base Pyridin katalysiert:

$$C_6H_5-\overset{\displaystyle O}{\underset{\displaystyle H}{C}} \ + \ H_2C\overset{\displaystyle CO_2H}{\underset{\displaystyle CO_2H}{}} \xrightarrow[\text{Pyridin}]{-H_2O} \left[C_6H_5-CH=C\overset{\displaystyle CO_2H}{\underset{\displaystyle CO_2H}{}} \right] \longrightarrow$$

Benzaldehyd

$$C_6H_5-CH=CH-CO_2H \ + \ CO_2\uparrow$$

Zimtsäure

Da im Verlauf der Reaktion Kohlendioxid abgespalten wird, hat man mit Malonsäure-Synthesen die Möglichkeit, Carbonyl-Verbindungen um den Rest der Essigsäure zu verlängern.

HOFMANNscher Säureamid-Abbau

24.22. Bei Konstitutionsermittlungen ist es oft erforderlich, Carbonsäuren abzubauen. Dies gelingt z. B. mit dem HOFMANNschen Säureamid-Abbau, durch den Säureamide mit Brom und Lauge zu Aminen abgebaut werden, die ein C-Atom weniger enthalten als die Carbonsäuren.

$$R-\overset{\displaystyle O}{\underset{\displaystyle NH_2}{C}} \xrightarrow[\text{OH}^-]{Br_2} \ RNH_2 \ + \ CO_3^{2-}$$

Versuch: (Abzug!) 1 Spatelspitze Acetamid wird in 3 ml verd. Natronlauge gelöst und nach Zugabe von 2 Tropfen Brom erwärmt. Es tritt Geruch nach Methylamin auf.

Entsorgung: In kleinen Mengen nicht abwassergefährdend.

Die Reaktion verläuft nach folgendem Schema: $Br_2 \xrightarrow{OH^-} Br^- + BrO^-$

$$H_3C-\overset{\displaystyle \overline{\underline{O}}|}{\underset{\displaystyle \overline{N}H_2}{C}} \xrightarrow{BrO^-} H_3C-\overset{\displaystyle O}{\underset{\displaystyle \underset{\displaystyle Br}{N}-H}{C}} \xrightarrow{-HBr} \left[H_3C\overset{\displaystyle O}{\underset{\displaystyle \overline{N}|}{C}} \longrightarrow H_3C-\underline{N}=C=\overline{\underline{O}} \right]$$

$$H_3C-\underset{H}{\overset{}{N}}-C\overset{O}{\underset{\underline{O}H}{\diagdown}} \quad \xrightarrow{OH^-} \quad H_3C-NH_2\uparrow \; + \; CO_3^{2-}$$

Das zunächst gebildete bromierte Amid spaltet mit Lauge Bromwasserstoff ab, wobei am Stickstoff ein Elektronensextett verbleibt. Diese nicht isolierbare Nitren-Zwischenstufe stabilisiert sich durch Wanderung des |CH$_3$$^-$-Restes an den Stickstoff. Das gebildete Methyl-isocyanat CH$_3$–N=C=O wird über die unbeständige Carbaminsäure in Amin und Carbonat-Ionen gespalten.

Harnstoff und Barbitursäure

Harnstoff, H$_2$N$-\overset{O}{\overset{\|}{C}}-NH_2$, ist das Diamid der Kohlensäure. Seine wäßrige Lösung reagiert neutral. Harnstoff hat aber noch schwach basische Eigenschaften und bildet z. B. mit konz. Salpetersäure ein schwer lösliches Nitrat.

24.23.

Versuch: 3 Spatelspitzen Harnstoff werden in 2 ml Wasser gelöst. Bei Zugabe von etwa 1 ml konz. Salpetersäure fällt das schwer lösliche Harnstoff-nitrat aus.

Entsorgung: In kleinen Mengen nicht abwassergefährdend.

$$H_2N-\overset{O}{\overset{\|}{C}}-NH_2 \; + \; HNO_3 \; \longrightarrow \; \left[H_2N-\overset{O}{\overset{\|}{C}}-NH_2 \right] \cdot HNO_3$$

Durch Laugen wird Harnstoff leicht verseift.

24.24.

Versuch: 2 Spatelspitzen Harnstoff werden mit 3 ml verd. Natronlauge erhitzt; es entweicht Ammoniak.

Entsorgung: In kleinen Mengen nicht abwassergefährdend.

$$H_2N-\overset{O}{\overset{\|}{C}}-NH_2 \; + \; 2\,OH^- \; \longrightarrow \; 2\,NH_3\uparrow \; + \; CO_3^{2-}$$

Beim Erhitzen bildet Harnstoff unter Abspaltung von Ammoniak Biuret, das mit Cu^{2+}-Ionen in alkalischer Lösung eine charakteristische Farbreaktion gibt.

24.25.

Versuch: Man erhitze 3 Spatelspitzen Harnstoff vorsichtig mit kleiner Flamme. Die Masse schmilzt zunächst und es entsteht Ammoniak; dann erstarrt die Schmelze. Der feste Rückstand wird mit 3 ml Wasser ausgekocht und die Lösung heiß filtriert. Gibt man zu der Lösung etwas verd. Natronlauge und 10 Tropfen Kupfer(II)-sulfat-Lösung, so färbt sie sich violett.

Entsorgung: Schwermetall-Abfälle

$$H_2N-\overset{O}{\overset{\|}{C}}-NH_2 \; + \; H_2N-\overset{O}{\overset{\|}{C}}-NH_2 \; \xrightarrow[-\;NH_3]{} \; H_2N-\overset{O}{\overset{\|}{C}}-\underset{H}{N}-\overset{O}{\overset{\|}{C}}-NH_2$$

Biuret

Die Farbreaktion von Biuret mit Cu^{2+}-Ionen in alkalischer Lösung beruht auf einer Komplexbildung. Auch Eiweißstoffe (Proteine, Peptide) geben diese Reaktion (s. Versuch 32.10.b).

24.26. Harnstoff kann mit Malonsäureester zu Barbitursäure kondensiert werden, von der sich wichtige Schlafmittel ableiten. Acetanhydrid dient hierbei zur Bindung des Reaktionswassers.

Versuch: 1.2 g Harnstoff, 2 g Malonsäure und 3 ml Essigsäure-anhydrid werden im siedenden Wasserbad erhitzt. Aus der zunächst klaren Lösung fällt allmählich Barbitursäure aus. Nach einstündigem Erhitzen versetzt man mit dem gleichen Volumen Wasser und filtriert die Barbitursäure ab. Man suspendiere ein wenig Barbitursäure in 2–3 ml Wasser und gebe einige Tropfen verd. Natronlauge zu. Die Säure löst sich unter Bildung des Natriumsalzes und fällt beim Ansäuern mit verd. Salzsäure wieder aus.

Entsorgung: Organ. Abfälle

Barbitursäure bildet – im Gegensatz zu den meisten anderen Säureamiden – mit Laugen Salze. Diese leiten sich von der tautomeren Enolform der Barbitursäure ab (s. S. 218).

Kapitel 25. Substitutionsreaktionen an aromatischen Systemen

Benzol und Toluol

25.1. Benzol ist eine farblose "aromatisch" riechende Flüssigkeit, die bei 80.1 °C siedet und der Grundkörper der aromatischen Verbindungen ist; es ist giftig und gilt als krebserregend. Alle Versuche mit Benzol sind daher unbedingt unter einem gut ziehenden Abzug durchzuführen! Wir ersetzen Benzol deshalb nach Möglichkeit durch das weniger giftige Toluol.

Die chemischen Eigenschaften des Benzols (C_6H_6) sind ganz andere, als man auf Grund der klassischen Strukturformel Ia oder Ib (s. unten) erwarten sollte. Während C–C-Doppelbindungen im allgemeinen augenblicklich Brom addieren, verhält sich Benzol gegenüber Brom äußerst träge (Versuch a). Auch von Kaliumpermanganat wird Benzol unter den Bedingungen des Versuchs b nicht angegriffen.

Versuch a: (Abzug!) Man gebe zu 2 ml Benzol 2 Tropfen Brom und erwärme vorsichtig; es entweichen Bromdämpfe, aber kein Bromwasserstoff.

Entsorgung: Organische Lösungsmittel

Versuch b: Man schüttele einige Tropfen Benzol (nicht Toluol) mit 2 ml Kaliumpermanganat-Lösung und einigen Tropfen verd. Schwefelsäure; Kaliumpermanganat wird
nicht reduziert.
Entsorgung: Organische Lösungsmittel-Abfälle

Benzol ist die typische *aromatische* Verbindung. Der relativ stabile Zustand von Aromaten ist auf das Zusammenspiel einer bestimmten Zahl von π-Elektronen in den verschiedenen Ringsystemen zurückzuführen. In sechsgliedrigen Ringen wirken sechs π-Elektronen zusammen, im bicyclischen System des Naphthalins 10 π-Elektronen und im Anthracen 14 π-Elektronen: Aromatische Verbindungen besitzen stets (4n+2) π-Elektronen.
    Vom Benzol und vom Naphthalin leiten sich verschiedene *Heteroaromaten* ab; in die-
sen sind (formal) CH-Gruppen durch Stickstoff, Sauerstoff oder Schwefel ersetzt. Auch
solche Verbindungen, wie z. B. Pyridin (s. oben), geben nicht (oder eingeschränkt) die
Reaktionen von isolierten Doppelbindungen. Das Barbitursäure-Anion (s. oben) leitet sich
ebenfalls von einem heteroaromatischen Ring ab. Auch fünfgliedrige Ringe, in denen 6 π-
Elektronen zusammenwirken, von denen zwei Elektronen ein freies Elektronenpaar sind –
wie z. B. im Pyrrol (siehe oben) – zählen zu den Heteroaromaten.
    Charakteristisch für Benzolderivate sind Substitutions-Reaktionen. Der Benzolring **25.2.**
reagiert leicht mit Brom, wenn man das Brom-Molekül genügend "angriffsbereit" macht.
Im folgenden Versuch wird dies durch Zugabe von Eisen erreicht, das zunächst Eisenbro-
mid bildet.

Versuch: (Abzug!) 2 ml Toluol werden mit 4 Tropfen Brom und einer kleinen Spatelspitze von Eisenfeilspänen (oder von wasserfreiem Eisen(III)-chlorid) versetzt. Man
erwärmt vorsichtig; es entweichen farblose Nebel von Bromwasserstoff.
Entsorgung: Organ. Abfälle

In Versuch 25.2. wird eines der Wasserstoffatome im Ring des Toluols durch Brom ersetzt; es entsteht ein Gemisch aus *o*- und *p*-Bromtoluol unter gleichzeitiger Entwicklung
von Bromwasserstoff (in der Formel wird nur die Bildung des *o*-Isomeren angegeben).

$$\text{C}_6\text{H}_5\text{CH}_3 + Br_2 \xrightarrow{\ FeBr_3\ } \text{(o-Bromtoluol)} + HBr$$

Der Katalysator – das durch Oxidation von Eisen durch Brom entstandene – $FeBr_3$
reagiert nach folgender Gleichung mit Brom:

$$FeBr_3 + Br{:}Br \longrightarrow [FeBr_4]^- \; Br^+$$

Das gebildete Brom-Kation reagiert als Elektrophil mit den π-Elektronen des Benzol-
rings, wobei sich zunächst ein instabiler π-Komplex bildet. Dieser lagert sich rasch in ein
Carbenium-Ion (den σ-Komplex) um:

$$\text{(Benzol-CH}_3) + Br^+\left[FeBr_4\right]^- \longrightarrow \text{(}\pi\text{-Komplex)}\left[FeBr_4\right]^- \longrightarrow$$

π-Komplex

$$\longleftrightarrow \xrightarrow{-H^+}$$

σ-Komplex

Der σ-Komplex addiert nicht – wie es bei Olefinen der Fall wäre – ein Bromid-Ion. Vielmehr führt das Bestreben, den energiearmen aromatischen Zustand (s. S. 185) wieder zu erreichen, zur Abspaltung eines Protons.

Substitutions-Reaktionen am Benzol und an anderen aromatischen Systemen (z. B. Naphthalin, Anthracen) laufen bevorzugt mit "elektronen-suchenden" (elektrophilen) Reagenzien ab; für diese Art von Umsetzungen hat man daher den Begriff *elektrophile Substitution* eingeführt.

25.3.   In den folgenden Versuchen tritt die NO$_2$- bzw. die SO$_3$H-Gruppe substituierend in Benzol (Toluol) ein. Naphthalin reagiert etwas leichter als Benzol.

Versuch a: (Abzug!) 0.5 ml Toluol gebe man zu einer Mischung von 1 ml konz. Schwefelsäure und 1 ml konz. Salpetersäure. Die Nitrierung setzt beim Umschütteln unter Erwärmung ein. Das entstandene, nach bitteren Mandeln riechende *giftige Gemisch aus o-* und *p-*Nitrotoluol bildet die obere Phase. Beim vorsichtigen Verdünnen mit Wasser scheidet es sich als gelbes, schweres Öl ab.

Entsorgung: Säure-Abfälle bzw. organ. Abfälle

$$\text{(Toluol)} + HONO_2 \xrightarrow[- H_2O]{\text{konz. } H_2SO_4} \text{(}o\text{-Nitrotoluol)} + \text{(}p\text{-Nitrotoluol)}$$

o-Nitrotoluol   *p*-Nitrotoluol

Die Nitrierung von Benzol oder Toluol ist – ebenso wie die Bromierung – eine elektrophile Substitution. Konz. Schwefelsäure löst aus der Salpetersäure die OH-Gruppe durch Protonierung als Wasser ab, wodurch das sehr reaktionsfähige Nitrosyl-Kation (NO$_2^+$) gebildet wird:

$$HONO_2 + H_2SO_4 \rightleftharpoons NO_2^+ + HSO_4^- + H_2O$$

Versuch b: (Abzug!) 1 ml Toluol gebe man zu einer Mischung von 2 ml Oleum (konz. Schwefelsäure, die 20 % SO$_3$ enthält) und 1 ml konz. Schwefelsäure. Beim vorsichtigen (!) Umschütteln tritt Erwärmung ein, und innerhalb weniger Minuten erhält man eine klare Lösung. (Bildet sich keine klare Lösung, so ist noch etwas Oleum hinzuzufügen!) Man gießt das Gemisch langsam unter Schütteln in 12 ml gesättigte Kochsalz-

Lösung und kühlt mit Leitungswasser ab. Dabei fällt neben etwas Kochsalz das Natriumsalz der *p*-Toluolsulfonsäure als Blättchen aus.

Entsorgung: Säure-Abfälle

p-Toluolsulfonsäure

Versuch c: 1 Spatelspitze Naphthalin wird in 2 ml konz. Schwefelsäure gegeben. Die Mischung wird im siedenden Wasserbad vorsichtig geschüttelt, bis die Lösung homogen geworden ist. Dann gibt man bei gleichzeitiger Kühlung mit Leitungswasser sehr vorsichtig (kann spritzen!) tropfenweise etwa 1 ml Wasser hinzu. Die gebildeten Naphthalinsulfonsäuren scheiden sich teilweise als Öl ab. Nach Anreiben mit dem Glasstab beginnt im Verlauf von etwa 10 min die Kristallisation. Nun fügt man die gleiche Menge Wasser zu, worauf sich alsbald ein dicker Kristallbrei bildet.

Entsorgung: Säure-Abfälle

Naphthalin   α-Naphthalin-   β-Naphthalin-
                          sulfonsäure   sulfonsäure

Mesomerie bei Aromaten

Die beobachtete Reaktionsträgheit des Benzols ist dadurch bedingt, daß das Molekül in einem Bindungszustand vorliegt, den wir durch die *Grenz*formeln Ia und Ib beschreiben. Diese sollen zum Ausdruck bringen, daß der wirkliche Zustand des Moleküls – die Elektronenverteilung im Molekül – irgendwie zwischen den angegebenen Strukturen liegt:

Ia   Ib   Ic   Pyridin   Pyrrol

Dies bedeutet: Benzol hat keine Doppelbindungen; alle C-Atome sind durch *gleichwertige* Bindungen verknüpft, die man als "Eineinhalbfach-Bindungen" bezeichnen könnte (Ic); man bezeichnet dies als *Mesomerie*. Moleküle und Molekülgruppen, die sich im mesomeren Bindungszustand befinden, zeigen Reaktionen, die durch eine klassische Strukturformel nicht befriedigend erklärt werden können.

1. Am besonders einfachen Beispiel des Benzols besprechen wir allgemeine Regeln, die sich für das Reaktionsverhalten von Verbindungen ergeben, die im mesomeren Bindungszustand vorliegen. Beim Benzol läßt sich durch Messung der C–C-Abstände besonders eindrucksvoll zeigen, daß Mesomerie vorliegt: Eine C–C-Doppelbindung ist mit ca. 133 pm – infolge der höheren Elektronendichte zwischen den Atomkernen – kürzer als eine C–C-Einfachbindung (154 pm). Im Benzol dagegen sind alle C–C-Bindungslängen gleich, und ihre Größe liegt mit 139.7 pm zwischen der einer Einfach- und einer Doppelbindung. Dieser experimentelle Befund bedeutet, daß die beiden Grenzformeln des Benzols mit gleichem Anteil zur Beschreibung des Moleküls beitragen.

Wir haben festgestellt, daß Benzol reaktionsträger ist als eine Verbindung mit isolierten C–C-Doppelbindungen. Maßgebend für das Reaktionsverhalten sind die Energieverhältnisse: Wenn man Benzol verbrennt, so wird eine geringere Wärmemenge erhalten, als man für die Verbrennung des (nicht existierenden) "Cyclohexatriens" (Ia oder Ib, s. S. 185) mit isolierten Doppelbindungen errechnet. Demnach ist Benzol energieärmer als das hypothetische "Cyclohexatrien". Man sagt: Benzol ist durch Mesomerie stabilisiert. Im Hinblick auf das Reaktionsverhalten interessiert der Grad einer Mesomeriestabilisierung. Wir vergleichen die Grenzformeln des Hexatriens IIa und IIb mit denen des Benzols.

$$H_2C=CH-CH=CH-CH=CH_2 \quad \longleftrightarrow \quad H_2\overset{+}{C}-CH=CH-CH=CH-\overset{-}{CH}_2$$

$$a \qquad\qquad II \qquad\qquad b$$

In der Grenzformel IIb tragen C-Atome Ladungen. Eine dieser Formel entsprechende Elektronenverteilung ist sehr energiereich und wirkt sich auf den Bindungszustand im Hexatrien kaum aus. Man erkennt dies daran, daß die Abstände zwischen den C-Atomen – anders als im Benzol – ungefähr die Größe haben, die nach der Grenzformel IIa zu erwarten ist. Dementsprechend gibt Hexatrien die für C–C-Doppelbindungen typischen Additionsreaktionen.

Aus den vorstehenden Überlegungen ergeben sich folgende Regeln, deren Inhalt in Abb. 25.1a und 25.1b dargestellt ist: Jede Verbindung, die im mesomeren Bindungszustand vorliegt, ist energieärmer als jede, welche durch eine ihrer Grenzformeln beschrieben wird. Die Mesomeriestabilisierung ist groß, wenn die Grenzformeln (wie z. B. die für Benzol gegebenen) äquivalent sind, d. h. im gleichen Maß zur Beschreibung des Moleküls beitragen (Abb. 25.1a). Grenzformeln, die einen relativ energiereichen Bindungszustand beschreiben (s. oben z. B. IIb im Hexatrien; B′′ in Abb. 25.1b), tragen nur wenig zur Stabilisierung des Moleküls bei.

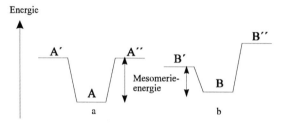

Abb. 25.1.   Energieinhalte mesomeriestabilisierter Moleküle A und B sowie ihrer Grenzformeln

A´ und A´´ bzw. B´ und B´´ bedeuten Grenzformeln; A bzw. B sollen den wirklichen Zustand eines Moleküls kennzeichnen.

Der Grund für die gute Stabilisierung des Benzols ist der, daß sich die π-Elektronen in diesem Molekül gleichmäßig verteilen (s. Kap. 26., S. 197). Im Hexatrien dagegen sind die π-Elektronen weitgehend auf die in der Grenzformel IIa gegebenen Doppelbindungen lokalisiert. Die gleichen Überlegungen gelten für kondensierte Aromaten wie Naphthalin oder Anthracen.

25.4. Wenn im Benzol schon ein Substituent vorhanden ist, so hängt die Stellung, die ein neu hinzukommender Substituent einnimmt, von der Art des ersteren ab. Auch die Geschwindigkeit einer weiteren Substitutions-Reaktion wird durch den schon vorhandenen Substituenten beeinflußt.

Substituenten mit freien Elektronenpaaren (z. B. OH- oder NH_2-Gruppen) erhöhen die Elektronendichte im Aromaten durch mesomere Wechselwirkungen in beiden *ortho*-Stellungen und in *para*-Stellung und lenken neu eintretende Elektrophile in diese Positionen: Sie wirken durch ihren (+)-M-Effekt *o/p*-dirigierend, wobei gleichzeitig die Reaktivität durch die gesteigerte Elektronendichte heraufgesetzt wird. Ebenfalls o/p-dirigierend wirken Alkylgruppen. Hier ist die Erhöhung der Elektronendichte jedoch auf einen positiven induktiven Effekt [(+)-I-Effekt] infolge unterschiedlicher Elektronegativität zurückzuführen.

Versuch a: Eine Spatelspitze Phenol wird in 3–4 ml kaltem Wasser gelöst. Unter Umschütteln gibt man das gleiche Volumen Bromwasser zu. Das Bromwasser wird sofort entfärbt; es fällt Tribromphenol als flockiger Niederschlag aus.
Entsorgung: Organ. Abfälle

Phenol reagiert mit Brom zu 2,4,6-Tribromphenol. Diese Substitution verläuft wesentlich leichter als die Bromierung von Benzol und bedarf keiner Katalyse.

Um den Verlauf dieser Reaktion zu verstehen, betrachten wir die Grenzformeln des Phenols:

Man erkennt, daß Phenol in den beiden *ortho*-Stellungen sowie in der *para*-Stellung eine höhere Elektronendichte besitzt. Ein elektrophiles Kation wird also an diesen Stellen das Molekül angreifen, d. h. eine elektrophile Substitution ist in den beiden *ortho*-Stellungen und in der *para*-Stellung begünstigt. Ähnlich wie die OH-Gruppe wirken auch andere Substituenten mit (+)-M- oder (+)-I-Effekt (Substituenten 1. Ordnung); sie haben – mit Ausnahme der CH_3-Gruppe – ein freies Elektronenpaar, das an der Reaktion beteiligt ist.

Versuch b: (Abzug!) 5 Spatelspitzen Phenol werden mit 1 ml konz. Schwefelsäure versetzt und 3 min im Wasserbad erhitzt. Nach Abkühlen gibt man 2.5 ml Wasser zu und – während man mit Leitungswasser kühlt – in 2 Portionen je 0.5 ml rauchende Salpetersäure. Nachdem man 20 min im siedenden Wasserbad erwärmt hat, wird mit 5 ml Wasser verdünnt. Beim Abkühlen kristallisiert Pikrinsäure (Trinitrophenol) aus.

Entsorgung: Säure-Abfälle

Versuch 25.4.b zeigt ebenfalls, daß durch eine OH-Gruppe die Substitution im aromatischen Rest erleichtert wird; in Phenol lassen sich drei Nitro-Gruppen einführen; Benzol gibt unter den Bedingungen des Versuchs 25.4.b eine derartige Reaktion nicht. (Bei der oben beschriebenen Herstellung von Pikrinsäure werden zuerst *p*- und *o*-Phenolsulfonsäure gebildet. Nach Zugabe von rauchender Salpetersäure werden die Sulfonsäuregruppen durch Nitrogruppen ersetzt und weitere Nitrogruppen eingeführt.)

OH
(Benzolring) — H_2SO_4 → — H_2SO_4 / HNO_3 →

NO_2 — OH — NO_2
(Benzolring mit NO_2 unten)   + 3 H_2O

NO_2
Pikrinsäure

Substituenten 2. Ordnung (z. B. Carboxyl-, Carbonyl- oder Nitro-Gruppen) ziehen durch in Konjugation befindliche Doppelbindungen Elektronendichte aus dem Ring ab. Die Grenzformeln zeigen am Beispiel des Nitrobenzols, daß hiervon wieder die *ortho*- und *para*-Positionen besonders betroffen werden. (-)-M-Substituenten erschweren die Zweitsubstitution und lenken neue Substituenten in die weniger betroffene *meta*-Stellung:

(Grenzformeln des Nitrobenzols)

25.5.   Aromatische Systeme können auch mit Alkyl-halogeniden, Carbonsäure-chloriden oder Carbonsäure-anhydriden elektrophile Substitutions-Reaktionen eingehen. Diese Reaktionen werden in der FRIEDEL-CRAFTS-Synthese durch Aluminiumchlorid katalysiert, z. B.

$$C_6H_5-\overset{O}{\underset{Cl}{C}} + C_6H_6 \xrightarrow{AlCl_3} C_6H_5-\overset{O}{\underset{}{C}}-C_6H_5 + HCl$$

Die katalytische Wirkung des Aluminiumchlorids beruht auf seiner Fähigkeit, mit Verbindungen, wie R-Hal, R—C—Cl oder R—C C—R Komplexe zu bilden, in denen reaktionsfähige Kationen vorliegen, z. B.

$$C_6H_5—C\overset{O}{\underset{Cl}{}} + AlCl_3 \rightleftharpoons \left[C_6H_5—\overset{O}{\underset{+}{C}} \right] [\,AlCl_4\,]^-$$

Im folgenden Versuch führen wir eine Synthese aus, die der FRIEDEL-CRAFTS-Synthese ähnlich ist. Wir kondensieren Phthalsäureanhydrid mit Phenol zu Phenolphthalein und katalysieren die Reaktion mit konz. Schwefelsäure.

Versuch: 1 Spatelspitze Phthalsäureanhydrid und 2 Spatelspitzen Phenol werden in einem trockenen Reagenzglas geschmolzen. Zu der Schmelze gibt man 2 Tropfen konz. Schwefelsäure und erhitzt kurz bis zum beginnenden Sieden. Nach Abkühlen versetzt man vorsichtig mit 15 ml Wasser. Die Lösung färbt sich bei Zusatz von einigen Tropfen verd. Natronlauge rot.

Entsorgung: Phenolphthalein In kleinen Mengen nicht abwassergefährdend.

Phthalsäure-anhydrid reagiert mit zwei mol Phenol und tritt substituierend in die *para*-Stellung zur OH-Gruppe ein:

Phenolphthalein ist farblos. Durch wenige Tropfen verd. Lauge wird der im Phenolphthalein vorliegende innere Ester (Lacton-Ring) augenblicklich gespalten; es bildet sich ein chinoides System, das farbgebend ist. (Bei Zugabe von viel Lauge verschwindet die rote Farbe langsam wieder.)

Mesomerie bei Säuren, Phenolen und Enolen

Wir untersuchen graduelle Unterschiede der Acidität von OH- und CH-Gruppen:
1. Alkohole der allgemeinen Formel ROH (R = aliphatischer Rest) sind nur äußerst schwache Säuren ($pK_s \approx 12 - 18$). Wie läßt sich die stärkere Acidität von OH-Gruppen in Carbonsäuren (pK_s 1 – 5) deuten? Carbonsäuren und ihre Anionen werden durch die Grenzformeln III bzw. IV beschrieben:

III   a   b   c   a   IV   b

Die Grenzformeln für Carbonsäure-Anionen sind – wie die des Benzols – äquivalent (vgl. Abb. 25.1a), d. h. diese Anionen sind gut stabilisiert. Die negative Ladung des Anions verteilt sich gleichmäßig auf die CO-Bindungen. Man erkennt dies daran, daß diese Bindungen die gleiche Länge haben. Bei Carbonsäuren dagegen sind die Grenzformeln IIIb und auch IIIc nur wenig an der Beschreibung des Moleküls beteiligt; in IIIb hat der stark elektronegative Sauerstoff eine positive Ladung, in IIIc der Kohlenstoff. Diese energetisch ungünstigen Strukturen tragen entsprechend der gegebenen Regel nur geringfügig zur Stabilisierung der Carboxylgruppe bei. Carbonsäuren geben daher – im Bestreben, den energieärmeren Zustand des Anions zu erreichen – Protonen an Wasser ab.

In Phenolen befindet sich die OH-Gruppe an einer C–C-Doppelbindung. Phenolat-Ionen werden durch die Grenzformeln V beschrieben:

V   a   b   c   d   e

Die Stabilisierung der Phenolat-Ionen ist relativ gering, da aufgrund der Grenzformeln V die wenig elektronenaffinen Kohlenstoff-Atome eine negative Ladung übernehmen müssen. Der Energiegewinn bei Abspaltung eines Protons aus Phenol ist somit kleiner als der bei der Ionisierung einer Carbonsäure; dementsprechend sind Phenole nur schwache Säuren ($pK_s \approx 10$, wenn Akzeptorgruppen fehlen).

Allgemein ist festzustellen: OH-Gruppen, die sich an einer C=O- oder C=C-Bindung befinden, sind stärkere Säuren als aliphatische Alkohole; sie sind relativ starke Säuren, wenn ihre Anionen gut durch Mesomerie stabilisiert sind.

Besonders eindrucksvoll wird dies durch die überraschend hohe Acidität von o- oder p-Nitrophenol belegt ($pK_s \approx 7.1$); 2,4,6-Trinitrophenol (Pikrinsäure) zeigt das Verhalten einer starken Säure ($pK_s = 0.38$). Das nur durch den (-I)-Effekt stabilisierte m-Nitrophenol weist lediglich einen pK_s-Wert von 8.28 auf.

Entsprechendes gilt für die Acidität von CH-Gruppen. Die Acidität von CH-Gruppen interessiert im Hinblick auf bestimmte Kondensationsreaktionen, von denen wir die Aldol-kondensation (Kap. 23.13.) oder die Malonestersynthese (Kap. 24.21.) bereits kennenge-lernt haben. Anionen von CH-aciden Verbindungen sind meist dadurch stabilisiert, daß der Sauerstoff einer nachbarständigen CO-Gruppe einen Teil der Ladung des Anions unter Enolat-Bildung übernimmt. Die Grenzformeln VI beschreiben die Stabilisierung des An-ions von Aldehyden und Ketonen:

Die Anionen VI sind schlechter stabilisiert als Phenolat-Ionen, da – von VIb aus gese-hen – nur *ein* C-Atom an der Verteilung der negativen Ladung beteiligt ist. Die CH-Acidi-tät ist nur sehr gering; die bei Kondensationsreaktionen als Zwischenstufe gebildeten Anionen von Carbonylverbindungen sind nur in minimaler Konzentration im Gleichge-wicht vorhanden.

In Carbonsäureestern sind α-ständige CH-Gruppierungen weniger acid als in Aldehy-den oder Ketonen. Dies läßt sich aus den Grenzformeln VII der Anionen ersehen:

Durch den (+M)-Effekt der Alkoxygruppe (Grenzformel VIIc) wird die Mesomerie VIIa $\leftrightarrow$ VIIb gestört. Infolge dieser Störung ist die Stabilisierung des Anions VII erheb-lich geringer als in Carbonylverbindungen.

Im Malonsäureester ist die Acidität der CH_2-Gruppe dagegen größer als in einem Mo-nocarbonsäureester, da der Elektronenzug *zweier* Estergruppen auf die Methylengruppe wirkt und sich die Ladung des Anions auf zwei Carbonylgruppen verteilt.

2. Die Reaktionsfähigkeit von Carbonsäurederivaten ist, wie wir beobachtet haben, sehr verschieden; sie nimmt in folgender Reihenfolge ab:

Reaktionen von Carbonsäurederivaten (R–CO–X) verlaufen – wie die von Carbonyl-
verbindungen – als Additionen an die CO-Doppelbindung nach folgendem allgemeinen
Schema:

$$\left[\begin{array}{c} \overset{|\overline{O}|}{\underset{|\overline{X}|}{R-C}} \end{array} \longleftrightarrow \begin{array}{c} \overset{|\overline{O}|^{-}}{\underset{X^{+}}{R-C}} \end{array} \longleftrightarrow \begin{array}{c} \overset{|\overline{O}|^{-}}{\underset{|\overline{X}|}{R-C^{+}}} \end{array}\right] + \begin{array}{c} \overset{H}{\underset{Y|}{|}} \end{array} \rightleftharpoons \begin{array}{c} \overset{|OH}{\underset{|X|}{R-C-Y}} \end{array} \longrightarrow \begin{array}{c} \overset{|\overline{O}|}{R-C}_{\diagdown Y} \end{array} + HX$$

VIII   a   b   c   X = z.B. -Cl, -OR, -NHR

                                         HY = z.B. -HOH, -HNHR

Durch die Beteiligung der Grenzformel VIIIb am Bindungszustand wird die Elektronenlücke am positiven C-Atom (in VIIIc) bis zu einem gewissen Grad "gesperrt", wodurch
die Addition von HY erschwert wird. Der Grad dieser Sperrung hängt mit der Verfügbarkeit freier Elektronenpaare des Substituenten X zusammen, also mit der Stärke seines
(+M)-Effektes; dieser nimmt wie die Basizität der Substituenten in folgender Reihe –NHR
> –OR > Cl ab, also in umgekehrter Richtung wie die Reaktivität der Säurederivate. (Die
Basizität der Substituenten ergibt sich aus der Basizität ihrer Ionen: HNR^{-} > OR^{-} >
Cl^{-}.)

In den Halogenverbindungen ist der Elektronenzug durch den (-I)-Effekt des Halogens
größer als der (+M)-Effekt; das Carbonyl-C-Atom gewinnt dadurch sogar eine noch stärker positive Partialladung, und die C-Hal-Bindung ist stark polarisiert. Diese Überlegungen lassen frühere Versuchsergebnisse verstehen: Säurechloride werden von Wasser bei
Raumtemperatur ziemlich schnell verseift. Die Verseifung von Estern – unter Protonenkatalyse – verläuft bei Raumtemperatur nur langsam. Säureamide verseift man meist durch
Erhitzen mit höher konzentrierten Säuren. – Mit Aminen reagieren Säurechloride (zu
Amiden) etwa ebenso schnell wie Carbonylverbindungen (zu SCHIFFschen Basen). Carbonsäureester müssen meist erhitzt werden, um mit Aminen (zu Amiden) zu reagieren.
Salze von Carbonsäuren reagieren weder mit Alkoholen noch mit Aminen; in ihren Anionen hat keine der CO-Bindungen den Charakter einer Doppelbindung.

3. Es seien nun zusammenfassend Kondensationen von Verbindungen betrachtet, deren
Verhalten in den beiden vorstehenden Abschnitten besprochen wurde. In diesen Reaktio-
nen wird zuerst aus einer CH-aciden Verbindung durch eine Base ein Proton abgelöst.
Das gebildete Anion addiert sich nach folgendem Schema an eine CO-Bindung.

$$\underset{\underset{X}{|}}{\overset{\overset{|\overline{O}|}{||}}{-C-C}} + \overset{-}{\underset{\underset{Y}{|}}{|C-C=\overline{O}}} \rightleftharpoons \underset{\underset{X}{|}}{\overset{\overset{|\overline{O}|^{-}}{|}}{-C-C-C}}\underset{\underset{Y}{|}}{-C=\overline{O}}$$

X u. Y = z.B. H, alph. Rest, -OR oder -SR

Die Geschwindigkeit einer Kondensation hängt von beiden Komponenten ab. Diese
Reaktionen verlaufen unter milden Bedingungen, wenn die beteiligten CH-Gruppen relativ
acid sind und wenn die CO-Doppelbindung möglichst elektronenarm ist. Beide Faktoren
hängen zusammen, wie wir in den Abschnitten 2 und 3 gesehen haben.

Bei Aldolkondensationen genügen (katalytisch wirkende) OH^{-}-Ionen, um im ersten
Reaktionsschritt das acide Proton abzulösen. Kondensationen von Carbonsäureestern ver-

laufen wesentlich langsamer und müssen durch stärkere Basen (z. B. Alkoholat-Ionen) katalysiert werden. Säureamide sind für Kondensationen nicht geeignet.

4. An wichtigen biochemischen Kondensationsreaktionen sind Thioester beteiligt (s. S. 224). Sie sind weit reaktionsfähiger, also energiereicher, als Carbonsäureester. Dies zeigt die experimentell bestimmte Mesomerieenergie von vergleichbaren Verbindungen; die des Essigsäuremethylesters ist größer als die des Essigsäurethiomethylesters. Überträgt man die in Absatz 3 besprochenen Überlegungen auf Thioester, so ergibt sich: Die Basizität der SR-Gruppe ist wesentlich kleiner als die der OR-Gruppe und kommt der des Substituenten Chlor nahe. Dementsprechend sind Additionen an die CO-Gruppe eines Thioesters durch die Beteiligung der Grenzformel IXb kaum behindert.

Aus dem gleichen Grund wird die Stabilisierung des Thioesteranions durch die Beteiligung einer Grenzformel, in der ein doppeltgebundener Schwefel eine positive Ladung trägt (VIIc: $\overset{\oplus}{\diagup}C=\overset{\oplus}{S}-R$ statt $\diagup C=\overset{\oplus}{O}-R$), praktisch nicht gestört; die CH-Acidität von Thioestern liegt somit etwa in der gleichen Größenordnung wie die von Carbonylverbindungen. Für die Kondensationen von zwei Molekülen Thioester sind ähnlich günstige Voraussetzungen gegeben wie bei Carbonylverbindungen in Aldolkondensationen.

Kapitel 26. Orbitale in Verbindungen des Kohlenstoffs, Sauerstoffs und Stickstoffs

Schwefel hat die Elektronenkonfiguration [Ne]$3s^2p^4$ (s. Tab. 2.2 S. 15) und muß daher nach der VB-Theorie im Schwefelwasserstoff zwei weitere Elektronen in die einfach besetzten p_y- und p_z-Orbitale aufnehmen, um die stabile Argon-Konfiguration zu erreichen. Abb. 26.1a zeigt die Überlappung dieser p-Orbitale mit den beiden 1s-Orbitalen des Wasserstoffs, Abb. 26.1b die Orbitale der beiden Bindungen im entstandenen H$_2$S-Molekül. In Molekülen haben die Orbitale der bindenden Elektronen meist (z. B. nicht im H$_2$-Molekül) eine andere Gestalt, als man nach der Form der zugrunde liegenden Atomorbitale erwarten könnte; der nicht nach dem gebundenen Atom gerichtete Orbitallappen wird kleiner und der andere größer.

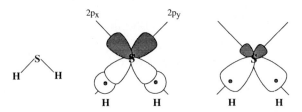

Abb. 26.1. Schwefelwasserstoff (links): Atomorbitale von S und H vor der Bindungsbildung (Mitte) und Orbitale der SH-Bindungen im H_2S (rechts).

Bei Schwefelwasserstoff (H_2S) und ganz entsprechend bei H_2Se, PH_3 oder AsH_3 beobachtet man wegen der infolge großer Atomradien geringen elektrostatischen Abstoßung der Bindungselektronen H-X-H-Bindungswinkel von $90° \pm 2°$, was mit der Erwartung übereinstimmt.

Bei Sauerstoff, Stickstoff und besonders bei Kohlenstoff versagen diese einfachen Vorstellungen allerdings. Die dort auftretenden Diskrepanzen zwischen Theorie und Experiment lassen sich erst durch die Gedankenkonstruktion von Atom-Hybridorbitalen beheben.

1. Der Kohlenstoff ist in seinen Verbindungen fast immer vierbindig. Dies läßt sich aus der Elektronenkonfiguration im C-Atom ($1s^2\ 2s^2\ 2p_x\ 2p_y$) nicht ohne weiteres verstehen, da an Valenzelektronen nur zwei p-Elektronen zur Verfügung stehen. Die Berechnung von Molekülorbitalen einfacher Kohlenstoffverbindungen (z. B. Methan) zeigt, daß die Elektronenkonfiguration des C-Atoms sich bei der Molekülbildung ändert. Wir zerlegen diesen Vorgang in Einzelschritte: Eines der 2s-Elektronen besetzt das noch freie $2p_z$-Orbital, so daß nun vier Orbitale durch je ein Elektron besetzt sind. Aus diesen verschiedenen Orbitalen werden vier gleiche, ein Vorgang, den man *Hybridisierung* nennt. Zur Anhebung des 2s-Elektrons in das $2p_z$-Orbital ist Energie erforderlich; diese Promotionsenergie (402 kJ/mol bei Kohlenstoff) wird bei der Molekülbildung zurückgewonnen:

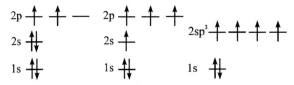

Bei diesem Vorgang werden vier sp^3-Hybrid-Orbitale gebildet. Dieser Ausdruck soll besagen, daß die neuen Orbitale identische "Mischorbitale" sind, die bei der Hybridisierung aus einem s- und drei p-Orbitalen entstehen. Die mit jeweils einem Elektron besetzten Orbitalkeulen nehmen aufgrund der elektrostatischen Abstoßung den größtmöglichen Abstand zueinander ein und zeigen dadurch in die Ecken eines Tetraeders; sie bilden Winkel von 109° miteinander. Abb. 26.2 zeigt eines der vier sp^3-Orbitale. In den folgenden schematischen Darstellungen werden wir den kleinen Orbitallappen vernachlässigen, in dem sich nur ein geringer Teil der negativen Ladung befindet. (Hybrid-Orbitale zeichnen wir in den folgenden Figuren relativ schlank, um die Abbildungen übersichtlich zu machen). Molekül-Orbitale, die aus sp^3-Hybrid-Orbitalen gebildet werden, beschreiben σ-Bindungen.

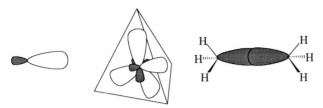

Abb. 26.2. sp^3-Hybrid-Orbital des Kohlenstoffs (links); die Überlappung der sp^3-Hybrid-Orbitale des Kohlenstoffs mit den 1s-Orbitalen des Wasserstoffs zu CH-Bindungen im Methan; rechts: Überlappung zweier sp^3-Hybrid-Orbitale zur C–C-Bindung im Ethan.

Bei der Berechnung ihrer Molekülorbitale ergibt sich, daß sp^3-Hybrid-Orbitale stark überlappen; dies bedeutet eine relativ hohe Ladung zwischen den Kernen der C-Atome. C–C-Bindungen sind daher feste, energiearme Bindungen. Zur Spaltung von C–C-Bindungen muß eine entsprechend hohe Energie aufgewendet werden. – Ein gutes Beispiel für die Festigkeit von C–C-Bindungen ist der Diamant. In diesem nur aus Kohlenstoff bestehenden Riesenmolekül sind alle C-Atome durch sp^3-Hybrid-Elektronen verknüpft. Dies erkennt man daran, daß die von jedem Atom ausgehenden Bindungen Tetraederwinkel bilden.

Eine ähnliche Situation wie bei Kohlenstoff finden wir auch bei Sauerstoff: Anders als in Schwefelwasserstoff bilden die σ-Bindungen im Wasser einen Winkel von 104°. Auch hier ist der Grund eine sp^3-Hybridisierung, die jedoch zu zwei doppelt und zwei einfach besetzten Hybridorbitalen führt. Durch elekrostatische Abstoßung zwischen Bindungselektronen und doppelt besetzten Orbitalen wird der zunächst erwartete Tetraederwinkel auf den tatsächlichen Winkel von 104° reduziert. Auf ganz entsprechende Weise lassen sich die Bindungsverhältnisse im Ammoniak (1 doppelt und 3 einfach besetzte Orbitale) erklären. Auch d-Orbitale können an Hybridisierungen beteiligt sein, wie etwa im SF$_6$ oder PF$_5$; wir gehen darauf jedoch nicht näher ein.

Durch σ-Bindungen aus s-, p- und Hybrid-Orbitale verknüpfte Atome haben Zylindersymmetrie und sind um die Verbindungsachse frei drehbar. Eine solche Drehung ändert bei diesen Orbitalen nichts an der Überlappung; die Symmetrie der Ladungsverteilung bleibt erhalten, so daß zu einer Drehung lediglich die Wechselwirkungsenergie der Substituenten untereinander – sterische Spannungen oder elektronische Abstoßungen – überwunden werden muß.

2. Kohlenstoffatome können untereinander auch Doppelbindungen eingehen. Dies geschieht nicht durch Überlagerung zweier sp^3-Hybrid-Orbitale über eine Kante des Tetraeders; die Überlappung wäre hierbei zu gering und daher energetisch ungünstig. Vielmehr entstehen aus dem s-Orbital und zwei der drei p-Orbitale drei energiegleiche sp^2-Hybrid-Orbitale, die in einer Ebene liegen und untereinander Winkel von 120° einschließen. Das nicht benutzte p$_z$-Atomorbital steht senkrecht auf dieser Ebene. Durch Überlappung von sp^2-Hybrid-Orbitalen untereinander (C-C-Bindung) oder mit s-Orbitalen (CH-Bindung) entstehen drei σ-Bindungen.

$$\uparrow\downarrow \quad \uparrow\downarrow \quad \uparrow \quad \uparrow \qquad\qquad \uparrow\downarrow \quad \uparrow \uparrow \uparrow \qquad\quad \uparrow$$

$$1s^2 \ 2s^2 \ 2p_x \ 2p_y \quad \longrightarrow \quad 1s^2 \ sp^2\text{-Hybrid- } + \ p_z\text{-Elektron}$$

Die p_z-Atomorbitale zweier benachbarter C-Atome überlappen nun zu einer π-Bindung mit Elektronendichte ober- und unterhalb der aus den 6 Atomen gebildeten Ebene. In der Abb. 26.3 sind links für zwei C-Atome die sp^2-Hybrid-Orbitale und die p_z-Orbitale gezeichnet, deren Überlappungen zur σ-Bindung bzw. π-Bindung zwischen den C-Atomen führen. Abb. 26.3 zeigt rechts unten das Orbital der π-Bindung im Ethylen; die fünf σ-Bindungen sind als Bindestriche gezeichnet. Eine π-Elektronenwolke besteht aus zwei Teilen; diese sind getrennt durch die Ebene, welche durch die fünf σ-Bindungen gegeben ist.

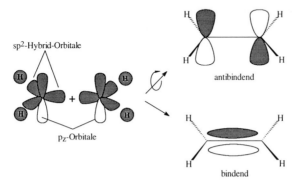

Abb. 26.3. Orbitale der π-Bindung im Ethylen ($H_2C=CH_2$)

Bei der Bildung einer π-Bindung überlappen die p_z-Orbitale verhältnismäßig gering. Daher kommt (im Vergleich zur σ-Bindung s. S. 194) nur ein relativ kleiner Anteil der π-Elektronenladung in die energetisch günstige Lage zwischen den Atomkernen. Solche Bindungen sind energiereich und werden leicht gespalten; die Bindungsstriche der Doppelbindung im Ethen $H_2C=CH_2$ sind daher nicht äquivalent: Die Bindungsenergie des σ-Anteils wird auf 420 kJ/mol geschätzt, die des π-Anteils liegt bei 190 kJ/mol; experimentell bestimmbar ist nur die Summe (610 kJ/mol).

Durch σ- und π-Bindungen verknüpfte C-Atome sind um die verbindende Achse nicht frei drehbar, wie am räumlichen Modell leicht zu erkennen ist. Wir erläutern dies dadurch (Abb. 26.4a), indem wir an den Kohlenstoffatomen unterschiedliche Substituenten anbringen .

Den rechten Teil der Abb. 26.4a drehen wir in Gedanken aus der Papierebene heraus, bis er nach einer Drehung von 180° wieder in der Papierebene liegt; dann ist wieder eine maximale Überlappung der p_z-Orbitale erreicht (Abb. 26.4b). Wir sehen, daß wir von einer *cis*-Verbindung zu einer *trans*-Verbindung gekommen sind. Eine solche Drehung erfordert Energie, da während der Drehung die Überlappung der p_z-Orbitale verkleinert wird. Bestimmte *cis*-Verbindungen kann man durch Einwirkung von Lichtenergie in *trans*-Verbindungen umlagern, z. B. Maleinsäure in Fumarsäure.

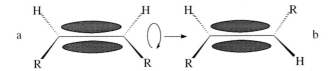

Abb. 26.4. *cis*-Form (links) und *trans*-Form (rechts) disubstituierter Ethylene der allgemeinen Formel XHC=CHX

3. In Alkinen (= Acetylenen) sind zwei C-Atome über eine Dreifachbindung miteinander verknüpft, die durch Überlagerung zweier sp-Hybridorbitale und *zweier* p-Atomorbitale entsteht: Ähnlich wie bei den sp²-Orbitalen der Doppelbindungen findet eine Hybridisierung von 2s und 2p-Orbitalen statt, wobei allerdings nur *ein* p-Orbital genutzt wird. Die beiden gebildeten Hybridorbitale nehmen eine Anordnung minimaler elektrostatischer Wechselwirkung ein und stehen damit im Winkel von 180° zueinander. Die für die Hybridisierung nicht genutzten, aber einfach besetzten p_y- und p_z-Atomorbitale verschmelzen wie in Olefinen miteinander, bilden hier aber eine zylindrische Elektronenwolke um die zentrale Einfachbindung:

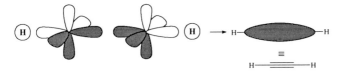

Abb. 26.5.   Orbitale im Acetylen (H-C≡C-H)

4. Bei der Untersuchung des Reaktionsverhaltens von Verbindungen, die im *mesomeren* Bindungszustand vorliegen, hat sich die einfache Beschreibung durch *Grenzformeln* als zweckmäßig erwiesen. Wie aber soll man sich den wirklichen – "zwischen den Grenzformeln liegenden" – Zustand vorstellen?

Wir betrachten Orbitale solcher Verbindungen am einfachen Beispiel des Benzols. Im Benzol sind alle Atome durch sp²-Hybrid-Elektronen verknüpft, so daß diese Bindungen in einer Ebene liegen und Winkel von 120° bilden (s. S. 195). Die nicht in sp²-Hybride einbezogenen Valenzelektronen sind p_z-Elektronen. Ihre Orbitale stehen im nichtgekoppelten Zustand senkrecht auf der Ringebene, in Abb. 26.6 (links) parallel zur Papierebene. Die sechs p_z-Orbitale überlappen nicht unter Ausbildung von energiereichen, isolierten Doppelbindungen. Im Benzol wird der energieärmste Zustand, den das Molekül einnehmen kann, vielmehr dadurch erreicht, daß jedes der p_z-Orbitale mit seinen *beiden* Nachbarn überlappt (Abb. 26.6 rechts).

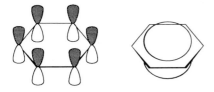

Abb. 26.6. Überlappung der Kohlenstoff-p_z-Orbitale (links) zu Benzol (rechts)

Infolge der gegenseitigen Überlappung der p_z-Orbitale verteilt sich die negative Ladung der p_z-Elektronen gleichmäßig über den ganzen Bereich des Benzolringes, so daß die Elektronendichte zwischen allen C-Atomen gleich ist. Dadurch befinden sich im Benzol die p_z-Elektronen in einer energetisch tieferen Lage, als es bei drei isolierten Doppelbindungen der Fall wäre. Die gleichmäßige Verteilung der negativen Ladung im Benzol erkennt man daran, daß alle C-Atome den gleichen Abstand voneinander haben (1.40 Å). Die C–C-Bindungen im Benzol sind kürzer als die von C–C-Einfachbindungen (1.54 Å), da durch die Ladungswolke der π-Elektronen die Atomkerne näher zusammengeführt werden. Die Länge einer normalen C–C-Doppelbindung beträgt 1.33 Å.

Im Benzol sind durch die Anordnung der C-Atome in einer Ebene ideale Voraussetzungen für die gegenseitige Überlappung der p_z-Orbitale gegeben. Ein Gegenbeispiel möge dies erläutern: Im Cyclooctatetraen (C_8H_8), dessen Strukturformel eine Doppelbindung mehr enthält als Benzol und das daher nicht mehr der Formel 4n+2 gehorcht, lassen sich die C-Atome nicht in einer Ebene anordnen. Daher kann im Cyclooctatetraen ein p_z-Orbital nur mit dem p_z-Orbital von *einem* der nachbarständigen C-Atome stark überlappen, mit dem anderen nur schwach (Abb. 26.**7**). Dementsprechend ist Cyclooctatetraen reaktionsfähig wie ein normales Alken.

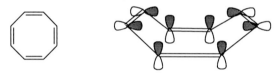

Abb. 26.7. p_z-Orbitale im Cyclooctatetraen

Mesomerie bei Carboxylaten und Enolaten

Im Abschnitt *Mesomerie* wurde festgestellt, daß OH- und CH-Gruppen acide sind, wenn die Ladung ihrer Anionen sich auf mehrere Atome verteilen kann. Wir wollen nun sehen, wie man sich diese Ladungsverteilung nach der Molekülorbital-Theorie vorzustellen hat.

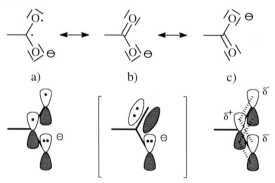

Abb. 26.8.   Mesomere Grenzstrukturen des Carboxylat-Anions als Valenzstrichformel (oben) und Orbitalmodell (unten).

Zur Besprechung des Carbonsäure-Anions (I) genügt es, nur die drei in Abb. 26.8a) gezeichneten p-Orbitale heranzuziehen; von diesen ist das Orbital des anionischen O-Atoms durch ein freies Elektronenpaar besetzt. Die p-Orbitale zeichnen wir relativ schlank, um die Abbildungen übersichtlicher zu machen..

Die Überlappung der durch je ein Elektron besetzten p-Orbitale des C-Atoms und des O-Atoms würde zur Ausbildung der relativ energiereichen, klassischen Struktur 26.8b (= Ib) führen. Diese Grenzstruktur, in der das p-Orbital des anionischen O-Atoms von zwei Elektronen besetzt ist, existiert nicht. Den energieärmsten Zustand erreicht das Molekül dadurch, daß – ähnlich wie im Benzol – je ein p-Orbital der beiden O-Atome mit dem des C-Atoms überlappt (Abb. 26.8c). Die Ladung der vier Elektronen verteilt sich im Bereich der drei überlappenden Orbitale und konzentriert sich in diesem Anion, wie eine Berechnung der Molekülorbitale zeigt, in gleicher Höhe vorwiegend auf den O-Atomen. Als Beispiel seien (nach einer einfachen Methode berechnete) Zahlenwerte gegeben, die zeigen, wie sich die Ionenladung des negativen O-Atoms von einem Elektron im Carbonsäure-Anion verteilt: Jedes der O-Atome hat in 26.8c eine δ^--Ladung von 0.734, das C-Atom eine $\delta^\oplus$-Ladung von 0.469 Elektroneneinheiten. Die Ladung der drei weiteren Elektronen, welche in Abb. 26.8a die an der Überlappung beteiligten Orbitale besetzen, wird durch die Ladung der drei Atomkerne neutralisiert.

Für das Anion einer Carbonylverbindung (II) sind die gleichen drei p-Orbitale zu zeichnen, die wir für das Carbonsäure-Anion in Abb. 26.8a gegeben haben.

Infolge der gegenseitigen Überlappung der drei p-Orbitale (Abb. 26.8c) übernimmt im Anion einer Carbonylverbindung die CO-Gruppe einen erheblichen Anteil der negativen Ladung des anionischen C-Atoms; die wie beim Carbonsäure-Anion berechnete negative Ladung an diesem C-Atom (δ^- in Abb. 26.8c) ist daher wesentlich kleiner (ca. 60%) als die Ladung von einem Elektron.

Beim Anion des Essigsäuremethylesters (III) kommt zu den in Abb. 26.8a gezeichneten Orbitalen noch ein durch zwei Elektronen besetztes Orbital des OCH_3-Sauerstoffs hinzu (Abb. 26.9a $\equiv$ IIIa).

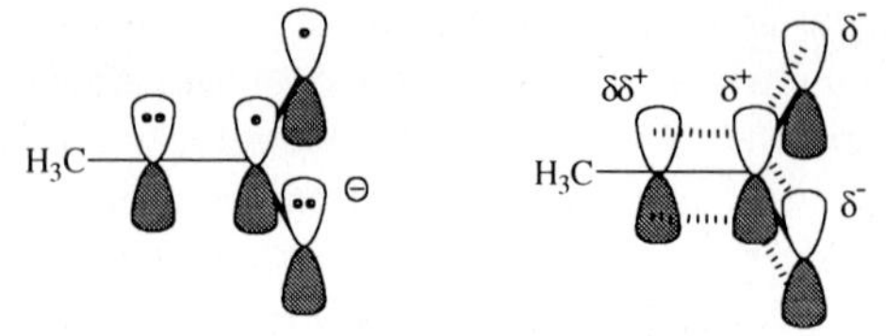

Abb. 26.9. Mesomere Grenzstrukturen des Enolat-Anions

Das p-Orbital des OCH_3-Sauerstoffs ist in die Überlappung der für das Anion einer Carbonylverbindung gezeichneten Orbitale einbezogen (Abb. 26.9d), wodurch im Ester-Anion mehr negative Ladung auf die CO-Gruppe kommt als im Anion einer Carbonylverbindung. Daher kann die CO-Gruppe in 26.9b – im Vergleich zu 26.8b – nur einen kleineren Anteil der negativen Ladung des anionischen C-Atoms übernehmen. Dies zeigt sich in der berechneten Ladung des anionischen C-Atoms: δ^- in 26.9b ist größer als δ^- im Anion einer Carbonylverbindung (26.8c). Im Abschnitt *Mesomerie* hatten wir den Einfluß der OCH_3-Gruppe auf die Ladungsverteilung im Anion des Carbonsäureesters als "Störung der Stabilisierung" dieses Anions bezeichnet.

Bemerkenswert ist, daß die VB-Theorie zum ersten Mal eine Erklärung für gerichtete Bindungen gibt, Bindungswinkel richtig vorhersagt und konjugative Effekte durch Mesomerie erklärt. Wir haben jedoch früher (Kap. 7.) auch gesehen, daß andere Aspekte besser durch die MO-Theorie erklärt werden: In der Chemie des Kohlenstoffs gilt dies besonders für die Grupe der pericyclischen Reakionen, die wir am Beispiel der Diels-Alder-Reaktion kennenlernen werden. Dennoch darf nicht vergessen werden, VB- und MO-Theorie identische Aspekte der chemischen Bindung lediglich unter verschiedenen Blickwinkeln beschreiben.

Grenzorbital-kontrollierte Reaktionen: Dien-Synthese mit Maleinsäureanhydrid

Unter einer *Dien-Synthese* (DIELS-ALDER-Reaktion) versteht man die Addition einer Verbindung mit Doppelbindung an eine Verbindung mit konjugierten Doppelbindungen in 1,4-Stellung, z. B. die Reaktion von Butadien mit einem 1,2-disubstituierten Alken:

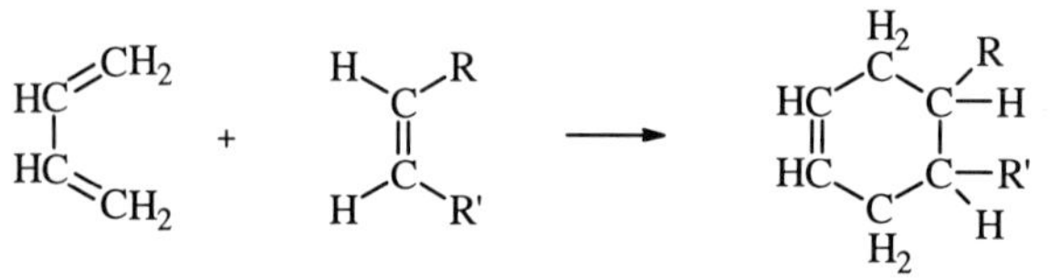

Diels-Alder-Reaktionen sind unter Orbitalkontrolle ablaufende Synchronreaktionen, bei denen alle neuen Bindungen anders als bei Ionen- oder Radikalreaktionen gleichzeitig gebildet (Einfachbindungen) bzw. gelöst (Doppelbindungen) werden. Beschreiben lassen sich derartige Reaktionen durch die WOODWARD-HOFFMANN-Regeln[1], die die Eigenhei-

---

[1]   Woodward, Hoffmann, Nobelpreis für Chemie 1965

ten dieser und anderer pericyclischer Reaktionen in guter Näherung auf Wechselwirkungen von Grenzorbitalen der beteiligten Verbindungen zurückführen. Stark vereinfacht sagen die WOODWARD-HOFFMANN-Regeln voraus, daß thermische Cyclisierungen und Cycloadditionen nur so ablaufen können, daß das Quadrat der Wellenfunktion an den zu verknüpfenden Atome im höchsten besetzten (HOMO) und im niedrigsten unbesetzten Orbital (LUMO) gleiches Vorzeichen hat (s. auch Kap. 28.). Ein weiteres Merkmal ist, daß 4n + 2 π-Elektronen an der Reaktion beteiligt sein müssen. Ohne auf Einzelheiten einzugehen wird damit erklärlich, daß Butadien mit einem geeigneten Alken thermisch nur dann reagiert, wenn sich die Reaktanden aus parallelen Ebenen aufeinander zubewegen (4n+2, gleiche Vorzeichen), daß eine thermische Cyclisierung zweier Alkene zum Vierring (da 4n π-Elektronen, verschiedene Vorzeichen) dagegen nicht erfolgt.

In der als Beispiel herangezogenen Reaktion wird aus Butadien ein Cyclohexenderivat erhalten, das auf anderen Wegen nur schwierig herstellbar ist. Dien-Synthesen verlaufen besonders gut, wenn am Alken Reste R bzw. R´ stehen, welche die Doppelbindung durch Elektronenentzug aktivieren, z. B. C=O- oder CO_2R-Gruppen; das Dien soll dagegen möglichst elektronenreich sein.

Als Dien verwenden wir im folgenden Versuch Anthracen, das sich wie eine Verbindung mit konjugierten Doppelbindungen verhält und in 9,10-Stellung Maleinsäureanhydrid addiert. **26.1.**

Versuch: (Schutzbrille!) Eine Mischung von 2 g Maleinsäureanhydrid und 3 g Anthracen wird im Reagenzglas 15 min in einem Glycerin-Bad vorsichtig auf etwa 190 °C erhitzt. Nach dem Abkühlen wird die gelbbraune Masse zweimal mit etwa 10 ml Ether verrührt, um nicht umgesetztes Maleinsäureanhydrid zu entfernen. Der Ether wird abgegossen. Dann kocht man mit 5 ml Toluol aus, um restliches Anthracen herauszulösen. Der beim Filtrieren verbleibende sandige, gelbbraune Rückstand ist ein Addukt aus 1 mol Anthracen und 1 mol Maleinsäure-anhydrid.

Entsorgung: Organ. Abfälle

Anthracen   Maleinsäure-
                   anhydrid

Kapitel 27. Amine

Man unterscheidet primäre ($R\bar{N}H_2$), sekundäre $\left(\begin{smallmatrix}R\\R'\end{smallmatrix}\!\!>\!\bar{N}H\right)$ und tertiäre $\left(\begin{smallmatrix}R\\R'\end{smallmatrix}\!\!>\!\bar{N}R''\right)$ Amine.

27.1.   Amine haben ein freies Elektronenpaar und sind Basen. Sie bilden mit Säuren Ammonium-Salze, die meist – ebenso wie die Salze des Ammoniaks – in Wasser löslich sind. Aus ihren Salzen werden die Amine durch Laugen in Freiheit gesetzt.

Versuch: 0.5 ml Diethylamin gebe man zu 2 ml Wasser. Die erhaltene Lösung reagiert stark alkalisch gegen Indikatorpapier. Auch in der Dampfphase läßt sich die flüchtige Base beim Erhitzen der Lösung nachweisen. Versetzt man die Lösung aber mit 5 ml verd. Salzsäure, so ist beim Erhitzen kein Diethylamin mehr mit Indikatorpapier in der Dampfphase festzustellen.

Entsorgung: In kleinen Mengen nicht abwassergefährdend

Die Basenstärke der Amine hängt von der Art der Reste R ab. Aliphatische Amine, in denen R ein Alkyl-Rest ist, sind etwas stärkere Basen als NH_3; aromatische Amine dagegen sind schwächere Basen als Ammoniak. Die Basenkonstanten (K_B) sind von Ammoniak $1.8 \cdot 10^{-5}$, Methylamin $4.4 \cdot 10^{-4}$, Anilin $4.2 \cdot 10^{-10}$.

Die geringere Basizität von aromatischen Aminen hängt mit deren mesomerem Bindungszustand zusammen, den wir für Anilin durch folgende Grenzformeln beschreiben:

Anilin

Wie die Grenzstrukturen zeigen, wird das freie Elektronenpaar des Stickstoffs bis zu einem gewissen Grad vom aromatischen Rest in Anspruch genommen; es steht daher für die Addition eines Protons weniger zur Verfügung als etwa im Ammoniak.

27.2.   Primäre und sekundäre Amine können zur Charakterisierung in Carbonsäureamide übergeführt werden (vgl. Versuch 24.11.). In diesen zeigen die Amino-Gruppen in wäßrigen Lösungen keine basischen Eigenschaften mehr.

Versuch: Man löse eine Spatelspitze Acetamid in 2 ml Wasser und prüfe die Lösung mit Indikatorpapier. Sie reagiert neutral.

Entsorgung: Organ. Abfälle

In Säureamiden ist das freie Elektronenpaar des Stickstoffs durch die Mesomeriebeziehung zur C=O-Gruppe so weitgehend in Anspruch genommen, daß mit verdünnten Säuren keine Salzbildung eintritt. Gleichzeitig ist die freie Rotation um die CN-Bindung durch deren partiellen Doppelbindungscharakter stark eingeschränkt.

Reaktionen von Aminen

Primäre aliphatische und aromatische Amine reagieren mit Chloroform und Lauge zu Isonitrilen, die an ihrem typischen Geruch erkannt werden. **27.3.**

Versuch: (Abzug!) 1 Tropfen Anilin, 2 Tropfen Chloroform und 0.5 ml verd. Natronlauge werden erwärmt. Man nimmt den unangenehmen Isonitril-Geruch wahr.

Entsorgung: 1 Tr. Phenolphthalein-Lösung zugeben und mit Salzsäure bis zur Entfärbung ansäuern. Nach 30 min mit viel Wasser wegspülen.

$$C_6H_5NH_2 + HCCl_3 + 3\,OH^- \longrightarrow C_6H_5\overset{+}{N}{\equiv}\overset{-}{C} + 3\,H_2O + 3\,Cl^-$$

Aliphatische primäre Amine reagieren mit Salpetriger Säure – ebenso wie Ammoniak – unter Bildung von Stickstoff. Daneben entstehen die entsprechenden Alkohole. **27.4.**

Versuch: Zu einer Lösung von 3 Spatelspitzen Methylamin-hydrochlorid in 2 ml Wasser gebe man eine Spatelspitze Natriumnitrit und erhitze zum Sieden; es entwickelt sich Stickstoff.

Entsorgung: In kleinen Mengen nicht abwassergefährdend.

$$CH_3\overset{-}{N}H_2 + O\overset{-}{N}OH \xrightarrow{-H_2O} [CH_3\overset{-}{N}{=}\overset{-}{N}OH] \longrightarrow CH_3OH + N_2{\uparrow}$$

Die eingeklammerte Zwischenstufe, das Methyl-diazohydroxid, ist wie alle aliphatischen Diazohydroxide unbeständig und zerfällt augenblicklich.

Die Umsetzung von primären aliphatischen Aminen mit Salpetriger Säure benutzt man nach VAN SLYKE zur quantitativen Bestimmung von NH$_2$-Gruppen. Der gebildete Stickstoff wird volumetrisch bestimmt.

Auch Säureamide, die eine NH$_2$-Gruppe enthalten, ergeben mit Salpetriger Säure Stickstoff. **27.5.**

Versuch: (Abzug!) Eine Lösung von 2 Spatelspitzen Acetamid in 2 ml verd. Schwefelsäure wird mit 2 ml Natriumnitrit-Lösung versetzt. Man erhitzt zum Sieden; es entwikkeln sich Stickstoff und Stickstoffoxide. Nach deren Entfernung ist der Geruch von Essigsäure festzustellen.

Entsorgung: In kleinen Mengen nicht abwassergefährdend.

$$H_3C-\overset{\overset{\textstyle O}{\|}}{C}{\diagdown}_{NH_2} + HNO_2 \longrightarrow H_3C-\overset{\overset{\textstyle O}{\|}}{C}{\diagdown}_{OH} + N_2{\uparrow} + H_2O$$

27.6.   Aromatische primäre Amine reagieren mit Salpetriger Säure zu Diazonium-Salzen. Das zunächst entstehende Diazohydroxid (I) spaltet nach Protonierung in der sauren Lösung Wasser ab, wobei ein Diazonium-Kation gebildet wird, das anders als bei der entsprechenden Umsetzung aliphatischer Amine (s. Versuch 27.4.) relativ beständig ist:

$$C_6H_5{-}\overline{N}H_2 + O\overline{N}OH \longrightarrow [C_6H_5{-}\overline{N}{=}\overline{N}OH] + H_2O$$
$$\hspace{7cm} I$$

$$[C_6H_5{-}\overline{N}{=}\overline{N}OH] + H^+ \xrightarrow{-H_2O} [C_6H_5\overline{N}{=}\overline{N}\,{}^+] \longleftrightarrow [C_6H_5\overset{+}{N}{\equiv}\overline{N}]$$
$$\hspace{6.5cm} a \hspace{1.2cm} II \hspace{1cm} b$$

In der aromatischen Reihe verdanken Diazoniumsalze diese Stabilität einer Mesomerie-stabilisierung der Kationen durch die π-Elektronen des Phenylrests. Von den diesbezüglichen Grenzformeln geben wir nur eine an:

$$\hspace{1.5cm} b \hspace{2cm} II \hspace{2cm} a$$

Beim Erhitzen zerfallen aromatische Diazohydroxide in Stickstoff und Phenole.

Versuch: Man gebe zu 10 Tropfen Anilin und 5 ml Wasser allmählich 10 Tropfen konz. Schwefelsäure. Die Suspension wird mit Eiswasser auf 5 °C abgekühlt und langsam mit etwa 20 Tropfen Natriumnitrit-Lösung versetzt. Die Tropfenzahl ist so zu bemessen, daß Kaliumiodid-Stärke-Papier gerade blau gefärbt wird. (Einen Teil der Diazoniumsalz-Lösung hebt man für Versuch 27.7.a und b auf.) – 1 ml der Lösung wird erhitzt; man beobachtet Stickstoff-Entwicklung und den Geruch von Phenol.

Entsorgung: Organ. Abfälle

$$[C_6H_5\overset{+}{N}{\equiv}\overline{N}] + H_2O \longrightarrow C_6H_5OH + H^+ + N_2{\uparrow}$$

Man bezeichnet die Umsetzung primärer aromatischer Amine zu Diazoniumsalzen als Diazotierung.

27.7.   Diazonium-Ionen bilden mit aromatischen Aminen oder mit Phenolen Azofarbstoffe. Diese als *Azokupplung* bezeichnete Reaktion kann zum Nachweis der (diazotierten) primären aromatischen Amine benutzt werden. Sie läuft in einem pH-Bereich ab, in dem die als Kupplungs-Komponente benutzten freien Amine bzw. Phenolat-Ionen vorliegen.

Versuch a: 2 Tropfen Dimethylanilin werden in 3 ml verd. Schwefelsäure gegeben. Zur klaren Lösung füge man 1 ml der in Versuch 27.6. bereiteten Diazoniumsalz-Lösung. Stumpft man die Säure durch Hinzufügen von einigen Spatelspitzen Natriumacetat ab, so fällt der gelborange Azofarbstoff aus.

Entsorgung: Organ. Abfälle

$$[C_6H_5\overset{+}{N}\equiv\overline{N}] + H-\overset{CH_3}{\underset{CH_3}{\langle\ \rangle-N}} \xrightarrow{-H^+} C_6H_5-\overline{N}=\overline{N}-\overset{CH_3}{\underset{CH_3}{\langle\ \rangle-N}}$$

Dimethylanilin   p-Dimethylamino-azobenzol

Versuch b: 1 kleine Spatelspitze β-Naphthol wird mit 1 ml Wasser versetzt und durch Zugabe von etwa 8 Tropfen verd. Natronlauge gelöst. Gibt man zu dieser Lösung einige Tropfen der in Versuch 27.6. hergestellten Diazoniumsalz-Lösung, so fällt der rote Azofarbstoff aus.

Entsorgung: Organ. Abfälle

$$[C_6H_5\overset{+}{N}\equiv\overline{N}] + H- \qquad \longrightarrow \qquad C_6H_5-\overline{N}=\overline{N}-$$

β-Naphtholat-Ion   Benzol-azonaphthol

Azokupplungen sind elektrophile Substitutions-Reaktionen. Die äußerst reaktionsfähigen Diazonium-Kationen treten schon bei Raumtemperatur substituierend in die negativierten *ortho*- bzw. *para*-Stellungen von aromatischen Aminen oder Phenolen ein. Benzol ist nicht genügend reaktionsfähig, um Kupplungs-Reaktionen einzugehen. Durch Variation der Diazoverbindung und der Kupplungs-Komponente kann man die verschiedenartigsten Farbnuancen und z. B. Lichtechtheit der technisch wichtigen Azofarbstoffe erreichen.

Sekundäre aliphatische Amine reagieren mit Salpetriger Säure (NaNO$_2$ + HCl) bei Raumtemperatur oder leichtem Erwärmen zu Nitrosaminen, im folgenden Beispiel zu (gelbem) Nitroso-diethylamin:

$$\overset{C_2H_5}{\underset{C_2H_5}{\diagdown}}NH + HONO \longrightarrow \overset{C_2H_5}{\underset{C_2H_5}{\diagdown}}N-N=O + H_2O$$

Nitroso-diethylamin

Da die Nitrosamin-Gruppe keine basische Eigenschaft hat, scheidet sich das ölige Reaktionsprodukt aus der sauren Lösung ab. Nitrosamine haben einen charakteristischen, stechenden Geruch; ihre Farbe ist durch die chromophore Nitrosogruppe bedingt.

Tertiäre aliphatische Amine reagieren nicht mit Salpetriger Säure und können so von primären und von sekundären aliphatischen Aminen unterschieden werden. Trägt aber ein tertiäres Amin am Stickstoff einen Phenyl-Rest, der in *p*-Stellung unsubstituiert ist, so tritt bei Umsetzung mit Salpetriger Säure eine Nitroso-Gruppe substituierend in diese Position des aromatischen Restes ein, z. B.:

$$p\text{-Nitroso-dimethylanilin}$$

p-Nitroso-dimethyl-anilin enthält eine schwach basische, tertiäre Amino-Gruppe und fällt bei der Bildungsreaktion als rotes Hydrochlorid an. Nach Zugabe von Natronlauge kann die grüne (kristalline) Base in Ether aufgenommen werden.

Achtung: *Da Nitrosamine als stark krebserregend gelten, ist es nicht angebracht, Verbindungen dieser Gruppe im Praktikum herzustellen.*

Trennung von Aminen

27.8. Primäre, sekundäre und tertiäre Amine können durch Umsetzen mit p-Toluolsulfochlorid nebeneinander nachgewiesen oder getrennt werden. Primäre Amine bilden mit diesem Reagenz Sulfonamide, die eine acide NH-Gruppe enthalten und sich in Lauge lösen (Versuch a). Die aus sekundären Aminen erhaltenen Sulfonamide lösen sich nicht in Lauge (Versuch b). Tertiäre Amine reagieren nicht mit p-Toluolsulfochlorid (Versuch c). Wir untersuchen diese typischen Reaktionen an einzelnen Aminen.

Versuch a: 5 Tropfen Anilin werden in einem Reagenzglas mit 10 ml Natronlauge (2 N) und dann mit 2 Spatelspitzen p-Toluolsulfochlorid versetzt. Man verschließt mit einem Gummistopfen und schüttelt 5 Minuten kräftig. Nach dieser Zeit hat sich der größte Teil des p-Toluolsulfochlorids umgesetzt und auch das Anilin. Man filtriert von dem geringen Niederschlag ab und versetzt die klare, farblose Lösung mit verd. Salzsäure bis zur sauren Reaktion. Es bildet sich eine weiße Emulsion, aus der langsam farblose Kristalle von p-Toluolsulfoanilid fallen.
Entsorgung: Organ. Abfälle

Versuch b: Der vorstehende Versuch wird in gleicher Weise mit Methylanilin durchgeführt. Beim Schütteln scheiden sich blaßgelbe Kristalle von p-Toluolsulfo-methylanilid ab. Filtriert man und säuert die alkalische Lösung an, so fällt kein Niederschlag aus.
Entsorgung: Organ. Abfälle

Versuch c: Der Versuch wird analog mit 5 Tropfen Dimethylanilin ausgeführt. Nach 5 Minuten Schütteln ist die Lösung noch zweiphasig. Zu Beginn klumpt das p-Toluolsulfochlorid zusammen; es wird allmählich zu p-Toluolsulfosäure verseift, die sich in der Lauge löst.
Entsorgung: Organ. Abfälle

Wenn ein Gemisch von einem primären, sekundären und tertiären Amin getrennt werden soll, so setzt man dieses, wie in Versuch a beschrieben, mit p-Toluolsulfochlorid in Gegenwart von Lauge um. Aus dem Reaktionsgemisch wird die nicht reagierende, tertiäre Base mit einem geeigneten Lösungsmittel ausgeschüttelt. Dann filtriert man das aus dem sekundären Amin gebildete, kristallin ausgefallene Sulfonamid ab. Das aus dem primären Amin gebildete, acide Sulfonamid fällt beim Ansäuern der alkalischen Lösung aus.

p-Toluolsulfonsäurechlorid

p-Toluolsulfoanilid

p-Toluolsulfomethylanilid

Man beachte, daß die NH-Gruppe von Sulfonamiden primärer Amine (R–SO$_2$–NH–R´) oder von Ammoniak (R–SO$_2$–NH$_2$) infolge des induktiven Effekts der elektronegativen SO$_2$-Gruppe acide ist (vgl. die Erläuterungen zu Versuch 24.3.). Wie wir gesehen haben, reicht der Elektronenzug in normalen Amiden dazu nicht aus; allerdings lösen sich auch cyclische Imide, z.B. Succinimid (links), in Natronlauge.

Sulfonamide der allgemeinen Formel R–SO$_2$–NH–R´ wirken bakteriostatisch. Durch Variation der Reste R und R´ kann – bis zu einem gewissen Grad – eine Spezifität der bakteriostatischen Wirkung erzielt werden. Sulfonamide haben dadurch auch heute noch eine gewisse Bedeutung als Medikamente gegen Infektionskrankheiten: Ein historisches Beispiel ist Prontosil, aus dem im Körper der eigentliche Wirkstoff Sulfanilamid entsteht:

Prontosil

Sulfanilamid

Herstellung von Aminen

Primäre aliphatische Amine können prinzipiell durch Umsetzung von Halogenalkanen mit Ammoniak hergestellt werden. Halogenalkane RHal setzen sich mit Ammoniak ganz ähnlich wie Chlorwasserstoff um, allerdings wesentlich langsamer: **27.9.**

$$\overset{\delta+}{C}H_3\overset{\delta-}{Cl} + NH_3 \longrightarrow [CH_3\overset{+}{N}H_3]Cl^- ; \quad [CH_3\overset{+}{N}H_3] + NH_3 \rightleftharpoons CH_3NH_2 + NH_4^+$$

Allerdings reagiert auch das Reaktionsprodukt mit überschüssigem Halogenalkan: Die weitere Methylierung z.B. des Methylamins führt über Dimethylamin und Trimethylamin zum quartären Ammoniumsalz [(CH$_3$)$_4$N]$^+$Cl$^-$.

In folgendem Versuch überführen wir die tertiäre Base Pyridin mit Ethylbromid in das quartäre Salz Ethyl-pyridiniumbromid. Das Ethylkation addiert sich an das freie Elektronenpaar des Stickstoffs im Pyridin so wie ein Proton.

 Versuch: Man übergieße einen Tropfen Pyridin mit 1 ml Ethylbromid und erhitze zum schwachen Sieden. Die Lösung trübt sich bald, und das quartäre Salz scheidet sich allmählich in Form kleiner Tröpfchen ab. Man versetzt mit 2 ml Wasser, wobei das unveränderte Ethylbromid als Tropfen zu Boden sinkt. Aus der wäßrigen Lösung fällt bei Zugabe von Silbernitrat-Lösung ein Niederschlag von Silberbromid aus.

Entsorgung: Halogenierte Lösungsmittel

$$\text{Pyridin} + C_2H_5Br \longrightarrow [\text{Ethyl-Pyridinium}]^+ + Br^- \quad ; \quad \text{Pyridin} + HBr \longrightarrow [\text{Pyridinium-H}]^+ + Br^-$$

27.10. Aromatische Amine können nicht durch Umsetzung von Ammoniak mit aromatischen Halogen-Verbindungen, z. B. C$_6$H$_5$Br, erhalten werden, da Halogen am aromatischen Rest nicht genügend reaktionsfähig ist (vgl. Versuch 22.10.b). Primäre aromatische Amine werden durch Reduktion der leicht zugänglichen Nitroverbindungen hergestellt.

Wir reduzieren Nitrobenzol mit Zink in saurer Lösung zu Anilin. Die in Versuch a beschriebene Farbreaktion mit Chlorkalk ist für Anilin charakteristisch. Sie beruht auf der Bildung von Farbstoffen, die durch Dehydrierung von Anilin entstehen.

Versuch a: Einige Tropfen Anilin werden mit etwa 5 ml Wasser kurze Zeit geschüttelt; dann filtriert man vom ungelösten Anilin ab. Zu der wäßrigen Anilin-Lösung gebe man einige Tropfen Chlorkalk-Lösung, die man durch Eintragen von etwas Chlorkalk in etwa 3 ml Wasser und Filtrieren frisch bereitet hat. Es tritt eine violette Farbe auf, die allmählich in ein schmutziges Braun übergeht.

Entsorgung: In kleinen Mengen nicht abwassergefährdend.

 Versuch b: 6 Tropfen Nitrobenzol werden mit 5 ml verd. Salzsäure übergossen und 1 Spatelspitze Zinkstaub zugegeben. Man erwärmt unter Schütteln in der Bunsenflamme, bis der Geruch des Nitrobenzols verschwunden ist. Kühlt man die Lösung ab, so kristallisiert ein farbloses Komplexsalz [Zn(C$_6$H$_5$NH$_2$)$_2$]Cl$_2$ von Anilin und Zinkchlorid aus. Zum Nachweis des Anilins filtriere man die Lösung heiß vom nicht umgesetzten Zinkstaub und versetze sie mit 30proz. Natronlauge (etwa 10 ml), bis das zunächst ausfallende Zinkhydroxid als Hydroxokomplex wieder gelöst ist. Nun schüttelt man die abgekühlte, alkalische Lösung mit Ether aus und verdunstet den Ether auf einem Uhrglas im Abzug. Gibt man eine filtrierte, wäßrige Lösung von Chlorkalk zu dem auf dem Uhrglas befindlichen Rückstand, so entsteht eine violette Färbung.

Entsorgung: Organische Abfälle

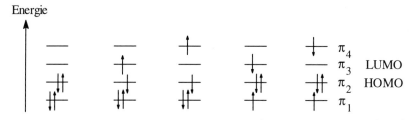

Nitrobenzol   Anilin

Kapitel 28. Farbstoffe

Als "Licht" bezeichnen wir mit dem Auge wahrnehmbare elektromagnetische Strahlung im Bereich von ca. $\lambda = 380 - 780$ nm. Die Farbempfindung hängt dabei von der Wellenlänge ab: Licht von $\lambda = 450$ nm ist blau, bei 590 nm haben wir die Farbempfindung Gelb. Weißes Licht ist eine Mischung aller Wellenlängen; der Eindruck "Weiß" kann allerdings auch durch Mischung einer Farbe mit ihrer Komplementärfarbe entstehen, z.B. aus Rot (650 nm) und Gelbgrün (560 nm). Farbige Substanzen absorbieren meist einen relativ schmalen Bereich des sichtbaren Spektrums. Liegt die Absorptionswellenlänge z.B. bei 500 nm (Blaugrün), so nehmen wir die Komplementärfarbe (weiß – blaugrün = rot) wahr, wird Gelb absorbiert (ca. 590 nm), so erscheint uns die Substanz blau, usw.

Die bei der Absorption ablaufenden Vorgänge lassen sich am besten durch die MO-Theorie erklären. Wie bei den anorganischen Verbindungen (Abb. 2.9.) entstehen aus den Atomorbitalen der Komponenten beim Aufbau organischer Moleküle bindende und antibindende Molekülorbitale, wobei erstere normalerweise mit Elektronen doppelt besetzt und letztere leer sind. Stimmt die nach der PLANCKschen Formel $E = h \cdot \nu$ berechenbare Lichtenergie mit der Energiedifferenz zwischen einem besetzten und einem unbesetzten Molekülorbital überein, so kann mit einer gewissen Wahrscheinlichkeit ein Photon absorbiert und dadurch ein einzelnes Elektron aus dem besetzten in das unbesetzte Orbital angehoben werden (s. Abb. 28.1). Einen derartigen durch Licht induzierten Elektronenübergang bezeichnet man als Anregung. Die Energie ist am kleinsten für den Übergang vom höchsten besetzten Orbital (HOMO von engl. *highest occupied molecular orbital*) in das niedrigste unbesetzte (LUMO von engl. *lowest unoccupied molecular orbital*), zwischen den sog. Grenzorbitalen; aber auch die anderen werden mit einer gewissen Wahrscheinlichkeit beobachtet.

Energie

π_4

π_3 LUMO

π_2 HOMO

π_1

Abb. 28.1.   Mögliche Energieübergänge zwischen den π-Molekülorbitalen des (farblosen!) 1,3-Butadiens

Die Molekülorbitale von σ-Bindungen sind energiearm und können deshalb durch sichtbares Licht nicht angeregt werden. Dies gelingt erst, wenn konjugierte π-Elektronen ein genügend großes mesomeres System bilden. Derartige durch Licht[1] anregbare π-Systeme bezeichnet man als Chromophore. Sie enthalten meist ausgedehnte aromatische Systeme oder lange konjugierte Ketten, in denen der Kohlenstoff zum Teil auch durch Heteroatome ersetzt werden kann; als Beispiele nach den Azofarbstoffen werden wir die Carotinoide kennenlernen (S. 252). Substituenten, die als Elektronendonoren (OMe, NH_2) oder Akzeptoren (NO_2, CO) wirken, können die Absorptionswellenlänge des Chromophors je nach ihrer Stellung erhöhen (bathochromer Effekt) oder verkleinern (hypsochromer Effekt). Man bezeichnet sie als auxochrome Gruppen.

Farbstoffe von technischer Bedeutung sind z.B. die bereits besprochenen Azofarbstoffe (s. 27.7.). Als besonders eindrucksvolles Beispiel für den Zusammenhang von Farbe und Größe des π-Systems hatten wir bereits in Abschnitt 25.5. das Phenolphthalein kennengelernt: Seine Farbe in alkalischer Lösung wird durch das mesomeriestabilisierte Anion hervorgerufen. Wir untersuchen nun den Tritylalkohol, der in stark saurer Lösung Wasser abspaltet und in das in konz. Schwefelsäure orangerote mesomeristabilisierte Tritylkation übergeht:

Versuch: Eine Spatelspitze Tritylalkohol wird im Reagenzglas mit $^1/_2$ ml konz. Schwefelsäure übergossen. Beim Umschwenken geht der farblose Alkohol orangerot in Lösung. Durch vorsichtige Zugabe von 5 ml Wasser (Vorsicht, kann spritzen) entfärbt sich die Lösung und wird durch den rückgebildeten Alkohol trübe.

Entsorgung: Säure-Abfälle

Für die Textilfärbung eingesetzte Farbstoffe müssen eine hohe Lichtstabilität aufweisen, chemisch stabil sein und sich auf der Faser möglichst dauerhaft fixieren lassen. Letzteres gelingt bei Kunstfasern am einfachsten durch Einfärben der Kunststoffe vor dem Verspinnen. Reaktivfarbstoffe reagieren z.B. mit den OH-Gruppen der Baumwolle unter Ausbildung kovalenter Bindungen. Eine der ältesten Färbemethoden ist jedoch die Verküpung: Dabei werden wasserunlösliche Farbstoffe unter reduzierenden Bedingungen in die leichter lösliche Leukoform übergeführt, die auf der Faser durch Luftsauerstoff wieder zum ursprünglichen Farbstoff aufoxidiert wird. Küpenfarbstoffe haften dadurch vorwiegend mechanisch auf dem Gewebe und werden allmählich wieder ausgewaschen. Wir untersuchen diesen Färbeprozeß am Beispiel des bereits zu geschichtlichen Zeiten genutzten Indigos, des Farbstoffs der Blue Jeans.

---

1)   Meist bezieht man auch das UV-Licht und den angrenzenden IR-Bereich mit ein

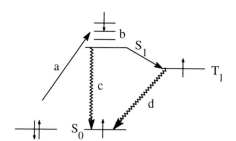

Versuch: 2 Spatelspitzen Indigo werden in einem 100 ml-Becherglas mit dem Spatel zerdrückt und mit 30 ml Wasser, 5 Spatelspitzen Natriumdithionit ($Na_2S_2O_4$) und 1 ml 1 N Natronlauge 5 min zum Sieden erhitzt. Man läßt restlichen Indigo absitzen und taucht einen weißen Baumwollstreifen in die nun gelbgrüne Lösung. Der Stoff wird 5-10 min der Luft ausgesetzt und anschließend unter der Wasserleitung ausgewaschen.

Entsorgung: In kleinen Mengen nicht abwassergefährdend.

Die durch Absorption von Photonen erzeugten angeregten Moleküle sind energiereicher als Moleküle im Grundzustand. Die gespeicherte Energie wird jedoch in weniger als 10^{-6} s in Form von Wärme oder Licht (Fluoreszenz, Phosphoreszenz) wieder abgegeben oder in chemischen Reaktionen verbraucht (Sonnenbrand!).

Von Fluoreszenz redet man, wenn eine chemische Substanz bei Anregung mit Licht der Wellenlänge $\lambda_{Excit.}$ Licht mit größerer Wellenlänge $\lambda_{Emiss.}$ emittiert und dieser Prozeß spätestens 10^{-6} Sekunden nach der Anregung beendet ist. Bei der Phosphoreszenz kann die Lichtemission dagegen Sekunden bis viele Minuten anhalten. Stark vereinfacht laufen dabei die folgenden Vorgänge ab:

Abb. 28.2. Desaktivierung elektronisch angeregter Zustände durch (c) Fluoreszenz und (d) Phosphoreszenz.

Bei Einstrahlung von Licht, dessen Energie $E = h \cdot \nu$ größer als $E_{S_1} - E_{S_0}$ ist, wird ein Elektron unter Beibehaltung seines Spins (symbolisiert durch die Pfeilrichtung) in einen energetisch höherliegenden Zustand befördert, wobei gleichzeitig Molekülschwingungen angeregt werden (a). Innerhalb sehr kurzer Zeit geht das Molekül nun in den Schwingungsgrundzustand des elektronisch angeregten Zustandes S_1 über (b, s. Abb. 28.2), aus dem es unter Abgabe von Fluoreszenzlicht der Energie $\Delta E = S_1 - S_0$ in den Grundzustand S_0 übergehen kann (c). Man sieht unmittelbar, daß die Energie des Fluoreszenzlichtes kleiner als die des Anregungslichtes und damit die Wellenlänge größer sein muß. Licht der Energie $E < E_{S_1} - E_{S_0}$ kann keine Fluoreszenz anregen. Zahlreiche aromatische Verbindungen zeigen starke Fluoreszenz: Verschiedene blau fluoreszierende Verbindungen dienen in Waschmitteln als optische Aufheller. Fluorescein (ein Farbstoff aus der Gruppe der Phthaleine) ist als gelbgrün fluoreszierender Farbstoff in Badezusätzen enthalten.

Versuch a: Je 1 Spatelspitze Resorcin und Phthalsäureanhydrid werden im Reagenzglas mit 5-10 Tropfen konz. Schwefelsäure vermischt und vorsichtig über kleiner Flamme erhitzt, bis eine rotbraune Schmelze entstanden ist. Man läßt abkühlen, verdünnt mit viel Wasser und macht mit Natronlauge alkalisch. Die Lösung zeigt eine intensive gelbgrüne Fluoreszenz, die besonders im UV-Licht sichtbar wird.

Entsorgung: In kleinen Mengen nicht abwassergefährdend.

Unter ganz bestimmten (recht seltenen) Bedingungen kann sich der Spin des angeregten Elektrons umdrehen, wobei aus S_1 ein energetisch niedriger Triplett-Zustand T_1 erreicht wird. Dessen Übergang in den Grundzustand ist quantenmechanisch verboten, weil beide Elektronen die gleichen Quantenzahlen hätten. Die Desaktivierung unter Lichtabgabe erfolgt daher unter erneuter Spinumkehr ganz erheblich langsamer als bei der Fluoreszenz.

Versuch b: Ein Reagenzglas wird ca. 1 cm hoch mit kristalliner Weinsäure beschickt, die man mit einem Stäubchen (nicht mehr!) Fluorescein mischt. Über kleiner Flamme wird die Weinsäure im schräg gehaltenen Reagenzglas nun unter ständigem Drehen so vorsichtig aufgeschmolzen, daß keine Zersetzung eintritt (Geruch!), aber das Wasser entweichen kann. Man läßt unter Drehen abkühlen, wobei sich ein 5-10 cm langer gelbgrüner glasartiger Belag bilden soll. Man kühlt das Reagenzglas in Eis/Kochsalz oder besser flüssigem Stickstoff ab und belichtet es kurz mit einer starken Lampe (am besten UV-Licht). Im abgedunkelten Raum zeigt das Weinsäure-Fluorescein-Glas eine ca. 10 Sekunden anhaltende Phosphoreszenz, die bei tiefer Temperatur strahlend hell ist. Anstatt Weinsäure ist auch Borsäure geeignet.

Entsorgung: In kleinen Mengen nicht abwassergefährdend.

Kapitel 29. Hydroxy-carbonsäuren

Hydroxy-carbonsäuren geben einige Reaktionen, die durch das gleichzeitige Vorhandensein einer OH- und einer CO_2H-Gruppe im Molekül bedingt sind. Diese Reaktionen hängen von der Entfernung der beiden Gruppen voneinander ab.

Milchsäure

Einige für α-Hydroxy-carbonsäuren typische Reaktionen untersuchen wir am Beispiel der biochemisch wichtigen Milchsäure (CH_3–CHOH–CO_2H), der α-Hydroxy-propionsäure. Diese hat ein Stereozentrum (ein C-Atom mit vier unterschiedlichen Substituenten) und ist optisch aktiv; sie vermag die Polarisationsebene des linear polarisierten Lichtes zu drehen.

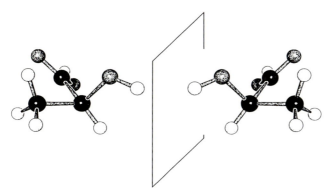

Abb. 29.1. Enantiomerenpaar der Milchsäure. Links im Bild ist das D-(-)-Isomere (= R-Milchsäure). Kohlenstoffatome sind schwarz, die Sauerstoffe grau und die Wasserstoffe leer gezeichnet.

29.1. Chiralität (optische Aktivität) ist eine Eigenschaft der meisten Naturstoffe und eng mit deren biologischen und pharmakologischen Eigenschaften verbunden. Die Erzeugung optisch aktiver, enantiomerenreiner Verbindungen ist daher in der modernen Synthesechemie von außerordentlicher Bedeutung. Kennzeichen von Chiralität ist, daß zu jeder chiralen Substanz ein zweites Stereoisomer existiert, in dem alle Atome genau spiegelbildlich angeordnet sind; Bild und Spiegelbild können nicht zur Deckung gebracht werden. Solche Enantiomerenpaare drehen die Polarisationsebene des linear polarisierten Lichtes um gleiche Beträge, jedoch mit entgegengesetztem Vorzeichen. Alle anderen physikalischen Eigenschaften und auch die Reaktivität gegenüber achiralen Verbindungen sind identisch. Wegen der Einzelheiten dieses sehr wichtigen Sachverhaltes muß hier allerdings auf die Lehrbücher verwiesen werden.

*Versuch: Ein Reagenzglas füllt man ganz mit einer ca. 10proz. Lösung von Rohrzucker oder besser Traubenzucker in Wasser. Durch eine Sonnenbrille mit Polarisationsfilter betrachtet man nun einen hellen Hintergrund (z.B. ein beleuchtetes weißes Blatt Papier oder die Projektionsfläche eines Overhead-Projektors), vor den man einen anderen Polarisationsfilter, z.B. eine zweite Sonnenbrille, hält. Wird einer der Polarisationsfilter um 360° gedreht. so beobachtet man je zwei Positionen maximaler Durchlässigkeit (Helligkeit) und maximaler Auslöschung (Verdunkelung). Man stellt auf maximale Auslöschung ein und hält nun das Reagenzglas mit der Zucker-Lösung derart in den Strahlengang zwischen den beiden Polarisationsfiltern, daß man in Längsrichtung durch die Lösung schaut: Die Helligkeit nimmt zu, weil die Zucker-Lösung die Polarisationsebene dreht. Durch Drehen des oberen Filters im Urzeigersinn läßt sich die Ausgangsintensität wieder herstellen: Glucose und Saccharose sind demnach rechtsdrehend.

Entsorgung: Nicht abwassergefährdend

29.2.   In alkalischer Lösung wird Milchsäure durch Kaliumpermanganat zu Brenztraubensäure oxidiert. Deren 2,4-Dinitrophenylhydrazon löst sich in Natriumcarbonat-Lösung, da
die Verbindung eine Carboxyl-Gruppe enthält (Versuch a). – In saurer Lösung wird
Milchsäure durch Kaliumpermanganat zu Acetaldehyd bzw. Essigsäure und Kohlendioxid
oxidiert (Versuch b).

> **Versuch a:** 1 ml Milchsäure wird in 15 ml Wasser gegeben und nach Zugabe von ei-
> nem Tropfen Phenolphthalein-Lösung mit verd. Natronlauge neutralisiert. Zu dieser
> Lösung fügt man 25 ml Kaliumpermanganat-Lösung. Nach 15 min wird vom ausge-
> schiedenen Braunstein abfiltriert. Zum Nachweis der gebildeten Brenztraubensäure
> werden 10 ml des farblosen Filtrates mit einer schwefelsauren 2,4-Dinitrophenylhydra-
> zin-Lösung versetzt. Man erhält eine gelbe Fällung, die man abfiltriert. Übergießt man
> den gelben Rückstand auf dem Filter mit etwas verd. Natriumcarbonat-Lösung, so löst
> er sich mit brauner Farbe. Die soda-alkalische Lösung gießt man vorsichtig in verd.
> Salzsäure; das gelbe Dinitrophenylhydrazon der Brenztraubensäure fällt wieder aus.
> **Entsorgung:** In kleinen Mengen nicht abwassergefährdend.

> **Versuch b:** 0.5 ml Milchsäure werden mit 2 ml verd. Schwefelsäure und einer kleinen
> Spatelspitze Kaliumpermanganat versetzt. Man erwärmt gelinde, wobei die Lösung all-
> mählich farblos wird; es entwickelt sich Kohlendioxid, und beim Kochen beobachtet
> man den Geruch von Acetaldehyd. Zum Nachweis des Aldehyds gebe man einen Trop-
> fen ammoniakalische Silbernitrat-Lösung, die etwas Natronlauge enthält, auf ein Stück
> Filtrierpapier. Man halte das Filtrierpapier über die Öffnung des Reagenzglases und er-
> hitze zum Sieden; es bildet sich ein schwarzer Fleck von metallischem Silber.
> **Entsorgung:** Nicht abwassergefährdend

29.3.   Die in den Versuchen a und b ausgeführten Reaktionen verlaufen nicht einheitlich. Es
seien hier (s.o.) nur die Bildungsreaktionen der nachgewiesenen Produkte gegeben.

    α-Hydroxysäuren bilden beim Erhitzen unter intermolekularer Wasser-Abspaltung aus
zwei Säuremolekülen Lactide (cyclische Ester), die durch Erhitzen mit Laugen wieder verseift werden.

Versuch: Man erhitze 20 Tropfen Milchsäure zur Entfernung des Wassers zum Sieden, bis die Lösung gelb geworden ist. Die abgekühlte Flüssigkeit wird mit 2 ml Wasser und 3 Tropfen Phenolphthalein-Lösung versetzt. Dann neutralisiert man die in der Lösung noch vorhandene Säure durch tropfenweise Zugabe von verd. Natronlauge (etwa 15–20 Tropfen) bis zur bleibenden Rotfärbung. Erhitzt man nun zum Sieden, so verschwindet die Rotfärbung, da zur Verseifung des Esters Lauge verbraucht wird.

Entsorgung: In kleinen Mengen nicht abwassergefährdend.

In Versuch 29.3. werden neben dem dimeren Lactid auch Polymilchsäuren gebildet.

Lactid   Polymilchsäuren

Weinsäure

Weinsäure, Dihydroxy-bernsteinsäure, enthält zwei Stereozentren C-Atome. Wir untersuchen Reaktionen der in Weintrauben vorkommenden D(+)-Weinsäure. Ihr Spiegelbild, die L(-)-Weinsäure hat die gleichen chemischen Eigenschaften, ist jedoch in der Natur viel seltener. Auch Schmelzpunkte und Löslichkeiten der beiden Antipoden unterscheiden sich nicht. Dagegen hat die Mesoweinsäure, die eine intramolekulare Spiegelebene besitzt und deren Drehsinn daher trotz zweier chiraler C-Atome intramolekular kompensiert ist, einen anderen Schmelzpunkt und andere Löslichkeiten als die beiden optisch aktiven Verbindungen. Auch das Racemat, die Traubensäure (eine Mischung aus gleichen Teilen D(+)- und L(-)-Weinsäure), unterscheidet sich in bezug auf Löslichkeit und Schmelzpunkt von den genannten Säuren.

L(+)-Weinsäure   D(-)-Weinsäure   Mesoweinsäure

Charakteristisch für Weinsäure ist die mehrfach erwähnte Fähigkeit, mit einigen Metall-Kationen Komplexe zu bilden (vgl. Versuch 16.3.b).

Weinsäure wird, wie andere α-Hydroxysäuren, durch Kaliumpermanganat oxidiert.   **29.4.**

Versuch: 1 Spatelspitze Weinsäure löst man in 3 ml verd. Schwefelsäure und gibt 2 ml Kaliumpermanganat-Lösung hinzu. Beim Erwärmen wird die Lösung entfärbt, und es entwickelt sich Kohlendioxid.

Entsorgung: In kleinen Mengen nicht abwassergefährdend.

Citronensäure

Die zuerst aus Citrusfrüchten isolierte Citronensäure spielt eine wichtige Rolle in dem durch Enzyme katalysierten Abbau der Kohlenhydrate (Citronensäurecyclus). Sie leitet sich von der Glutarsäure ab und hat in β-Stellung zu deren Carboxylgruppen eine Hydroxylgruppe und eine weitere Carboxylgruppe (s. unten).

β-Hydroxy-carbonsäuren spalten verhältnismäßig leicht Wasser ab. Von den beiden möglichen ungesättigten Säuren wird nur die α,β-ungesättigte Säure gebildet; diese enthält ein konjugiertes (durch Mesomerie stabilisiertes) System und ist also energieärmer als die entsprechende β,γ-ungesättigte Säure. – Wenn man an α,β-ungesättigte Säuren Wasser anlagert (z. B. unter Protonenkatalyse), so addiert sich die OH-Gruppe an das positivierte β-ständige C-Atom:

29.5. Durch Kaliumpermanganat wird Citronensäure als α-Hydroxy-carbonsäure oxidiert. Die dabei gebildete Aceton-dicarbonsäure spaltet als β-Ketosäure leicht CO_2 ab.

Versuch: 1 Spatelspitze Citronensäure löse man in 2 ml verd. Schwefelsäure und gebe eine kleine Spatelspitze Kaliumpermanganat hinzu. Bei schwachem Anwärmen wird die Lösung entfärbt; gleichzeitig beobachtet man kräftige Kohlendioxid-Entwicklung. Man gibt nun allmählich noch eine kleine Spatelspitze Permanganat zu; die Lösung wird wieder unter starker Gasentwicklung rasch farblos. Dann wird zum Sieden erhitzt; es entweicht erneut Kohlendioxid, und man riecht Aceton.

Entsorgung: In kleinen Mengen nicht abwassergefährdend.

Citronensäure   Aceton-di carbonsäure

γ-Hydroxy-carbonsäuren

Wenn man γ-Hydroxysäuren aus ihren Salzen in Freiheit setzt, so spalten sie intramolekular Wasser ab; es werden innere Ester gebildet, die man γ-Lactone nennt.

Die Lacton-Bildung verläuft leichter als die Bildung anderer Ester, da sich die reagierenden Gruppen in räumlich günstiger Stellung befinden und ein spannungsarmer Fünfring gebildet wird.

Lactone werden durch Laugen in der Hitze unter Bildung des Anions der Hydroxysäu- **29.6.**
re verseift, wobei OH⁻-Ionen verbraucht werden. Bei Zugabe von Säuren schließt sich der
Lacton-Ring wieder. Wir untersuchen Butyrolacton, das Lacton der γ-Hydroxy-buttersäu-
re.

Butyrolacton

Versuch: Man löse 10 Tropfen Butyrolacton in 5 ml Wasser, gebe 1 Tropfen Phenolphthalein-Lösung hinzu und 10 Tropfen verd. Natronlauge; beim Erwärmen wird die
Lösung farblos.

Entsorgung: In kleinen Mengen nicht abwassergefährdend.

Salicylsäure

Von der Salicylsäure, der *o*-Hydroxy-benzoesäure, leitet sich Aspirin ab. In diesem ist die **29.7.**
phenolische OH-Gruppe der Salicylsäure mit Essigsäure verestert. Salicylsäure gibt die Ei-
sen(III)-chlorid-Reaktion. Kocht man Aspirin mit Wasser, so wird ein geringer Anteil verseift, wie man an der empfindlichen Farbreaktion mit Eisen(III)-chlorid erkennt.

Salicylsäure   Acetylsalicylsäure (Aspirin)

Versuch a: Man gebe eine kleine Spatelspitze Salicylsäure in 10 ml Wasser und versetze mit einem Tropfen Eisen(III)-chlorid-Lösung; die Lösung färbt sich blaurot.

Entsorgung: In kleinen Mengen nicht abwassergefährdend.

Versuch b: Man gebe in zwei Reagenzgläser je eine Spatelspitze Acetyl-salicylsäure
(Aspirin) und 3 ml Wasser. Eine der Proben wird eine Minute zum Sieden erhitzt und
dann abgekühlt. Nun versetzt man beide Lösungen mit je einem Tropfen Eisen(III)-
chlorid-Lösung; nur die vorher erhitzte Probe gibt eine blaurote Farbreaktion.

Entsorgung: In kleinen Mengen nicht abwassergefährdend.

Kapitel 30. Keto-carbonsäuren

Das chemische Verhalten von α- und β-Ketosäuren ist sehr verschieden. β-Ketosäuren, R–CO–CH$_2$–CO$_2$H, gehören zu den wenigen Verbindungen, in denen eine C–C-Bindung leicht gelöst wird; sie spalten spontan CO$_2$ ab. Die Ester von β-Ketosäuren sind beständig, werden aber durch Lauge in zwei Moleküle Säure gespalten. α-Ketosäuren decarboxylieren auch beim Erwärmen nicht.

Acetessigester

Der einfachste und zugleich wichtigste β-Ketosäureester, CH$_3$–CO–CH$_2$–CO$_2$C$_2$H$_5$, der Acetessigester, wird durch Kondensation von Essigester hergestellt. Diese Reaktion wird durch starke Basen, z. B. Alkoholat-Ionen, katalysiert und verläuft analog der Aldolkondensation. Der gebildete Acetessigester reagiert mit – im Überschuß eingesetztem – Natrium-alkoholat zu Salzen (s. unten). Nach Beendigung der Kondensation fügt man Säure hinzu.

β-Ketosäureester, die am α-Kohlenstoff-Atom Wasserstoff haben, existieren in tautomeren Formen, der Keto- und der Enol-Form:

Ketoform   Enolformen

C=O-Gruppen enolisieren unter bestimmten Voraussetzungen: Im Acetessigester wandert ein Proton von der aciden CH$_2$-Gruppe an den Sauerstoff der Carbonylgruppe. Die dadurch gebildete C–C-Doppelbindung der Enolform befindet sich in Konjugation zu einer C=O-Gruppe. Durch diese Konjugation wird Energie gewonnen, wie die gegebene Grenzformel des Enols verstehen läßt. Keto- und Enolform stehen im Gleichgewicht. Die Lage des Gleichgewichts hängt ab von der Art des β-Ketosäureesters, vom Lösungsmittel und von der Temperatur. Enole sind – ähnlich wie Phenole – schwache Säuren; ihre Anionen sind durch Mesomerie stabilisiert, da die OH-Gruppe sich an einer Doppelbindung befindet. Man diskutiere in diesem Zusammenhang die Unterschiede zwischen Mesomerie und Tautomerie!

Das Anion des Acetessigesters wird durch folgende Grenzformeln beschrieben:

In der Keto-Form des Actessigesters sind die H-Atome der von zwei C=O-Doppelbindungen flankierten CH_2-Gruppe stärker acide als die der CH_3-Gruppe, der nur eine C=O-Doppelbindung benachbart ist.

Enolisierende β-Ketocarbonsäureester geben sowohl die Reaktionen von Ketonen als **30.1.** auch die von enolischen OH-Gruppen. Auch addiert die in der Enol-Form von β-Ketoestern vorliegende Doppelbindung augenblicklich Brom. Mit Cu^{2+}-Ionen geben enolisierende β-Ketosäureester Kupferkomplexe.

Versuch a: 2 Tropfen Acetessigester werden mit 3 ml einer schwefelsauren 2,4-Dinitrophenylhydrazin-Lösung versetzt. Es entsteht zunächst eine milchige, gelbe Emulsion; aus dieser scheidet sich im Laufe einer halben Stunde das 2,4-Dinitrophenylhydrazon des Acetessigesters als gelbe Nädelchen ab.

Entsorgung: Organ. Abfälle

Versuch b: 5 Tropfen Acetessigester werden mit 5 ml Wasser und 2 Tropfen Eisen-(III)-chlorid-Lösung versetzt; die Lösung wird rot. Nun gebe man (unter Schütteln) rasch 2 ml Bromwasser hinzu; die rote Farbe verschwindet zunächst, erscheint aber rasch wieder. Bei erneuter Zugabe von Bromwasser beobachtet man das gleiche Farbspiel noch einmal.

Entsorgung: In kleinen Mengen nicht abwassergefährdend.

Enole geben, ähnlich wie Phenole, die Eisen(III)-chlorid-Reaktion. Entfernt man durch Zugabe von wenig Brom die Enolform aus dem Tautomerie-Gleichgewicht, so verschwindet die Eisen(III)-chlorid-Reaktion vorübergehend. Die Farbreaktion tritt wieder auf, sobald die Enolform nachgebildet worden ist.

Versuch e: Man versetze 2 Tropfen Acetessigester mit 2 ml Kupfersulfat-Lösung und einer Spatelspitze Natriumacetat. Es fällt ein blaugrüner, kristalliner Kupferkomplex aus, der in Dichlormethan löslich ist.

Entsorgung: Schwermetall-Abfälle

Der Kupferkomplex des Acetessigesters ist ein Kupfersalz der Enolform; an der Komplexbildung sind freie Elektronenpaare der Ester-CO-Gruppen beteiligt.

30.2.   Verd. Laugen oder verd. Säuren verseifen β-Ketocarbonsäureester. Die freien β-Ketocarbonsäuren spalten leicht Kohlendioxid ab, wobei Ketone gebildet werden (*Ketonspaltung*).

Versuch: (Schutzbrille!) Ein Plätzchen Natriumhydroxid wird in 2 ml Wasser gelöst. Hierzu fügt man 10 Tropfen Acetessigester und erhitzt zum Sieden, bis der Ester-Geruch verschwindet (3 min). Nun gibt man 5 ml verd. Schwefelsäure zu und erhitzt erneut. In der Siedehitze entwickelt sich Kohlendioxid. Die Reaktion geht dann ohne Wärmezufuhr weiter; man riecht Aceton.

Entsorgung: In kleinen Mengen nicht abwassergefährdend.

Um die leichte Decarboxylierung von β-Ketosäuren zu verstehen, betrachten wir folgende Formeln, die den Reaktionsablauf beschreiben:

Diese Reaktion wird eingeleitet durch die Ausbildung einer Wasserstoffbrücke zwischen dem Proton der Carboxyl-Gruppe und der CO-Gruppe (a). Die bei der Abspaltung von CO_2 intermediär gebildete Enolform des Acetons (b) geht augenblicklich in die stabile, tautomere Ketoform über. Reaktionen verlaufen allgemein immer dann besonders leicht, wenn sich entsprechende sechsgliedrige Ringe formulieren lassen und sechs Elektronen an der Reaktion beteiligt sind (aromatische Übergangszustände).

Wenn eine Carbonsäure, $R–CH_2–CO_2H$, entsprechende Kohlendioxid abspalten würde, so verbliebe das bindende Elektronenpaar bei dem um CO_2 ärmeren Rest:

Das intermediär entstehende negativ geladene Teilchen ist sehr energiereich, d. h. es wäre Erhitzen auf relativ hohe Temperatur erforderlich, um aus einer gesättigten Fettsäure auf diesem Wege CO_2 abzuspalten (vgl. Versuch 24.4.). Bei der Decarboxylierung von β-Ketosäuren wird das die Carboxylgruppe bindende Elektronenpaar – wie die gebogenen Pfeile zeigen – vom C-Atom der β-ständigen CO-Gruppe aufgenommen, so daß ein nicht geladenes, relativ energiearmes Teilchen bei der Spaltung gebildet wird; Bindungsbrüche und Bindungsbildungen erfolgen synchron.

Die Decarboxylierung von Malonsäure (vgl. Versuch 24.14.), die in β-Stellung zu einer Carboxyl-Gruppe eine zweite CO_2H-Gruppe hat, verläuft analog. Säuren, die in β-Stellung zur Carboxyl-Gruppe eine C=N–R- oder C–C-Doppelbindung enthalten, decarboxylieren ebenfalls leichter als gesättigte Fettsäuren; besonders wirksam ist die C=N–R-Gruppe.

Auch phenolische Hydroxygruppen können Decarboxylierungen erleichtern: Während **30.3.** Benzoesäure beim Erhitzen recht beständig ist, spaltet Salicylsäure Kohlendioxid ab und bildet Phenol.

Versuch: 2 Spatelspitzen Salicylsäure werden in einem trockenen Reagenzglas über den Schmelzpunkt erhitzt, bis Gasentwicklung einsetzt. Man riecht Phenol.
Entsorgung: In kleinen Mengen nicht abwassergefährdend.

Die verhältnismäßig leichte Decarboxylierung der Salicylsäure läßt sich aus ihrer tautomeren Form (b) verstehen. Diese Form b ist zwar wenig begünstigt, da sie kein aromatisches System enthält und daher energiereicher ist als die Form a. Man darf aber annehmen, daß die Form b sich in der Hitze bildet, die als β-Ketocarbonsäure leicht Kohlendioxid abspaltet (s. Versuch 30.2.).

Durch konzentrierte Lauge werden β-Keto-carbonsäureester in zwei Moleküle Säure **30.4.** gespalten.

Versuch: (Schutzbrille!) Man gibt zu zwei Plätzchen Natriumhydroxid 5 Tropfen Wasser und 5 Tropfen Acetessigester; es bildet sich eine farblose, kristalline Masse. Nun erhitze man vorsichtig mit kleiner Flamme, bis eine energische Reaktion einsetzt. Man läßt die Reaktion, ohne weiter zu erwärmen, abklingen. Dann gibt man 10 ml verd. Schwefelsäure zu und erhitzt zum Sieden; der Geruch von Essigsäure ist wahrnehmbar.
Entsorgung: In kleinen Mengen nicht abwassergefährdend.

Bei dieser *Säurespaltung* von Acetessigester entstehen 2 mol Essigsäure und 1 mol Alkohol:

$$\underset{\substack{\| \\ O}}{H_3C-C-CH_2-CO_2R} \quad \xrightarrow[\text{H}_2\text{O}]{\text{OH}^-} \xrightarrow{\text{H}^+} \quad 2\ H_3C-\underset{\substack{| \\ OH}}{\overset{\substack{O \\ \|}}{C}} + R-OH$$

Die Wirkung von OH^--Ionen bei der Säurespaltung von β-Ketocarbonsäureestern läßt sich aus folgenden Formeln ersehen:

Zunächst addiert sich ein OH^--Ion an das positivierte C-Atom der Carbonylgruppe. Diese nicht isolierbare Zwischenstufe zerfällt in das Anion der Essigsäure und in Essigester, der durch Lauge zu Acetat-Ionen verseift wird.

Mit Hilfe von Acetessigester lassen sich wichtige Synthesen ausführen: Man setzt zunächst Acetessigester als CH-acide Verbindung mit Natrium-alkoholat um. Das dabei gebildete Anion (vgl. S. 218) wird mit Halogen-Alkanen (R'Hal) in Reaktion gebracht, wobei der positivierte Rest R' an das anionische C-Atom tritt: Acetessigester wird alkyliert.

$$\underset{\substack{\| \\ O}}{H_3C-C-CH_2-CO_2R} + OR^- \rightleftharpoons \underset{\substack{\| \\ O}}{H_3C-C-\overset{\ominus}{\underline{C}}H-CO_2R} + HOR$$

$$\underset{\substack{\| \\ O}}{H_3C-C-\overset{\ominus}{\underline{C}}H-CO_2R} + \overset{\delta+\ \delta-}{R'Hal} \longrightarrow \underset{\substack{\| \\ O}}{H_3C-C-\overset{R'}{\underset{|}{C}}H-CO_2R} + Hal^-$$

Aus den so herstellbaren α-substituierten Acetessigestern lassen sich durch Keton- oder Säurespaltung höhere Ketone, $CH_3-CO-CH_2R$, bzw. Carbonsäuren, $R'CH_2-CO_2H$, gewinnen.

30.5. Acetessigester reagiert mit Phenylhydrazin zu einem Derivat des Pyrazolons, von dem sich mehrere Antipyretica (Fieber senkende Medikamente), u. a. das Pyramidon, ableiten.

Versuch: 1.3 g Acetessigester und 1.4 g Phenylhydrazin-hydrochlorid werden in einem Reagenzglas mit einem Glasstab vermischt. Dann gibt man 3 Tropfen konz. Salzsäure zu und erhitzt im siedenden Wasserbad. Die Masse verflüssigt sich, und es tritt starkes Schäumen auf. Nach etwa 20 min kühlt man ab, versetzt mit der gleichen Menge Wasser und neutralisiert mit festem Natrium-hydrogencarbonat, das man in kleinen Portionen unter Rühren mit einem Glasstab einträgt. Das Pyrazolon-Derivat scheidet sich zunächst ölig ab, erstarrt aber beim Reiben mit dem Glasstab.

Entsorgung: Organ. Abfälle

Die NH$_2$-Gruppe des Phenylhydrazins reagiert zunächst mit der Carbonylgruppe des Acetessigsesters zum Hydrazon (s. Versuch 23.1.), das anschließend unter Aminolyse des Esters cyclisiert.

Brenztraubensäure

30.6. α-Keto-carbonsäuren spalten – im Gegensatz zu β-Ketocarbonsäuren – nicht spontan Kohlendioxid ab. Wir untersuchen die einfachste α-Ketosäure, die Brenztraubensäure (CH$_3$–CO–CO$_2$H).

Versuch: 2 ml einer wäßrigen Lösung von Brenztraubensäure werden nach Zugabe von 2 Tropfen verd. Schwefelsäure kurz zum Sieden erhitzt. Entfernt man die Flamme, so ist keine Gasentwicklung zu beobachten. Um nachzuweisen, daß die Brenztraubensäure durch Erhitzen nicht verändert wurde, gibt man 2 Tropfen einer schwefelsauren Lösung von 2,4-Dinitrophenylhydrazin zu der abgekühlten Probe. Das ausgefallene gelbe Dinitrophenylhydrazon wird abfiltriert; es löst sich vollständig in Natriumcarbonat-Lösung und fällt beim Ansäuern wieder aus.

Entsorgung: In kleinen Mengen nicht abwassergefährdend.

Brenztraubensäure-dinitrophenylhydrazon

Wenn Brenztraubensäure CO$_2$ abgespalten hätte, so müßte Acetaldehyd entstanden sein. Das Dinitrophenylhydrazon des Acetaldehyds aber löst sich nicht in Natriumcarbonat-Lösung.

30.7. Brenztraubensäure enthält eine CH$_3$–CO-Gruppe und gibt die für diese Gruppe charakteristische Iodoform-Probe.

Versuch: Man gebe einige Tropfen einer Lösung von Brenztraubensäure zu etwa 3 ml Iod-Kaliumiodid-Lösung. Versetzt man nun mit verd. Natronlauge, bis die Iodfarbe verschwindet, so scheidet sich hellgelbes Iodoform ab.

Entsorgung: In kleinen Mengen nicht abwassergefährdend.

$$CH_3-CO-CO_2H \xrightarrow[OH^-]{I_2} CHI_3 + {}^-O_2C-CO_2^-$$

Brenztraubensäure   Iodoform   Oxalat-Ionen

30.8. α-Keto-carbonsäuren werden durch Wasserstoffperoxid zu den um ein C-Atom ärmeren Säuren oxidiert.

Versuch: 1 ml einer wäßrigen Lösung von Brenztraubensäure wird mit 1 ml Perhydrol (30proz. Wasserstoffperoxid; man vermeide, dies auf die Haut zu bringen!) versetzt und vorsichtig kurz erwärmt. Nach Beendigung der heftigen Gasentwicklung erhitzt man noch etwa $^1/_2$ Minute zum Sieden. Man erkennt die entstandene Essigsäure am Geruch. Die Lösung gibt mit 2,4-Dinitrophenylhydrazin-Lösung keine Fällung mehr.

Entsorgung: In kleinen Mengen nicht abwassergefährdend.

$$CH_3-CO-CO_2H \xrightarrow{H_2O_2} CH_3-CO_2H + CO_2\uparrow$$

α- und ß-Ketosäuren in biochemischen Reaktionen

Im Stoffwechsel der Zelle wird die leichte Spaltbarkeit von C–C-Bindungen in β-Ketosäuren und in ihren Estern benutzt, um Kohlenstoffketten abzubauen. Und umgekehrt dienen Esterkondensationen über β-Ketosäureester z. B. zur Synthese von Fettsäuren. Biochemische Reaktionen werden durch Enzyme katalysiert, die sehr verschiedene, spezifische Funktionen haben. In den letzten Jahrzehnten ist es gelungen, eine große Zahl solcher Biokatalysatoren zu isolieren und von zahlreichen die exakte Struktur zu ermitteln. Enzyme sind hochmolekulare Proteine, in denen Aminosäuren in bestimmter Folge verknüpft sind. Einige benötigen zu ihrer Funktion Coenzyme: Dieses sind organische Verbindungen aus den verschiedensten Stoffgruppen; oft ist ein Vitamin in Coenzyme eingebaut. Die meisten Coenzyme enthalten außerdem Phosphorsäureester-Gruppen. Inzwischen kennt man in wesentlichen Punkten die chemische Wirkungsweise einer Reihe von Coenzymen. Zur Katalyse biochemischer Reaktionen ist das vollständige Holoenzym aus Apoenzym (Proteinkomponente) und Cofaktor erforderlich; im Sprachgebrauch erwähnt man aber oft die an das Coenzym gebundene Eiweißkomponente nicht und benutzt bei Formulierungen nur die Abkürzung des Coenzyms. Für den Chemiker ist es beeindruckend zu sehen, wie zweckmäßig die reagierenden Gruppen der Coenzyme ausgewählt und angeordnet sind, damit biochemische Reaktionen unter den milden, in der Zelle gegebenen Bedingungen ablaufen können. Wir besprechen an einigen Beispielen Funktionen von Coenzymen, deren Wirkungsweise zu Reaktionen in Beziehung steht, die im Praktikum ausgeführt werden. Für diese Überlegungen genügt es, nur die Gruppe des Coenzyms heranzuziehen, von der bekannt ist, wie sie in die biochemische Reaktion eingreift.

1. Von zentraler Bedeutung im Stoffwechsel ist das Coenzym A (CoASH; SH steht für die freie Sulfhydryl-Gruppe). Es enthält eine HS-Gruppe und hat die Funktion, mit Carbonsäuren reaktionsfähige Thioester zu bilden. Als Beispiel für die Wirkungsweise des Coenzyms A besprechen wir die Synthese von Fettsäuren, die durch die folgenden Formeln beschrieben wird:

Die Synthese geht aus vom Acetyl-Coenzym A (Acetyl-CoA) und von Malonyl-CoA. Acetyl-CoA entsteht z. B. beim biochemischen Abbau von Brenztraubensäure (s. S. 225); Malonyl-CoA wird durch enzymatische Carboxylierung von Acetyl-CoA gebildet. Für den ersten Reaktionsschritt, die Kondensation, stehen nun zwei besonders reaktive Gruppen zur Verfügung: die Thioestergruppe des Acetyl-CoA und die acide CH_2-Gruppe des Malonyl-CoA (vgl. *Mesomerie* S. 185 und S. 190). In der Zelle läuft die Kondensation dieser beiden Komponenten im neutralen Gebiet ab. Das zur Kondensation erforderliche Anion des Malonyl-CoA wird dadurch gebildet, daß eine basische Gruppe des Enzyms ein Proton aus der CH_2-Gruppe des Malonyl-CoA ablöst. Außerdem befinden sich im Enzym $HN-C=O$ -Gruppen (Peptidbindungen, s. S. 241), die Wasserstoffbrücken ausbilden können. Möglicherweise wird durch eine solche H-Brücke die C=O-Gruppe des Acetyl-CoA stärker polarisiert, wodurch Additionen an diese Gruppe erleichtert würden.

Die weiteren bei der Fettsäuresynthese ablaufenden Reaktionen – Decarboxylierung, Reduktion, Dehydratisierung und derneute Reduktion – haben wir bereits in anderem Zusammenhang besprochen. Zum Mechanismus von Dehydrierungen vgl. S. 95. – β-Hydroxycarbonsäuren vgl. S. 216.

Das als letztes Produkt dieser Reaktionsfolge aufgeführte Butyryl-CoA durchläuft nun anstelle von Acetyl-CoA die beschriebenen Reaktionsstufen. Mehrmalige Wiederholung der Synthese führt zu langkettigen nicht verzweigten Fettsäuren.

Beim Abbau einer Fettsäure reagiert diese zunächst mit CoASH (unter Mitwirkung des Coenzyms Adenosintriphosphat; vgl. S. 54) zu einem Thioester $RCH_2-CH_2-CO-SCoA$ ($R = C_nH_{2n+1}$). Dieser Thioester durchläuft in umgekehrter Richtung die für die Synthese von Fettsäuren formulierten Reaktionen, und zwar bis zu einem β-Ketothioester $R-CO-CH_2-CO-SCoA$. Durch CoASH wird dieser Ester (analog wie Acetessigester durch OH^--Ionen) gespalten, wodurch die Fettsäurekette um zwei C-Atome verkürzt wird:

$$R-\overset{\overset{O}{\|}}{C}{+}CH_2-C\overset{\nearrow O}{\underset{SCoA}{\diagdown}} \quad \xrightarrow{\text{CoASH}} \quad R-\overset{\overset{O}{\|}}{C}-SCoA \quad + \quad CH_3-C\overset{\nearrow O}{\underset{SCoA}{\diagdown}}$$

Durch mehrmalige Wiederholung der einzelnen Schritte wird die Fettsäurekette bis zum Acetyl-CoA abgebaut. Dieses kann z. B. in den Citronensäurecyclus eingehen und so über eine Reihe von Zwischenstufen weiter bis zum CO_2 abgebaut werden.

2. Brenztraubensäure wird enzymatisch z. B. beim Abbau von Zuckern gebildet. Von den verschiedenen Reaktionen, an denen sie im Stoffwechsel beteiligt ist, besprechen wir die *oxidative Decarboxylierung*. Da α-Ketosäuren nicht CO_2 abspalten, bedient sich die Zelle zum Abbau eines Tricks: durch ein Coenzym der Pyruvat-Decarboxylase, Thiamin-pyrophosphat, wird eine Doppelbindung in β,γ-Stellung zur Carboxylgruppe der Brenz-traubensäure eingeführt. Wir formulieren die Decarboxylierung mit der Gruppe des Coen-zyms, die an dieser Reaktion beteiligt ist:

Thiamin-
pyrophosphat-Rest

Acetyl-CoA

Thiamin-
pyrophosphat

Im ersten Reaktionsschritt addiert sich die acide CH-Gruppe des Thiazolrings an die CO-Gruppe der Brenztraubensäure. Der positive Stickstoff der Immonium-Gruppe $\diagdown C{=}N{+}$ zieht stark Elektronen an, so daß die Abspaltung von CO_2 – analog wie bei β-Ketosäuren – leicht abläuft. Das Decarboxylierungsprodukt der Brenztraubensäure wird nicht als Acetaldehyd aus dem Coenzym abgelöst, sondern auf ein dehydrierendes Enzym übertragen; das Produkt in der Oxidationsstufe der Essigsäure reagiert mit Coenzym A unter Bildung von Acetyl-CoA. Auf diese Weise ist der Zuckerstoffwechsel z. B. mit der Synthese von Fettsäuren verknüpft.

3. α-Aminosäuren (s. Kap. 32.) werden im Stoffwechsel auf verschiedenen Wegen ab-gebaut. Es seien hier nur Reaktionen besprochen, an denen das Coenzym Pyridoxalphos-phat (I) beteiligt ist. Bestimmte Aminosäuren können durch dieses Coenzym – in Abhän-gigkeit vom Apoenzym – decarboxyliert werden oder durch *Transaminierung* in die ent-sprechenden α-Ketosäuren übergeführt werden. Zunächst reagiert die NH_2-Gruppe der Aminosäure mit der Aldehydgruppe des Pyridoxalphosphats zu einer SCHIFFschen Base (II).

Pyridoxalphosphat
I

II

a)   III   b)

$$\xrightarrow{H_2O} \quad R\text{--}\underset{NH_2}{\overset{H_2}{\underset{\;}{C}}} \quad + \text{ Pyridoxalphosphat (I)}$$

In II befindet sich in β,γ-Stellung zur Carboxylgruppe eine Doppelbindung und konjugiert zu dieser eine $\overset{+}{\underset{|}{C=NH}}$-Gruppe, die wir schon bei der Besprechung des Thiaminpyrophosphats als stark elektronenanziehende Gruppe kennengelernt haben. Abspaltung von CO_2 führt zu IIIa, Tautomerisierung – unter Wiederherstellung des Pyridinrings – zu IIIb. Die SCHIFFsche Base IIIb wird in ein Amin, R–CH$_2$–NH$_2$, und Pyridoxalphosphat gespalten.

Die Umwandlung einer Aminosäure in eine α-Ketosäure geht von der SCHIFFschen Base II aus und läuft analog ab wie die Decarboxylierung: Das H-Atom der Aminosäure ist durch die Nachbarschaft von elektronenanziehender Imino- und Carboxylgruppe acide. Bei Ablösung dieses Protons aus II wird die SCHIFFsche Base IV gebildet, in der die Oxidationsstufen der Aminosäure und der Aldehydgruppe des Coenzyms ausgetauscht sind.

II   IV   V Pyridoxamin-Rest

Die SCHIFFsche Base IV wird hydrolytisch in eine α-Ketosäure und in Pyridoxaminphosphat gespalten, das durch andere α-Ketosäuren wieder zu Pyridoxalphosphat regeneriert wird.

Kapitel 31. Kohlenhydrate

Monosaccharide

Kohlenhydrate gehören zu den am weitesten verbreiteten Naturstoffen. Wir untersuchen zunächst Reaktionen der einfachsten Kohlenhydrate, der Monosaccharide. Diese haben die Summenformel $C_n(H_2O)_n$, jedoch handelt es sich keineswegs um Hydrate des Kohlenstoffs. Bei den wichtigsten Monosacchariden ist n = 5 oder 6. Alle Monosaccharide enthalten eine Aldehyd- oder eine Keto-Gruppe und tragen an den übrigen C-Atomen Hydroxyl-Gruppen. Die Nachweisreaktionen dieser funktionellen Gruppen sind von der Kettenlänge der Zucker unabhängig, so daß wir uns auf einige typische Beispiele beschränken können.

Glucose – Fructose

Um das Verhalten von Aldehydzuckern kennenzulernen, untersuchen wir die wichtigste Aldohexose, die D-Glucose (Traubenzucker). Berücksichtigt man die Konfiguration an den Asymmetriezentren, so ist D-Glucose in der FISCHER-Projektion durch Formel Ib darzustellen. Die stereochemische Zugehörigkeit zur D-Reihe wird *per definitionem* durch die von der Aldehydgruppe am weitesten entfernte chirale Hydroxylgruppe festgelegt; sie steht in der (+)-Glucose rechts der CC-Kette, was durch den Buchstaben D (für lat. *dexter*, rechts; L = *laevus*, links) angezeigt wird. Man beachte, daß die D,L-Zuordnung nichts mit dem experimentell gemessenen Drehsinn [(+), (-)] zu tun hat!

Ia   Ib   Ic

α-D-Glucopyranose   ß-D-Glucopyranose

D-Glucose in der FISCHER-Projektion

Id   = Ic =   Ie

ß-(L)-Glucose in der HAWORTH-Projektion und als Sessel-Formel (rechts)

Allerdings bedarf die Strukturformel Ib einer Ergänzung, da einige der nach ihr zu erwartenden Reaktionen negativ ausfallen. So geben z. B. Aldosen nicht die für Aldehyde charakteristische Rotfärbung mit Fuchsinschwefliger Säure. Diesem Verhalten tragen die Formeln Ia und Ic Rechnung, nach denen die Hydroxyl-Gruppe am C-Atom 5 mit der Aldehyd-Gruppe am C-Atom 1 zum cyclischen Halbacetal reagiert hat.

Halbacetale entstehen durch Anlagerung eines Moleküls Alkohol an die C=O-Gruppe eines Aldehyds. Durch Umsetzung mit einem weiteren Molekül Alkohol wird ein Acetal gebildet:

$$R-\overset{\overset{\displaystyle O}{\|}}{\underset{\underset{\displaystyle H}{|}}{C}} \; + \; \overset{\displaystyle H}{\underset{}{|\underline{O}-C_2H_5}} \;\; \rightleftharpoons \;\; R-\overset{\overset{\displaystyle OH}{|}}{\underset{\underset{\displaystyle H}{|}}{C}}-OC_2H_5 \;\; \xrightarrow[-H_2O]{C_2H_5OH;\; H^+} \;\; R-\overset{\overset{\displaystyle OC_2H_5}{|}}{\underset{\underset{\displaystyle H}{|}}{C}}-OC_2H_5$$

Halbacetal   Acetal

Ähnlich reagieren Ketone mit Alkoholen. – In Monosacchariden liegt das Gleichgewicht fast ganz auf der Seite der Halbacetalformen, da die reagierenden Gruppen sich in räumlich günstiger Lage befinden (spannungsfreier Sechsring!).

Cyclohalbacetale, deren Konfiguration sich am (nun ebenfalls chiralen!) C-Atom 1 unterscheidet, werden durch die Buchstaben α und β gekennzeichnet, z. B. α-D-Glucose (Ia) bzw. β-D-Glucose (Ic ≡ Id, Ie). In wäßriger Lösung stehen beide Formen im Gleichgewicht; sie lagern sich über die Aldehydform ineinander um. *Kristalline* Glucose liegt dagegen als einheitliches α-Isomer vor. Da die Gleichgewichtseinstellung recht langsam erfolgt, ändert sich der Drehwert der Lösung eines einheitlichen Halbacetals und strebt allmählich einem für jede Aldose oder Ketose charakteristischen Grenzwert zu; diesen Prozeß nennt man *Mutarotation*. Zucker ohne freie Carbonylgruppe bzw. Halbacetalstruktur zeigen dieses Phänomen nicht. Eine Glucose-Lösung enthält etwa 36.4 % α-Glucose und 63.6 % ß-Glucose. Aus der wäßrigen Lösung des Gemisches kristallisiert wiederum unter Umlagerung ein einheitliches Halbacetal aus; bei Glucose ist dies die α-Form mit axialer Halbacetal-OH-Gruppe.

Vielfach benutzt man zur Beschreibung von Zuckern in der Form der cyclischen Halbacetale auch die sog. HAWORTH-Projektion (z. B. für ß-(D)-Glucose Formel Id): Hier ist der gewellte Sechsring Ie in eine Ebene projiziert, die senkrecht zur Papierebene steht, was wir durch die drei fett gedruckten Bindungen andeuten. Die in den FISCHER-Projektionen Ia und Ic *rechts* stehenden OH-Gruppen befinden sich in der Haworth-Formel Id *unterhalb* der Ringfläche.

Glucose wird schon durch milde Oxidationsmittel wie Ag^+- und Cu^{2+}-Ionen in alkalischer Lösung oxidiert.

31.1.

Versuch a: 0.5 ml Glucose-Lösung werden mit 5 Tropfen Silbernitrat-Lösung und 1 ml verd. Ammoniak-Lösung versetzt, wobei das anfangs ausgefallene Silberhydroxid wieder in Lösung geht. Man erwärmt die klare Lösung langsam; es scheidet sich Silber als Spiegel ab.

Entsorgung: Silber-Abfälle

Versuch b: Zu einigen Tropfen einer Glucose-Lösung gebe man 3 ml Fehlingsche Lösung (Versuch 16.3.b) und erwärme; es scheidet sich rotes Kupfer(I)-oxid ab.

Entsorgung: Schwermetall-Abfälle

Versuch c: Zu 2 ml Glucose-Lösung gebe man 10 Tropfen Kupfer(II)-sulfat-Lösung und 3 ml verd. Natronlauge. Die Lösung färbt sich tiefblau, beim Erhitzen scheidet sich Kupfer(I)-oxid ab (TROMMERsche Probe).

Entsorgung: Schwermetall-Abfälle

Bei der Oxidation von Glucose entsteht u. a Gluconsäure:

$$
\underset{\substack{\text{(H\overset{|}{C}OH)}_4 \\ \text{CH}_2\text{OH}}}{\overset{\underset{\displaystyle \text{C}}{\text{H} \diagdown \diagup \text{O}}}{}} \quad + \text{H}_2\text{O} - 2\text{e}^- - 2\,\text{H}^+ \longrightarrow \underset{\substack{\text{(H\overset{|}{C}OH)}_4 \\ \text{CH}_2\text{OH}}}{\overset{\underset{\displaystyle \text{C}}{\text{O} \diagdown \diagup \text{OH}}}{}}
$$

Da die hier beschriebenen Reaktionen in alkalischem Medium ausgeführt werden, müssen die oxidierenden Metallkationen als Komplexe in Lösung gehalten werden; Ag^+-Ionen werden durch Ammoniak in den Diammin-silber-Komplex übergeführt, Cu^{2+}-Ionen in den Weinsäure-Komplex. In Versuch 31.1.c verwendet man einen Überschuß an Glucose, deren OH-Gruppen die Komplexbindung der Cu^{2+}-Ionen übernehmen.

31.2. D-Fructose (Fruchtzucker) ist die wichtigste Keto-hexose. In dieser ist die Konfiguration an den C-Atomen 3–5 die gleiche wie in der D-Glucose.

$$
\begin{array}{l}
\text{H}_2\text{COH} \\
\quad | \\
\quad \text{C(OH)} \text{---} \\
\quad | \\
\text{HOCH} \\
\quad | \\
\quad \text{HCOH} \qquad \text{O} \\
\quad | \\
\quad \text{HCOH} \\
\quad | \\
\text{H}_2\text{C} \text{---}
\end{array}
$$

D-Fructose

Eine Lösung von Fructose reduziert FEHLINGsche Lösung und Ag^+-Ionen (in alkalischem Medium). Dabei lagert sich die Ketose zunächst in die Aldosen Glucose und Mannose um, die sich in der Konfiguration an C-2 unterscheiden und reduzierend wirken:

$$
\begin{array}{ccc}
\begin{array}{l} \text{H} \\ \text{HC---OH} \\ \quad | \\ \text{C=O} \\ \quad | \end{array}
&
\rightleftharpoons
\quad
\begin{array}{l} \text{H} \\ \text{C---OH} \\ \quad \| \\ \text{C---OH} \\ \quad | \end{array}
&
\rightleftharpoons
\quad
\begin{array}{l} \text{H} \diagdown \diagup \text{O} \\ \quad \text{C} \\ \quad | \\ \text{HCOH} \\ \quad | \end{array}
\end{array}
$$

Ketose   Endiol-Form   Aldose

Versuch: Man versetze einige Tropfen einer Lösung von Fructose mit FEHLINGscher Lösung und erwärme. Es scheidet sich rotes Kupfer(I)-oxid ab.

Entsorgung: In kleinen Mengen nicht abwassergefährdend.

31.3. Monosaccharide zeigen untereinander die gleichen Löslichkeitsverhältnisse; sie sind in Wasser leicht, in den meisten organischen Lösungsmitteln schwer- oder unlöslich. Da sie zudem häufig nur schwer kristallisieren, ist es schwierig, die verschiedenen Zucker zu trennen und rein darzustellen. Gut kristallisierende, in Wasser schwerlösliche Derivate der

Zucker sind Osazone; sie werden durch Umsetzung von Monosacchariden mit Phenylhydrazin erhalten und erlauben über Schmelzpunkt und Kristallform eine Identifizierung der Zucker; eine weitere Methode werden wir im Kapitel 34. (Chromatographie) kennenlernen.

Versuch: 2 ml Glucose-Lösung werden mit 1 Spatelspitze Phenylhydrazin-hydrochlorid und 1 Spatelspitze Natriumacetat versetzt. Man stelle das Reagenzglas in ein siedendes Wasserbad. Nach etwa 10 Minuten hat sich das gelbe Osazon abgeschieden.

Entsorgung: Organ. Abfälle

Bei der Osazon-Bildung reagiert 1 Molekül Monosaccharid mit 3 Molekülen Phenylhydrazin. Wir geben nur das Resultat der Reaktion an, ohne eine Aussage über den komplexen Reaktionsmechanismus zu machen:

$$
\begin{array}{l}
\overset{\displaystyle H}{\underset{}{}}\!\!\diagdown\!\!\overset{\displaystyle O}{\diagup} \\
\qquad C \\
\qquad | \\
H-C-OH \quad + \ 3 \ H_2N-NH-C_6H_5 \ \longrightarrow \\
\qquad | \\
HO-C-H \qquad\qquad \text{Phenylhydrazin} \\
\qquad |
\end{array}
$$

$$
\begin{array}{l}
\qquad\qquad\quad H\!\!\diagdown\!\!\nearrow N-NH-C_6H_5 \\
\qquad\qquad\qquad C \\
\qquad\qquad\qquad | \\
\qquad\qquad\quad C=N-NH-C_6H_5 \ + \ C_6H_5-NH_2 \ + \ NH_3 \ + \ 2\,H_2O \\
\qquad\qquad\quad | \\
\qquad\qquad HO-C-H \qquad \text{Osazon} \\
\qquad\qquad\qquad |
\end{array}
$$

Im Verlauf der Osazon-Bildung von Aldosen wird die zur Carbonyl-Gruppe α-ständige Hydroxyl-Gruppe durch Phenylhydrazin dehydriert, wobei dieses zu Ammoniak und Anilin hydriert wird. Bei der Osazon-Bildung von Ketosen wird entsprechend die alkoholische Gruppe am C-Atom 1 dehydriert. Daher geben D-Fructose und D-Glucose oder D-Mannose das gleiche Osazon.

31.4. Aldosen werden von Salpetersäure zu 1,6-Dicarbonsäuren oxidiert. Wir unterwerfen Milchzucker (Bezeichnung s. S. 234) dieser Reaktion. Das Disaccharid wird im sauren Medium in Galactose und Glucose gespalten. Als Reaktionsprodukt isolieren wir nur die gut kristallisierende Schleimsäure, die durch Oxidation von Galactose entstanden ist.

Schleimsäure reagiert mit Ammoniak beim Erhitzen zu Pyrrol. Diese heterocyclische Verbindung gibt mit Lignin (einem Bestandteil des Holzes) und konz. Salzsäure eine empfindliche Farbreaktion. Wir verwenden Zeitungspapier; dieses besteht aus Cellulose und enthält noch etwas Lignin.

Versuch a: (Abzug!) 10 Spatelspitzen Milchzucker werden in einer Porzellanschale mit 20 ml Wasser und dann mit 8 ml konz. Salpetersäure übergossen. Man dampft auf dem Wasserbad bis auf etwa 3 ml ein und fügt dann die gleiche Menge Wasser hinzu. Nach dem Erkalten wird die ausgeschiedene Schleimsäure abfiltriert.

Entsorgung: In kleinen Mengen nicht abwassergefährdend.

Versuch b: (Abzug!) Ein Teil der nach obiger Vorschrift erhaltenen Schleimsäure wird mit 3 ml verd. Ammoniak-Lösung in einer Porzellanschale zur Trockne eingedampft.

Das so erhaltene Ammoniumsalz der Schleimsäure wird in ein trockenes Reagenzglas gegeben und mit 1 ml Glycerin übergossen. Man erhitzt nun mit der Bunsenflamme und hält gleichzeitig ein zu einem Streifen gefaltetes, mit konz. Salzsäure befeuchtetes Stück Zeitungspapier in die Öffnung, nach kurzer Zeit wird das Papier rot.

Entsorgung: In kleinen Mengen nicht abwassergefährdend.

D-Galaktose   Schleimsäure   Pyrrol

31.5.   Ascorbinsäure, das antiskorbutisch wirkende Vitamin C, hat die Konstitution III und steht somit den Zuckern nahe. Sie leitet sich von der Endiolform (IIb) einer Tetrahydroxy-α-ketosäure (IIa) ab und ist ein γ-Lacton. Die saure Eigenschaft der Verbindung ist durch die konjugierte Endiol-Gruppierung bedingt.

IIa   IIb   Ascorbinsäure   III

Biochemisch und chemisch bemerkenswert ist die stark reduzierende Wirkung der Ascorbinsäure. Sie wird schon an der Luft allmählich zu Dehydro-ascorbinsäure dehydriert; diese Reaktion wird durch Kupfer- und Eisen-Ionen katalysiert.

Ascorbinsäure reduziert Eisen(III)-Ionen augenblicklich und gibt daher nicht die für Enole typische Farbrektion mit Eisen(III)-chlorid. Sie reduziert Ag^+-Ionen schon in schwach saurer Lösung. Bestimmte Farbstoffe – z. B. Methylenblau – werden durch Ascorbinsäure ebenfalls reduziert.

Versuch a: 10 Tropfen Ascorbinsäure-Lösung werden mit 5 Tropfen Eisen(III)-chlo-rid-Lösung versetzt; es tritt keine Farbreaktion auf. Bei Zugabe von Ammoniumrhoda-nid-Lösung bleibt die Probe farblos.

Entsorgung: In kleinen Mengen nicht abwassergefährdend.

Versuch b: Zu 5 Tropfen Silbernitrat-Lösung, die mit 3 ml Wasser verdünnt werden, gebe man einige Tropfen Ascorbinsäure-Lösung. Es scheidet sich sofort metallisches Silber ab.

Entsorgung: In kleinen Mengen nicht abwassergefährdend.

Versuch c: 2 ml einer hellblauen Methylenblau-Lösung (hergestellt durch Verdünnen der ausstehenden Lösung auf das Zehnfache) versetzt man mit 10 Tropfen Ascorbin-säure-Lösung. Die Lösung wird in einigen Minuten, rascher beim Erhitzen, farblos.

Entsorgung: In kleinen Mengen nicht abwassergefährdend.

Disaccharide

Rohrzucker

Das Disaccharid Saccharose (= Rohrzucker) ergibt bei der hydrolytischen Spaltung D(+)-Glucose und D(-)Fructose:

α-D-Glucose-Rest

β-D-Fructose-Rest

Rohrzucker

Im Rohrzucker liegt die Fructose in der "furanoiden" Form vor, d. h., der Sauerstoff enthaltende Ring ist fünfgliedrig; dagegen ist der Ring im Monosaccharid Fructose sechs-gliedrig ("pyranoide" Form). Glucose hat als Monosaccharid und im Rohrzucker einen py-ranoiden Ring.

Die Zucker-Reste sind in Disacchariden über Sauerstoff miteinander verknüpft. Eine Bindung, die von diesem Brücken-Sauerstoff zum C-Atom 1 einer Aldose oder z. B. zum C-Atom 2 der Fructose führt, nennt man glykosidisch. Im Rohrzucker sind sowohl der Glucose-Rest als auch der Fructose-Rest glykosidisch gebunden. Bei Berücksichtigung der Konfiguration erhält Rohrzucker die Bezeichnung α-D-Gluco-β-D-fructofuranosid.

Rohrzucker reduziert FEHLINGsche Lösung nicht, da Acetal-Bindungen durch Lauge **31.6.** nicht gespalten werden. Erhitzt man das Disaccharid aber kurz mit Säure, so wird die

Acetal-Bindung hydrolytisch gespalten, und die gebildeten Monosaccharide reduzieren nun FEHLINGsche Lösung.

Versuch: 15 Tropfen Rohrzucker-Lösung versetze man mit 3 ml FEHLINGscher Lösung. Beim Erwärmen wird kein Kupfer(I)-oxid gebildet. – Gibt man zu 15 Tropfen Rohrzucker-Lösung 0.5 ml verd. Salzsäure, erhitzt zum Sieden und fügt dann 5 ml FEHLINGsche Lösung hinzu, so scheidet sich beim Erwärmen Kupfer(I)-oxid ab.

Entsorgung: Schwermetall-Abfälle

Milchzucker

31.7. Milchzucker (Lactose) ist eine β-D-Galacto-4-D-glucopyranosid. Das heißt: die Galactose ist in der β-Form mit der am C-Atom 4 der Glucose befindlichen Hydroxyl-Gruppe glykosidisch verknüpft.

Milchzucker reduziert FEHLINGsche Lösung, da die Glucose-Komponente dieses Disaccharids als Halbacetal vorliegt.

Versuch: Man löse 1 Spatelspitze Milchzucker in 5 ml Wasser. 15 Tropfen dieser Lösung werden mit 3 ml FEHLINGscher Lösung versetzt. Beim Erhitzen scheidet sich rotes Kupfer(I)-oxid ab.

Entsorgung: Schwermetall-Abfälle

Polysaccharide

In Polysacchariden ist eine große Zahl von Monosacchariden in gleicher Weise miteinander verknüpft wie in den Disacchariden. Diese hochmolekularen Kohlenhydrate zeigen andere physikalische und chemische Eigenschaften als einfache Zucker; sie sind z. B. in Wasser vielfach unlöslich oder bilden kolloidale Lösungen.

Stärke

Stärke ist ein Energiespeicherstoff der Pflanzen (Kartoffel, Reis) und als Nahrungsmittel von großer Bedeutung. Sie läßt sich durch heißes Wasser in zwei Bestandteile aufteilen: in unlösliches Amylopektin (ca. 75 %) und in die in Wasser kolloidal lösliche Amylose (25 %). Beide Komponenten sind aus Glucose aufgebaut.

In der Amylose sind etwa 1000–2000 α-D-Glucose-Reste so miteinander verknüpft, daß eine Sauerstoff-Brücke jeweils das C-Atom 1 eines Glucose-Moleküls mit dem C-Atom 4 des nächsten verbindet, wodurch eine Glucose-Kette entsteht.

Im Amylopektin sind die Glucose-Ketten verzweigt, derart daß einige Glucose-Moleküle der Hauptkette am C-Atom 6 über Sauerstoff-Brücken mit kürzeren, wiederum verzweigten Nebenketten verknüpft sind.

Zu den folgenden Versuchen verwenden wir lösliche Stärke, die aus Amylose und abgebautem Amylopektin besteht.

Amylopectin

Gibt man zu einer Stärke-Lösung Iod, so bildet sich eine tiefblaue Iod-Stärke-Verbin- **31.8.** dung, bei der die Iod-Moleküle in den Hohlräumen sitzen, welche die spiralig gewundenen Glucose-Ketten bilden. Diese *Einschlußverbindung* zerfällt reversibel beim Erhitzen.

Versuch: 1 Spatelspitze Stärke wird in 5 ml siedendem Wasser gelöst. 1 ml dieser Lösung verdünne man auf das 10fache und füge 1 Tropfen Iod-Kaliumiodid-Lösung hinzu. Man erhält eine tiefblaue Lösung. Die Farbe verschwindet beim Erhitzen und erscheint beim Abkühlen wieder. Den Rest der Stärke-Lösung für Versuch 31.9. aufheben!

Entsorgung: In kleinen Mengen nicht abwassergefährdend.

Amylose, die in heißem Wasser eine kolloidale Lösung bildet, reduziert FEHLINGsche **31.9.** Lösung nur geringfügig. Unter der katalytischen Wirkung von Salzsäure kann Stärke hydrolytisch gespalten werden, wie man am negativen Ausfall der Farbreaktion mit Iod nach der Hydrolyse erkennt. Die vollständige Hydrolyse der Stärke führt zu Glucose. Im folgenden Versuch weisen wir nach, daß bei der Hydrolyse reduzierende Gruppen freigesetzt werden.

Versuch: 2 ml der für Versuch 31.8. hergestellten Stärke-Lösung werden mit 2 ml verd. Salzsäure 2–3 min zum Sieden erhitzt. Zu einer Probe dieser Lösung gebe man nach dem Abkühlen einen Tropfen Iod-Kaliumiodid-Lösung; es tritt keine Blaufärbung ein. Eine zweite Probe wird zur Neutralisation der Säure mit 2 ml verd. Natronlauge versetzt und dann mit FEHLINGscher Lösung erhitzt; es scheidet sich Kupfer(I)-oxid ab.

Entsorgung: Cu → Schwermetall-Abfälle; Rest nicht abwassergefährdend

Enzyme spalten Stärke unter sehr milden Bedingungen zu Maltose, einem aus zwei **31.10.** Glucose-Resten aufgebauten Disaccharid, das FEHLINGsche Lösung reduziert. Bei der enzymatischen Spaltung der Stärke entstehen zunächst Polysaccharide kleinerer Kettenlänge.

Diese Dextrine geben mit Iod eine rotbraune Färbung. Stärkespaltende Enzyme (Amylasen) finden sich z. B. im Speichel; wir verwenden ein aus Malz gewonnenes Enzympräparat (Diastase).

Versuch: Man gibt 5 ml Stärke-Lösung (1proz.) und 1 ml Diastase-Lösung in ein Reagenzglas. Die Mischung wird in einem Wasserbad erwärmt, das man auf 40 °C hält. Nach 10 min entnimmt man 1 ml und gibt zu dieser Probe 2 Tropfen einer Iod-Kaliumiodid-Lösung, die man durch Verdünnen der ausstehenden mit Wasser auf das sechsfache erhalten hat; die Probe wird rotbraun. Eine nach weiteren 30 min entnommene Probe gibt mit Iod-Kaliumiodid-Lösung keine Farbreaktion mehr. (Enzym-Lösungen aus verschiedenen Präparaten zeigen Unterschiede in der Aktivität; die angegebenen Reaktionszeiten gelten daher nur ungefähr.) Wird die Enzym-Lösung vorher zum Sieden erhitzt, so ist keine Spaltung der Stärke festzustellen, da das Enzym irreversibel denaturiert wird.

Entsorgung: Nicht abwassergefährdend

Cellulose

Cellulose ist aus β-(1→4)-verknüpften D-Glucose-Resten aufgebaut. Eine Sauerstoffbrücke verbindet – wie in der Stärke – das C-Atom 1 eines Glucose-Moleküls mit dem C-Atom 4 des nächsten:

Cellulose

31.11. Auch Cellulose kann unter der Einwirkung starker Säuren zu Glucose gespalten werden. Es ist dies das Prinzip der technisch durchgeführten Holzverzuckerung. Wir "verzuckern" Watte; diese ist fast reine Cellulose.

Versuch: Man gebe in ein trockenes Reagenzglas etwas Watte und 2 ml konz. Schwefelsäure. Nach etwa 3 min hat sich eine milchige Emulsion gebildet. Nun versetze man vorsichtig mit etwa 15 ml Wasser und stelle die etwas trübe, farblose Lösung in ein heißes Wasserbad. Nach 10 min wird eine Probe bis zur alkalischen Reaktion mit verd. Natronlauge und dann mit FEHLINGscher Lösung versetzt, beim Erhitzen bildet sich Kupfer(I)-oxid.

Entsorgung: Cu → Schwermetall-Abfälle; Rest: Basen-Abfälle

Cellulose ist das Ausgangsmaterial für verschiedene Arten von Kunstseide. Um verspinnbares Material zu erhalten, wird Cellulose in lösliche Derivate übergeführt.

Zur Herstellung von "Kupferseide" wird Cellulose mit SCHWEIZERS Reagenz behandelt, einer Lösung von Kupfer(II)-sulfat in konz. Ammoniak-Lösung. Cellulose bildet als Polyhydroxy-Verbindung mit Cu^{2+}-Ionen einen löslichen Komplex, der mit Säuren zu *Hydratcellulose* gespalten wird.

Versuch: Ein etwa walnußgroßer Wattebausch wird in einem Reagenzglas mit verd. Natronlauge übergossen. Man läßt 15 min stehen und gießt dann die Natronlauge ab. Die gequollene Watte gibt man, ohne sie zu waschen, in eine Lösung von 4 Spatelspitzen Kupfersulfat in 6 ml konz. Ammoniak-Lösung und 6 ml Wasser. Bei mehrfachem Umrühren geht die Cellulose im Laufe von 2 Stunden größtenteils in Lösung. Nun gibt man zu einem Teil der tiefblauen Lösung das gleiche Volumen Wasser und filtriere. Säuert man jetzt mit verd. Salzsäure an, so fällt teilweise abgebaute Hydratcellulose aus.

Entsorgung: Schwermetall-Abfälle

Durch Veresterung von Hydroxyl-Gruppen der Cellulose, z. B. mit Essigsäure oder Salpetersäure, werden in Essigester oder Chloroform lösliche Polyester der Cellulose erhalten. Wir verestern Cellulose mit Salpetersäure, wobei nur ein Teil der Hydroxyl-Gruppen reagiert.

Versuch: Man bewege einen walnußgroßen Wattebausch mit einem Glasstab 3–4 min in einer Mischung von 8 ml konz. Salpetersäure und 12 ml konz. Schwefelsäure. Dann wasche man das wattige Cellulosenitrat mit Leitungswasser gründlich aus und presse es zwischen Filtrierpapier ab. Cellulosenitrat löst sich in Aceton, Essigester oder in einem Gemisch aus gleichen Teilen Alkohol und Ether; es ist unlöslich in Ethanol, Ether und in Chloroform. Aus der Lösung in Aceton fällt Cellulosenitrat bei Zugabe von Wasser wieder aus. Man führe diese Versuche mit einem kleinen Flöckchen des nitrierten Produkts und jeweils 2 ml Lösungsmittel durch.

Entsorgung: Säure-Abfälle

Eine andere Probe wasche man mit Alkohol, um das anhaftende Wasser zu entfernen, und zünde sie nach dem Trocknen in einer Porzellanschale an. Zum Vergleich wird etwas Watte ebenso behandelt. Das Cellulose-trinitrat (oft fälschlich auch Nitrocellulose genannt) verbrennt wesentlich rascher. An der Luft vollständig getrocknetes Cellulosenitrat verbrennt explosionsartig rasch ("Schießbaumwolle"). Mit organischen Säuren veresterte Cellulose zeigt diese gefährlichen Eigenschaften nicht: Celluloseacetate sind unter den Namen Acetat-Seide, Viskoseseide oder Acetat-Reyon als Rohstoffe für die Textilindustrie bekannt.

Kapitel 32. α-Aminosäuren und Proteine

α-Aminosäuren

α-Aminosäuren sind die Bausteine der Eiweißkörper (Proteine). Fast alle natürlich vorkommenden Aminosäuren enthalten primäre Amino-Gruppen und haben die allgemeine

Formel $R\!-\!\overset{\displaystyle H}{\underset{\displaystyle NH_2}{C}}\!-\!CO_2H$. Mit Ausnahme des Glycins, $NH_2\!-\!CH_2\!-\!CO_2H$, das kein asymmetri-

sches C-Atom enthält, sind die aus Eiweiß isolierten Aminosäuren (etwa 20) optisch aktiv und haben am α-C-Atom L-Konfiguration: Dies bedeutet, daß in der FISCHER-Projektion die Aminogruppe auf der linken Seite der Kette zu schreiben ist:

Die physikalischen und chemischen Eigenschaften der Aminosäuren sind wesentlich bestimmt durch das Vorhandensein einer basischen und einer sauren Gruppe im gleichen Molekül. Diese Gruppen reagieren miteinander unter Salzbildung, so daß Aminosäuren als Zwitter-Ionen vorliegen. In saurer Lösung wird die Carboxylgruppe protoniert, in alkalischer Lösung die Ammoniumgruppe deprotoniert. Den pH-Wert, bei dem die Konzentration des Zwitterions maximal ist, nennt man den *isoelektrischen Punkt*; Aminosäuren bewegen sich bei diesem pH-Wert im elektrischen Feld nicht, während sie sich in saurer oder alkalischer Lösung wie normale Ionen verhalten:

Infolge ihrer polaren Struktur sind Aminosäuren nicht flüchtig. Sie können daher nicht durch Destillation voneinander getrennt werden. Beim Erhitzen zersetzen sie sich, so daß sie nicht durch Schmelzpunkte charakterisiert werden können. Aminosäuren lösen sich – entsprechend ihrem Salzcharakter – nicht in organischen Lösungsmitteln, wie Diethylether, Essigester oder Chloroform. Diese schwach polaren Lösungsmittel vermögen die zwischen den Aminosäure-Molekülen bestehenden starken Anziehungskräfte nicht zu überwinden, d. h., sie können die Moleküle nicht solvatisieren und aus ihrem Verband lösen (vgl. S. 34). – In Wasser sind Aminosäuren löslich, wenn der Rest R nicht zu stark hydrophob ist.

Ähnlich wie Ammoniumacetat ($[CH_3CO_2]^-[NH_4]^+$, vgl. S. 69) reagieren Lösungen von α-Aminosäuren fast neutral, vorausgesetzt, daß der Rest R keine sauren (Aminodicarbonsäuren) oder basischen (Diaminocarbonsäuren) Gruppen enthält.

32.1.   Wir untersuchen einige für α-Aminosäuren typische Reaktionen am Beispiel des Glycins (α-Aminoessigsäure; Glykokoll).

Versuch a: Man erhitze eine kleine Spatelspitze Glycin in einem trockenen Reagenzglas über kleiner Flamme; die Verbindung zersetzt sich unter Braunfärbung und Entwicklung von Ammoniak.
Entsorgung: Nicht abwassergefährdend

Versuch b: Je eine kleine Spatelspitze Glycin gebe man zu 2 ml Ether, Ethanol bzw. Dichlormethan. Nach kurzem Erwärmen gießt man die überstehende Flüssigkeit auf je ein Uhrglas und läßt die Lösungsmittel verdunsten; bei keiner Probe verbleibt ein Rückstand.
Entsorgung: Nicht abwassergefährdend

Versuch c: 1 Spatelspitze Glycin wird in 3 ml Wasser gelöst und 1 Tropfen Mischindikator zugegeben; die Lösung ist grün (neutral).

Entsorgung: Nicht abwassergefährdend

Aminosäuren bilden mit Säuren und mit Laugen Salze, die im Falle des Glycins die Formeln I bzw. II haben. Lösungen der Alkalisalze (II) reagieren alkalisch (s. S. 62), und zwar erheblich stärker als etwa Natriumacetat, da sie außer der basischen Gruppe $-CO_2^-$ noch eine Amino-Gruppe enthalten. **32.2.**

$$\begin{array}{ccccc}
\overset{+}{N}H_3 & & \overset{+}{N}H_3 & & NH_2 \\
| & \xleftarrow{\text{HCl}} & | & \xrightarrow{\text{NaOH}} & | \\
CH_2{-}CO_2H + Cl^- & & CH_2{-}CO_2^- & & CH_2{-}CO_2^- + Na^+ + H_2O \\
\text{Glycin-hydrochlorid} & & \text{Glycin} & & \text{Na-Salz des Glycins} \\
\text{I} & & & & \text{II}
\end{array}$$

Aminosäuren lassen sich in wäßriger Lösung nicht direkt durch Titration mit Lauge quantitativ bestimmen: Der Äquivalenzpunkt liegt bei pH ≈ 12; in diesem pH-Gebiet aber ändert sich nach der in Abb. 20.2., S. 134, gezeichneten Kurve der pH-Wert einer Lösung bei Zugabe von verd. Lauge nur sehr allmählich. Es ist daher zu viel Lauge erforderlich, um den Farbumschlag des Indikators zu bewirken, und der Titrationsfehler würde zu groß.

In Gegenwart von Formaldehyd können Aminosäuren jedoch mit Lauge titriert werden. Der Aldehyd reagiert mit der Amino-Gruppe zu Derivaten, in denen der Stickstoff schwächer basische Eigenschaft hat. Die entstandenen Hydroxymethylderivate der Aminosäuren reagieren daher sauer (pK$_s$-Wert von ca. 6.0) und verhalten sich bei der Titration mit Lauge und Phenolphthalein ähnlich wie Essigsäure. Im folgenden Versuch können wir die Wirkung von Formaldehyd auf Glycin beobachten: Gibt man die schwach alkalischen Lösungen der beiden Komponenten zusammen, so reagiert das Gemisch sauer.

Versuch: 1 Spatelspitze Glycin wird in 5 ml Wasser gelöst und 1 Tropfen verd. Natronlauge und 1 Tropfen Mischindikator zugegeben. In einem anderen Reagenzglas werden 5 ml Formalin mit 1 Tropfen verd. Natronlauge und 1 Tropfen Mischindikator versetzt. Beide Lösungen sind hellgrün; mischt man sie, so schlägt die Indikatorfarbe nach Blaurot um.

Entsorgung: Nicht abwassergefährdend

Aminosäuren geben die Reaktionen von Amino-Gruppen. Im folgenden Versuch überführen wir die Amino-Gruppe des Glycins mit Benzoylchlorid und Lauge in eine Säureamidgruppe (SCHOTTEN-BAUMANN-Reaktion). Wir erhalten das erstmals aus Pferdeurin isolierte Benzoylglycin (Hippursäure). Dieses hat keine basische Gruppe mehr; es löst sich dementsprechend nur in Laugen und wird durch Säuren wieder ausgefällt. **32.3.**

Versuch: 2 Spatelspitzen Glycin werden in 3 ml verd. Natronlauge gelöst und 0.5 ml Benzoylchlorid zugegeben. Beim Durchschütteln erwärmt sich die Mischung. Sobald die Lösung homogen geworden ist und kaum mehr nach Benzoylchlorid riecht, säuert man mit verd. Salzsäure (5–6 ml) an. Es fällt ein Gemisch von Hippursäure und Benzoesäure aus. Der Niederschlag wird abgesaugt, in ein Reagenzglas gebracht und zweimal mit 3–4 ml Ether durchgeschüttelt, um die Benzoesäure zu entfernen; es bleibt fast reine Hippursäure zurück.

Entsorgung: Feststoffe in kleinen Mengen nicht abwassergefährdend; Ether → organ. Lösungsmittel

$$C_6H_5-\overset{O}{\underset{Cl}{C}} \;+\; NH_2-CH_2-CO_2H \;\;\xrightarrow[2.\ H^+]{1.\ OH^-}\;\; C_6H_5-\overset{O}{C}-\overset{H}{N}-CH_2-CO_2H$$

Benzoylchlorid   Glycin   Hippursäure

Die Ester der Aminosäuren $R-\overset{H}{\underset{NH_2}{C}}-CO_2R'$ sind Basen. Da sie destillierbar sind, kann man Aminosäuregemische nach Veresterung durch Destillation trennen.

32.4.   Aminosäuren, die eine primäre Amino-Gruppe enthalten, bilden mit Salpetriger Säure Stickstoff, eine Reaktion, die zur quantitativen Bestimmung benutzt werden kann (VAN SLYKE, vgl. Versuch 27.5.).

Versuch: 1 Spatelspitze Glycin, in 3 ml Wasser gelöst, wird mit 1 ml verd. Essigsäure und mit 6 Tropfen Natriumnitrit-Lösung versetzt, es entwickelt sich Stickstoff.

Entsorgung: In kleinen Mengen nicht abwassergefährdend.

$$\underset{NH_2}{\overset{CH_2-CO_2H}{|}} \;+\; HNO_2 \;\longrightarrow\; \underset{OH}{\overset{CH_2-CO_2H}{|}} \;+\; H_2O \;+\; N_2{\uparrow}$$

32.5.   Fast alle α-Aminosäuren geben mit Ninhydrin eine empfindliche Farbreaktion.

Versuch: Man löse einige Kriställchen Glycin in 10 ml Wasser. 1 Tropfen dieser Lösung wird auf ein Stück Filtrierpapier gebracht und mit Ninhydrin-Lösung besprüht. Das Filtrierpapier wird dann in einem Trockenschrank auf etwa 100 °C erhitzt. An der mit Glycin getränkten Stelle bildet sich ein blauroter Fleck.

Entsorgung: Hausmüll

Ninhydrin (II) ist eine Triketo-Verbindung, die in Substanz allerdings als stabiles Hydrat (I) vorliegt. Bei der Farbreaktion kondensiert sich zunächst die mittlere C=O-Gruppe mit der Amino-Gruppe einer Aminosäure zu III:

I   II   III

$$- CO_2 \longrightarrow \quad IV \quad \xrightarrow{- R-CHO} \quad V \longrightarrow \quad VI$$

In der Zwischenstufe III befindet sich in der β,γ-Stellung zur Carboxyl-Gruppe eine Doppelbindung, und in Konjugation zu dieser eine C=O-Gruppe. Derartige Systeme spalten – ähnlich wie β-Ketosäuren – verhältnismäßig leicht CO_2 zu IV ab. Der durch weitere Reaktion schließlich gebildete Farbstoff ist ein Gemisch, dessen Hauptkomponente die Konstitution VI hat. Die Ninhydrin-Reaktion wird bei der Papier- und Dünnschicht-Chromatographie (vgl. S. 252) oder in der Kriminalistik zum Nachweis kleinster Aminosäure-Mengen verwendet.

Versuch: Ein durch Anhauchen angefeuchteter Finger wird auf ein sauberes Blatt Schreibpapier gepreßt. Der Fingerabdruck wird anschließend mit Ninhydrin-Lösung eingesprüht und durch Erwärmen sichtbar gemacht.

Entsorgung: Hausmüll

Proteine

Unter geeigneten Bedingungen – durch chemische Aktivierung oder unter Beteiligung von Enzymen – lassen sich zwei Aminosäuren unter Austritt von Wasser zu einem Dipeptid verknüpfen.

In Eiweißkörpern (Proteinen) ist eine große Zahl von α-Aminosäuren über derartige Säureamid-Bindungen (Peptid-Bindungen) miteinander verknüpft.

Die einzelnen Proteine unterscheiden sich durch Art, Reihenfolge und Zahl der Aminosäuren und schließlich durch die Geometrie der Polypeptidkette. Um die Art der Aminosäuren zu ermitteln, müssen zunächst die Peptid-Bindungen gespalten werden. Dies erreicht man durch Erhitzen mit Säuren oder Laugen, oder man verwendet Enzyme zur Protein-Spaltung. Früher veresterte man das so erhaltene Aminosäure-Gemisch und trennte die Ester durch fraktionierte Destillation. Zu einer derartigen Analyse wurden 30 g Hydrolysat benötigt. Heute kann man Aminosäuren durch verschiedene Varianten der Chromatographie trennen (vgl. S. 252), wozu nur Bruchteile eines Milligramms Protein erforderlich sind.

In ihren physikalischen Eigenschaften unterscheiden sich Proteine sehr auffallend. Einige, z. B. Albumine, bilden kolloide Lösungen. Bei einheitlichen Eiweißkörpern sind die kolloiden Teilchen von gleicher Größe (*monodispers*), im Gegensatz zu künstlich hergestellten Kolloiden, die *polydispers* sind. Kolloide Eiweiß-Lösungen koagulieren unter Bedingungen, die wir in Kapitel 18. (S. 118) besprochen haben. Dieser Vorgang ist bei einigen Eiweißkörpern reversibel und kann durch Peptisieren (z. B. mit OH^--Ionen; vgl. Versuch 18.7.) rückgängig gemacht werden. Beim Erhitzen koagulieren fast alle Eiweißarten irreversibel; sie werden denaturiert.

32.6.   Im Gegensatz zu den Amino- und Carboxylgruppen der Aminosäuren reagieren die Peptidbindungen neutral. Durch saure und basische Gruppen in den Seitenketten lassen sich Proteine dennoch leicht protonieren und deprotonieren, was man im Beispiel an einer Veränderung der Löslichkeit erkennt: Wir peptisieren das Phosphorproteid (vgl. 29.9) Casein, das der Hauptbestandteil von Milcheiweiß ist.

Versuch: Man gebe zu 1 Spatelspitze Casein 3 ml Wasser und 0.5 ml verd. Natronlauge; beim Erhitzen zum Sieden löst sich das Proteid zu einer trüben Lösung. Wiederholt man den Versuch ohne Natronlauge, so löst sich das Casein nicht.

Entsorgung: Nicht abwassergefährdend

Am isoelektrischen Punkt durchläuft die Löslichkeit dagegen ein Minimum.

Versuch: In 10 Reagenzgläsern setzt man die folgenden Essigsäurelösungen an:

Wasser	[ml]	20	15.5	17.5	17.0	16.0	14.0	10.0	2.0	14.8
0.01 N Essigsäure	[ml]		2.5							
0.1 N Essigsäure	[ml]			0.5	1.0	2.0	4.0	8.0	16.0	
1.0 N Essigsäure	[ml]									3.2
berechneter pH-Wert										
Stärke der Trübung										

3 Spatelspitzen Casein werden nun in der Wärme in 10 ml 1 N Natriumacetat-Lösung gelöst. Man gibt jeweils 2.0 ml in die vorbereiteten Reagenzgläser mit Essigsäure und schüttelt sofort um. Am isoelektrischen Punkt ist die Trübung am stärksten. Errechnen Sie nach Gleichung 1d (Seite 68) den zugehörigen pH-Wert und schätzen Sie den Meßfehler ab.

Entsorgung: In kleinen Mengen nicht abwassergefährdend.

32.7.   Gerüst-Eiweißstoffe wie Keratine (Haare, Federn, Nägel) oder Kollagene (Knochen, Knorpel, Bindegewebe) sind unlöslich. Während in löslichen Eiweißarten die Peptidketten im wesentlichen durch Wasserstoff-Brückenbindungen zusammengehalten werden, sind sie in Gerüst-Eiweißstoffen zusätzlich durch kovalente Bindungen – vor allem Disulfidbrücken – miteinander verknüpft.

Um den Einfluß solcher Vernetzungen auf die Löslichkeit von Proteinen zu untersuchen, benutzen wir eine Modellreaktion, in der wir Gelatine mit Formaldehyd behandeln. Gelatine wird aus Knorpel durch Extraktion mit heißem Wasser gewonnen. Sie bildet in

Wasser bei geringer Konzentration Sole. Höher konzentrierte Gelatine-Sole erstarren beim Abkühlen allmählich zu Gelen. Läßt man auf ein genügend konzentriertes Gelatine-Sol in der Hitze Formaldehyd einwirken, so erhält man ein Gel, das nicht mehr in den Sol-zustand übergeführt werden kann. Der Aldehyd reagiert mit den NH-Gruppen der Gelati-ne und verknüpft so die hochmolekularen Peptidketten über Methylengruppen. Die da-durch entstehenden stark *vernetzten* Moleküle sind auch in der Hitze im Wasser nicht mehr frei beweglich. Behandelt man Blattgelatine mit Formaldehyd, so bildet sich ein Pro-dukt, das aus dem gleichen Grund nicht mehr in (kolloide) Lösung zu bringen ist.

Versuch a: Je 2 ml einer frisch hergestellten 10proz. Gelatine-Lösung werden mit dem gleichen Volumen Formalin bzw. Wasser versetzt. Man stellt dann beide Gläser in sie-dendes Wasser. Nach 3–4 Minuten ist die formalinhaltige Lösung erstarrt; die andere Probe bleibt in der Hitze flüssig.

Entsorgung: In kleinen Mengen nicht abwassergefährdend.

Versuch b: Man gebe zu einem schmalen Streifen Blattgelatine in einem Reagenzglas 4 ml Wasser und erwärme; die Gelatine löst sich. – Man wiederhole den Versuch mit 4 ml Formalin statt Wasser; der Gelatinestreifen wird trüb und löst sich in der Siedehit-ze nicht.

Entsorgung: In kleinen Mengen nicht abwassergefährdend.

32.8. In folgendem Versuch stellen wir die Schutzkolloid-Wirkung von Casein fest; es bildet in Wasser mit Olivenöl eine Emulsion.

Versuch: Man stelle nach Versuch 32.6. eine Casein-Lösung her und gebe zu dieser ei-nige Tropfen Olivenöl. Beim Schütteln bildet sich eine Emulsion.

Entsorgung: Nicht abwassergefährdend

Casein enthält hydrophobe und hydrophile Gruppen und wirkt wie Seife als Schutzkolloid. Bei der Gerinnung sauer gewordener Milch koaguliert die durch Gärung entstandene Säure das Casein, das sich zusammen mit dem Fett der Milch abscheidet.

32.9. Proteide sind Eiweißkörper, die an den Peptidketten noch andere Gruppen tragen. Diese *prosthetischen Gruppen* können sein: Phosphorsäure, polymere Kohlenhydrate, Metall-Ionen (Zink-Insulin-Komplex), eine Farbstoffkomponente (Hämoglobin), Vitamine usw.

Wir untersuchen das Phosphorproteid Casein, in dem OH-Gruppen der Aminosäure Serin ($CH_2(OH)$–$CH(NH_2)$–CO_2H) mit Phosphorsäure verestert sind. Um die Phosphorsäure nachweisen zu können (vgl. Versuch 9.16.), veraschen wir das Casein.

Versuch: 6–7 Spatelspitzen Casein werden in einem Porzellantiegel mit freier Flamme erhitzt. Man stellt dazu den Tiegel in ein auf dem Dreifuß liegendes Tondreieck. Den sich bildenden schwarzen Rückstand zerdrückt man mit einem Nickelspatel. Nach etwa 10 Minuten läßt man erkalten, bringt den Rückstand in ein Reagenzglas und spült den Tiegel mit etwa 5 ml Wasser nach. Man erhitzt zum Sieden und filtriert vom Unlöslichen ab; das Filtrat ist farblos und klar. Die im Filtrat vorhandenen Phosphat-Ionen werden nach Versuch 9.16. nachgewiesen:

Man gibt 1 ml der nach Versuch 9.16.b bereiteten Ammoniummolybdat-Lösung in 250 ml Wasser. 10 Tropfen der nach Versuch 9.16.c hergestellten Zinn(II)-chlorid-Lösung werden unter Schütteln hinzugefügt. Von diesem Gemisch gibt man etwa 5 ml zu dem phosphathaltigen Filtrat. Zum Vergleich werden 5 ml des Gemischs in ein Reagenzglas gegeben, das 5 ml Wasser enthält. Nach einigen Minuten beobachtet man, daß die Lösung, welche Phosphat-Ionen enthält, stärker blau gefärbt ist als die Kontrollprobe.

Entsorgung: In kleinen Mengen nicht abwassergefährdend

32.10. Zum Nachweis von Eiweißstoffen gibt es sehr empfindliche Reaktionen, von denen wir nur einige ausführen. Proteine geben die Biuret-Reaktion (vgl. Versuch 24.25.). – Die im folgenden Versuch b ausgeführte Xanthoprotein-Reaktion beruht auf der Nitrierung von Aminosäuren, die einen aromatischen Rest enthalten, mit verd. Salpetersäure. – In Versuch c weisen wir die bei der alkalischen Spaltung von Casein gebildeten Sulfid-Ionen nach; diese stammen im wesentlichen aus der Aminosäure Cystein (HS–CH_2–$CH(NH_2)$—CO_2H).

Versuch a: Man versetze 1.5 ml der abgekühlten Casein-Lösung mit einigen Tropfen Kupfer(II)-sulfat-Lösung. Die Lösung wird violett.

Entsorgung: Schwermetall-Abfälle

Versuch b: Man stelle nach Versuch 32.6. eine Casein-Lösung her. 1.5 ml dieser Lösung werden mit 2 ml verd. Salpetersäure versetzt und zum Sieden erhitzt. Der ausfallende farblose Niederschlag wird alsbald gelb; bei Zugabe von Ammoniak-Lösung wird er orange.

Entsorgung: In kleinen Mengen nicht abwassergefährdend.

Versuch c: 2 Spatelspitzen Casein werden mit 3 ml verd. Natronlauge 3 Minuten zum Sieden erhitzt. Man beobachtet den Geruch von Ammoniak. Gibt man einige Tropfen Bleiacetat-Lösung zu der Probe, so tritt durch Bildung von Bleisulfid Schwarzfärbung auf.

Entsorgung: Schwermetall-Abfälle

Aus dem gleichen Grund läuft Silberbesteck in Kontakt mit Eierspeisen an.

Kapitel 33. Kunststoffe

Die von der Natur gebotenen organischen Werkstoffe, z. B. Holz, Wolle oder Kautschuk, sind hochmolekulare Verbindungen, die meist aus mehreren Molekülarten nach einer bestimmten Ordnung aufgebaut sind. Versuche, dieses Bauprinzip nachzuahmen, anfangs auch zufällige Beobachtungen, haben zur Entwicklung künstlicher Werkstoffe geführt. Diese Kunststoffe bieten in mancher Hinsicht Vorteile gegenüber den Naturstoffen: Da bei der Synthese im Laboratorium die Bausteine und die Reaktionsbedingungen in weiten Grenzen variiert werden können, lassen sich bei Kunststoffen sehr verschiedene Werkeigenschaften erzielen. Die zahlreichen Kunststoff-Arten, denen wir im täglichen Leben begegnen, entstehen durch Polymerisation niedermolekularer Grundkörper, nämlich durch Polykondensation oder Polyaddition.

Polykondensation

Bei einer Polykondensation reagieren niedermolekulare Verbindungen unter Abspaltung von kleineren Molekülen, z. B. von Wasser oder Alkohol, miteinander. Damit die Reaktion zu einem hochmolekularen Stoff führen kann, müssen die Bausteine mindestens zwei zur Kondensation befähigte Gruppen enthalten.

Ein sehr einfaches Beispiel aus der Gruppe der Polykondensationsprodukte ist das erst **33.1.** seit 1937 technisch hergestellte Nylon. Dieser verspinnbare Kunststoff besteht wie Wolle und Seide aus kettenförmigen Molekülen, deren Bausteine über Säureamid-Bindungen miteinander verknüpft sind. Allerdings sind die Bausteine von Nylon ganz anderer Art als die der Proteine, die Amino- und Säuregruppe im selben Molekül enthalten. Nylon wird durch Kondensation einer Dicarbonsäure, der Adipinsäure, mit einem Diamin, dem Hexamethylendiamin, erhalten:

$$\cdots + HO_2C-(CH_2)_4-CO_2H \;+\; H_2N-(CH_2)_6-NH_2 + \cdots \xrightarrow{\;-H_2O\;}$$

$$\left[\cdots-\overset{\displaystyle O}{\overset{\displaystyle \|}{C}}-(CH_2)_4-\overset{\displaystyle O}{\overset{\displaystyle \|}{C}}-NH-(CH_2)_6-NH-\cdots \right]_n$$

Versuch: Man gebe zu 2 Spatelspitzen adipinsaurem Hexamethylendiamin 3 ml Wasser; die Verbindung löst sich leicht. – Nun werden in einem zweiten Reagenzglas 2

Spatelspitzen des Salzes etwa 20 Minuten in einem Glycerinbad auf 200–220 °C er-
hitzt. Man erkennt die Wasserabspaltung am Auftreten von Tropfen im oberen Teil des
Reagenzglases. Das abgekühlte, farblose Kondensationsprodukt löst sich nicht mehr in
Wasser.

Entsorgung: Salz → organ. Abfälle; Polymerisat → Hausmüll

Die Makromoleküle von Nylon sind fadenförmig; sie befinden sich nach der Kondensation zunächst in einem weitgehend ungeordneten Zustand und sind teilweise geknäuelt.
Während der Verarbeitung wird Nylon gedehnt, wodurch die langen Molekülfäden sich
parallel orientieren. In diesem geordneten Zustand haben sich in regelmäßigen Abständen
zwischen den NH- und C=O-Gruppen der verschiedenen Ketten vermehrt Wasserstoffbrücken ausgebildet, die den Kunststoff weiter festigen (vgl. Proteine, S. 242).

Nylon ist thermoplastisch, d. h., es kann aus der Schmelze (Fp ~ 250 °C) geformt und
versponnen werden. Wie die meisten anderen hochmolekularen Stoffe ist Nylon in Wasser
und in fast allen organischen Lösungsmitteln so gut wie unlöslich. Gegenüber chemischen
Reagenzien sind die Bindungen in Hochpolymeren verhältnismäßig resistent. Immerhin
zeigt Nylon noch Reaktionen der Säureamid-Gruppe; es wird von konzentrierten Säuren
angegriffen.

Perlon ist – wie Nylon – ein Polysäureamid und hat fast die gleichen Eigenschaften. Zur
Herstellung von Perlon wird ein Aminosäurederivat, das ε-Caprolactam, der Polymerisation unterworfen; da in diesem Falle weder Wasser noch Alkohol abgespalten wird, handelt
es sich um eine Additionspolymerisation.

Caprolactam   Perlon

33.2. Der von BAKELAND (1863-1944) erfundene "Bakelit" war der erste kommerziell
genutzte vollsynthetische Kunststoff überhaupt. Er entsteht in einer Folge von FRIEDEL-
CRAFTS-Reaktionen von Formaldehyd mit Phenol. In dieser sauer oder alkalisch katalysierten Polykondensation greifen Aldehyd-Moleküle an den aktivierten Stellungen des
Phenols an, wobei jeweils ein Aldehyd mit zwei Phenolen reagiert. Da Phenol drei zur
Kondensation befähigte C-Atome besitzt, entsteht ein Produkt, das – anders als Nylon –
räumlich vernetzt ist. Bildung und Aufbau von Bakelit lassen sich durch folgendes Schema
skizzieren, ohne daß damit eine Aussage über die Reihenfolge der Reaktionen gemacht
sei:

A

m Beispiel der Kondensation von Formaldehyd mit Phenol können wir die Wirkung von "Vernetzungen" (vgl. 29.7) auf die physikalischen Eigenschaften eines hochpolymeren Stoffes beobachten. Unter den Bedingungen des Versuchs 33.2.a erhält man ein nur wenig vernetztes Kondensationsprodukt, das weich und in Essigester löslich ist. Behandelt man dieses erneut mit Formaldehyd und konz. Salzsäure (Versuch b), so werden die schon großen Moleküle weiter vernetzt, und das Produkt wird hart und unlöslich.

Versuch a: (Abzug!) 3 Spatelspitzen Phenol werden in 3 ml Wasser gegeben, 5 Tropfen Formalin und 1–2 ml konz. Salzsäure zugefügt. Dann erhitzt man kurze Zeit zum Sieden, kühlt ab und versetzt mit etwa 15 ml Wasser. Es scheidet sich ein harziger Tropfen ab. (Wenn sich eine feste, farblose Masse abscheidet, ist zu viel Formalin verwendet worden.) Man gießt das Wasser so weit wie möglich ab und gibt 3 ml Essigester hinzu; der Tropfen löst sich.

Entsorgung: Organ. Lösungsmittel-Abfälle

Versuch b: Man wiederhole Versuch a, löse aber nicht in Essigester, sondern gebe zu dem Harz 2 ml Formalin und 2 ml konz. Salzsäure und erhitze unter Schütteln zum Sieden (Reagenzglashalter!). In heftiger Reaktion tritt erneut Kondensation ein; es scheidet sich ein farbloses, festes Harz ab, das sich nicht mehr in Essigester löst. (Wenn das Produkt noch klebrig ist, wurde zu wenig Formalin verwendet.)

Entsorgung: Organ. Lösungsmittel-Abfälle / Hausmüll

Sehr stark vernetzter Bakelit ist nicht mehr thermoplastisch, also bei höherer Temperatur erweichend, sondern ein nicht schmelzbares Duromer. Bei der Verarbeitung gießt man daher unvollständig kondensierte Produkte – eventuell im Gemisch mit Füllstoffen wie Sägespänen oder Gesteinsmehl – in Formen und härtet nachträglich durch weitere Vernetzung.

Mit Harnstoff bildet Formaldehyd den ebenfalls räumlich vernetzten Kunststoff Pollopas, in dem die NH_2-Gruppen der Harnstoff-Moleküle durch CH_2-Brücken miteinander verknüpft sind.   **33.3.**

Versuch: 2 ml einer gesättigten Harnstoff-Lösung, die man in einem Reagenzglas aus einigen Spatelspitzen Harnstoff und Wasser bereitet hat, werden mit 2 ml Formalin und 3 Tropfen konz. Schwefelsäure versetzt. Nach wenigen Minuten erstarrt der Inhalt des Reagenzglases zu einer farblosen, krümeligen Masse.

Entsorgung: In kleinen Mengen nicht abwassergefährdend / Hausmüll.

Die wichtigsten natürlich vorkommenden organischen Polykondensationspolymeren sind Cellulose, Stärke und Proteine. Aber auch anorganische niedermolekulare Monomere, etwa Orthophosphorsäure (H_3PO_4) oder die sehr unbeständige Orthokieselsäure (H_4SiO_4) können durch Polykondensation polymerisieren. Aus der Kieselsäure entstehen dabei die am Aufbau der Erdrinde maßgeblich beteiligten Silikate.

Polyaddition

33.4.   Bei einer Polyaddition lagern sich ungesättigte Verbindungen, z. B. Vinyl-Derivate, aneinander. Derartige Reaktionen müssen fast immer durch eine Startreaktion – meist durch den radikalischen Zerfall von Peroxiden – eingeleitet werden. Wir polymerisieren Styrol.

Versuch: 3 ml frisch über etwas Schwefel destilliertes Styrol werden mit einer streichholzkopfgroßen Menge Härterpaste (oder mit einer kleinen Spatelspitze Dibenzoylperoxid, Azo-bisisobutyronitril oder 3 Tropfen Di-*tert*-butylperoxid) versetzt und im siedenden Wasserbad erwärmt. (Die Peroxide werden vom Assistenten ausgegeben.) Nach etwa 2 Stunden ist der Inhalt des Reagenzglases zähflüssig geworden. Man kocht mehrmals mit einigen Millilitern Tetrahydrofuran (oder Toluol) aus und gießt die Extrakte auf ein Uhrglas. Beim Abdunsten des Lösungsmittels hinterbleibt ein abhebbarer Film aus Polystyrol.

Entsorgung: Organ. Lösungsmittel-Abfälle / Hausmüll

Styrol   Polystyrol

Polystyrol wird als Kohlenwasserstoff von Tetrahydrofuran, Benzol, Toluol und ähnlichen Lösungsmitteln angegriffen; das in Versuch 33.4. erhaltene, noch weiche Produkt ist nicht so hochmolekular wie das technische Polystyrol und löst sich daher verhältnismäßig leicht in THF.

Durch Peroxide gestartete Polymerisationen verlaufen als Radikalketten-Reaktionen. Dabei zerfällt zunächst das Peroxid beim Erhitzen in zwei Radikale ("Startreaktion"):

Radikale haben ein ungepaartes Elektron und sind aus diesem Grunde äußerst reaktionsfähig und meist nicht isolierbar. Sie lagern sich an ungesättigte Verbindungen an, wobei neue Radikale entstehen. Diese reagieren in gleicher Weise mit weiteren Molekülen der ungesättigten Verbindung:

Durch oftmalige Wiederholung dieses Vorgangs wachsen die Moleküle und erreichen bei geeigneten Bedingungen die Größe von Kolloiden. Die Eigenschaften dieser Makromoleküle werden durch die ihrer Endgruppen kaum noch beeinflußt. Die Polymeren werden deshalb meist nur durch ihre in Klammern gesetzten Monomer-Einheiten symbolisiert:
$-[CH_2\text{-}CH_2]_n-$ (Polyethylen) oder $-[CHPhe\text{--}CH_2]_n-$ (Polystyrol).

Das Wachstum der Polymerkette wird beendet, wenn zwei Radikale zusammenstoßen ("Abbruchreaktion"):

$$\cdot R^1 \;+\; \cdot R^2 \longrightarrow R^1\!-\!R^2$$

Ungesättigte Verbindungen, die beim Stehen spontan polymerisieren, z. B. Methacrylsäureester, können durch Zugabe von Stoffen, die Radikale abfangen, im monomeren Zustand stabilisiert werden. Als ein derartiger Radikalfänger (Inhibitor) wirkt z. B. Hydrochinon. Im folgenden Versuch polymerisieren wir Methacrylsäureester zu Plexiglas; ersterer ist durch Hydrochinon stabilisiert. Die mit Peroxiden gestartete Radikalketten-Reaktion läuft erst ab, nachdem das Hydrochinon durch Ausschütteln mit Lauge entfernt worden ist:

33.5.

$$n\;\underset{\underset{CO_2R}{|}}{\overset{\overset{CH_3}{|}}{C}}\!=\!CH_2 \longrightarrow \cdots\!\!-\underset{\underset{CO_2R}{|}}{\overset{\overset{CH_3}{|}}{C}}\!-CH_2-\underset{\underset{CO_2R}{|}}{\overset{\overset{CH_3}{|}}{C}}\!-CH_2-\underset{\underset{CO_2R}{|}}{\overset{\overset{CH_3}{|}}{C}}\!-CH_2\!-\cdots$$

Versuch: Etwa 8 ml Methacrylsäure-ethylester werden zweimal mit verd. Natronlauge und dann mit Wasser ausgeschüttelt, um den Stabilisator Hydrochinon zu entfernen. 3 ml des Esters werden nun mit 3 Tropfen Di-*tert*-butylperoxid oder mit einer kleinen Spatelspitze Dibenzoylperoxid versetzt (die Peroxide werden vom Assistenten ausgegeben) und im siedenden Wasserbad erhitzt. Man beobachtet, wie im Laufe einer Stunde der Inhalt des Reagenzglases zähflüssig wird und bei genügend langem Erhitzen erstarrt. – 3 ml des stabilisierten Esters werden zum Vergleich mit Di-*tert*-butylperoxid versetzt und ebenfalls erhitzt. Es tritt keine sichtbare Veränderung ein.

Entsorgung: Organ. Lösungsmittel-Abfälle / Hausmüll

Kapitel 34. Chromatographie

Unter den Begriff Chromatographie fallen verschiedene Verfahren zur analytischen oder präparativen Aufteilung komplexer Stoffgemische, z. B. die Ionenaustausch-, Adsorptions- und Verteilungschromatographie. An Ionenaustauschern wird stets in Lösung gearbeitet (Flüssigkeitschromatographie); mit besonders hoher Trennschärfe gelingen Trennungen durch Adsorption oder Verteilung jedoch auch im Gaszustand (Gas-Chromatographie). Ohne die verschiedenen Varianten der Chromatographie wären die moderne Naturstoffchemie, die Umweltanalytik und viele andere Arbeiten mit kleinsten Mengen, wie forensische Untersuchungen oder die Aufklärung des Metabolismus von Arzneimitteln, kaum möglich.

Das Prinzip der Wirkung von Ionenaustauschern haben wir in Versuch 13.4. besprochen. In der Ionenaustausch-Chromatographie werden in "Austauscher-Säulen" bestimmte Kationen oder Anionen voneinander getrennt. Bei der Verteilungschromatographie erfolgt die Trennung aufgrund verschiedener Löslichkeiten der zu trennenden Substanzen in der stationären und der mobilen Phase. Die physikalische Grundlage dieser Trennung wird durch den NERNSTschen Verteilungssatz (vergl. Versuch 8.5.) beschrieben. Im folgenden untersuchen wir an einigen Beispielen die Grundlagen der *Adsorptions*chromatographie.

Adsorptions-Chromatographie

34.1. Feste Stoffe adsorbieren an ihrer Oberfläche Moleküle anderer Stoffe. Da pro cm^2 einer Oberfläche nur eine sehr kleine Stoffmenge adsorbiert wird, ist dieser Vorgang erst gut zu beobachten, wenn das Adsorbens eine große Oberfläche im Verhältnis zu seiner Masse hat, d. h. fein verteilt ist. Im folgenden Versuch demonstrieren wir eine Adsorption mit der Lösung eines Farbstoffs (Methylenblau); als Adsorbens wird Aktivkohle verwendet, die über eine spez. Oberfläche von ca. 800 m^2/g verfügt und dadurch von vielen Substanzen mehr als das Eigengewicht binden kann.

> **Versuch:** 4 ml einer Lösung von Methylenblau in Wasser werden mit 3 Spatelspitzen Aktivkohle versetzt und geschüttelt. Nach etwa $^1/_2$ Minute wird filtriert, die zuerst tiefblaue Lösung ist farblos geworden.
>
> **Entsorgung**: Nicht abwassergefährdend

Adsorptionen sind Gleichgewichte. Solange die Oberfläche des Adsorbens nicht vollständig besetzt ist, verteilt sich der gelöste Stoff zwischen dem Adsorbens und dem Lösungsmittel ganz ähnlich wie zwischen zwei Lösungsmitteln. Unter diesen Bedingungen gilt näherungsweise die LANGMUIRsche Adsorptionsisotherme, die eine Sättigungskurve beschreibt: Es wird von dem gelösten Stoff pro cm^2 der Adsorbens-Oberfläche um so mehr adsorbiert, je höher die Konzentration c_{gel} des Stoffes in der Lösung ist:

$$c_{ads} = A \cdot \frac{c_{gel}}{c_{gel} + B}$$

Die Lage eines Adsorptionsgleichgewichts ist abhängig von der Art der beteiligten Stoffe, also sowohl von dem sich verteilenden Stoff als auch vom Adsorptions- und vom Lösungsmittel.

Bei der Adsorptions-Chromatographie werden Unterschiede in der Adsorbierbarkeit **34.2.** von Verbindungen benutzt, um deren Trennung zu erreichen. Als Adsorbens dienen vor allem Kieselgel oder Aluminiumoxid, seltener auch Polyamid, Calciumoxid, Calciumcarbonat und in nicht wäßrigen Lösungsmitteln sogar Puderzucker. Die *Säulen*chromatographie wird ähnlich ausgeführt, wie es in der vereinfachten Anordnung des folgenden Versuchs beschrieben ist. Als Beispiel zerlegen wir an Aluminiumoxid den Mischindikator durch Chromatographie in seine Bestandteile Methylrot und Methylenblau oder trennen an Kieselgel Carotine aus Karottenextrakten ab.

Versuch a: In ein mit einem Loch im Boden versehenes Reagenzglas (vgl. Versuch 13.4.) wird zunächst etwas Glaswolle eingedrückt und dann Aluminiumoxid 6 cm hoch eingefüllt. Das Glas wird mit einer Stativklammer über einem Erlenmeyerkölbchen befestigt. Man verdünnt 10 Tropfen einer alkoholischen Mischindikator-Lösung mit 10 ml einer Cyclohexan-Ether-Mischung (1 : 1), und gibt die hellbraune Lösung auf die Aluminiumoxid-Säule. Nachdem das Lösungsmittel durch die Säule gelaufen ist, sind auf dem Aluminiumoxid zwei gefärbte Zonen erkennbar; in der oberen, schmalen befindet sich das Methylenblau, darunter in einer breiten, verwaschenen Zone das Methylrot.

Nun gibt man 5 ml des Cyclohexan-Ether-Gemisches auf die Säule; das Methylrot wandert langsam nach unten, während das Methylenblau als rein blauer Ring in der obersten Zone verbleibt. – Läßt man anschließend Ethanol (10 ml) durch die Säule laufen, so wandert auch das Methylenblau allmählich nach unten.

Entsorgung: Organ. Lösungsmittel-Abfälle / Hausmüll

An diesem Versuchsbeispiel können wir die Faktoren beobachten, die für eine Chromatographie maßgebend sind:

Der stärker adsorbierbare Stoff, das Methylenblau, verbleibt im oberen Teil der Säule. Der rote Farbstoff dagegen bildet weiter unten eine breite Zone, da das Adsorptionsgleichgewicht weniger zugunsten der Adsorption liegt. Gibt man – nachdem die Lösung die Adsorptionssäule durchlaufen hat – weiteres Lösungsmittel nach, so müssen sich infolge der Konzentrationsänderung die Adsorptionsgleichgewichte erneut einstellen. Dies wirkt sich zunächst nur auf die Verteilung des Methylrots aus. Dieser Farbstoff wird durch das Lösungsmittel aus der jeweils obersten Zone herausgelöst (desorbiert), in der anschließenden Zone wieder adsorbiert und wandert so durch die Säule bis zur vollständigen Eluierung.

Die Abhängigkeit einer Adsorption von der Art des Lösungsmittels können wir bei Zugabe von Alkohol feststellen. Dieses polare Lösungsmittel wird erheblich stärker adsorbiert als das Cyclohexan-Ether-Gemisch und verdrängt daher allmählich auch das fest adsorbierte Methylenblau von der Adsorbens-Oberfläche, d. h., der Farbstoff wird durch den polaren Alkohol eluiert, die eluotrope Kraft des Alkohols ist höher. – Da die Adsorbierbarkeit eines Stoffes auch vom Adsorptionsmittel abhängt, läßt sich oft durch geeignete Wahl des Lösungs- und Adsorptionsmittels ein Trenneffekt wesentlich verbessern. In der *eluotropen* Reihe (s. Anhang) sind die Lösungsmittel nach steigender Elutionskraft (an Kieselgel oder Aluminiumoxid) geordnet: Weiter unten stehende Lösungsmittel bewirken eine größere "Beweglichkeit" der adsorbierten Substanz.

Auch sehr geringe Konstitutionsunterschiede wirken sich auf die Adsorbierbarkeit von Verbindungen aus; es können z. B. Isomere, die sich nur durch die Lage von Doppelbindungen unterscheiden, durch Chromatographie getrennt werden, wie wir an der Trennung von Carotinen zeigen.

Versuch b: Ein mit einem Hahn versehenes Glasrohr (15 × 1 cm; notfalls auch das in Versuch a benutzte Reagenzglas) verschließt man am Auslauf mit etwas Watte oder Glaswolle und füllt es zu $^2/_3 - ^3/_4$ mit trockenem Kieselgelpulver. Das auf diese Weise abgemessene Kieselgel schlämmt man im Kölbchen mit ca. 15 ml Petrolether/1 % Ether zu einem gießbaren Brei auf, füllt (bei geschlossenem Hahn) erst 1 ml Petrolether/1 % Ether und dann den Kieselgelbrei in die mit einer Stativklammer senkrecht eingespannte Säule ein. Unter leichtem Klopfen läßt man überschüssiges Laufmittel so weit ablaufen, daß die Kieselgel-Oberfläche gerade noch bedeckt ist. Falls dabei die austretende Lösung trübe ist, saß die Watte nicht fest genug im Auslauf, und die ganze Prozedur muß wiederholt werden.

Etwa 10 g Karotten werden im Mörser 2mal mit jeweils 30 ml Ethylacetat verrieben. Der orange Extrakt wird durch ein Faltenfilter abfiltriert und schonend eingeengt (möglichst im Vakuum am Rotationsverdampfer). Den Rückstand nimmt man in 1 ml Laufmittelgemisch auf und gibt die Lösung mit einer Pasteurpipette so auf die Säule auf, daß die Schicht nicht aufgewirbelt wird. Man läßt die Lösung langsam einsickern und spült mit frischem Laufmittel nach. Dabei ist stets darauf zu achten, daß das Kieselgel nicht trockenläuft. Die farbigen Eluate werden in getrennten Reagenzgläsern aufgefangen: Zuerst werden α- und ß-Carotin, danach etwas langsamer γ-Carotin eluiert. ß-Carotin sowie verschiedene andere Carotinoide (dem Carotin ähnliche Farbstoffe) sind in der Natur weit verbreitet. Sie wirken als Antioxidantien; einige von ihnen werden als Lebensmittelfarbstoffe genutzt.

Entsorgung: Organ. Lösungsmittel-Abfälle / Hausmüll

α-Carotin

β-Carotin

γ-Carotin

Papier- und Dünnschicht-Chromatographie

34.3. Die Weiterentwicklung und Verfeinerung der analytischen Chromatographie hat über die Papier- zur Dünnschicht-Chromatographie geführt, bei der zur Trennung eines Stoff-Gemisches die verschiedene Wanderungsgeschwindigkeit der Verbindungen an speziellem Filterpapier bzw. an einer dünnen Cellulose- oder Kieselgelschicht benutzt wird. Trotz der methodischen Ähnlichkeit bewirken beide Träger unterschiedliche physikalische Trennprinzipien: Bei der Chromatographie an Kieselgel werden Unterschiede in der *Adsorption* ausgenutzt, während die Chromatographie an Cellulose eine Variante der *Verteilungs*-Chromatographie ist. Durch beide Techniken können geringste Stoffmengen, schon einige 1/1000 mg, nachgewiesen werden.

Die Chromatographie an Cellulose wird in organischen Lösungsmitteln ausgeführt, die wenigstens begrenzt mit Wasser mischbar sind. Es wird immer etwas Wasser zugesetzt; dieses wird von der Cellulose des Papiers locker gebunden. Das Stoffgemisch verteilt sich zwischen dem organischen Lösungsmittel und der als "festes" Lösungsmittel wirkenden hydratisierten Cellulose. Infolge der Kapillarwirkung wandert das Lösungsmittelgemisch ins Filtrierpapier und nimmt den Farbstoff – entsprechend dem NERNSTschen Verteilungssatz – mit.

Der Vorgang bei der Papier-Chromatographie ist also verschieden von dem der Adsorptions-Chromatographie an Kieselgel. Die sich einstellenden Verteilungsgleichgewichte und damit die Wanderungsgeschwindigkeiten der einzelnen Stoffe werden aber durch ähnliche Faktoren beeinflußt, wie sie bei der Adsorptions-Chromatographie besprochen wurden.

Versuch: Trennung der Farbstoffe in Filzschreibern. Auf einer Kieselgel-DC-Folie (10 × 5 cm) markiert man auf einer ca. 1.5 cm vom unteren Rand entfernten dünnen Bleistiftlinie im Abstand von 1 cm Punkte mit farbigen Filzschreibern. Die Folie wird anschließend in ein an der Wand mit Filterpapier ausgekleidetes und mit einer Mischung aus Dichlormethan und 1% Methanol beschicktes 250-ml Becherglas gestellt, das man mit einer Petrischale abdeckt. Es ist darauf zu achten, daß die Startlinie nicht in das Laufmittel eintaucht.

34.4.

Entsorgung: Lösungsmittel-Abfälle / Hausmüll

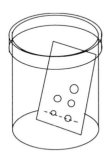

Abb. 34.1.   Anordnung für die Dünnschichtchromatographie. Das Gefäß ist an seiner Rückseite mit Filterpapier ausgekleidet.

Man läßt das Lösungsmittel nur bis zur halben Plattenhöhe aufsteigen, markiert die Lösungsmittelfront mit einem Bleistiftstrich und wiederholt den Versuch nach dem Trocknen der Folie von der anderen Plattenseite her mit einem Laufmittel aus Dichlormethan und 5% Methanol. Die Laufstrecke der Farbstoffe ist im polareren 2. Laufmittel größer.

Bei Trennungen an dickeren Schichten lassen sich auch präparative Mengen an Reinsubstanzen gewinnen, die durch Auskratzen der Zonen und Extraktion mit geeigneten Lösungsmitteln zurückgewonnen werden.

Versuch: Trennung von Aminosäuren. Auf einer Dünnschichtfolie (Cellulose auf Alu-Folie, 10 × 9.5 cm) zieht man auf der schmaleren Seite 1.5 cm vom unteren Rand entfernt mit dem Bleistift eine dünne Startlinie, wobei die Schicht nicht verletzt werden darf. Auf dieser Linie verteilt man 5 Startpunkte (Abstand vom Rand je 1 cm) und trägt dort mit einer Schmelzpunktskapillare jeweils ca. 10 µl der ausstehenden Aminosäure-Lösungen auf (Konzentration ca.1 mg/ml; Kapillare beim Wechsel der Lösung gut spülen!).

Sobald die Startflecken trocken sind (Fön), stellt man die Folien in ein an der Wand mit Filterpapier ausgekleidetes Weckglas, in dem sich als Laufmittel 75 ml einer Mischung aus Butanol/Eisessig/Wasser = 4:1:1 befinden und legt den Deckel auf. Das in das Laufmittel eintauchende Filterpapier soll eine rasche Sättigung des Gasraums mit Lösungsmitteldämpfen bewirken.

Sobald die Lösungsmittelfront $^3/_4$ der Plattenhöhe erreicht hat, nimmt man das Chromatogramm heraus und kennzeichnet sofort die Lösungsmittelfront. Man trocknet die Folie erst an der Luft, dann 5 min bei 100 °C im Trockenschrank.

Entsorgung: Organ. Lösungsmittel-Abfälle; Folie → Hausmüll

Nicht gefärbte Stoffe können durch beide Arten der Chromatographie getrennt und identifiziert werden, wenn eine geeignete Farbreaktion zur Verfügung steht, mit der die getrennten Verbindungen sich auf dem Träger wiederfinden lassen; auch anorganische Ionen sind auf diesem Wege nachweisbar.

Zum Nachweis der Aminosäuren sprüht man das Chromatogramm mit Ninhydrin-Lösung ein und erwärmt erneut im Trockenschrank. Die Aminosäuren werden als rot- bis blauviolette Flecken sichtbar, wobei die in Versuch 32.5. beschriebene Reaktion abläuft.

$$R_f = \frac{S_{Substanz}}{S_{Laufmittel}}$$

Zur Auswertung bestimmt man die R_f-Werte der Aminosäuren, indem man ihre Laufstrecken s (jeweils von der Startlinie bis zur Fleckmitte) durch den Abstand der Laufmittelfront von der Startlinie dividiert. Die Ergebnisse werden mit den Angaben in der Tabelle verglichen.

Aminosäure	R_f-Wert*	Aminosäure	R_f-Wert*
Lysin	0.05	Alanin	0.27
Histidin	0.06	Glutaminsäure	0.27
Arginin	0.08	Valin	0.35
Prolin	0.19	Methionin	0.40
Asparaginsäure	0.21	Leucin	0.47
Serin	0.22	Tyrosin	0.47
Glycin	0.22	Phenylalanin	0.49
Threonin	0.25	Tryptophan	0.56

* gilt nur für das Laufmittel *n*-Butanol/Eisessig/Wasser = 4 : 1 : 1

Die Möglichkeit, kleinste Mengen von farblosen Stoffen chromatographisch zu trennen und zu identifizieren, ist vor allem für die Naturstoff- und Biochemie von großer Bedeutung. Die wichtigsten Verbindungen des pflanzlichen und tierischen Stoffwechsels können mit dieser Methode getrennt und nachgewiesen werden.

Zur Charakterisierung der Wanderungsgeschwindigkeit einer Substanz benutzt man bei der Dünnschicht- oder Papierchromatographie den R_f-Wert. Das Beispiel zeigt aber, daß R_f-Werte immer nur Richtgrößen sind, die u.a. von der exakten Laufmittelzusammensetzung, der Beschaffenheit des Trägers und der Temperatur abhängen und daher nicht exakt reproduzierbar sind. Allgemein gilt aber, daß stärker polare Lösungsmittel höhere R_f-Werte ergeben; im gleichen Lösungsmittel wandern weniger polare Verbindungen schneller. Als Maß für die Polarität können das Dipolmoment sowie die Fähigkeit zur Ausbildung von Wasserstoffbrücken dienen. Ein Auszug aus der nach steigender Elutionskraft (Polarität) geordneten eluotropen Reihe der Lösungsmittel findet sich im Anhang (s. S. 293).

Kapitel 35. Qualitative Analyse organischer Verbindungen

Elementaranalyse

Um Elemente, die am Aufbau organischer Verbindungen beteiligt sind, zu identifizieren, muß man meist die Verbindung zerstören.

Kohlenstoff und Wasserstoff werden nachgewiesen, indem man die organische Verbindung z. B. mit Kupferoxid oxidiert, wobei Kohlendioxid und Wasser gebildet werden. **35.1.**

Versuch: Eine kleine Spatelspitze, bzw. einen Tropfen der zu untersuchenden Verbindung gebe man in ein trocknes Reagenzglas und fülle darauf eine 3–4 cm hohe Schicht von Kupfer(II)-oxid. Nun wird ein Gummistopfen, durch den ein gebogenes Glasrohr führt, aufgesetzt und das Reagenzglas mit einer Klammer an einem Stativ befestigt. Dann führt man das freie Ende des Glasrohrs in ein Reagenzglas mit 5 ml Kalkwasser ein, und zwar so weit, daß es die Flüssigkeit eben noch nicht berührt. Man erhitzt zunächst nur die obere Hälfte des Kupferoxids mit einer rauschenden Bunsenflamme und dann auch die untere. Das entweichende CO_2 trübt das Kalkwasser durch Bildung von Calciumcarbonat.

Entsorgung: Lösung nicht abwassergefährdend. CuO → Schwermetall-Abfall

Die Reaktion läßt sich mit geeigneten Apparaturen auch quantitativ durchführen: Mit einem trockenen Stickstoffstrom werden die Verbrennungsprodukte zunächst über Phosphorpentoxid geleitet, um das Wasser abzutrennen. An Natronkalk (Calciumoxid + Natriumhydroxid) wird anschließend das Kohlendioxid absorbiert. Aus der Gewichtszunahme lassen sich der Kohlenstoff- und Wasserstoffgehalt von 10 mg-Proben mit einer Genauigkeit von besser als 0.5 % bestimmen.

35.2. In organischen Verbindungen lassen sich Halogene (mit Ausnahme von Fluor) sehr einfach durch die BEILSTEIN-Probe nachweisen: Eine geringe Substanzmenge wird auf einer Kupfermünze erhitzt, wobei sich die organische Halogenverbindung unter Bildung der Halogenwasserstoffe zersetzt. Diese reagieren mit Kupferoxid zu Kupferhalogenid, das die Flamme grün färbt.

Versuch: Eine Kupfermünze wird in der rauschenden Bunsenbrennerflamme ausgeglüht, bis die Flamme nicht mehr grün gefärbt wird. Man kühlt die Münze mit dest. Wasser ab, bringt eine kleine Spatelspitze bzw. einen Tropfen der halogenhaltigen Substanz darauf und erhitzt erneut in der entleuchteten Flamme: Die Substanz verbrennt zunächst, und bei stärkerem Erhitzen wird die Flamme bei Anwesenheit von Halogeniden grün.

35.3. Stickstoff kann in der LASSEIGNE-Probe nachgewiesen werden. In dieser wird die organische Substanz durch Erhitzen mit Natrium zerstört, wobei Stickstoff – unabhängig davon, in welcher Bindung er vorlag – die sehr stabilen Cyanid-Ionen bildet. Diese werden in alkalischer Lösung durch Eisen(II)-hydroxid in Hexacyanoferrat(II)-Ionen übergeführt und als Berliner Blau identifiziert. – Halogen oder Schwefel bilden in der LASSEIGNE-Probe Halogenid- bzw. Sulfid-Ionen, die wie üblich nachgewiesen werden können.

*Versuch: (Nur vom Assistenten auszuführen! Schutzbrille!) Eine kleine Spatelspitze der Stickstoff enthaltenden Verbindung wird mit einem Stückchen Natrium von der Größe einer kleinen Erbse in einem trocknen Halbmikro-Reagenzglas mit der rauschenden Bunsenbrennerflamme sehr stark erhitzt. Es setzt eine lebhafte Reaktion ein. Nun läßt man das noch glühende Reagenzglas in ein kleines Becherglas fallen (Abzug!), das etwa 5 ml Wasser enthält. Dabei zerspringt das Reagenzglas, und das nicht umgesetzte Natrium reagiert heftig mit dem Wasser (Vorsicht, brennendes Natrium kann herausspritzen; Abzugsscheibe möglichst weit herunterziehen!). Dann wird filtriert, das Filtrat mit einer Spatelspitze Eisen(II)-sulfat versetzt. Dabei fällt graugrünes Eisen(II)-hydroxid; ein *sofort* auftretender schwarzer Niederschlag zeigt die Anwesenheit von Schwefel an. Man erhitzt die Suspension kurz zum Sieden. Nach dem Ansäuern mit verd. Salzsäure tritt Blaufärbung ein, da ein Teil der Eisen(II)-Ionen durch den Sauerstoff der Luft zu Eisen(III)-Ionen oxidiert worden ist, der mit dem gebildeten Hexacyanoferrat(II) zu Berliner Blau reagiert. In Gegenwart von Schwefel riecht die Lösung nach H_2S.

Entsorgung: In kleinen Mengen nicht abwassergefährdend.

35.4. Chlor und Schwefel lassen sich auch nachweisen, indem man die organische Substanz durch Schmelzen mit Salpeter zerstört; dabei werden Chlorid- und Sulfat-Ionen gebildet.

Versuch: Eine kleine Spatelspitze einer nicht zu leicht flüchtigen Chlor oder Schwefel enthaltenden Verbindung und 3 Spatelspitzen Kaliumnitrat werden in einem trocknen Reagenzglas mit dem Bunsenbrenner erhitzt (Reagenzglashalter! Schutzbrille!). Dabei bildet sich in lebhafter Reaktion Kaliumchlorid bzw. Kaliumsulfat. Nach dem Abkühlen löst man in einigen Millilitern Wasser, filtriert und säuert das Filtrat mit verd. Salpetersäure an. Chlorid-Ionen werden mit Silbernitrat-Lösung und Sulfat-Ionen mit Bariumchlorid-Lösung nachgewiesen.

Entsorgung: In kleinen Mengen nicht abwassergefährdend.

Identifizierung durch Mischschmelzpunkt   35.5.

Kristallisierte organische Verbindungen, die einen definierten Schmelzpunkt haben, können sehr einfach durch ihren Mischschmelzpunkt mit einem authentischen Präparat identifiziert werden. Hierzu mischt man eine Probe der zu identifizierenden Verbindung mit einer kleinen Probe des vermuteten Stoffes und bestimmt (am besten nebeneinander im gleichen Apparat) die Schmelzpunkte der Mischung und der beiden Proben. Wenn beide Stoffe identisch sind, so liegen die drei Schmelzpunkte bei der gleichen Temperatur. Dagegen wird der Schmelzpunkt des Gemisches tiefer gefunden als der beider Reinsubstanzen, wenn die beiden Verbindungen verschieden sind. Diese Schmelzpunktsdepression entspricht der Herabsetzung des Gefrierpunktes einer Lösung gegenüber dem des reinen Lösungsmittels (vgl. Lehrbücher).

In Versuch a untersuchen wir Adipinsäure und Citronensäure. Beide Substanzen haben etwa den gleichen Schmelzpunkt; ein Gemisch von Citronensäure und Adipinsäure schmilzt ungefähr 20 °C tiefer. – In Versuch b werden Benzoesäure und Bernsteinsäureanhydrid untersucht.

Versuch a: Auf einem Uhrglas pulverisiert man eine kleine Probe Adipinsäure. Ein Teil davon wird in ein Schmelzpunktsröhrchen gebracht, indem man dieses in die Substanz einsticht. Durch leichtes Klopfen erreicht man, daß das Kristallpulver in den untersten Teil des Röhrchens gelangt (am einfachsten läßt man das Röhrchen in einer Glasröhre auf eine Glas- oder Steinplatte fallen). Die Schicht soll eine Höhe von ungefähr zwei Millimetern haben. Man steckt das Röhrchen in den seitlichen Ansatz eines (mit flüssigem Paraffin gefüllten) Schmelzpunktsapparates oder eines Metallblocks und erhitzt mit kleiner Heizleistung. Sobald eine Temperatur von ungefähr 130 °C erreicht ist, erhitzt man nur noch sehr langsam (1-2 °C/min). Bei 150–151 °C beobachtet man, daß die Kristalle in eine klare Schmelze übergehen.

Man wiederholt den Versuch mit Citronensäure. Der Schmelzpunkt wird bei 151 bis 153 °C gefunden. – Nun mischt man eine kleine Probe von Adipinsäure mit Citronensäure etwa im Verhältnis 1 : 1. Das Gemisch beginnt bei etwa 120 °C zu schmelzen, bei 130 °C wird die Schmelze klar.

Entsorgung: Hausmüll

Günstiger ist es, in geeigneten Apparaten die Schmelzpunkte der drei Proben parallel nebeneinander zu bestimmen.

Versuch b: Man bestimmt den Schmelzpunkt von Benzoesäure (120–121 °C) und den von Bernsteinsäureanhydrid (119–121 °C) wie in Versuch a. Das Gemisch beider Verbindungen schmilzt etwa von 98–105 °C.

Entsorgung: Hausmüll

35.6. Identifizierung organischer Reinsubstanzen

Für die eindeutige Identifizierung unbekannter organischer Substanzen ist in der Regel die Anwendung spektroskopischer Methoden (s. Lehrbuch). Wir verwenden hier nur Reaktionen zur Identifizierung von organischen Verbindungen, mit denen wir uns in vorstehenden Versuchen befaßt haben. Bei diesen vereinfachten qualitativen Analysen kann oft nur zwischen den angegebenen Möglichkeiten entschieden werden.

Gruppe I. In Wasser und in Ether löslich

Untergruppe		Substanz	A[1]	Identifizierung
Ia	Saure Reaktion gegen Universal-Indikator-papier	Ameisensäure	fl.[2]	Reduktion von Silbernitrat-Lsg. (24.6.a)
		Essigsäure	fl.	Veresterung m. Ethanol (22.3.)
		Brenztraubensäure	fl.	Fällung m. 2,4-Dinitrophenylhydrazin (30.6.)
		Oxalsäure	f.[2]	Decarboxylierung zu Ameisensäure (24.13.)
		Malonsäure	f.	Decarboxylierung zu Essigsäure (24.14.)
		Phthalsäure	f.	Umsetzung m. Phenol zu Phenolphthalein (25.5.)
Ib	Alkalische Reaktion gegen Universal-Indikatorpapier	Diethylamin	fl.	Geruch ähnlich wie Ammoniak, weniger stechend
Ic	Pos. Eisen(III)-chlorid-Reaktion	Phenol	f.	$FeCl_3$-Reaktion blau (22.13.)
		Brenzcatechin	f.	$FeCl_3$-Reaktion olivgrün (22.13.)
		Acetessigester	fl.	$FeCl_3$-Reaktion rot (30.1.b)
Id	Schwerlösl. 2,4-Dinitrophenylhydrazone	Aceton	fl.	Iodoformprobe pos. (23.3.a)
		Paraldehyd	fl.	Farbreaktion mit Fuchsinschweflige Säure pos. (23.8.b)
		Chloralhydrat	f.	Beilstein-Probe pos. (35.2.); Spaltung in Chloroform u. Formiat-Ionen (23.3.b)
Ie	Iodoformprobe posit. (22.6.a)	Ethanol	fl.	Oxidat. zu Acetaldehyd (22.5.)
		Isopropanol	fl.	Oxidat. zu Acetaldehyd (23.11.)
If	Iodoformprobe negat.	Methanol	fl.	Oxidat. zu Formaldehyd (22.5.)
		tert-Butanol[3]	f./fl.	Überführung in tert-Butyl-chlorid (22.10.)
		Glycol	fl.	Komplexbildung m. Kupfersulfat in alkal. Lsg. (22.7.)

1)   Aggregatzustand
2)   f. = fest; fl. = flüssig
3)   Fp. = 26 °C

Wenn eine organische Verbindung durch chemische Reaktionen identifiziert werden soll[1]), empfiehlt es sich, nach bestimmten Eigenschaften zu klassifizieren. Für uns ist es zweckmäßig, die in Frage kommenden Stoffe zunächst nach ihrer Löslichkeit in Wasser und Ether in eine der Gruppen I–IV einzureihen. Allerdings ist hierbei keine ganz sichere Abgrenzung möglich, da wir die Löslichkeiten nur qualitativ feststellen können.

Um die Löslichkeit zu untersuchen, gebe man 3 Tropfen bzw. eine Spatelspitze der (pulverisierten) zu identifizierenden Substanz in 3 ml Wasser bzw. Ether. Die Angabe "löslich" bedeutet: Die Verbindung ist in diesen Lösungsmitteln bei Raumtemperatur leicht oder einigermaßen löslich. Dann klassifiziert man nach Untergruppen und führt die für diese angegebenen Reaktionen *der Reihe nach* aus. Art und Folge der Untergruppen sind zugeschnitten auf die in Frage kommenden Stoffe. Anschließend differenziert man durch Ausführung der vorgeschlagenen Nachweisreaktionen in der *angegebenen Reihenfolge*.

Gruppe II. In Wasser schwer löslich und in Ether löslich

	Untergruppe	Substanz	A	Identifizierung
IIa	Lösl. in kalter verd. Kalilauge	Stearinsäure	f.	Unlösl. in heißem Wasser (24.1.); Schaumbildung in alkal . Lsg. (24.2.b)
		Benzoesäure	f.	Esterbildung m. Ethanol (24.7.)
		Salicylsäure	f.	$FeCl_3$ - Reaktion rotblau (29.7.a); Geruch v. Phenol b. trockenem Erh. (30.3.)
		ß-Naphthol	f.	$FeCl_3$- Reaktion (in alkohol. Lsg.) hellgrün
		Hydrochinon	f.	Red. v. $FeCl_3$ (15.4.); Oxidat. zu Chinon (23.12.a)
IIb	Lösl. in heißer verd. Natronlauge	Maleinsäureanhydrid	f.	Oxidat. zu Oxalsäure (24.17.)
IIc	Lösl. in verd. Säuren	Anilin	fl.	Isonitrilreaktion pos. (27.3.)
IId	BEILSTEIN- Probe pos.	Ethylbromid	fl.	Bildung v. Bromid-Ionen bei alkal. Verseif. (22.10.a)
		Brombenzol	fl.	Bildet keine Bromid-Ionen bei alkal. Verseif. (22.10.b)
IIe	Gelber Niederschlag mit 2,4-Dinitrophenylhydrazin	Benzaldehyd	fl.	Geruch ! Reaktion mit Fuchsinschwefl. Säure pos. (23.7.) ; Oxidat. zu Benzoesäure (23.4.)
		Cyclohexanon	fl.	Oxidat. zu Adipinsäure (24.18.)
IIf	Entfärbung von Kaliumpermanganat-Lsg, (21.4.)	Benzol	fl.	Überführ. in Nitrobenzol (25.3.a)
IIg	Kaliumpermanganat-Lsg. nicht entfärbt	Benzol	fl.	Überführ. in Nitrobenzol (25.3.a)

---

1)   s. z.B. H. Laatsch, Die organische Trennungsanalyse, Thieme Verlag, Stuttgart 1988.

Gruppe III. In Wasser und in Ether schwer löslich

Untergruppe	Substanz	A	Identifizierung
IIIa Reaktion m. Fuch-sinschwefl. Säure pos. (23.8.)	Paraformaldehyd	f.	Red. v. ammoniak. Silbernitrat-Lsg. (23.5.)
IIIb Farbreaktion mit Iod blau (31.8.)	Stärke	f.	Red. v. FEHLINGscher Lsg. nach Spalt. m. Säure (31.9.)
IIIc Biuretreaktion pos. (32.10.b)	Gelatine	f.	Lösl. in heißem Wasser (32.7.)
	Casein	f.	Unlösl. in heißem Wasser; lösl. in heißer verd. Natronlauge (32.6.)

Gruppe VI. In Wasser löslich und in Ether schwer löslich

Untergruppe	Substanz	A	Identifizierung
IVa Saure Reaktion gegen Universal-Indikator-papier	Bernsteinsäure	f.	Ein Tropfen Permanganat-Lsg. wird in der Hitze nicht reduziert
	Citronensäure	f.	Red. v. schwefelsaurer Kaliumpermanganat-Lsg., Geruch von Aceton (29.5.)
	Weinsäure	f.	Red. v. schwefelsaurer Kaliumpermanganat-Lsg., kein Aceton-Geruch (29.4.)
IVb Blauer Komplex mit Kupfersulfat- Lsg. in alkal. Lsg. (31.1.c)	Glucose	f.	Red. v. FEHLINGscher Lsg. b. Erhitzen (31.1.b)
	Rohrzucker	f.	Erst nach Spaltung durch Säure Red. v. FEHLINGscher Lsg. b. Erh. (31.6.)
	Glycerin	fl.	Keine Red. v. FEHLINGscher Lsg.
IVc Beim Erh. m. verd. Natronlauge Bildung v. Ammoniak (24.24., 24.12.)	Harnstoff	f.	Biuretreaktion pos. (24.25.)
	Acetamid	f.	Methylaminbildung beim HOFMANNschen Abbau (24.22.)
IVd Bildung v. Hippur-säure (32.3.)	Glycin	f.	Reaktion mit Formalin (32.2.)

Auftrennung eines Gemischs von organischen Verbindungen   35.7.

In Versuch 35.7. wird ein Gemisch untersucht, das je eine basische, eine saure und eine neutrale Verbindung enthalten kann. Diese Substanzen werden voneinander getrennt und dann identifiziert. Man löst das Gemisch in Diethylether[1]); da Hydrochloride von Basen und Natriumsalze von Säuren in Ether nicht löslich, aber löslich in Wasser sind, so kann man Basen und Säuren als Salze – durch Ausschütteln der Ether-Lösung mit Salzsäure und anschließend mit Natronlauge – in die wäßrige Phase überführen; neutrale Stoffe verbleiben dabei im Ether. Aus den wäßrigen Lösungen dieser Salze werden nach Zugabe von Natronlauge oder von Salzsäure die Base bzw. die organische Säure mit Ether wieder ausgeschüttelt. Den Gang der Trennung ersieht man aus folgendem Schema.

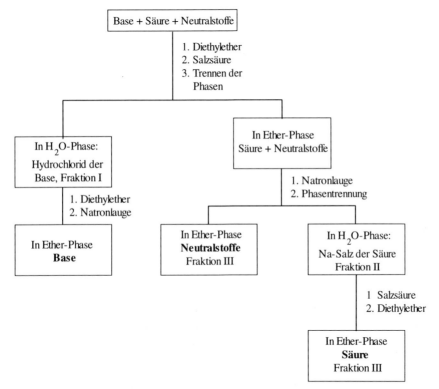

Versuch: Zur Trennung der Phasen – die obere Schicht ist jeweils die Ether-Lösung – benutzt man einen 100-ml-Scheidetrichter, dessen Hahn leicht gefettet wird. Nach kräftigem Durchschütteln des Lösungsmittelgemisches (Stöpsel festhalten) wird der entstandene Überdruck durch vorsichtiges Öffnen des nach oben gerichteten Hahnes abgelassen. Die Schichten müssen sorgfältig voneinander getrennt werden, da andernfalls Fehlschlüsse zu erwarten sind. Die Analysenprobe kann einen basischen, sauren sowie einen neutralen Stoff enthalten.

---

1)   In den meisten Fällen läßt sich der brennbare Diethylether auch durch Dichlormethan ersetzen.

Aufteilung in Fraktionen

Man füllt das Reagenzglas, das die Analysenprobe enthält, bis zu $^3/_4$ seiner Höhe mit Ether und schüttelt so lange, bis sich alles gelöst hat. Etwa die Hälfte der Ether-Lösung gießt man in den Scheidetrichter, der Rest wird als Reserve aufgehoben. Nun fügt man zur Ether-Lösung noch 10 ml des Lösungsmittels hinzu und schüttelt sie 2mal mit je 10 ml verd. Salzsäure aus. Die vereinigten salzsauren Auszüge werden beschriftet, sie enthalten das Hydrochlorid der Base (Fraktion I).

Anschließend schüttelt man die Ether-Lösung 2mal mit je 10 ml verd. Natronlauge aus. Die vereinigten alkalischen Auszüge enthalten das Natriumsalz der Säure (Fraktion II).

Dann wird die Ether-Lösung noch einmal mit destilliertem Wasser durchgeschüttelt, um die Natronlauge zu entfernen (Waschwasser verwerfen). In der verbleibenden Ether-Lösung befindet sich die neutrale Verbindung (Fraktion III).

Identifizierung der Analysensubstanzen

Aus den einzelnen Fraktionen wird, wie unten beschrieben, die basische, die saure sowie die neutrale Substanz isoliert. Man identifiziert die Verbindungen durch Mischschmelzpunkt oder durch eine der angegebenen Reaktionen, die allerdings nur erlauben, zwischen den aufgeführten Substanzen zu entscheiden.

 Fraktion I wird im gereinigten Scheidetrichter alkalisch gemacht (pH-Wert prüfen). Man schüttelt mit 10 ml Ether aus, wäscht diese Lösung mit Wasser und dampft sie in einer kleinen Porzellanschale nach Zugabe eines Siedesteins auf dem Wasserbad unter dem Abzug ein (Sdp. von Diethylether 36 °C). *Das Abdampfen darf nicht am Arbeitsplatz und nicht auf freier Flamme vorgenommen werden; alle Flammen in der Umgebung löschen!* Den Rückstand identifiziert man nach den Angaben der folgenden Tabelle.

Fraktion I kann folgende Basen enthalten, die man wie angegeben identifiziert.

Basen aus Fraktion I

N,N-Dimethylanilin	(Nachweis als Nitroso-dimethylanilin; Versuch 27.9.)
Methylanilin	(p-Toluol-sulfomethylanilid; Versuch 27.10.b)
Anilin	(p-Toluol-sulfoanilid; Versuch 27.10.a)

Man prüft zunächst in einem Teil der erhaltenen Fraktion nach Versuch 27.9. auf Dimethylanilin. Ist das Ergebnis negativ, so geht man zur Unterscheidung von Methylanilin und Anilin nach Versuch 27.10. vor.

Fraktion II wird im gereinigten Scheidetrichter mit verd. Salzsäure angesäuert (mit Indikatorpapier den pH-Wert prüfen). Man schüttelt mit 10 ml Ether aus; hierbei muß ein eventuell ausgefallener Niederschlag sich auflösen. Die wäßrige, saure Schicht wird verworfen. Die Ether-Lösung enthält die saure Verbindung. Sie wird nach Durchschütteln mit destilliertem Wasser auf dem Wasserbad wie oben eingedampft.

Saure Verbindungen aus Fraktion II

Aspirin	(Schmp. 135°; Mischschmp.!)
Benzoesäure	(Schmp. 122°; Mischschmp.!)
β-Naphthol	(Schmp. 122°; Mischschmp.!)
	(hellgrüne Eisen(III)-chlorid-Reaktion)
Phenol	(blaue Eisen(III)-chlorid-Reaktion)

Neutralstoffe aus Fraktion III

Fraktion III wird, wie beschrieben, eingedampft. Der Rückstand kann eine der folgenden neutralen Verbindungen sein:

Benzaldehyd	(Reduktion von Ag^+-Ionen; Versuch 23.5.)
Brombenzol	(Nachweis von Brom in organ. Verb.: Versuch 35.2.)
Cyclohexen	(Addition von Brom; Versuch 21.3.)

Entsorgung: Organ., ggf. halogenierte Lösungsmittel

In der modernen Analytik werden die chemischen Reaktionen durch spektroskopische Verfahren ersetzt. Man informiere sich im Lehrbuch über die Grundlagen der UV-, IR-, Massen- und NMR-Spektroskopie.

Kapitel 36. Reaktionskinetik

Allgemeine Grundlagen

In einer kinetischen Untersuchung mißt man die Geschwindigkeit v einer Reaktion, d. h. die Änderung dc der Konzentration c eines Stoffes mit zunehmender Reaktionszeit t (Geschwindigkeit $v = dc/dt$). Für solche Messungen steht eine Auswahl verschiedenartiger Verfahren zur Verfügung. Bevorzugt werden spektroskopische Methoden benutzt, bei denen man die im Verlauf der Reaktion zunehmende bzw. abnehmende Intensität von charakteristischen Banden, z. B. im sichtbaren Spektrum, im UV- IR- oder im NMR-Spektrum mißt. Gegebenenfalls kann auch eine Änderung der optischen Drehung herangezogen werden.

Es seien zunächst einige Grundlagen der Kinetik besprochen: In chemischen Reaktionen gehen die Ausgangsstoffe vielfach nicht direkt in Endprodukte über, sondern die Reaktion verläuft über eine oder mehrere energiereichere Zwischenstufen, die in der stöchiometrischen Gleichung der Bruttoreaktion nicht in Erscheinung treten. Derartige Zwischenstufen – z. B. angeregte Moleküle, Ionen oder Radikale – sind meist kurzlebig und lassen sich nur selten isolieren, wohl aber öfters mit Hilfe von physikalischen Methoden nachweisen. Aus kinetischen Untersuchungen können unter Umständen Aussagen über Zwischenreaktionen – man spricht auch von Elementarreaktionen – erhalten werden.

Schema a   A + B $\xrightarrow{\text{langsam}}$ AB $\xrightarrow{\text{schnell}}$ P

Die Geschwindigkeiten von Zwischenreaktionen sind meist von unterschiedlicher Größe. In der kinetischen Messung erfaßt man die langsamste dieser Reaktionen; sie ist ein
Engpaß und bestimmt die Geschwindigkeit der Gesamtreaktion. In Schema a ist angenom-
men, daß im Verlauf einer Reaktion A + B → P ein Teilchen A mit einem Teilchen B reagiert und daß die Bildung der Zwischenstufe AB die geschwindigkeitsbestimmende Reaktion ist.

Unter den angegebenen Voraussetzungen ist die Geschwindigkeit dieser Reaktion proportional dem Produkt der Konzentrationen von A und B ($v = k[A][B]$): Nur wenn Moleküle der Typen A und B zusammenstoßen, kann eine Reaktion eintreten; dies passiert um
so häufiger, je größer die Zahl der Moleküle im Volumenelement, je höher also deren
Konzentrationen sind. Wenn an der langsamsten Zwischenreaktion m Teilchen A und n
Teilchen B beteiligt sind, so wird die Geschwindigkeit dieser Reaktion durch die allgemeine Gleichung (1) beschrieben, wobei die Exponenten m und n die stöchiometrischen Koef-
fizienten der chemischen Elementarreaktion sind (für Schema a gilt also $m = n = 1$):

$$v = -\frac{d[A]}{dt} = -\frac{d[B]}{dt} = \frac{d[P]}{dt} = k[A]^m[B]^n \tag{1}$$

[A], [B], [P] in mol/l

Übereinkommensgemäß sind die Differentialquotienten d[A]/dt und d[B]/dt mit einem
negativen Vorzeichen versehen, da die Konzentrationen von A und B im Lauf der Reaktion abnehmen. Die Exponenten in Gleichung (1) werden aus Meßergebnissen errechnet; sie
liegen meist zwischen 0 und 2. Die Summe der Exponenten der Konzentrationsterme im
Zeitgesetz kennzeichnet die *Reaktionsordnung*. Sind m und n ganze Zahlen, so *können* sie
identisch sein mit den Zahlen, die sich aus der stöchiometrischen Gleichung für die Umsetzung von Ausgangsstoffen zu Endprodukten ergeben: Die Anzahl der Teilchen, die an einem Stoßprozeß beteiligt ist, wird als Molekularität der Reaktion bezeichnet. Wenn m und
n gleich 1 gefunden werden, so verläuft die Reaktion in bezug auf die Stoffe A und B nach
1. Ordnung und die Gesamtreaktion nach 2. Ordnung. Wird in einer Messung einer der
Exponenten m oder n gleich 0 gefunden, so hat der betreffende Stoff keinen Einfluß auf
die Geschwindigkeit der Reaktion, obwohl er in der stöchiometrischen Gleichung erscheint. Auch gebrochene Zahlen können sich aus Messungen für die Reaktionsordnung
ergeben, z. B. wenn eine Zwischenstufe in mehreren Richtungen Reaktionen eingeht. Die
Reaktionsordnung erlaubt also keine Aussage über die *Molekularität* einer Reaktion!

Ein bekanntes Beispiel für Reaktionen 1. Ordnung ist der Zerfall radioaktiver Atome.
Auch Umlagerungen verlaufen vielfach nach 1. Ordnung, z. B. die Umlagerung von Cy-
clopropan in Propen. Um festzustellen, ob eine Reaktion nach 1. Ordnung verläuft, benutzen wir graphische Verfahren.

In Abb. 36.1 sind für eine nach 1. Ordnung verlaufende Reaktion A → P die während
der Umsetzung gemessenen Konzentrationen von A sowie von P gegen die Reaktionszeit
aufgetragen. Kurve I zeigt, daß die Konzentration des Ausgangsstoffes A zunächst schnell
abnimmt, und gegen Ende der Reaktion nur noch sehr langsam. Dies ist verständlich, denn
die Zahl der reagierenden Teilchen wird um so kleiner, je geringer die Konzentration von
A wird. Einen symmetrischen Verlauf nimmt Kurve II, die die Zunahme des Produkts P
mit der Zeit zeigt.

Beschreibt man graphisch wie in Abb. 36.1 den kinetischen Ablauf von Reaktionen 2. oder anderer Ordnung, so erhält man ähnliche Kurven wie für eine Reaktion 1. Ordnung. Daher läßt sich aus dem Verlauf der Kurven I und II nicht ohne weiteres auf die Ordnung der untersuchten Reaktion schließen. Wohl aber kann man aus den Kurven die *Halbwertszeit* entnehmen und diese als Kriterium heranziehen.

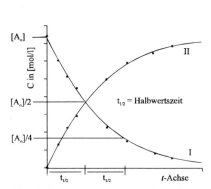

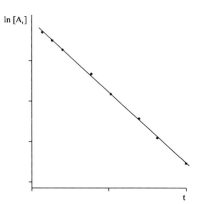

Abb. 36.1.   Konzentrations-Zeit-Verlauf einer Reaktion 1. Ordnung.

Abb. 36.2.   Konzentrations-Zeit-Verlauf einer Reaktion 1. Ordnung, halblogarithmische Auftragung.

Bei der Auswertung von Meßergebnissen geht man meist von integrierten Geschwindigkeitsgleichungen aus. Dieses Verfahren sei am Beispiel einer nach 1. Ordnung verlaufenden Reaktion gezeigt:

$$-\frac{d[A]}{dt} = k[A] \quad \text{oder} \quad \frac{d[A]}{[A]} = -k\,dt$$

Der Proportionalitätsfaktor k ist die temperaturabhängige Geschwindigkeitskonstante der Reaktion. Integration ergibt:

$\ln[A_t] = -kt + I$

Setzt man $t = 0$, so erhält man die Integrationskonstante:

$I = \ln[A_{to}]$; $[A_{to}]$ = Anfangskonzentration von A

Durch Einsetzen von $\ln[A_{to}]$ statt I folgt:

$\ln[A_t] = \ln[A_{to}] - kt$ (2)

In Abb. 36.2 ist $\ln[A_t]$ gegen die Zeit aufgetragen.

Die allgemeine Gleichung (2) ergibt bei der graphischen Darstellung eine Gerade, die bei $\ln[A_{to}]$ die Ordinate schneidet. Setzt man in Gleichung (2) Werte aus einer nach anderer Ordnung verlaufenden Reaktion ein, so würde die graphische Darstellung *keine* Gerade ergeben.

Ein weiteres Kriterium für die Frage, ob eine Reaktion nach 1. Ordnung abläuft, bietet eine Untersuchung der *Halbwertszeit* $t_{1/2}$. Man versteht darunter die Zeit, in der die Konzentration eines Stoffes auf die Hälfte abnimmt. Der Wert $t_{1/2}$ wird aus Gleichung (2) abgeleitet, indem man $[A_t]$ durch $[A_{t0}]/2$ ersetzt.

$$\ln[A_{t0}] - \ln[A_{t0}]/2 \;=\; k\,t_{1/2}\;;\quad t_{1/2} = \frac{1}{k}\,\ln 2 \tag{3}$$

Nach Gleichung (3) ist für eine Reaktion 1. Ordnung – und nur für eine solche – die Zeit $t_{1/2}$, in der eine beliebig gewählte Konzentration eines Ausgangsstoffes auf die Hälfte abnimmt, unabhängig von der Konzentration $[A_t]$, von der man ausgeht.

Wenn sich zeigt, daß eine Reaktion nicht nach 1. Ordnung verläuft, so muß man – durch probeweises Einsetzen der Meßwerte in Gleichungen, die für andere Reaktionsordnungen abgeleitet sind – die zutreffende Reaktionsordnung ausfindig machen. Bei diesem Vorgehen benutzt man im allgemeinen Computerprogramme oder graphische Verfahren.

Nucleophile Substitutionen erster und zweiter Ordnung

Austauschreaktionen wie die für Alkohole und Alkylhalogenide besprochenen laufen am sp^3-hybridisierten C-Atom nach zwei grundsätzlich verschiedenen Mechanismen ab. Die Hydrolyse von z. B. 2-Butylbromid zu 2-Butylalkohol beschreiben wir als Angriff von Hydroxyl-Ionen auf C-2 der Kette, wobei gleichzeitig Bromid aus seiner Bindung verdrängt wird.

Experimentell findet man für derartige Reaktionen wie erwartet ein Zeitgesetz zweiter Ordnung, weshalb sie als nucleophile Substitutionen zweiter Ordnung (S_N2-Reaktionen) bezeichnet werden. Aus zahlreichen Untersuchungen folgt, daß sich das Nucleophil dem positiv polarisierten Kohlenstoff von der Rückseite des auszutauschenden Substituenten nähert und eine bindende Wechselwirkung eingeht. Mit zunehmender Annäherung wird unter Zufuhr der Aktivierungsenergie E_A ein energiereicher Zustand erreicht, bei dem sich die Substituenten aufgerichtet haben und schließlich senkrecht auf der Achse Nucleophil–C-Atom–nucleofuge Gruppe stehen (s. Abb. 36.3; gleichzeitig hat sich der Bindungsabstand zwischen C-Atom und austretender Gruppe vergrößert). Der Kohlenstoff ist in diesem Augenblick formal fünfbindig. Dieser *Übergangszustand* ist nur für etwa 10^{-12} Sekunden existent und zerfällt sofort zu den Produkten. Die übrigen Substituenten klappen dabei wie die Speichen eines Regenschirms um. Bei dieser WALDEN-Umkehr tritt demnach eine Inversion der Konfiguration am reagierenden C-Atom ein.

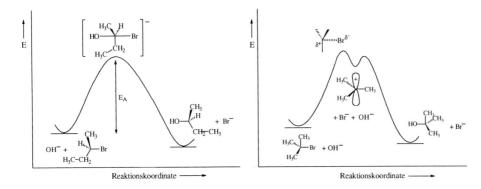

Abb. 36.3. Energieprofil einer S_N2-Reaktion   **Abb. 36.4.** Energieprofil einer S_N1-Reaktion

Durch den Angriff des Nucleophils von der Seite der Substituenten sollte man eine sterische Behinderung der Reaktion durch voluminöse Gruppen beobachten. In der Tat nimmt die Reaktionsgeschwindigkeit von S_N2-Reaktionen in der Reihenfolge $CH_3–CX$ > $(CH_3)_2C–X$ > $(CH_3)_3C–X$ stark ab. Dennoch erfolgt die Hydrolyse von *tert*-Butylbromid durch Natronlauge sehr viel schneller als z. B. die von Ethylbromid. Ursache ist ein Wechsel im Mechanismus: In einem vorgelagerten langsamen Gleichgewicht dissoziiert das Edukt in z.B. ein Halogen-Anion und ein Carbenium-Ion, in dem ein leeres p_z-Orbital senkrecht auf der Ebene der Substituenten steht (Abb. 36.4). Triebkraft ist die Aufweitung des Bindungswinkels (von ca. 109° im Tetraeder auf 120°), die zu einer Verminderung der sterischen Spannung führt.

Tabelle 36.1. Beispiele für S_N2-Reaktionen mit Ethylbromid

Nucleophil		Produkt	
Formel	Name	Formel	Name
HO^-	Hydroxid-Ion	C_2H_5OH	Ethanol
$C_2H_5O^-$	Ethoxid-Ion	$CH_3CH_2\text{-}O\text{-}CH_3CH_2$	Diethylether
HS^-	Hydrogensulfid-Ion	CH_3CH_2SH	Ethanthiol
SCN^-	Thiocyanat-Ion	CH_3CH_2SCN	Ethylthiocyanat
$P(C_6H_5)_3$	Triphenylphosphin	$C_2H_5(C_6H_5)_3P^+Br^-$	Ethyltriphenylphosphoniumbromid
N_3^-	Azid-Ion	$CH_3CH_2N_3$	Ethylazid
NH_3	Ammoniak	$CH_3CH_2NH_3^+\,Br^-$	Ethylammoniumbromid
$N(CH_3)_3$	Triethylamin	$(CH_3CH_2)_4N^+Br^-$	Tetraethylammoniumbromid
NO_3^-	Nitrat-Ion	$CH_3CH_2ONO_2$	Ethylnitrat
CH_3COO^-	Acetat-Ion	$CH_3CO_2C_2H_5$	Ethylacetat

Ganz entsprechend lassen sich zahlreiche andere nucleophile Substitutionsreaktionen formulieren, wobei der Reaktionsablauf primär von der Verfügbarkeit von Elektronen im Nucleophil für die Bindungsbildung mit positiv polarisiertem Kohlenstoff - seiner Nucleo-

philie - und von der Stabilisierung der mit seinen Bindungselektronen austretenden nucleo-
fugen Gruppe abhängt (s. Tab. 36.1).

Das Carbenium-Ion ist experimentell nachweisbar und vielfach stabil. Es ist damit kein
Übergangszustand, sondern ein echtes Zwischenprodukt, das in einer schnellen Folgere-
aktion mit dem Nucleophil zu den Endprodukten abreagiert (Abb. 36.4). Bei der Untersuchung der Kinetik bestimmen wir jedoch nur die Geschwindigkeit der langsamsten Reaktion. Diese ist erster Ordnung; Reaktionen dieses Typs werden daher als S_N1-Reaktionen
bezeichnet. S_N1-Reaktionen werden im Gegensatz zu S_N2-Reaktionen nur wenig durch
die Nucleophilie des angreifenden Reaktionspartners beeinflußt.

Der Einfluß des Lösungsmittels auf S_N1- und S_N2-Reaktionen

Außer durch sterische Faktoren oder elektronische Effekte der Substituenten werden
beide Reaktionstypen durch das Lösungsmittel stark beeinflußt. Polare Lösungsmittel,
insbesondere solche, die Wasserstoffbrücken bilden können (Wasser, Alkohole, Amine,
Carbonsäuren), fördern einerseits die Polarisation der C–X-Bindung im Edukt, anderer-
seits stabilisieren sie freie Ionen durch Solvatation, d.h. durch Bildung einer Hülle aus Lö-
sungsmittelmolekülen um die Ionen herum. Dementsprechend sind polare Lösungsmittel
(solche mit einer hohen Dielektrizitätskonstanten) effektiver in der Solvatation von dipola-
ren oder ionischen Teilchen. Kationen werden gut durch polare Lösungsmittel solvatisiert,
die Gruppen mit freien Elektronenpaaren tragen. Anionen werden am besten durch polare
Lösungsmittel solvatisiert, die Wasserstoffbrücken ausbilden können, also Gruppen mit
OH-, NH- und SH-Bindungen tragen.

Wasser kann sehr effektiv sowohl Kationen wie auch Anionen solvatisieren. Aceton,
DMSO und DMF sind sog. polare, aprotische Lösungsmittel, die Kationen sehr gut,
Anionen dagegen gar nicht solvatisieren können. Ganz extrem sind in diesem Solvatati-
onsvermögen die Kronenether (s. S. 104) veranlagt; sie bilden mit (bestimmten) Kationen
stabile Komplexe, wodurch die zugehörigen Anionen quasi "nackt" vorliegen.

Bei einer S_N2-Reaktion sind die Reaktanden polarer als der Übergangszustand, in dem
nicht Ladung erzeugt, sondern vielmehr über einen größeren Bereich verteilt wird. Der
Übergangszustand wird hier weniger durch die Solvathülle stabilisiert als Edukte und Endprodukte. Polare protische Lösungsmittel, die das anionische Nucleophil gut solvatisieren
(und damit stabilisieren), verlangsamen daher eine S_N2-Reaktion, indem sie die Aktivierungsenergie erhöhen. Polare aprotische Lösungsmittel, die nur die Kationen solvatisieren
und damit die Anionen reaktiver ("nackter") machen, beschleunigen eine S_N2-Reaktion.

Bei einer S_N1-Reaktion ist der Übergangszustand auf dem Wege zum Carbeniumion
(das dem ÜZ ähnlicher ist als den Reaktanden) polarer als die Reaktanden, er wird daher
durch Solvatation stärker als Edukt und Produkt stabilisiert und in seiner Energie gesenkt.
Zunächst lagern sich Lösungsmittelmoleküle an die polarisierte C–X-Bindung an. Durch
die Dipolwirkung des Lösungsmittels wird die Polarisierung der C–X-Bindung weiter ver-
stärkt und somit gelockert. Die Lösungsmittelmoleküle drängen sich dann zwischen C und
X unter Ionenpaarbildung, wobei noch eine Wechselwirkung zwischen den entgegengesetzt geladenen Ionen möglich ist (Lösungsmittelkäfig). Beim Auseinanderdiffundieren

entstehen schließlich solvatisierte Ionen, die mit dem (ebenfalls solvatisierten) Nucleophil rekombinieren. Polare protische Lösungsmittel erhöhen daher die Geschwindigkeit einer S_N1-Reaktion, sie begünstigen die heterolytische Spaltung der C–X-Bindung im Ausgangsmaterial. Damit ist auch erklärlich, daß S_N1-Reaktionen in der Gasphase gewöhnlich nicht vorkommen.

Aus dieser Gegenüberstellung wird deutlich, daß der Reaktionsweg bei Substitutionen an sekundären Kohlenstoffatomen, die nach S_N1 *oder* S_N2 reagieren können, durch die Reaktionsbedingungen steuerbar ist:

S_N1 wird begünstigt durch	S_N2 wird begünstigt durch
Niedrige Konzentration des Nucleophils	Hohe Konzentration des Nucleophils
Geringe Basizität der austretenden Gruppe	Geringe Basizität der austretenden Gruppe
Geringe Nucleophilie der eintretenden Gruppen	Große Nucleophilie der eintretenden Gruppe
Polar-protische Lösungsmittel	Polar-aprotische Lösungsmittel

Katalyse mit Enzymen   36.1.

Enzyme sind chemisch meist hochmolekulare Eiweißkörper. Sie ermöglichen den Abbau oder Aufbau ihrer Substrate über einen Weg, der ohne diese Katalysatoren nicht beschritten wird und auf dem – im Vergleich zur nicht katalysierten Reaktion – zur Bildung der Zwischenstufen bemerkenswert niedrige Aktivierungsenergien erforderlich sind (vgl. z. B. oxidativer Abbau von Fettsäuren (S. 225) oder von Kohlehydraten). Enzyme sind Biokatalysatoren, die die Geschwindigkeit einer Reaktion durch eine Erniedrigung der Aktivierungsbarriere erhöhen. Man mache sich klar, daß die Gleichgewichts*lage* einer Reaktion durch den Katalysator dagegen nicht verschoben wird (s. Abb. 8.1.).

Bei der kinetischen Untersuchung einer enzymatischen Reaktion (Enzym + Substrat $\rightarrow$ Enzym + Produkt) mißt man meist die Änderung der Substratkonzentration in der Versuchszeit. Die Geschwindigkeit dieser Reaktion sollte sich durch Gleichung (4) beschreiben lassen, wenn man von den gleichen Voraussetzungen ausgeht, die bei der Ableitung der Geschwindigkeitsgleichung (1) gemacht wurden.

$$-\frac{d[S]}{dt} = k[E] \cdot [S]^n \qquad\qquad (4)$$

E = Enzym, S = Substrat

Mißt man aber d[S]/dt bei gleicher Enzymkonzentration und verschiedenen Substratkonzentrationen, so zeigt sich ein Problem, das aus der Geschwindigkeitsgleichung (4) nicht zu verstehen ist; man stellt fest, daß die Ordnung, mit der das Substrat in diese Gleichung eingeht, von der Konzentration des Substrats abhängt. Bei sehr kleinen Substratkonzentrationen errechnet sich aus den Meßdaten $n = 1$, bei genügend großen $n = 0$. Bei Substratkonzentrationen, die zwischen diesen beiden Extremen liegen, ergeben die Messungen für den Exponenten n gebrochene Zahlen, die zwischen 1 und 0 liegen. Diese für Enzymreaktionen typische Erscheinung ist in Abb. 36.5 graphisch dargestellt.

Einen entscheidenden Beitrag zur Klärung dieses Problems erbrachte MICHAELIS (1913). Er geht von den bisher besprochenen Grundlagen der Kinetik aus und nimmt an, daß sich Enzym und Substrat in schneller Reaktion zunächst zu einem Enzym-Substrat-Komplex vereinigen, postuliert aber, daß – im Unterschied zu dem von uns im Schema a), S. 264 herangezogenen Beispiel – der Zerfall dieser Zwischenstufe die geschwindigkeits-bestimmende Reaktion ist und daß Enzym und Substrat nach Schema b reagieren:

$$\text{Schema b} \quad E + S \underset{k_{-s}}{\overset{k_s}{\rightleftharpoons}} ES \xrightarrow[\text{langsam}]{k_p} E + P \ ; \quad ES = \text{Enzym-Substrat-Komplex}$$

Dieses Postulat führt zu einer Geschwindigkeitsgleichung, die sich in ihrer Grundkonzeption bewährt hat und die kurz abgeleitet sei: Die Geschwindigkeit v_p der nach Schema b langsamsten Reaktion – der Zerfall von ES in E und P – ist proportional der ES-Konzentration und wird durch Gleichung (5a) beschrieben. v_p wird indirekt ermittelt und zwar durch Messung der Geschwindigkeit der Substrat-Abnahme. Diese ist im stationären Zustand – d. h. sobald sich eine konstante ES-Konzentration eingestellt hat – gleich groß wie die Geschwindigkeit v_p des Zerfalls von ES in Produkt und Enzym (Gl. 5b). Kombination von Gleichung (5a) und (5b) führt zu Gleichung (5c).

$$v_p = k_p[ES] \quad (5a); \quad v_p = -\frac{d[S]}{dt} \quad (5b); \quad -\frac{d[S]}{dt} = k_p[ES] \tag{5c}$$

In Gleichung (5c) ersetzt man rechnerisch die nicht bekannte ES-Konzentration durch die als konstant anzusehende Enzymkonzentration und die meßbare Substratkonzentration. Dabei gehen wir ähnlich vor, wie wir es bei der Ableitung des Massenwirkungsgesetzes getan haben; wir ziehen Geschwindigkeitsgleichungen heran und betrachten die Geschwindigkeit der Bildung und des Zerfalls von ES. Bei der Bildungsgeschwindigkeit von ES (definiert durch k_s in Schema b) ist zu beachten, daß ein Teil des Enzyms im Enzym-Substrat-Komplex gebunden ist und daß nur freies Enzym $\{[E]-[ES]\}$ mit Substrat reagieren kann. Bei der Zerfallsgeschwindigkeit von ES muß man bedenken, daß dieser Komplex in zwei Richtungen zerfällt (definiert durch k_{-s} und k_p in Schema b). Im stationären Zustand ist die Bildungsgeschwindigkeit von ES (v_s) gleich groß wie die Zerfallsgeschwindigkeit von ES. Aus diesen Überlegungen ergibt sich Gleichung (6).

$$v_s = k_s \{[ES] - [E]\}[S] \ ; \quad \{[E] - [ES]\} = \text{Konzentration des freien Enzyms}$$

Bildungsgeschwindigkeit von ES

$$v_{-s} + v_p = k_{-s}[ES] + k_p[ES]$$

Zerfallsgeschwindigkeit von ES

Im stationären Zustand ist: $v_s = v_{-s} + v_p$ somit:

$$k_s \{[E] - [ES]\}[S] = k_{-s}[ES] + k_p[ES] \tag{6}$$

Durch Auflösen von Gleichung (6) nach [ES] erhält man:

$$[ES] = \frac{[E][S]}{k_M + [S]} \; ; \quad k_M = k_{Michaelis} = \frac{k_{-s} + k_p}{k_s}$$

Setzt man den Wert von [ES] in Gleichung (5c) ein, so ergibt sich die MICHAELIS-Gleichung (7):

$$-\frac{d[S]}{dt} = k_p \frac{[E][S]}{k_M + [S]} \tag{7}$$

Gleichung (7) enthält außer der konstant bleibenden Enzymkonzentration die meßbare Substratkonzentration und die Konstante k_M, die experimentell ermittelt werden kann. Bemerkenswert ist, daß die Geschwindigkeit der langsamsten Reaktion – der Zerfall der Zwischenstufe ES in Enzym und Produkt – von der vorgelagerten Reaktion abhängt.

In Abb. 36.5 ist die Geschwindigkeit einer enzymatischen Reaktion in Abhängigkeit von der Substratkonzentration schematisch dargestellt. Eine derartige Kurve wird erhalten, wenn man die Anfangsgeschwindigkeit in einer Reihe von Versuchen mißt, in denen jeweils höhere Substratkonzentrationen eingesetzt sind.

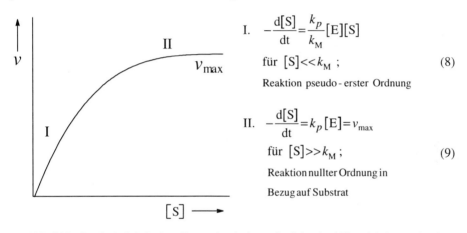

I. $\quad -\dfrac{d[S]}{dt} = \dfrac{k_p}{k_M}[E][S]$

für $[S] \ll k_M$; $\tag{8}$

Reaktion pseudo-erster Ordnung

II. $\quad -\dfrac{d[S]}{dt} = k_p[E] = v_{max}$

für $[S] \gg k_M$; $\tag{9}$

Reaktion nullter Ordnung in

Bezug auf Substrat

Abb. 36.5: Geschwindigkeit einer Enzym-katalysierten Reaktion in Abhängigkeit von der Substratkonzentration [S]

Die MICHAELIS-Gleichung läßt den Verlauf der Kurve in Abb. 36.5 verstehen, wie sich rechnerisch zeigen läßt. Setzt man in Gleichung (7) eine Substratkonzentration ein, die wesentlich kleiner ist als k_M, so kann [S] gegenüber k_M im Nenner vernachlässigt werden und man erhält eine Geschwindigkeitsgleichung (11). Bei diesen niedrigen Substratkonzentrationen (Teil I der Kurve) verläuft die Reaktion nach pseudo-erster Ordnung, da die Konzentration an Enzym – so wie die OH$^-$-Konzentration bei der Esterverseifung – konstant bleibt. – Bei Substratkonzentrationen, die wesentlich größer als k_M sind, geht Gleichung (7) in Gleichung (9) über, d. h. die Geschwindigkeit kann durch weitere Erhöhung der Substratkonzentrationen nicht mehr gesteigert werden (Teil II der Kurve). Bei derartig hohen Substratkonzentrationen sind die aktiven Zentren des Enzyms durch Substrat besetzt; das Enzym ist gesättigt und die Reaktion verläuft mit maximaler Geschwindigkeit.

Vergleichbare Beobachtungen ergeben sich auch bei der heterogenen Katalyse (Oberflächenkatalyse).

Bei der Erforschung von enzymatischen Vorgängen geht man im allgemeinen von der MICHAELIS-Gleichung aus. In der medizinischen Praxis interessiert die Konzentration von Enzymen (bzw. ihre Aktivität) sowie die Konzentration von Substraten. Hier geht man empirisch vor und definiert – auf der Basis von festgelegten Versuchsbedingungen – Standardwerte. Die eigentliche Messung wird unter den gleichen, vorgeschriebenen Bedingungen ausgeführt. Auf diese Weise erhält man standardisierte Werte, die für eine vergleichende Beurteilung von gesunden und krankhaften Stoffwechselvorgängen geeignet sind.

ANHANG

Betriebsanweisung nach § 20 GefStoffV: Allgemeine Laboratoriumsordnung[1]

Beim Umgang mit gasförmigen, flüssigen oder festen Gefahrstoffen (einschließlich Stäuben) sind besondere Verhaltensregeln und bestimmte Schutzvorschriften zu beachten. Der Umgang mit Stoffen, deren Ungefährlichkeit nicht zweifelsfrei feststeht, hat so zu erfolgen wie der mit Gefahrstoffen.

Die Aufnahme der schädlichen Stoffe in den menschlichen Körper kann durch Einatmen über die Lunge, durch Resorption durch die Haut sowie über die Schleimhäute und den Verdauungstrakt erfolgen. Gefahrstoffe sind Stoffe oder Zubereitungen, die

sehr giftig (T+)	ätzend (c)	brandfördernd (O)	krebserzeugend
giftig (T)	reizend (Xi)	hochentzündlich (F+)	fruchtschädigend
mindergiftig (Xn)	explosionsgefährlich (E)	leichtentzündlich (F)	erbgutverändernd

sind oder aus denen bei der Verwendung gefährliche oder explosionsfähige Stoffe oder Zubereitungen entstehen oder freigesetzt werden können. Sie sind mit den auf der Innenseite des Einbands (am Ende) aufgeführten Gefahrensymbolen schwarz auf orangegelbem Grund gekennzeichnet.

Gefährliches biologisches Material aus der Bio- und Gentechnik sowie Material, das Krankheitserreger übertragen kann, zählt ebenfalls zu den Gefahrstoffen.

Bei allen Arbeiten mit Gefahrstoffen sind die hier aufgeführten Regelungen einzuhalten:

1. Informationspflicht:

1.01   Vor dem Umgang mit Gefahrstoffen ist durch den Benutzer anhand des Anhangs VI zur Gefahrstoffverordnung oder anhand von Hersteller- oder Händlerkatalogen sowie einschlägigen Tabellenwerken die Risikogruppe, zu der die in den Versuchen benutzten Stoffe gehören, zu ermitteln. Die Unterlagen sind in den Praktika, in der Chemikalienverwaltung und in der Bibliothek einzusehen. Die ermittelten besonderen Gefahren (R-Sätze) und Sicherheitsratschläge (S-Sätze) sind als Bestandteil dieser Betriebsanweisung verbindlich.

1.02   Gefahrstoffe dürfen nicht in Behältnissen aufbewahrt oder gelagert werden, die zu Verwechselungen mit Lebensmittelverpackungen führen können.

1.03   Sehr giftige und giftige Stoffe sind unter Verschluß zu halten.

1.04   Kühl zu lagernde brennbare Flüssigkeiten sowie hochentzündliche und leichtentzündliche Stoffe dürfen nur in gekennzeichneten Kühlschränken oder Tiefkühleinrichtungen aufbewahrt werden, deren Innenraum explosionsgeschützt ist.

1.05   Sämtliche Standgefäße sind mit dem Namen des Stoffes und den Gefahrensymbolen zu kennzeichnen; größere Gefäße (> 1l) sind *vollständig* zu kennzeichnen, d.h. auch mit R- und S-Sätzen.

1.06   Das Einatmen von Dämpfen und Stäuben sowie der Kontakt von Gefahrstoffen mit Haut und Augen sind zu vermeiden. Beim offenen Umgang mit gasförmigen, staubförmigen oder solchen Gefahrstoffen, die einen hohen Dampfdruck besitzen, ist grundsätzlich im Abzug und in geschlossenen Apparaturen zu arbeiten.

---

1)   Die folgende Betriebsanweisung stammt aus einem Universitätsinstitut; sie ist für die jeweilige Einrichtung entsprechend abzuwandeln.

1.07   In allen Laborräumen muß ständig eine Schutzbrille getragen werden; Brillenträger müssen eine optisch korrigierte Schutzbrille oder eine Überbrille nach W DIN 2 über der eigenen Brille tragen. Zum Reinigen der Augen stehen Augenwaschflaschen zur Verfügung, die erst unmittelbar vor dem Gebrauch mit frischem Leitungswasser zu füllen sind.

1.08   Bei Arbeiten mit großer Lichtintensität (UV-Licht, Laser etc.) müssen entsprechende Schutzbrillen getragen werden (Spektralbereich nach DIN 4647, Blatt 2-3, oder entsprechende Firmenvorschriften). Außerdem ist die Lichtquelle ausreichend abzuschirmen. Das gleiche gilt für Arbeiten mit Sauerstoffgebläsen für Glasbläser und sämtliche Schweißarbeiten.

1.09   *Essen, Trinken, Rauchen und Schnupfen im Labor ist untersagt.*

1.10   Wenn in den Sicherheitsratschlägen (S-Sätze) Körperschutzmittel wie Korbbrillen, Gesichtschutz und geeignete Handschuhe vorgeschrieben sind, dann müssen diese in jedem Fall benutzt werden. Beim Umgang mit sehr giftigen, giftigen oder ätzenden Druckgasen ist eine Gasmaske mit geeignetem Filter am Arbeitsplatz bereit zu halten.

1.11   Im Labor ist zweckmäßige Kleidung, deren Gewebe aufgrund des Brenn- und Schmelzverhaltens keine erhöhte Gefährdung im Brandfall erwarten läßt (z.B. Baumwollaborkittel), zu tragen. Die Kleidung soll den Körper und die Arme ausreichend bedecken. Es darf nur festes Schuhwerk getragen werden.

1.12   Arbeit- und Wegunfälle, die eine mindestens 3-tägige Arbeitsunfähigkeit zur Folge haben, sind auf den entsprechenden Vordrucken (Unfallanzeige der zuständigen Unfallversicherung) unverzüglich zu melden. Kleinere Verletzungen sind in das Verbandsbuch des Instituts / der Einrichtung einzutragen.

1.13   Die folgenden Schriften sind bei der Arbeit im Labor zu beachten:
- Richtlinien für Laboratorien (GUV 16.17)
- Sicheres Arbeiten in chemischen Laboratorien (GUV 50.04)
- Unfallverhütungsvorschrift Erste Hilfe (GUV 0.3)
- Nutzungsordnung des Instituts / der Einrichtung
- Die Brandschutzordnung des Instituts / der Einrichtung
- Richtlinien im Umgang mit Druckgasflaschen
- Richtlinien zur Entsorgung von Chemikalien

sowie weitere, spezielle Betriebsanweisungen für besonders gefährliche Stoffe, Stoffgruppen und Tätigkeiten.

2.   Allgemeine Schutz- und Sicherheitseinrichtungen

2.01   Die Frontschieber der Abzüge sind soweit wie möglich zu schließen; die Funktionsfähigkeit der Abzüge ist zu kontrollieren (z.B. durch einen Papierstreifen oder Wollfaden). *Defekte, nicht absaugende Abzüge dürfen nicht benutzt werden.*

2.02   Jeder im Labor Tätige hat sich über den Standort und die Funktionsweise der Notabsperrvorrichtung für Gas und Strom sowie der Wasserversorgung zu informieren. Nach Eingriffen in die Gas-, Strom- und Wasserversorgung ist unverzüglich die Hausverwaltung zu informieren. Eingriffe sind auf Notfälle zu beschränken und die betroffenen Verbraucher sind zu warnen.

2.03   Jeder im Labor Tätige hat sich ebenfalls über den Standort und die Funktionsweise der Feuerlöschmittel und der Notduschen zu informieren. Ihre Benutzung ist anzuzeigen. Entleerte Feuerlöscher, auch solche mit verletzter Plombe, sind sofort bei dem Sicherheitsbeauftragten abzugeben.

2.04 Bodeneinläufe und Becken-Siphons sind mit Wasser gefüllt zu halten, um die Laboratorien gegen Geruchsbelästigungen aus dem Abwassernetz zu schützen.

2.05 Pinzetten und sonstiges Material aus den Erste-Hilfe-Kästen dürfen auf keinen Fall zweckentfremdet werden. Der Inhalt der Erste-Hilfe-Kästen ist regelmäßig auf seine Vollständigkeit zu überprüfen, Mängel sind sofort anzuzeigen.

3.   Alarmeinrichtungen und Fluchtwege

3.01 Die Notrufanlage, die Feuermelder und die Not-Aus-Taster dienen Ihrer und der Sicherheit aller Mitarbeiter. Wer sie mißbräuchlich benutzt, handelt fahrlässig und macht sich strafbar.

3.02 Von jedem Telefonapparat kann über die Nummer 112 (*Nummer ggf ändern*) die Feuerwehr und der angeschlossene Notdienst erreicht werden. Feuermelder mit direkter Leitung zur Berufsfeuerwehr befinden sich _____ (*ist zu ergänzen*). Bei Betätigung der Feuermelder ertönt in den Fluren ein Klingelsignal. Das gleiche Signal ertönt, wenn die automatischen Rauchmelder oder die automatischen Melder in den Laboratorien ansprechen. *Bei Ertönen des Feuersignals ist das Institut / die Einrichtung auf dem schnellsten Wege zu verlassen. Aufzüge dürfen in keinem Fall mehr benutzt werden.*

3.04 In allen Laboratorien sind "Not-Aus-Taster" angebracht. Damit werden im Notfall der Experimentierstrom und die Gasversorgung für das jeweilige Labor abgeschaltet. Der Experimentierstrom kann durch Drehen und dadurch verbundenes Herausspringen des Tasters wieder eingeschaltet werden. Das Gas wird erst nach Drücken des Druckknopfes in der Medienleiste der Laboranschlußzelle wieder freigegeben.

3.05 In den Laboratorien ist außerdem ein Druckknopfschalter für die hausinterne Notrufanlage installiert. Nur im Falle einer akuten Notlage ist der Knopf zu drücken. Daraufhin werden im ganzen Gebäude in den Fluren laute Klingeln eingeschaltet; gleichzeitig leuchtet in den Fluren ein Lichtsignal auf, das anzeigt, in welchem Stockwerk der Alarm ausgelöst wurde, während in der betreffenden Etage ein Blinklicht den Flur und über der Tür eine Dauerleuchte den Raum anzeigt, in dem der Alarm ausgelöst worden ist. Das akustische Signal wird durch den Taster neben dem Alarmknopf abgestellt.

3.06 Die Rauchabschlußtüren in den Fluren und zu den Treppenhäusern müssen stets geschlossen bleiben.

3.07 Fluchtwege (Fenster bzw. Türen) müssen gekennzeichnet und jederzeit benutzbar sein. *Eine durchgehende Flurseite ist ständig frei zu halten.*

4.   Grundsätze der richtigen Erste-Hilfe-Leistung

4.01 **Personenschutz geht vor Sachschutz;** Bei allen Hilfeleistungen auf die eigene Sicherheit achten! So schnell wie möglich NOTRUF-Anlage betätigen, gegebenenfalls über 112 (*Nummer ggf. ändern*) Rettungswagen anfordern.

4.02 Personen aus dem Gefahrenbereich bergen und an die frische Luft bringen.

4.03 Kleiderbrände mit Notdusche oder Löschdecke löschen.

4.04 Notduschen nutzen; mit Chemikalien verschmutzte Kleidung vorher entfernen, verletzte Person notfalls bis auf die Haut auszuziehen (Duschräume); mit Wasser und Seife reinigen; bei schlecht wasserlöslichen Substanzen diese mit Polyethylenglycolen (BASF, oder Roticlean E der Fa. Roth) von der Haut abwaschen und mit Wasser nachspülen.

4.05   Bei Augenverätzungen mit weichem, umkippenden Wasserstrahl beide Augen von außen her zur Nasenwurzel bei gespreizten Augenlidern 10 min oder länger spülen bzw. frisch mit Leitungswasser gefüllte Augenwaschflasche verwenden.

4.06   Atmung und Kreislauf prüfen und überwachen.

4.07   Bei Bewußtsein gegebenenfalls Schocklage erstellen; Beine nur leicht (max. 10 cm) über Herzhöhe mit entlasteten Gelenken lagern.

4.08   Bei Bewußtlosigkeit und vorhandener Atmung in die stabile Seitenlage bringen; sonst Kopf überstrecken und bei einsetzender Atmung in die stabile Seitenlage bringen, sonst sofort mit der Beatmung beginnen. Tubus benutzen und auf Vergiftungsmöglichkeiten achten. (Bei Herzstillstand: Herz-Lungen-Wiederbelebung durch ausgebildete Personen).

4.09   Blutungen stillen, Verbände anlegen, dabei Einmalhandschuhe benutzen.

4.10   Verletzte Person bis zum Eintreffen des Rettungsdienstes nicht allein lassen.

4.11   Information des Arztes sicherstellen. Angabe der Chemikalien möglichst mit Hinweisen für den Arzt aus entsprechenden Büchern, Vergiftungsregistern oder dem ""[1] , Erbrochenes und Chemikalien sicherstellen.

5.   Abfallverminderung und -entsorgung

5.01   Die Menge gefährlicher Abfälle ist dadurch zu vermindern, daß nur kleine Mengen von Stoffen (mmol-Ansätze) in Reaktionen eingesetzt werden. Der Weiterverwendung und der Wiederaufarbeitung, z.B. von Lösungsmitteln, ist der Vorzug vor der Entsorgung zu geben. Reaktive Reststoffe, z.B. Alkalimetalle, Peroxide, Hydride, Raney-Nickel, sind sachgerecht zu weniger gefährlichen Stoffen umzusetzen.

5.02   Anfallende nicht weiterverwendbare Reststoffe, die aufgrund ihrer Eigenschaften als Sonderabfall einzustufen sind, müssen entsprechend der Richtlinien für die Entsorgung von Chemikalienabfällen verpackt, beschriftet, deklariert und im Chemikalienlager gemeldet werden. Lösungsmittelabfälle sind nach den "Richtlinien zur Entsorgung von Chemikalien" in die entsprechenden Sammelbehälter zu geben. Gleiches gilt für die zu entsorgenden Altchemikalien und Druckgasflaschen. Dabei sind die geltenden Transportvorschriften (z.B. zugelassene Behälter) zu beachten.

6.   Verhalten in Gefahrensituationen

Beim Auftreten gefährlicher Situationen, z.B. Feuer, Austreten gasförmiger Schadstoffe, Auslaufen von gefährlichen Flüssigkeiten, sind die folgenden Anweisungen einzuhalten:

6.01   Ruhe bewahren und überstürztes, unüberlegtes Handeln vermeiden!

6.02   Gefährdete Personen warnen, gegebenenfalls zum Verlassen der Räume auffordern.

6.03   Gefährdete Versuche abstellen, Gas, Strom und ggf. Wasser abstellen (Kühlwasser muß weiterlaufen!).

6.04   Aufsichtsperson und/oder _____ (*Verantwortlichen eintragen*) benachrichtigen.

6.05   Bei Unfällen mit Gefahrstoffen, die Langzeitschäden auslösen können, oder die zu Unwohlsein oder Hautreaktionen geführt haben, ist ein Arzt aufzusuchen. Der Vorgesetzte, der Praktikumsleiter oder stellvertretend der Assistent sind darüber zu informieren. Eine Unfallmeldung ist möglichst schnell bei _____ (*zuständige Stelle angeben*) zu erstellen.

---

1)   Hommel, Handbuch der gefährlichen Güter, Springer Verlag, Bonn.

7.   Notruf

7.01   Feuer/Unfall: 112 von jedem Telefon aus innerhalb der ____ (EINRICHTUNG).

7.02   112 von amtsberechtigten Anschlüssen innerhalb der _____ (EINRICHTUNG).

7.03   112 münzfreier NOTRUF von den Münzfernsprechern am _____   (ORT).

7.04   setzen sie einen Notruf gemäß folgendem Schema ab:

WO geschah der Unfall:	Ortsangabe
WAS geschah:	Feuer, Verätzung, Sturz, usw.
WELCHE Verletzungen:	Art und Ort am Körper
WIEVIELE Verletzte:	Anzahl
WARTEN:	niemals auflegen, bevor die Rettungsleitstelle das Gespräch beendet hat, es können wichtige Fragen zu beantworten sein.

8. Wichtige Rufnummern

Krankentransport	(*Nummern ergänzen*)
Unfallchirurgie	
Augenklinik	
Hautklinik	
Poliklinik	

9.   Alarmsignale

Feueralarm : _____	(*Signalkennung angeben*), Alarmort ermitteln, Entstehungsbrand mit Eigenmitteln löschen (Feuerlöscher, Sand); dabei auf eigene Sicherheit achten; Panik vermeiden.
wenn notwendig:	Arbeitsplatz sichern, möglichst Strom und Gas abschalten, Gebäude auf dem kürzesten Fluchtweg verlassen, keine Aufzüge benutzen

PERSONENSCHUTZ GEHT VOR SACHSCHUTZ

Hinweise auf besondere Gefahren (R-Sätze)

(nach Anhang I Nr. 3 der Gefahrstoff-Verordnung)

R 1	In trockenem Zustand explosionsgefährlich
R 2	Durch Schlag, Reibung, Feuer oder andere Zündquellen explosionsgefährlich
R 3	Durch Schlag, Reibung, Feuer oder andere Zündquellen besonders explosionsgefährlich
R 4	Bildet hochempfindliche explosionsgefährliche Metallverbindungen
R 5	Beim Erwärmen explosionsfähig
R 6	Mit und ohne Luft explosionsfähig
R 7	Kann Brand verursachen
R 8	Feuergefahr bei Berührung mit brennbaren Stoffen
R 9	Explosionsgefahr bei Mischung mit brennbaren Stoffen
R 10	Entzündlich
R 11	Leichtentzündlich
R 12	Hochentzündlich
R 14	Reagiert heftig mit Wasser
R 15	Reagiert mit Wasser unter Bildung hochentzündlicher Gase
R 16	Explosionsgefährlich in Mischung mit brandfördernden Stoffen
R 17	Selbstentzündlich an dr Luft
R 18	Bei Gebrauch Bildung explosionsfähiger / leichtentzündlicher Dampf-Luftgemische möglich
R 19	Kann explosionsfähige Peroxide bilden
R 20	Gesundheitsschädlich beim Einatmen
R 21	Gesundheitsschädlich bei Berührung mit der Haut
R 22	Gesundheitsschädlich beim Verschlucken
R 23	Giftig beim Einatmen
R 24	Giftig bei Berührung mit der Haut
R 25	Giftig beim Verschlucken
R 26	Sehr giftig beim Einatmen
R 27	Sehr giftig bei Berührung mit der Haut
R 28	Sehr giftig beim Verschlucken
R 29	Entwickelt bei Berührung mit Wasser giftige Gase
R 30	Kann bei Gebrauch leicht entzündlich werden
R 31	Entwickelt bei Berührung mit Säure giftige Gase
R 32	Entwickelt bei Berührung mit Säure sehr giftige Gase
R 33	Gefahr kumulativer Wirkungen
R 34	Verursacht Verätzungen
R 35	Verursacht schwere Verätzungen
R 36	Reizt die Augen
R 37	Reizt die Atmungsorgane
R 38	Reizt die Haut
R 39	Ernste Gefahr irreversiblen Schadens
R 40	Irreversibler Schaden möglich
R 41	Gefahr ernster Augenschäden
R 42	Sensibilisierung durch Einatmen möglich

R 43	Sensibilisierung durch Hautkontakt möglich
R 44	Explosionsgefahr bei Erhitzen unter Einschluß
R 45	Kann Krebs erzeugen
R 46	Kann vererbbare Schäden verursachen
R 48	Gefahr ernster Gesundheitsschäden bei längerer Exposition
R 49	Kann Krebs erzeugen beim Einatmen
R 50	Sehr giftig für Wasserorganismen
R 51	Giftig für Wasserorganismen
R 52	Schädlich für Wasserorganismen
R 53	Kann in Gewässern längerfristig schädliche Wirkungen haben
R 54	Giftig für Pflanzen
R 55	Giftig für Tiere
R 56	Giftig für Bodenorganismen
R 57	Giftig für Bienen
R 58	Kann längerfristig schädliche Wirkungen auf die Umwelt haben
R 59	Gefährlich für die Ozonschicht
R 60	Kann die Fortpflanzungsfähigkeit beeinträchtigen
R 61	Kann das Kind im Mutterleib schädigen
R 62	Kann möglicherweise die Fortpflanzungsfähigkeit beeinträchtigen
R 63	Kann das Kind im Mutterleib möglicherweise schädigen
R 64	Kann Säuglinge über die Muttermilch schädigen

Kombination der R-Sätze

R 14/15	Reagiert heftig mit Wasser unter Bildung hochentzündlicher Gase
R 15/29	Reagiert mit Wasser unter Bildung giftiger und hochentzündlicher Gase
R 20/21	Gesundheitsschädlich beim Einatmen und bei Berührung mit der Haut
R 20/22	Gesundheitsschädlich beim Einatmen und Verschlucken
R 20/21/22	Gesundheitsschädlich beim Einatmen, Verschlucken und Berührung mit der Haut
R 21/22	Gesundheitsschädlich bei Berührung mit der Haut und beim Verschlucken
R 23/24	Giftig beim Einatmen und bei Berührung mit der Haut
R 23/25	Giftig beim Einatmen und Verschlucken
R 23/24/25	Giftig beim Einatmen, Verschlucken und Berührung mit der Haut
R 24/25	Giftig bei Berührung mit der Haut und beim Verschlucken
R 26/27	Sehr giftig beim Einatmen und bei Berührung mit der Haut
R 26/28	Sehr giftig beim Einatmen und Verschlucken
R 26/27/28	Sehr giftig beim Einatmen, Verschlucken und Berührung mit der Haut
R 27/28	Sehr giftig bei Berührung mit der Haut und beim Verschlucken
R 36/37	Reizt die Augen und die Atmungsorgane
R 36/38	Reizt die Augen und die Haut
R 36/37/38	Reizt die Augen, Atmungsorgane und die Haut
R 37/38	Reizt die Atmungsorgane und die Haut
R 39/23	Giftig: ernste Gefahr irreversiblen Schadens durch Einatmen
R 39/24	Giftig: ernste Gefahr irreversiblen Schadens bei Berührung mit der Haut
R 39/25	Giftig: ernste Gefahr irreversiblen Schadens durch Verschlucken

R 39/23/24	Giftig: ernste Gefahr irreversiblen Schadens durch Einatmen und bei Berührung mit der Haut
R 39/23/25	Giftig: ernste Gefahr irreversiblen Schadens durch Einatmen und durch Verschlucken
R 39/23/24/25	Giftig: ernste Gefahr irreversiblen Schadens durch Einatmen, Berührung mit der Haut und durch Verschlucken
R 39/26	Sehr giftig: ernste Gefahr irreversiblen Schadens durch Einatmen
R 39/27	Sehr giftig: ernste Gefahr irreversiblen Schadens bei Berührung mit der Haut
R 39/28	Sehr giftig: ernste Gefahr irreversiblen Schadens durch Verschlucken
R 39/26/27	Sehr giftig: ernste Gefahr irreversiblen Schadens durch Einatmen und bei Berührung mit der Haut
R 39/26/28	Sehr giftig: ernste Gefahr irreversiblen Schadens durch Einatmen und durch Verschlucken
R 39/27/28	Sehr giftig: ernste Gefahr irreversiblen Schadens bei Berührung mit der Haut und durch Verschlucken
R 39/26/27/28	Sehr giftig: ernste Gefahr irreversiblen Schadens durch Einatmen, Berührung mit der Haut und durch Verschlucken
R 40/20	Gesundheitsschädlich: Möglichkeit irreversiblen Schadens durch Einatmen
R 40/21	Gesundheitsschädlich: Möglichkeit irreversiblen Schadens bei Berührung mit der Haut
R 40/22	Gesundheitsschädlich: Möglichkeit irreversiblen Schadens durch Verschlucken
R 40/20/21	Gesundheitsschädlich: Möglichkeit irreversiblen Schadens durch Einatmen und bei Berührung mit der Haut
R 40/20/22	Gesundheitsschädlich: Möglichkeit irreversiblen Schadens durch Einatmen und durch Verschlucken
R 40/21/22	Gesundheitsschädlich: Möglichkeit irreversiblen Schadens bei Berührung mit der Haut und durch Verschlucken
R 40/20/21/22	Gesundheitsschädlich: Möglichkeit irreversiblen Schadens durch Einatmen, Berührung mit der Haut und durch Verschlucken
R 42/43	Sensibilisierung durch Einatmen und Hautkontakt möglich
R 48/20	Gesundheitsschädlich: Gefahr ernster Gesundheitsschäden bei längerer Exposition durch Einatmen
R 48/21	Gesundheitsschädlich: Gefahr ernster Gesundheitsschäden bei längerer Exposition durch Berührung mit der Haut
R 48/22	Gesundheitsschädlich: Gefahr ernster Gesundheitsschäden bei längerer Exposition durch Verschlucken
R 48/20/21	Gesundheitsschädlich: Gefahr ernster Gesundheitsschäden bei längerer Exposition durch Einatmen und durch Verschlucken
R 48/20/22	Gesundheitsschädlich: Gefahr ernster Gesundheitsschäden bei längerer Exposition durch Einatmen und durch Verschlucken
R 48/21/22	Gesundheitsschädlich: Gefahr ernster Gesundheitsschäden bei längerer Exposition durch Berührung mit der Haut und durch Verschlucken
R 48/20/21/22	Gesundheitsschädlich: Gefahr ernster Gesundheitsschäden bei längerer Exposition durch Einatmen, Berührung mit der Haut und durch Verschlucken
R 48/23	Gesundheitsschädlich: Gefahr ernster Gesundheitsschäden bei längerer Exposition durch Einatmen

R 48/24/   Gesundheitsschädlich: Gefahr ernster Gesundheitsschäden bei längerer Exposition
               durch Berührung mit der Haut
R 48/25   Gesundheitsschädlich: Gefahr ernster Gesundheitsschäden bei längerer Exposition
               durch Verschlucken
R 48/23/24   Giftig: Gefahr ernster Gesundheitsschäden bei längerer Exposition durch Einatmen und
               durch Berührung mit der Haut
R 48/23/25   Giftig: Gefahr ernster Gesundheitsschäden bei längerer Exposition durch Einatmen und
               durch Verschlucken
R 48/24/25   Giftig: Gefahr ernster Gesundheitsschäden bei längerer Exposition durch Berührung mit
               der Haut und durch Verschlucken
R 48/23/24/25   Giftig: Gefahr ernster Gesundheitsschäden bei längerer Exposition durch Einatmen, Be-
               rührung mit der Haut und durch Verschlucken
R 50/53   Sehr giftig für Wasserorganismen, kann in Gewässern längerfristig schädliche Wirkun-
               gen haben
R 51/53   Giftig für Wasserorganismen, kann in Gewässern längerfristig schädliche Wirkungen
               haben
R 52/53   Schädlich für Wasserorganismen, kann in Gewässern längerfristig schädliche Wirkun-
               gen haben

Sicherheitsratschläge (S-Sätze)

Anhang I Nr. 4 der Gefahrstoff-Verordnung

S 1   Unter Verschluß aufbewahren
S 2   Darf nicht in die Hände von Kindern gelangen
S 3   Kühl aufbewahren
S 4   Von Wohnplätzen fernhalten
S 5   Unter ..... aufbewahren (geeignete Flüssigkeit vom Hersteller anzugeben)
S 6   Unter ..... aufbewahren (inertes Gas vom Hersteller anzugeben)
S 7   Behälter dicht geschlossen halten
S 8   Behälter trocken halten
S 9   Behälter an einem gut gelüfteten Ort aufbewahren
S 12   Behälter nicht gasdicht verschließen
S 13   Von Nahrungsmitteln, Getränken und Futtermitteln fernhalten
S 14   Von ..... fernhalten (inkompatible Substanzen sind vom Hersteller anzugeben)
S 15   Vor Hitze schützen
S 16   Von Zündquellen fernhalten – nicht rauchen
S 17   Von brennbaren Stoffen fernhalten
S 18   Behälter mit Vorsicht öffnen und handhaben
S 20   Bei der Arbeit nicht essen und trinken
S 21   Bei der Arbeit nicht rauchen
S 22   Staub nicht einatmen
S 23   Gas/Rauch/Dampf/Aerosol nicht einatmen (geeignete Bezeichnung(en) vom Hersteller
           anzugeben)

S 24	Berührung mit der Haut vermeiden
S 25	Berührung mit den Augen vermeiden
S 26	Bei Berührung mit den Augen sofort gründlich mit Wasser abspülen und Arzt konsultieren
S 27	Beschmutzte, getränkte Kleidung sofort ausziehen
S 28	Bei Berührung mit der Haut sofort abwaschen mit viel .... (vom Hersteller anzugeben)
S 29	Nicht in die Kanalisation gelangen lassen
S 30	Niemals Wasser hinzugießen
(S31)	(Nummer ist nicht vergeben)
S 33	Maßnahmen gegen elektrostatische Aufladung treffen
S 35	Abfälle und Behälter müssen in gesicherter Weise beseitigt werden
S 36	Bei der Arbeit geeignete Schutzkleidung tragen
S 37	Geeignete Schutzhandschuhe tragen
S 38	Bei unzureichender Belüftung Atemschutzgerät anlegen
S 39	Schutzbrille/Gesichtsschutz tragen
S 40	Fußboden und verunreinigte Gegenstände mit .... reinigen (Material vom Hersteller anzugeben)
S 41	Explosions- und Brandgase nicht einatmen
S 42	Beim Räuchern/Versprühen geeignetes Atemschutzgerät anlegen u. (geeignete Bezeichnung(en) vom Hersteller anzugeben)
S 43	Zum Löschen .... (vom Hersteller anzugeben) verwenden (wenn Wasser die Gefahr erhöht, anfügen: "Kein Wasser verwenden")
S 45	Bei Unfall oder Unwohlsein sofort Arzt hinzuziehen (wenn möglich dieses Etikett vorzeigen)
S 46	Bei Verschlucken sofort ärztlichen Rat einholen und Verpackung oder Etikett vorzeigen
S 47	Nicht bei Temperaturen über .... °C aufbewahren (vom Hersteller anzugeben)
S 48	Feucht halten mit .... (geeignetes Mittel vom Hersteller anzugeben)
S 49	Nur im Originalbehälter aufzubewahren
S 50	Nicht mischen mit .... (vom Hersteller anzugeben)
S 51	Nur in gut gelüfteten Bereichen verwenden
S 52	Nicht großflächig für Wohn- und Aufenthaltsräume zu verwenden
S 53	Exposition vermeiden – vor Gebrauch besondere Anweisungen einholen
S 56	Diesen Stoff und seinen Behälter der Problemabfallentsorgung zuführen
S 57	Zur Vermeidung einer Kontamination der Umwelt geeigneten Behälter verwenden
S 59	Information zur Wiederverwendung/Wiederverwertung beim Hersteller/Lieferanten erfragen
S 60	Dieser Stoff und sein Behälter sind als gefährlicher Abfall zu entsorgen.
S 61	Freisetzung in die Umwelt vermeiden. Besondere Anweisungen einholen/Sicherheitsdatenblatt zu Rate ziehen
S 62	Bei Verschlucken kein Erbrechen herbeiführen. Sofort ärztlichen Rat einholen und Verpackung oder dieses Etikett vorzeigen

Kombination der S-Sätze

S 1/2	Unter Verschluß und für Kinder unzugänglich aufbewahren

S 3/7 Behälter dicht geschlossen halten und an einem kühlen Ort aufbewahren

S 3/9 Behälter an einem kühlen gut gelüfteten Ort aufbewahren

S 3/9/14 An einem kühlen, gut gelüfteten Ort, entfernt von .... aufbewahren (die Stoffe, mit denen Kontakt vermieden werden muß, sind vom Hersteller anzugeben)

S 3/9/14/49 Nur im Originalbehälter an einem kühlen, gut gelüfteten Ort, entfernt von .... aufbewahren (die Stoffe, mit denen Kontakt vermieden werden muß, sind vom Hersteller anzugeben)

S 3/9/49 Nur im Originalbehälter an einem kühlen, gut gelüfteten Ort aufbewahren

S 3/14 An einem kühlen, von .... entfernten Ort aufbewahren (die Stoffe, mit denen Kontakt vermieden werden muß, sind vom Hersteller anzugeben)

S 7/8 Behälter trocken und dicht geschlossen halten

S 7/9 Behälter dicht geschlossen an einem gut gelüfteten Ort aufbewahren

S 7/47 Behälter dicht geschlossen und nicht bei Temperaturen über .... °C aufbewahren (vom Hersteller anzugeben)

S 20/21 Bei der Arbeit nicht essen, trinken, rauchen

S 24/25 Berührung mit den Augen und der Haut vermeiden

S 29/56 Nicht in die Kanalisation gelangen lassen

S 36/37 Bei der Arbeit geeignete Schutzhandschuhe und Schutzkleidung tragen

S 36/37/39 Bei der Arbeit geeignete Schutzhandschuhe, Schutzkleidung und Schutzbrille/Gesichtsschutz tragen

S 36/39 Bei der Arbeit geeignete Schutzkleidung und Schutzbrille/Gesichtsschutz tragen

S 37/39 Bei der Arbeit geeignete Schutzhandschuhe und Schutzbrille/Gesichtsschutz tragen

S 47/49 Nur im Originalbehälter bei einer Temperatur von nicht über .... °C (vom Hersteller anzugeben) aufzubewahren

Sicherheitsdatenblatt nach Anhang I Nr. 5 GefStoffV

Für den Umgang mit Chemikalien sind nach der Gefahrstoff-Verordnung Sicherheitsdatenblätter mit sog. Gruppen- oder Einzel-Betriebsanweisungen zu erstellen, in denen Angaben zu den folgenden Punkten zwingend vorgeschrieben sind:

1. Stoff/Zubereitungs- und Firmenbezeichnung
2. Zusammensetzung/Angaben zu Bestandteilen
3. Mögliche Gefahren
4. Erste-Hilfe-Maßnahmen
5. Maßnahmen zur Brandbekämpfung
6. Maßnahmen bei unbeabsichtigter Freisetzung
7. Handhabung und Lagerung
8. Expositionsbegrenzung und persönliche Schutzausrüstungen
9. Physikalische und chemische Eigenschaften
10. Stabilität und Reaktivität
11. Angaben zur Toxikologie
12. Angaben zur Ökologie
13. Hinweise zur Entsorgung
14. Angaben zum Transport
15. Vorschriften
16. Sonstige Angaben

Die Angaben sind kurz und klar abzufassen. Anhand der Angaben soll der Abnehmer ohne Schwierigkeiten die Gefährdungen durch den Stoff oder die Zubereitung erkennen können. Die folgenden Blätter geben zwei Beispiele:

Gruppenbetriebsanweisung gem. § 20 GefstoffV

Gefahrstoffe

Niedrig siedende brennbare organische Lösungsmittel

$C_4H_{10}O$ Diethylether   (MG 74.1) Schmp. –116 °C; Sdp. 34 °C; d = 0.71;

Dampfdruck 587 hPa/20 °C; Flammp. –40 °C

C_3H_6O Aceton   (MG 58.1) Schmp. –95 °C; Sdp. 56 °C; d = 0.79

Dampfdruck 233 hPa/20 °C; Flammp. –20 °C

C_2H_6O Ethanol   (MG 46.1) Schmp. –117 °C; Sdp. 78 °C; d = 0.81

Dampfdruck 59 hPa/20 °C; Flammp. –12 °C

Gefahren für Mensch und Umwelt

R12:   hochentzündlich (Diethylether)
R11:   Leichtentzündlich
R19:   Ether können explosionsfähige Peroxide bilden!

MAK   Diethylether: 1200 mg/m^3; fruchtschädigend Gruppe D
        Aceton: 2400 mg/m^3
        Ethanol:1900 mg/m^3; fruchtschädigend Gruppe D
Bei Bildung von Peroxiden aus Ethern besteht Explosionsgefahr!

Schutzmaßnahmen und Verhaltensregeln

S9:   Behälter an einem gut gelüfteten Ort aufbewahren.
S16:   Von Zündquellen fernhalten – nicht rauchen
S33:   Maßnahmen gegen elektrostatische Aufladung treffen.

Persönliche Schutzausrüstung: Laborkittel und Gummi- oder PE-Einmal-Schutzhandschuhe.

Verhalten im Gefahrenfall

Stoff-Freisetzung: Kleine Spritzer verdampfen lassen, größere Mengen verschütteter Substanz mit Absorptionsmaterial (Vermiculite) aufnehmen. Assistenten verständigen!

Brandfall: Entstehungsbrände mit CO_2-Löscher bekämpfen. Assistenten verständigen! Ggf. Saal räumen.

Atemschutz: Atemschutz: Filter A (braun)

Erste Hilfe

Hautkontakt: Mit Wasser abwaschen
Augenkontakt: Sofort mit viel Wasser gründlich ausspülen
Nach Einatmen: Sofort an die frische Luft
Kleidungskontakt: Benetzte Kleidung sofort entfernen.

Sachgerechte Entsorgung

Lösungsmittelreste je nach Begleitstoffen in den Sammelbehälter für halogenfreien oder halogenhaltigen organischen Sondermüll geben.

Angaben zur Toxikologie

Verbindungen dieser Gruppe wirken entfettend auf die Haut, reizend auf Haut und Schleimhaut. Inhalation größerer Mengen führt zu Kopfschmerzen, Tränen- und Speichelfluß, Kehlkopfspasmen, Schwindel und narkotischen Symptomen.

Diethylether	LD_{L0} (oral, Mensch): 260 mg/kg;	LC_{50} (inhal., Ratte): 73000 ppm (2 h)
Aceton	LD_{50} (oral, Ratte): 9750 mg/kg;	TC_{50} (inhal., Mensch): 500 ppm
Ethanol	LD_{L0} (oral, Mensch): 1400 mg/kg;	LC_{50} (inhal., Ratte): 20000 ppm (10 h)

Hinweise für Ersthelfer und Arzt

Ersthelfer: Die betroffene Haut/Schleimhaut mit viel Wasser waschen; Augen gründlich ausspülen. Nach Inhalation oder Verschlucken Frischluft, ggf. Dexamethason-Spray. Bei Gefahr der Bewußtlosigkeit ggf. Atemspende, Wärme, Lagerung und Transport zum Arzt in stabiler Seitenlage

Arzt: Nach Verschlucken bei Frühfällen vorsichtige Magenspülung; Vorsicht bei bereits eingetretener Bewußtlosigkeit! In schweren Fällen vorsichtige Gabe von Atem- und Kreislaufanaleptica (z.B. Penetrazol, Cardiazol). Wasser mit Aktivkohle trinken lassen, keine Milch. Bei Fehlen der Pupillenreflexe und Verschlechterung der Atmung Injektion von Micoren i.v., Sauerstoff, evtl. Intubation und künstliche Beatmung. Keine Calcium-Injektionen. Säure/Base- und Elektrolytgleichgewicht kontrollieren.

Giftnotruf: 0551/19240 (Giftzentrale Bereich Nord) oder _____ (*Tel.-Nr. der nächsten Giftzentrale eintragen*)

Betriebsanweisung gem. § 20 GefstoffV

Gefahrstoff

Brom Br_2 (MG 159.81)

dunkel rotbraune schwere Flüssigkeit mit stechendem Geruch, nicht brennbar

Physikalische Daten

Schmp. –7 °C; Sdp. 59 °C; d = 3.14; Dampfdruck 220 hPa (mbar)/20 °C

Gefahren für Mensch und Umwelt

R26: Sehr giftig beim Einatmen.

R35: Verursacht schwere Verätzungen.

MAK: 0.1 ml/m^3 (ppm), 0.7 mg/m^3

Wassergefährdender Stoff (Wassergefährdungsklasse 2)

Gefährliche Reaktionen unter anderem mit Ketonen (Aceton!), Aldehyden, Alkoholen, Kohlenwasserstoffen im Licht, Alkali- und Erdalkalimetallen

---
Schutzmaßnahmen und Verhaltensregeln

Alle Arbeiten (auch Abwiegen) nur im Abzug ausführen.

S7/9: Behälter dicht geschlossen an einem gut gelüfteten Ort aufbewahren.

Nicht zusammen mit brennbaren Lösungsmitteln aufbewahren.

Persönliche Schutzmaßnahme: Gummihandschuhe und Schutzbrille.

Verhalten im Gefahrenfall

Stoff-Freisetzung: Kleine Spritzer im Abzug verdampfen lassen oder mit KOH-Lösung vernichten. Größere Mengen mit Absorptionsmaterial (Vermiculite) aufnehmen. Assistenten verständigen, ggf. Saal räumen!

Erste Hilfe

Hautkontakt: Sofort mit Wasser und Thiosulfat-Lösung abwaschen
Augenkontakt: S26: Sofort mit viel Wasser gründlich ausspülen (10 min), Arzt!
Nach Einatmen: Sofort an die frische Luft, ggf. Arzt!
Kleidungskontakt: Benetzte Kleidung sofort entfernen.

Sachgerechte Entsorgung

Alle mit Brom verunreinigten Geräte mit Thiosulfat-Lösung spülen. Die verbrauchte Thiosulfat-Lösung kann in das Abwasser gegeben werden.

Angaben zur Toxikologie

Brom reizt die Atemwege sehr stark. Hautkontakt verursacht tiefe schmerzhafte Nekrosen und schlecht heilende Ulzera. Nach Einatmen kleinerer Mengen: Husten, Schleimsekretion, Nasenbluten und Schwindel. Nach Einatmen größerer Mengen: Braunfärbung von Zunge, Mundschleimhaut und Augenbindehaut. Charakteristischer Geruch der ausgeatmeten Luft; Schnupfen, Erstickungsgefühl, Bronchospasmus und stark ausgeprägte peribronchale Pneumonie, ggf. auch Glotis- und Lungenödem.

LD_{I0} (oral, Mensch) = 14 mg/kg; LC_{I0} (inhal., Mensch): 1000 ppm

Hinweise für Ersthelfer und Arzt

Ersthelfer: Betroffene Haut mit Thiosulfat-Lösung und viel Wasser gründlich abwaschen. Danach mit PGE 400 abtupfen. Nach Einatmen: Frischluft und möglichst bald Dexamethason-Spray (Auxiloson) einatmen lassen. Ruhe, Wärme, ggf. Atemspende. Bei Gefahr der Bewußtlosigkeit Lagerung und Transport in stabiler Seitenlage, bei Atemnot in halbsitzender Haltung. Arzt!

Nach Augenkontakt bei geöffnetem Lidspalt mehrere Minuten mit Wasser spülen. Zuvor nach Möglichkeit 1-2 Tr. Chibro-Kerakain und danach Isogutt-Augentropfen einbringen. Lockeren Verband anlegen, sofortige Weiterbehandlung durch den Augenarzt!

Arzt: Nach Einatmen Maßnahmen gegen Bronchopneumonie und Spasmen treffen (Bronchiolytica). Ergänzend z. Dexamethason-Behandlung ggf. Inhalation von feinst vernebelten Lösungen von 0.5proz. Natriumbicarbonat oder 1proz. Natriumthiosulfat. Sauerstoff. Horizontallagerung, Infektionsschutz mit Antibiotica, Nachbeobachtung wegen Lungenödem.

Nach Hautkontakt (auch mit wäßriger Lösung) gründliche Spülung, Weiterbehandlung wie Säureverätzung.

Nach Verschlucken reichlich Wasser mit Zusatz von viel Aktivkohle. Danach Gabe von Aludrox oder Gelusil-lac mit Aktivkohleaufschwemmung.

Giftnotruf: 0551/19240 (Giftzentrale Bereich Nord) oder _____ (*Tel.-Nr. der nächsten Giftzentrale eintragen*)

Physikalische Daten und MAK-Werte wichtiger Lösungsmittel

Siedepunkt, Brechzahlen und MAK-Werte von Lösungsmitteln in alphabetischer Reihenfolge

Sdp.	Brechzahl[a]	MAK[b]	Substanz[c]
56.2	1.3588	2400	Aceton
81.6	1.3442	70	Acetonitril
202.4	1.5339		Acetophenon
139	1.445		Acetylaceton
51	1.3898	3.3	Acetylchlorid
100.7	1.3714	9	Ameisensäure
149	1.4031	525	n-Amylacetat
102	1.4052	366	tert-Amylalkohol
138	1.4101	366	n-Amylalkohol
184.1	1.5863	8 H	Anilin → Präv. Arbeitsschutz
154	1.5168		Anisol
80.1	1.5011	K	Benzol
190.7	1.5229		Benzonitril
205.3	1.5396		Benzylalkohol
177.5	1.457	60 H	Bis(2-chlorethyl)-ether → Präv. Arbeitsschutz
156	1.557		Brombenzol
149.5	1.5976		Bromoform
82.2	1.3843	300	tert-Butanol
99.5	1.3978	300	2-Butanol
117.2	1.3993	300	1-Butanol
97.9	1.3870	950	tert-Butylacetat
126.9	1.3941	950	n-Butylacetat
55.2	1.369		tert-Butylmethylether
205	1.4355		γ-Butyrolacton
237.1	1.6268		Chinolin
132	1.5248	230	Chlorbenzol
78	1.4015		1-Chlorbutan
61.7	1.4459	50	Chloroform → Präv. Arbeitsschutz
153	1.4915	245 H	Cumol
80.7	1.4266	1050	Cyclohexan
160	1.465	200	Cyclohexanol
155.8	1.4522	200	Cyclohexanon
49	1.4093		Cyclopentan
189	1.4697	143	trans-Decahydronaphthalin
101.43	1.328		Deuteriumoxid
187.5	1.4119		Di-n-amylether
298 Zers.	1.5406		Dibenzylether
132	1.5127	K	1,2-Dibromethan

Sdp.	Brechzahl[a)]	MAK[b)]	Substanz[c)]
141	1.3992		Dibutylether
173	1.5457		1,3-Dichlorbenzol
180.5	1.5515	306	1,2-Dichlorbenzol
174	1.5267/70 °C	460	1,4-Dichlorbenzol
57	1.4198/15 °C	400	1,1-Dichlorethan
83.4	1.4448	80	1,2-Dichlorethan → Präv. Arbeitsschutz
40	1.4242	360	Dichlormethan
269	1.4753/30 °C		Diethanolamin
244	1.4475		Diethylenglycol
155-165	1.407		Diethylenglycoldimethylether
193	1.4263		Diethylenglycolmonomethylether
34.2	1.3526	1200	Diethylether
102	1.3905/25 °C		Diethylketon
181	1.7425/15 °C		Diiodmethan
122	1.4107		Diisobutylether
168	1.4143	290	Diisobutylketon
68	1.3679	2100	Diisopropylether
144.2	1.4073/22 °C		Diisopropylketon
165.5	1.4230	35 H	N,N-Dimethylacetamid
153	1.4305	60 H	N,N-Dimethylformamid
189	1.4783		Dimethylsulfoxid
101	1.4224	180 H	1,4-Dioxan → Präv.Arbeitsschutz
90.5	1.3832/14,5 °C		Dipropylether
117.9	1.3716	25	Essigsäure
78.5	1.3611	1900	Ethanol
172	1.4538	6	Ethanolamin
77.1	1.3723	1400	Ethylacetat
212.4	1.5057		Ethylbenzoat
136.2	1.496	435	Ethylbenzol
116	1.4540	25	Ethylendiamin
197	1.4318		Ethylenglycol
93	1.3813		Ethylenglycoldimethylether
124.5	1.4021	15 H	Ethylenglycolmonomethylether
54.1	1.3597	300	Ethylformiat
79.6	1.3788	590	Ethylmethylketon
210.5	1.4472		Formamid
162	1.5243	20 H	Furfurol
171	1.4845	200	Furfurylalkohol
290	1.4746		Glycerin
98	1.3877	2000	n-Heptan
235	1.4582	K	Hexamethylphosphorsäuretriamid
68.9	1.3750	21	n-Hexan
42	1.530	K	Iodmethan

Sdp.	Brechzahl[a]	MAK[b]	Substanz[c]
131.2	1.4053	360	Isoamylalkohol
108.1	1.3955	300	Isobutanol
117	1.3877	950	Isobutylacetat
117	1.3962	400	Isobutylmethylketon
89	1.3770	840	Isopropylacetat
165	1.498/17,5 °C		Mesitylen
65	1.3288	260 H	Methanol
202	1.4684	400	1-Methyl-2-pyrrolidon
57	1.3622	610	Methylacetat
199.4	1.517		Methylbenzoat
32	1.3433	250	Methylformiat
144.1	1.5040		3-Methylpyridin
129	1.4548	70	Morpholin
211	1.5562	5 H	Nitrobenzol
115	1.3917	310	Nitroethan
100.8	1.3817	250	Nitromethan
120.3	1.3944	K	2-Nitropropan
131.6	1.4016	90	1-Nitropropan
150.7	1.4054		*n*-Nonan
125.6	1.3974	2350	*n*-Octan
36	1.3575	2950	*n*-Pentan
40-280	1.35-1.38		Petrolether, Petroleum, Petroleumbenzin
106	1.4530		Piperidin
97.4	1.3850		1-Propanol
182.4	1.3776	980	2-Propanol
101.6	1.3847	840	Propylacetat
115.5	1.5095	15	Pyridin
250.5	1.4806/30 °C	980	2-Pyrrolidon
46.2	1.6258	30 H	Schwefelkohlenstoff
282	1.4840		Sulfolan
243.5	1.6353	14	1,1,2,2-Tetrabromethan
146	1.4942	7 H	1,1,2,2-Tetrachlorethan → Präv. Arbeitsschutz
121	1.5053	345	Tetrachlorethylen
76.5	1.4601	65 H	Tetrachlorkohlenstoff → Präv. Arbeitsschutz
66	1.4050	590	Tetrahydrofuran
177	1.4517		Tetrahydrofurfurylalkohol
207.6	1.5413		1,2,3,4-Tetrahydronaphthalin
88	1.4211		Tetrahydropyran
177.5	1.4496		Tetramethylharnstoff
84	1.5289		Thiophen
200	1.5688	22 H	*o*-Toluidin → Präv. Arbeitsschutz
110.6	1.4961	750	Toluol
289 Zers.	1.4321/25 °C	5	Tributylphosphat

Sdp.	Brechzahl[a]	MAK[b]	Substanz[c]
210-213	1.571	40	1,2,4-Trichlorbenzol
74	1.4379	1080	1,1,1-Trichlorethan
87	1.4773	260	Trichlorethylen → Präv Arbeitsschutz
335.4	1.4852		Triethanolamin
287.6	1.4559		Triethylenglycol
215	1.4053	0.05	Triethylphosphat
72.4	1.2850		Trifluoressigsäure
73.6	1.2907		2,2,2-Trifluorethanol
197.2	1.3967		Trimethylphosphat
170	1.4977/22 °C		2,4,6-Trimethylpyridin
196-197	1.4184		Undecan
100	1.333		Wasser
138.3	1.4958	440	p-Xylol
139.1	1.4972	440	m-Xylol
144	1.5054	440	o-Xylol
ca.140	ca.1.50	440	Xylol (Isomerengemisch)

a) bei 20 °C, wenn nicht anders angegeben; b) MAK-Werte [mg/m^3], H = Gefahr der Hautresorption; K = als krebserregend eingestuft; c) → Präv. Arbeitsschutz = präventive Arbeitsschutzmaßnahmen ergreifen.

Eluotrope Reihe wichtiger Lösungsmittel für die Chromatographie

n-Pentan	0.00
n-Hexan	0.01
n-Heptan	0.01
Isooctan	0.01
Cyclohexan	0.04
Tetrachlorkohlenstoff	0.18
Di-iso-propylether	0.28
Toluol	0.29
n-Propylchlorid	0.30
Benzol	0.32
Ethylbromid	0.37
Diethylether	0.38
Chloroform	0.40
Dichlormethan	0.42
Tetrahydrofuran	0.45
Ethylendichlorid	0.49
Methylethylketon	0.51
Aceton	0.56
Dioxan	0.56
Essigsäureethylester	0.58
Essigsäuremethylester	0.60
Nitromethan	0.64
Acetonitril	0.65
Pyridin	0.71
n-Propanol	0.82
Ethanol	0.88
Methanol	0.95
Glycol	1.11
Wasser	sehr hoch
Formamid	sehr hoch
Essigsäure	sehr hoch

Die Lösungsmittel sind nach steigender Elutionskraft an Aluminiumoxid geordnet. Eine ähnliche Reihenfolge gilt auch für die Chromatographie an Kieselgel.

Im Praktikum verwendete Reagenzien

einschließlich der Gefahrenhinweise und Sicherheitsratschläge[1]

A) Anorganische Reagenzien[2]

Kennzeichnung	Einstufung
Aluminiumoxid nach BROCKMANN	-
Ammoniak-Lsg. konz.	C; R34,37; S7,26,45
Ammoniak-Lsg. 2 N	Xi; R 34, 37; S 25
Ammoniumcarbonat-Lsg: 2 N	Xi; R 34, 37; S 25
Ammoniumchlorid	Xn; R22, 36; S 22
Ammoniumchlorid-Lsg: 2 N	-
Ammonium-hexachloro-stannat-Lsg, 5 % (Pinksalz)	Xn; R 22; S25, 29
Ammoniummolybdat-Lsg. 5 %	Xn; R22; S 25, 29
Ammoniumoxalat-Lsg. 2.5 % $(NH_4)_2C_2O_4 \cdot H_2O$	Xn; R 22; S 25
Ammoniumrhodanid-Lsg. 10 %	
Ammoniumsulfid-Lsg. 2 N (farblos, frisch ber.)	Xi; R34, 37; S 25
Ammoniumsulfid-Lsg. 2 N (gelb)	Xi; R 34,37; S 25
Ammoniumsulfat	Xn; R 22,36; S 22
Ammoniumvanadat	Xn; R 22; S 22
Antimon(III)-chlorid-Lsg. 5 % (in 2 N HCl)	Xi; R34; S25,26, 29
Arsenik	T+, Carc 1; R 28,45; S53, 45
Arsen(III)-chlorid-Lsg. (2.5 g As_2O_3 in 100 ml konz. HCl)	T+, Carc 1; R 28,45; S53,45

Bariumchlorid-Lsg. 10 % $BaCl_2 \cdot 2 H_2O$	Xn; R 20/22; S 22
Bariumhydroxid-Lsg. 3 % $Ba(OH)_2 \cdot 8 H_2O$	Xn; R 20/22; S 22
Bleiacetat-Lsg. 5 % $Pb(CH_3CO_2)_2 \cdot 3 H_2O$	T; R 22, 33, 48, 60, 61; S 45, 53
Bleidioxid	T; R 61,20/22, 33; S 45, 53
Borax	Xn; R 22; S 22
Borsäure	Xn; R 22; S 22
Braunstein	Xn; R 20/22; S 25
Bromwasser 3.5 % (gesättigt)	T; C R 25, 34; S 7/9, 26, 45
Brom	T+; C R 26, 35; S 7/9, 26, 45
Brom in Eisessig 10 %	T+; C R 26, 35; S 7/9, 26, 45
Calciumchlorid (wasserfrei, gekörnt)	Xi; R 36; S 22, 24
Calciumchlorid-Lsg. 10 % $CaCl_2 \cdot 6 H_2O$	R 36; S 25
Calciumhydroxid-Lsg. 0.2 % (gesättigt)	Xi; R 36; S 26
Chlorkalk	O,C R 8, 31, 34; S 26, 45
Chlorwasser 1.8 % (gesättigt, frisch bereitet)	T; R 25, 34; S 7/9, 26, 45
Chromsäure-anhydrid	Carc 1, O,T R 49, 8,25, 35,43; S 53, 45
Eisenpulver	-
Eisenfeilspäne	-
Eisennägel	-
Eisen(II)-sulfat $FeSO_4 \cdot 7 H_2O$	Xn; R 22 S 24
Eisen(II)-sulfat-Lsg. 10 % in 1 N H_2SO_4	Xn; R 22 S 24
Eisen(III)-chlorid-Lsg. 30 % (frisch bereitet; 50 g ad 100 ml und filtrieren) $FeCl_3 \cdot 6 H_2O$	C; R 34 S 26
Eisen(III)-chlorid-Lsg. 5 % $FeCl_3 \cdot 6 H_2O$	C; R 34 S 26
Essigsäure 2 N	Xi; R 36/38
Gipswasser 0.2 % (gesättigt) $CaSO_4 \cdot 2 H_2O$	-
Glaswolle	-
Iod	Xn; R 20/21; S 23, 25
Iod-Kaliumiodid-Lsg. 5 % (5 g Iod, 3 g KI in 100 ml Wasser)	Xn; R 20/21; S 23, 25

---

1) Bis auf wenige Ausnahmen gelten für alle Substanzen die Sicherheitsratschläge S1/2; auf eine Wiederholung wurde daher verzichtet.
2) Wenn die für Lösungen verwendeten Chemikalien Kristallwasser enthalten, ist die Zusammensetzung angegeben.

Reagenz	Kennzeichnung
Kalilauge 10 % (in Methanol)	R 35; S 26, 37/39, 45
Kalium-aluminiumsulfat-Lsg. , 10 %	R 36; S 25
KAl(SO$_4$)2 · 12 H$_2$O	-
Kalium-antimono-tartrat-Lsg. 5 %	T; R 23, 24 S 22, 24
K(SbO)C$_4$H$_4$O$_6$ · 1/2 H$_2$O	Xn; R 20/22
Kaliumbromid	Xn;
Kaliumbromid-Lsg. 10 %	-
Kaliumchlorat	O, Xn R 9,20/22; S 13,16, 27
Kaliumchlorat-Lsg. 7 % (gesättigt)	Xn; R 9,20/22; S 13,16, 27
Kaliumchlorid-Lsg. 10 %	
Kaliumchromat-Lsg. 10 %	Xi; R36/37/38, 43; S 22, 28
Kalium-chromsulfat-Lsg. 10 %	-
KCr(SO$_4$)$_2$ · 12 H$_2$O (Chromalaun)	-
Kaliumfluorid-Lsg. 10 %	T; R 23/24/25; S 26, 45
Kalium-hexacyanoferrat(II)-Lsg. 5 %	-
K$_4$[Fe(CN)$_6$] · 3 H$_2$O	-
Kalium-hexacyanoferrat(III)-Lsg. 5 %,	T; R 25; S 45
Kaliumhydroxid (Plätzchen)	C; R 35; S 26, 37/39, 45
Kaliumiodid	Xn; R 25
Kaliumiodid-Lsg. 5 %	Xn; R 25
Kalium-natriumtartrat-Lsg. 10 % KNaC$_4$H$_4$O$_6$ · 4 H$_2$O	S 22, 25
Kaliumnitrat	O; R7, S 17,22,24/25
Kaliumpermanganat-Lsg. 5 %	Xn; R 36; S 26
Kieselgel zur Säulenchromatographie	-
Cobalt(II)-sulfat-Lsg. 5 % CoSO$_4$·7 H$_2$O,	Xn; R22
Kupferspäne	-
Kupfer(II)-chlorid-Lsg. 6 % CuCl$_2$ · 2 H$_2$O	Xn; R 22, 36/38; S 22
Kupfer(II)-sulfat-Lsg. 5 % CuSO$_4$ · 5 H$_2$O Xn,	R22, 36/38; S 22
Magnesiumchlorid-Lsg. 10 % MgCl$_2$ · 6 H$_2$O	R 36; S 25
Magnesiumspäne	F; R 11
Mangan(II)-sulfat MnSO$_4$ · 4 H$_2$O	Xn; R 48, 20, 22; S 22
Mangan(II)-sulfat-Lsg. 5 %	Xn; R48, 20,22; S22
Marmor	-
Mennige	Repr. Cat. 1; R 60,61, 33, 48,22; S 53,45
Natriumacetat CH$_3$CO$_2$Na · 3 H$_2$O	R 36; S 25
Natriumcarbonat-Lsg. 2 N	Xi; R36; S 25
Natriumcarbonat (wasserfrei)	Xi; R36; S 25
Natriumchlorid	-
Natriumchlorid-Lsg. 35.8 % (gesättigt)	-
Natriumdichromat (gepulvert)	Xi; R 36,37,38,43; S 22, 28
Natriumhydrogencarbonat	S 22
Natriumhydrogensulfit-Lsg. techn.	Xn; R 22, 31; S 7,8,26
Natriumhydroxid (Plätzchen)	C; R 35,41; S 26,37,39,45
Natriumnitrit	O,T; R 8,25; S 45
Natriumnitrit-Lsg. 20 %	T; R 25; S 45
prim. Natriumphosphat NaH$_2$PO$_4$ · 2 H$_2$O	Xn; R 36, 37; S 26
sek. Natriumphosphat Na$_2$HPO$_4$ · 12 H$_2$O	Xn; R 36, 37; S 26
sek.-Natriumphosphat-Lsg. 4 %	Xn; R 36, 37; S 26
Natriumsilikat-Lsg. 10 %	Xn; R36; S 26
Natriumsulfat Na$_2$SO$_4$ · 10 H$_2$O	Xn; R 36; S 25
Natriumthiosulfat-Lsg. 10 % Na$_2$S$_2$O$_3$ · 5 H$_2$O	Xn; R 22,31; S7,8,26
Natronlauge 2 N	C; R 35,41; S 26,37,39,45
Natronlauge 30 %	C; R 35,41; S 26,37,39,45
Nickel(II)-sulfat-Lsg. 5 % NiSO$_4$ · 7 H$_2$O	Carc Cat.3, Xn; R22, 40,42/43; S 22, 36/37
Oleum (20 % SO$_3$)	C, Xi; R 14,35,37; S 26,30.45
Perchlorsäure 10 %	C,O;R 5,8, 34; S 26
Phosphor (rot)	F; R11,16; S 7,43
Phosphorsäure (konz.)	C; R34, S 26, 45
Quecksilber(II)-chlorid-Lsg.	T+,C,R28,34,48,24/25 S 36/37/39,45

Quecksilber(I)-nitrat-Lsg.   T+,C;
5 % Hg$_2$(NO$_3$)$_2$ · 2 H$_2$O   R 28,34,48/24/25
in 2proz. HNO$_3$ S 36/37/39,45
Ruß   -
Salpetersäure 2 N   C;   R 34;
    S 23,26,36,45
Salpetersäure konz.   O,C;R 8,35
    S 23,26,36,45
Salzsäure 2 N   Xi; R 36/37/38;
    S 26, 45
Salzsäure konz.   C;   R 34,37; S 26,45
Schwefelblume   -
Schwefelfäden   -
Schwefelsäure konz.   C;   R 35; S 26,30,45
Schwefelsäure 2 N   C;   R 35; S26,30,45
Schweflige Säure   Xi; R23,36/37;
(gesättigte Lsg.)   S 7/9,45
Schwefelwasserstoff-Was-   T;   R 26; S 7/9,45
ser 0.02 M (gesättigt,
frisch bereitet)
Silbernitrat-Lsg. 5 %   C;   R 34; S 26
Sprudel   -
Titanoxidsulfat-Lsg. (s.   C;   R 34; S 45
S. 36)
Trockeneis   S 24
Wasserstoffperoxid 30 %   O, C;R 8,34;
    S 3,28,36/39,45
Wasserstoffperoxid 3 %   -
Bismutnitrat-Lsg. (50 g in   O,Xn; R8,38
100 ml 2 N HNO$_3$)   S 17,28
Bi(NO$_3$)$_3$ · 5 H$_2$O
Zinkgranalien   R 10; S 7/8
Zinkspäne   R 10; S 7/8
Zinkstaub   F;   R10;S8
Zinksulfat-Lsg. 5 %   R 36; S 25
ZnSO$_4$ · 7 H$_2$O
Zinn(II)-chlorid-Lsg. 5 %   R 36; S 25
SnCl$_2$·2 H$_2$O in 2 N HCl

B) Organische Reagenzien

Acetamid   Carc.Cat.3, Xn; R 40;
    S 36/37
Acetanilid   Xn; R20/21/22;
    S 28, 36; S 25
Acetessigester   Xi; R 36; S 26
Aceton   F;   R 11;
    S 9,16,23,33
Acetyl-salicylsäure   R 36; S 25
Adipinsäure   Xi; R 36; S 2

Adipinsaures Hexame-   Xi; R 21/22, 36;
thylendiamin   S 2, 22, 26,
Agar-Agar-Gel 1 %   -
Aktivkohle   -
Ameisensäure   C;   R 35; S 23,26,45
Amylalkohol   Xn; R 10.20; S 24/25
Anilin   Carc.Cat.3, T;
    R 20/21/22, 40,
    48/23/24/25
    S 28,36/37,45
Anthracen   R 36/37/38; S 26
Ascorbinsäure-Lsg. 2 %   -
(frisch bereitet)
Aspirin s. Acetylsalicyl-   -
säure
β-Naphthol   Xn; R 20/22; S 24/25
Benzaldehyd   Xn; R 22; S 24
Benzamid   Xn; R 22
Benzoesäure   Xn; R 36/37/38; S 26
Benzoesäure-methylester   Xn; R 20/21/22, 36/37
    /38, S 25,26,27,45
Benzol   Carc.Cat.1, F, T; R45,
    11,48/23,24,25
    S 53,45
Benzoylchlorid   C;   R 34; S 26,45
Bernsteinsäure-anhydrid   Xi; R 36/37; S 25
Brenzcatechin   Xn; R 21/22,36/38;
    S 22,26,37
Brenztraubensäure 10 %   Xn; R 36/38
Brombenzol   Xi R 10.38; S 2
n-Butanol   Xn R 10.20;
    S 16
tert-Butanol   Xn; R 10.20; S 16
Butyrolacton   Xn; R45,20/21/22, 36/
    37/38; S 53,45,26,23
Casein, alkalilöslich   -
Chloralhydrat   T;   R 25,36/38;
    S 25,45
Chloroform   Xn; R 48/20/22, 22,
    38, 40;
    S 9,29,24,25,51
Citronensäure   S 36/37
Cyclohexan   F;   R 11; S 9,16,33
Cyclohexanon   Xn; R 10.20; S 25
Cyclohexen   F Xn; R 11,20;
    S 9,16,23
Di-tert-butylperoxid   O, F; R 7,11;
    S 3/7,14,16
Diacetyldioxim-Lsg. 1 %   -
(in Ethanol)
Diastase-Lsg. 1 % (frisch   -
bereitet) (Diastase
MERCK)

Dibenzoyl-peroxid	E, Xi;R 2,7,36,43; S 3/7,14,36/37/39	Hexan	F Xn; R 11,48/20; S9,16,24/25,29,51
Dichlormethan	Carc.Cat.3, Xn; R 40; S 23,24/25,36/37, 51	Hydrochinon	Xn; R 20/22; S 24/25,39
Diethylamin	F, Xi; R 11,36/37; S 16,26,29	Isopropanol	F; R 11; S 7,16
Diethylamin-hydrochlorid	Xi; R 36/37/38; S 26	Lewatit S 100	-
		Malonsäure	Xn; R 22,36; S 25
		Malonsäure-anhydrid	Xn; R 22,36/37/38,42
Diethylether	F+ R 12,19; S 9,16,29,33	Malonsäurediethylester	Xi; R 36; S 26
Diethylether (mit CaCl₂ getrocknet)	F+ R 12,19; S 9,16,29,33	Methacrylsäure-ethylester (stabilisiert)	Xi; R 36/37/38; S 26,28
Dimethylanilin	T; R 23/24/25,33; S 28,37,45	Methanol	F, T; R 11,23/25; S 7,16,24,25
2,4-Dinitrophenylhydrazin-Lsg. 3 % in 30proz. Perchlorsäure	X; R 1,23/24/25 S 44	Methylamin-hydrochlorid	Xi; R 36/37/38; S 26
		Methylanilin	T; R 23/25/25,33; S 28,37,45
Eisessig	C R 10.35; S 23,26,45	Milchsäure	Xi; R 36/38; S 26
		Milchzucker	-
		Monochlor-essigsäure	T; R 25,34; S 23,37,45
Essigester	F R 11; S 16,23,29,33	Naphthalin	Xn; R 36/37/38; S 26
Essigsäure-anhydrid	C R 10.34; S 26,45	Nitrobenzol	T+; R 26/27/28,33; S 28,36/37,45,51
Essigsäure-isopropylester	F R 11; S 16,23,29,33	Olivenöl	-
Ethanol (96 %; mit Petrolether vergällt)	F R 11; S 7,16	Oxalsäure C₂O₄H₂ · 2 H₂O	Xn; R 21/22; S 24/25
Ether s. Diethylether		Paraffin (fest)	-
Ethylbromid	F+ R 12; S 9,16,33	Paraffin (flüssig)	-
Fewa-Lsg. 1 %	-	Paraformaldehyd	T; R 23/24/25,40; S 26, 45,51
Formalin	T; R 23/24/25,34,40 S 26,36/37/45/51	Paraldehyd	F R 11; S 9,16,29,33
Fructose-Lsg. 10 % (frisch bereitet)	-	Persil	S 25
Fuchsinschweflige Säure	Xn; R 37, S 26	Petrolether (Kp = 50–80 °C)	F, Xn R 11,48/20; S 9,16,24/25,51
Gelatine (Blattgelatine)	-	Phenol	T, C; R 24/25,34; S 28,45
Gelatine-Lsg. 1 % (frisch bereitet)	-	Phenylhydrazin-hydrochlorid	T; R 24/25; S 28,45
Gelatine-Lsg. 10 %, warm (frisch bereitet)	-	Phthalsäure	Xi; R 36/37/38; S 26
Glucose-Lsg. 10 % (frisch bereitet)	-	Phthalsäure-anhydrid	Xi; R 36/37/38
Glycerin	-	Propanol	F; R 11; S 7,16
Glycin	-	Propinol 10 %	T R10, 23/24/25/34; S 26/28/36/45
Glycol	Xn; R 22; S 2	Pyridin	F, Xn R 11,20/21/22; S 26,28
Gummi-arabicum-Lsg. 1 %	-	Resorcin	Xn; R 22,36/38; S 26
Harnstoff	S 22, 24/25	Rohrzucker-Lsg. 10 % (frisch bereitet)	-
Härterpaste[1]	R 21/22; S 24/25	Salicylsäure	Xn;R22,36,37/38;S26
		Seifen-Lösung 1 % Sapo medicinalis	S 25
		Seifenpulver	S 25

Stärke (wasserlöslich)   -
Stärke-Lsg. 1 % (frisch   -
bereitet)
Stearinsäure   -
Styrol   Xn; R 10.20.36/38;
                                S 23
Tannin-Lsg. 1 %   -
Toluol   F, Xn R 11,20;
                                S 16,25,29,33
p-Toluolsulfonsäure-   C; R 34,37;
chlorid   S 26
Trichloressigsäure   C; R 35;
                                S 24/25,26,45
Trichlorethylen   Xn; R 40; S 23
Watte   -
Weinsäure   Xi; R 36; S 25
Zephirol-Lsg. 1 % (han-   R 36; S 25
delsübliche Lsg. =100 %)

C) Indikatoren

Diphenylamin-sulfonsaures Natrium 0.05 %
Eisen-alaun-Lsg. (124 g in 100 ml Wasser)
$NH_4Fe(SO_4)_2 \cdot 12 H_2O$
Eriochromschwarz-T-Lsg.
Indigocarmin-Lsg. 0.2 % (Indigosulfonsäure;)
Magnesium-EDTA-Lsg. 0.1 M
Methylenblau-Lsg. 0.1 %
Methylorange-Lsg. 0.1 %
Mischindikator-Lsg. Methylrot 0.1 % +
Methylenblau 0.05 % in Ethanol
Ninhydrin-Lsg. 1 % (s. unten)
Phenolphthalein-Lsg. 0.1 % in Ethanol
Stärke-Lsg. 0.2 %
Thymolblau-Lsg. 0.1 % in 20proz. Ethanol
Thymolphthalein-Lsg. 0.1 % in Ethanol
Universalindikator-Papier

D) Maßlösungen

0.1 N Ammoniumrhodanid-Lsg.
0.1 M EDTA-Lsg. (Dinatrium-ethylendiamin-
tetraacetat $\cdot$ 2 H_2O)
0.1 N Iod-Kaliumiodid-Lsg
0.1 N Kaliumdichromat-Lsg
0.1 N Kaliumpermanganat-Lsg.
0.1 N Natriumthiosulfat-Lsg.
0.1 N Natronlauge
0.1 N Salzsäure
0.1 N Silbernitrat-Lsg

E) 0.3–0.4 N Lösungen für die Analysenausgabe

Calciumchlorid-Lsg
Eisen(II)-sulfat-Lsg. in 1 N Schwefelsäure
Essigsäure
Kalium-dichromat-Lsg.
Kochsalz-Lsg.
Kupfersulfat-Lsg.
Natronlauge
Natriumcarbonat-Lsg.
Oxalsäure
Phosphorsäure
Schweflige Säure
Wasserstoffperoxid

F) Herstellung einiger Reagenzlösungen

2,4-Dinitrophenylhydrazin-Lösung

Eine Lösung von 3 g 2,4-Dinitrophenylhydra-
zin in 15 ml konz. Schwefelsäure wird langsam in
eine Mischung von 20 ml Wasser und 70 ml
Ethanol gegeben; dann wird filtriert.

Eriochromschwarz-T-Lösung

0.5 g Eriochromschwarz T werden in 50 ml
Triethanolamin gelöst.

Indigocarmin-Lösung

2 g Indigo werden in 15 ml heißer konz.
Schwefelsäure gelöst; dann gibt man die Lösung
sehr vorsichtig in 1 l Wasser und filtriert.

Ninhydrin-Lösung

0.2 g Ninhydrin werden in einer Mischung
von 95 ml Butanol und 5 ml 2 N Essigsäure gelöst.

Stärke-Lösung

1 g "lösliche" Stärke und 5 mg Quecksilberiodid werden mit etwas Wasser zu einem dünnen
Brei verrührt. Diesen Brei gießt man langsam in
250 ml siedendes Wasser.

Titan(IV)-oxid-sulfat-Lösung

2 g Titan(IV)-oxid-sulfat werden mit 10 g Kaliumhydrogensulfat in einem Porzellantiegel unter gelegentlichem Rühren mit einem Glasstab ge-

schmolzen, bis die Titan-Verbindung gelöst ist (etwa 10 min). Dann gießt man die Schmelze in eine Reibschale; nach dem Erkalten pulverisiert man, löst in 500 ml kalter verd. Schwefelsäure und filtriert.

Im Praktikum benutzte Arbeitsgeräte

Becherglas (150 ml)
Bunsenbrenner
Ceranplatte[1]
Cobaltglas
Dreifuß
Durchbohrtes Gummiplättchen (für Siedepunkts-Versuche)
Eisenblech (5×5 cm^2)
3 Erlenmeyer-Kolben (100 ml, 200 ml, 500 ml)
Filtrierpapier (Schleicher & Schüll 0905)
gebogenes Glasrohr zum CO_2-Nachweis, mit Gummistopfen
kleines Glasrohr für Chromatographie bzw. Austauscher-Versuch
Glasstäbe
1 Gummistopfen (für Reagenzglas)
Holzspäne
Klammer mit Muffe
Kleine Tonteller
Kupferdraht
Magnesiastäbchen
Magnesiarinnen
2 Meßzylinder (10 ml, 50 ml)
Nickelspatel (Breite 1 cm)
Paraffinbad
Pasteurpipetten
Petrischale (10 cm $\varnothing$)
Porzellanschale (9 cm $\varnothing$)
Porzellantiegel (4.5 cm $\varnothing$)
Reagenzglasbürste
Reagenzgläser (16 cm lang, 1.6 cm $\varnothing$)
Reagenzglashalter

Rundfilter (12.5 cm $\varnothing$; Schleicher & Schüll, Selecta, Nr. 595 und Nr. 604)
Scheidetrichter (100 ml)
Schmelzpunktsröhrchen
Schutzbrille
Siedesteine
Spritzflasche (0.5 l, Polyethylen)
Stativ
Stativring
Thermometer (bis 250 °C)
Tiegelzange
3 Trichter (7 cm $\varnothing$)
2 Uhrgläser (8 cm, 12 cm $\varnothing$)
2 Weithals-Erlenmeyer-Kolben (200 ml)

---

1)   Die früher gebräuchlichen Asbestdrahtnetze sollten nicht mehr benutzt werden

Sachregister

A

Acetaldehyd, 162
Acetale, 229
Acetamid, 202
Acetanilid, 174
Acetat-Seide, 237
Acetatpuffer, 64
Acetessigester, 218
Aceton, 130; 152; 158; 160; 164
Acetylide, 149
Acidimetrie, 132
Addition von Brom an Doppelbdg., 148
Adenosintriphosphat, 54; 225
Adipinsäure, 178; 245
Adsorptionschromatographie, 250
Agar-Agar, 117
Aktivierungsenergie, 43
Aktivkohle, 250
Alaun, 82
Aldehyde, 158
Aldohexosen, 228
Aldolkondensation, 163; 164
Alkalimetall-Gruppe, 126
Alkalimetalle, 87
Alkan-carbonsäuren, 167
Alkane, 145
Alkene, 147; 198
Alkine, 148; 197
Alkohole, 149
Alkohole -, Löslichkeit, 149
    -, Oxidation, 151
    -, Siedepunkt, 149
    -, Veresterung, 150
Alkylhalogenide, 154
Aluminium-Salze, 82
Ameisensäure, 169
Amine, 202
    -, Amine, Herstellung, 207
    -, Amine, Trennung, 206
α-Aminoessigsäure, 238
α-Aminosäuren, 237
Ammoniak, 49; 202

    -, Synthese, 41
Ammoniumcarbonat-Gruppe, 126
Ammoniumsulfid, gelbes, 37
Ammoniumsulfid-Gruppe, 125; 128
amphoter, 56
Amylopektin, 234
Amylose, 234
Analyse -, anorganische, 122
    -, organische, 258
    -, von Gemischen, 122
Anilin, 202; 208
Anionen, Nachweis von, 129
Anionenaustauscher, 86
Anthracen, 183; 201
Antimon-Verbindungen, 57
Arsen-Gruppe, 125; 128
Arsen-Verbindungen, 56
Arsenik, 56
Ascorbinsäure, 232
Aspirin, 217
Atom-Aufbau, 4
Atombindung, 4
Atommasse, 1
Atomorbitale, 10
    -, d-, 98
Aufenthaltswahrscheinlichkeit, 13
auxochrome Gruppen, 210
Avogadro, 7
Azofarbstoffe, 204
Azokupplung, 204
Azomethine, 159

B

Bakeland, 246
Bakelit, 246
Barbitursäure, 181; 182
Barium-Salze, 86
Basekonstante, 66
Basen, 21
Basenstärke, 63
bathochromer Effekt, 210
Beilstein-Probe, 256
Benzalanilin, 159
Benzaldehyd, 158; 160; 167